〈 이 책을 검토해 주신 선생님 〉

서울

김부환 압구정정보강북수학학원
서지연 페르마학원
연홍자 강북세일학원
임금란 하월곡플레이팩토수학교습소

경기

강태희 유쾌한수학과학학원
김새솔 별하수학학원
박윤미 오엠지수학학원
신응순 연세스피드학원
오지혜 탑올림피아드학원
현지애 지혜로운수학학원

대구

이영지 케이수학학원
허영진 투엠수학학원

경남

김보경 BK영수학원
김진형 수풀림수학학원
박승진 제니스수학원
유숙진 3030영어유쌤수학학원
이회경 현대수학학원
허지희 김해율하지수학학원

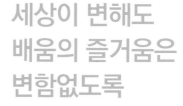

세상이 변해도
배움의 즐거움은
변함없도록

시대는 빠르게 변해도
배움의 즐거움은
변함없어야 하기에

어제의 비상은
남다른 교재부터
결이 다른 콘텐츠
전에 없던 교육 플랫폼까지

변함없는 혁신으로
교육 문화 환경의 새로운 전형을
실현해왔습니다.

비상은 오늘, 다시 한번
새로운 교육 문화 환경을 실현하기 위한
또 하나의 혁신을 시작합니다.

오늘의 내가 어제의 나를 초월하고
오늘의 교육이 어제의 교육을 초월하여
배움의 즐거움을 지속하는 혁신,

바로, 메타인지 기반 완전 학습을.

상상을 실현하는 교육 문화 기업 비상

메타인지 기반 완전 학습

초월을 뜻하는 meta와 생각을 뜻하는 인지가 결합한 메타인지는
자신이 알고 모르는 것을 스스로 구분하고 학습계획을 세우도록 하는
궁극의 학습 능력입니다. 비상의 메타인지 기반 완전 학습 시스템은
잠들어 있는 메타인지를 깨워 공부를 100% 내 것으로 만들도록 합니다.

01 / 기본 도형 8~23쪽

0001 ○ 0002 × 0003 × 0004 ○ 0005 5 0006 6, 9
0007 $\overleftrightarrow{MN}$ 0008 $\overline{MN}$ 0009 $\overrightarrow{MN}$ 0010 $\overrightarrow{NM}$ 0011 = 0012 =
0013 ≠ 0014 = 0015 5 cm 0016 6 cm
0017 3 cm 0018 6 cm 0019 $\frac{1}{2}$ 0020 4
0021 3 0022 ㄱ, ㅁ 0023 ㄷ 0024 ㄹ, ㅂ
0025 ㄴ 0026 100° 0027 60° 0028 30° 0029 47°
0030 ∠DOE 0031 ∠EOF 0032 ∠DOB
0033 ∠FOB 0034 ∠x=70°, ∠y=110°
0035 ∠x=35°, ∠y=100° 0036 ∠x=27°, ∠y=63°
0037 3 cm 0038 90° 0039 $\overline{CD}$ 0040 점 D
0041 4 cm
0042 13 0043 ④, ⑤ 0044 ⑤ 0045 ④ 0046 ③, ④
0047 ②, ④ 0048 3, 6, 3 0049 ④ 0050 13
0051 (1) 4 (2) 10 0052 ③ 0053 ㄱ, ㄹ 0054 ④
0055 9 cm 0056 10 cm 0057 12 cm
0058 ① 0059 ③ 0060 6 cm 0061 31 0062 55°
0063 ② 0064 ④ 0065 35° 0066 100° 0067 65° 0068 60°
0069 ② 0070 ④ 0071 45° 0072 ② 0073 ③ 0074 40°
0075 105° 0076 7시 $\frac{60}{11}$ 분 0077 ③ 0078 140° 0079 125
0080 80° 0081 ③ 0082 111° 0083 ④ 0084 20 0085 ④
0086 6쌍 0087 ④ 0088 12쌍 0089 ②, ④
0090 17 0091 ④
0092 5 0093 3 0094 18 0095 ⑤ 0096 6 cm
0097 11 cm 0098 10 cm 0099 ② 0100 ⑤
0101 40° 0102 ③ 0103 ④ 0104 ④ 0105 ③ 0106 20쌍
0107 ㄱ, ㄹ 0108 12 cm 0109 120 0110 19
0111 13 0112 ④ 0113 ② 0114 144°

02 / 위치 관계 24~45쪽

0115 점 A, 점 C, 점 F 0116 점 B, 점 D, 점 E
0117 점 A, 점 E 0118 점 B, 점 C, 점 D
0119 $\overline{AD}$ 0120 $\overline{AB}$, $\overline{DC}$ 0121 ○ 0122 × 0123 ×
0124 ○ 0125 평행하다. 0126 한 점에서 만난다.
0127 꼬인 위치에 있다. 0128 꼬인 위치에 있다.
0129 $\overline{AB}$, $\overline{BC}$, $\overline{EF}$, $\overline{FG}$ 0130 $\overline{AE}$, $\overline{CG}$, $\overline{DH}$

0131 $\overline{AD}$, $\overline{CD}$, $\overline{EH}$, $\overline{GH}$ 0132 $\overline{AB}$, $\overline{BC}$, $\overline{CD}$, $\overline{DA}$
0133 $\overline{AB}$, $\overline{EF}$, $\overline{HG}$, $\overline{DC}$ 0134 $\overline{AB}$, $\overline{BF}$, $\overline{FE}$, $\overline{EA}$
0135 면 ABCD, 면 EFGH 0136 면 BFGC, 면 CGHD
0137 면 ABCD, 면 BFGC 0138 면 EFGH
0139 면 ABCD, 면 BFGC, 면 EFGH, 면 AEHD
0140 면 ABCD, 면 ABFE, 면 EFGH, 면 CGHD
0141 면 ABCD, 면 CGHD 0142 1 0143 2 0144 5
0145 ∠e 0146 ∠c 0147 ∠h 0148 ∠c 0149 86° 0150 86°
0151 105° 0152 75° 0153 ∠a=70°, ∠b=110°
0154 ∠a=65°, ∠b=65° 0155 ○ 0156 ○ 0157 ○
0158 ×
0159 ①, ④ 0160 ㄴ, ㄷ 0161 6 0162 5
0163 ②, ③ 0164 ④ 0165 ㄱ 0166 ③ 0167 1
0168 3 0169 ①, ② 0170 ③ 0171 ①, ④
0172 5 0173 ⑤ 0174 ①, ④ 0175 6 0176 ③, ⑤
0177 8 0178 ③ 0179 ④, ⑤ 0180 ⑤ 0181 17
0182 $\overline{AC}$, $\overline{DF}$ 0183 ④ 0184 ①, ⑤ 0185 3
0186 ② 0187 4쌍 0188 ③
0189 (1) 면 ABCD, 면 AEHD (2) $\overline{CD}$, $\overline{GH}$
0190 2 0191 10 0192 ①, ④ 0193 ② 0194 ⑤
0195 ③ 0196 ② 0197 ①, ④ 0198 ㄱ, ㄷ
0199 ③, ④ 0200 ②, ③ 0201 ④ 0202 235°
0203 ② 0204 ∠d, ∠f, ∠h 0205 159° 0206 ②
0207 x=48, y=76 0208 ∠x=110°, ∠y=70°
0209 76° 0210 ② 0211 $m /\!/ n$, $p /\!/ q$ 0212 ③, ⑤
0213 ③ 0214 60° 0215 35 0216 ④ 0217 ⑤ 0218 70°
0219 ③ 0220 75° 0221 18° 0222 80° 0223 ③ 0224 ③
0225 85° 0226 ② 0227 115° 0228 ② 0229 ③ 0230 24°
0231 90° 0232 ② 0233 147° 0234 80° 0235 45° 0236 ②
0237 90° 0238 ∠x=52°, ∠y=76° 0239 30° 0240 86°
0241 ②
0242 ② 0243 ② 0244 ④ 0245 ③ 0246 2 0247 1
0248 면 AEHD, 면 BFGC 0249 15
0250 (1) $\overline{NC}$, $\overline{MD}$, $\overline{JG}$ (2) $\overline{CD}$($\overline{ED}$), $\overline{NM}$($\overline{LM}$), $\overline{MJ}$, $\overline{DG}$
0251 ③ 0252 ⑤ 0253 195° 0254 ③ 0255 132° 0256 ③
0257 50° 0258 120° 0259 255° 0260 24 0261 80°
0262 ② 0263 30° 0264 ③ 0265 ③

0692 ㄱ, ㄹ, ㅁ   0693 칠면체   0694 37   0695 ③

0696 ②, ③   0697 ④   0698 20   0699 ③   0700 ④

0701 8   0702 ④   0703 팔면체   0704 ②

0705 십이각뿔대   0706 ④   0707 ⑤   0708 ⑤   0709 ②

0710 ㄷ, ㅂ, ㅇ   0711 ④   0712 ④   0713 ①   0714 ②, ④

0715 ②   0716 구각뿔   0717 16   0718 30   0719 ②, ⑤

0720 (개) 3 (내) 360°   0721 ⑤   0722 ④   0723 정팔면체

0724 각 꼭짓점에 모인 면의 개수가 3 또는 4로 같지 않다.

0725 ④   0726 ㄹ, ㄱ   0727 8   0728 ③   0729 ③

0730 ④   0731 ③, ④   0732 ③, ⑤

0733 (1) 점 H (2) $\overline{ID}$ (3) $\overline{JA}(\overline{JI})$, $\overline{JB}$, $\overline{EI}$, $\overline{EH}$

0734 ②, ④   0735 ④   0736 ④   0737 정팔면체

0738 ③   0739 ②   0740 60°   0741 ①   0742 ③   0743 ④

0744 0   0745 ⑤   0746 ④   0747 ③   0748 ⑤   0749 ⑤

0750 ④   0751 ②, ③   0752 ①   0753 원뿔대

0754 ③   0755 ④   0756 ①   0757 50 cm²   0758 ⑤

0759 40 cm   0760 64π cm²   0761 ④

0762 $\frac{24}{5}\pi$ cm   0763 $a=3$, $b=6\pi$, $c=8$ 0764 ①

0765 ⑤   0766 2 cm   0767 81π cm²   0768 ②, ④

0769 ③

0770 2   0771 3   0772 ②   0773 10   0774 ④   0775 ㄴ, ㄷ

0776 ③   0777 ㄱ, ㄴ, ㄷ   0778 ④   0779 ③

0780 정사면체   0781 ①   0782 ③, ⑤   0783 ㄱ, ㄹ

0784 ④   0785 ①, ④   0786 ㄴ, ㄷ, ㄹ

0787 구각기둥   0788 20 cm²   0789 $(40\pi+40)$ cm

0790 ③   0791 ③   0792 ②   0793 ④

07 / 입체도형의 겉넓이와 부피   130~153쪽

0794 $a=3$, $b=14$, $c=7$ 0795 12 cm²

0796 98 cm²   0797 122 cm²

0798 $a=3$, $b=6$, $c=6$ 0799 9π cm²

0800 36π cm²   0801 54π cm²   0802 240 cm²

0803 192π cm²   0804 240 cm³   0805 175π cm³

0806 36 cm²   0807 84 cm²   0808 120 cm²

0809 $a=6$, $b=2$, $c=4\pi$ 0810 4π cm²

0811 12 cm²   0812 16π cm²   0813 33 cm²

0814 24 cm²   0815 28 cm³   0816 66 cm³

0817 40 cm³   0818 48π cm³   0819 128 cm³

0820 16 cm³   0821 112 cm³   0822 256π cm³

0823 4π cm³   0824 252π cm³

0825 36π cm², 36π cm³   0826 100π cm², $\frac{500}{3}\pi$ cm³

0827 108π cm², 144π cm³   0828 12π cm², $\frac{16}{3}\pi$ cm³

0829 54π cm³   0830 36π cm³   0831 18π cm³

0832 3 : 2 : 1

0833 ④   0834 3 cm   0835 7   0836 72 cm²

0837 ②   0838 66π cm²   0839 ③   0840 700π cm²

0841 ②   0842 432 cm³   0843 ③

0844 (1) 36 cm² (2) 9 cm   0845 288π cm³

0846 108π cm³   0847 ②   0848 ④

0849 $(40\pi+64)$ cm², $\frac{160}{3}\pi$ cm³   0850 ⑤   0851 ②

0852 $(20\pi+48)$ cm², 24π cm³   0853 64   0854 ④

0855 $(288\pi+72)$ cm²   0856 376 cm²   0857 ⑤

0858 384 cm³   0859 ④   0860 ③   0861 ②

0862 96π cm², 128π cm³   0863 340 cm³   0864 ④

0865 6   0866 ③   0867 ③   0868 70π cm²   0869 ③

0870 205 cm²   0871 9   0872 ③   0873 ①   0874 6 cm

0875 ②   0876 72 cm³   0877 ②   0878 ②   0879 ①

0880 ⑤   0881 125π cm³   0882 ④   0883 $\frac{212}{3}\pi$ cm³

0884 ③   0885 4 cm³   0886 ④   0887 975 cm³

0888 9 cm³   0889 ②   0890 3   0891 5   0892 ⑤

0893 (1) $\frac{4}{3}\pi$ cm³ (2) 189분   0894 ②   0895 ③   0896 6 cm

0897 58   0898 ①   0899 ④   0900 ③   0901 ②

0902 $\frac{48}{5}\pi$ cm³   0903 64π cm²   0904 ⑤

0905 $\frac{49}{2}\pi$ cm²   0906 190π cm²   0907 ③   0908 ②

0909 $\frac{500}{3}\pi$ cm³   0910 ④   0911 24   0912 ③

0913 279π cm², 630π cm²   0914 ①   0915 42π cm³

0916 ②   0917 18π cm³, 54π cm³   0918 ②   0919 2 cm

0920 $\frac{32}{3}$ cm³   0921 2   0922 ④

0923 ③   0924 112π cm²   0925 72 cm³   0926 ③

0927 105 cm³   0928 46 cm²   0929 성훈   0930 9 cm

0931 ②   0932 5 cm   0933 ④   0934 76π cm²

0935 6   0936 216°   0937 66π cm²   0938 30 cm³

0939 $\frac{256}{3}\pi$ cm³   0940 $\frac{27}{4}$ cm   0941 1 : 5

0942 36 cm³

0943 550π cm³   0944 96π cm²   0945 ①   0946 ④

유형
만렙

기출로 다지는 필수 유형서

중학 수학

1/2

Structure
구성과 특징

A 개념 확인

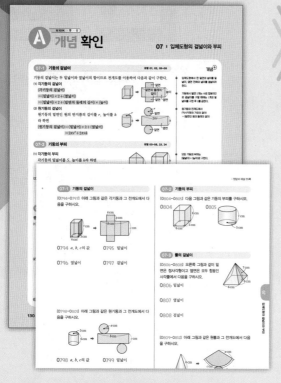

- 교과서 핵심 개념을 중단원별로 제공
- 개념을 익힐 수 있도록 충분한 기본 문제 제공
- 개념 이해를 도울 수 있는 예, 참고, TIP, 개념⁺ 등을 제공

B 유형 완성

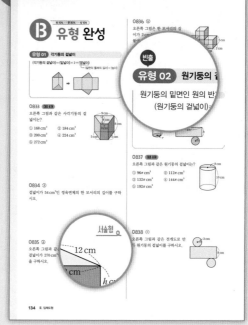

- 학교 기출 문제를 철저하게 분석하여 '개념, 발문 형태, 전략'에 따라 유형을 분류
- 학교 시험에 자주 출제되는 유형을 빈출로 구성
- 유형별로 문제를 해결하는 데 필요한 개념이나 풀이 전략 제공
- 유형별로 실력을 완성할 수 있게 유형 내 문제를 난이도 순서대로 구성
- 서술형으로 출제되는 문제는 답안 작성을 연습할 수 있도록 서술형 문제 구성

꼭 필요한 **핵심 유형, 빈출 유형**으로

실력을 완성하세요.

 유형 점검

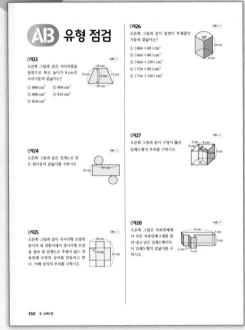

• 앞에서 학습한 A, B단계 문제를 풀어 실력 점검

• 틀린 문제는 해당 유형을 다시 점검할 수 있도록
  문제마다 유형 제공

• 학교 시험에 자주 출제되는 서술형 문제 제공

• 사고력 문제를 풀어 고난도 시험 문제 대비

기출 BOOK

시험 직전 **기출 200문제**로 실전 대비

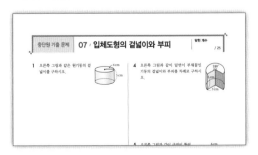

• 학교 시험에 자주 출제되는 문제로 실전 대비

Contents
차례

입체도형

통계

기출
BOOK

I

/

기본 도형

01-1 **점, 선, 면**   유형 01   개념⁺

(1) 점, 선, 면
  ① 점이 움직인 자리는 선이 되고, 선이 움직인 자리는 면이 된다.
  ② 점, 선, 면은 도형을 구성하는 기본 요소이다.

(2) 도형의 종류
  ① 평면도형: 삼각형, 원과 같이 한 평면 위에 있는 도형
  ② 입체도형: 직육면체, 원기둥과 같이 한 평면 위에 있지 않은 도형

(3) 교점과 교선
  ① 교점: 선과 선 또는 선과 면이 만나서 생기는 점
  ② 교선: 면과 면이 만나서 생기는 선

- 선은 무수히 많은 점으로 이루어져 있고, 면은 무수히 많은 선으로 이루어져 있다.

- 선에는 직선과 곡선이 있고, 면에는 평면과 곡면이 있다.

- 평면도형과 입체도형은 모두 점, 선, 면으로 이루어져 있다.

- 교선은 직선일 수도 있고, 곡선일 수도 있다.

- 평면으로만 둘러싸인 입체도형에서 (교점의 개수)=(꼭짓점의 개수), (교선의 개수)=(모서리의 개수)

01-2 **직선, 반직선, 선분**   유형 02, 03

(1) 직선이 하나로 정해지는 경우
  한 점을 지나는 직선은 무수히 많지만 서로 다른 두 점을 지나는 직선은 오직 하나뿐이다.

(2) 직선, 반직선, 선분
  ① 직선 AB: 서로 다른 두 점 A, B를 지나는 직선   기호 $\overleftrightarrow{AB}$
  ② 반직선 AB: 직선 AB 위의 점 A에서 시작하여 점 B의 방향으로 한없이 뻗어 나가는 직선 AB의 부분   기호 $\overrightarrow{AB}$
  ③ 선분 AB: 직선 AB 위의 두 점 A, B를 포함하여 점 A에서 점 B 까지의 부분   기호 $\overline{AB}$

  주의 (1) $\overleftrightarrow{AB}$와 $\overleftrightarrow{BA}$는 서로 같은 직선이다. ➡ $\overleftrightarrow{AB}=\overleftrightarrow{BA}$
       (2) $\overrightarrow{AB}$와 $\overrightarrow{BA}$는 서로 다른 반직선이다. ➡ $\overrightarrow{AB}\ne\overrightarrow{BA}$
       (3) $\overline{AB}$와 $\overline{BA}$는 서로 같은 선분이다. ➡ $\overline{AB}=\overline{BA}$

- 점은 보통 대문자 A, B, C, ...로 나타내고, 직선은 보통 소문자 $l, m, n,$ ...으로 나타낸다.

- 시작점과 뻗어 나가는 방향이 모두 같은 두 반직선은 서로 같은 반직선이다.

01-3 **두 점 사이의 거리**   유형 04, 05, 06

(1) 두 점 사이의 거리
  서로 다른 두 점 A, B를 잇는 무수히 많은 선 중에서 길이가 가장 짧은 것은 선분 AB이다.
  이때 선분 AB의 길이를 두 점 A, B 사이의 거리라 한다.

두 점 A, B 사이의 거리

(2) 선분의 중점
  선분 AB 위의 한 점 M에 대하여 $\overline{AM}=\overline{MB}$일 때, 점 M을 선분 AB의 중점이라 한다.
  ➡ $\overline{AM}=\overline{MB}=\dfrac{1}{2}\overline{AB}$

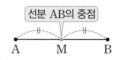

선분 AB의 중점

- $\overline{AB}$는 도형으로서 선분을 나타내기도 하고, 그 선분의 길이를 나타내기도 한다.

- 선분에서는 길이를 생각할 수 있지만 직선과 반직선에서는 길이를 생각할 수 없다.

01-1 점, 선, 면

[0001~0004] 다음 중 옳은 것은 ○를, 옳지 않은 것은 ×를 ( ) 안에 써넣으시오.

0001 점, 선, 면을 도형의 기본 요소라 한다. ( )

0002 점이 움직인 자리는 면이 된다. ( )

0003 삼각형, 원기둥은 모두 평면도형이다. ( )

0004 선과 선이 만날 때, 교점이 생긴다. ( )

[0005~0006] 다음 □ 안에 알맞은 수를 써넣으시오.

0005

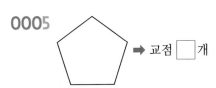

➡ 교점 □ 개

0006

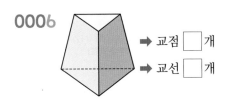

➡ 교점 □ 개
➡ 교선 □ 개

01-2 직선, 반직선, 선분

[0007~0010] 다음 도형을 기호로 나타내시오.

0007 ●——●
          M   N

0008 ○─ ─●——●─ ─
             M   N

0009 ○─ ─●——●
             M   N

0010 ●——●─ ─
          M   N

[0011~0014] 오른쪽 그림과 같이 한 직선 위에 세 점 A, B, C가 있을 때, 다음 □ 안에 = 또는 ≠를 써넣으시오.

●————●————●
A   B   C

0011 $\overline{AB}$ □ $\overline{BA}$

0012 $\overleftrightarrow{AB}$ □ $\overleftrightarrow{BC}$

0013 $\overrightarrow{AB}$ □ $\overrightarrow{BC}$

0014 $\overrightarrow{CA}$ □ $\overrightarrow{CB}$

01-3 두 점 사이의 거리

[0015~0016] 오른쪽 그림에서 다음을 구하시오.

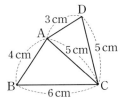

0015 두 점 A, C 사이의 거리

0016 두 점 B, C 사이의 거리

[0017~0018] 아래 그림에서 점 M은 $\overline{AB}$의 중점일 때, 다음 선분의 길이를 구하시오.

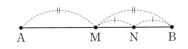

0017 $\overline{AM}$ **0018** $\overline{AB}$

[0019~0021] 다음 그림에서 점 M은 $\overline{AB}$의 중점이고, 점 N은 $\overline{MB}$의 중점일 때, □ 안에 알맞은 수를 써넣으시오.

●————————●————●———●
A   M   N   B

0019 $\overline{MB}=$ □ $\overline{AB}$

0020 $\overline{AB}=$ □ $\overline{NB}$

0021 $\overline{AN}=$ □ $\overline{MN}$

01-4 각
유형 07~11

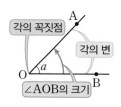

(1) **각 AOB**: 한 점 O에서 시작하는 두 반직선 OA, OB로 이루어진 도형 **기호** ∠AOB, ∠BOA, ∠O, ∠a

　참고 각 AOB에서 점 O를 각의 꼭짓점이라 하고, 두 반직선 OA, OB를 각의 변이라 한다.

(2) **∠AOB의 크기**: 꼭짓점 O를 중심으로 변 OB가 변 OA까지 회전한 양

(3) **각의 분류**

① **평각**: 각의 두 변이 꼭짓점을 중심으로 서로 반대쪽에 있으면서 한 직선을 이룰 때의 각, 즉 크기가 180°인 각

② **직각**: 크기가 평각의 $\frac{1}{2}$인 각, 즉 크기가 90°인 각

③ **예각**: 크기가 0°보다 크고 90°보다 작은 각

④ **둔각**: 크기가 90°보다 크고 180°보다 작은 각

| (평각)=180° | (직각)=90° | 0°<(예각)<90° | 90°<(둔각)<180° |

● ∠AOB는 도형으로서 각 AOB를 나타내기도 하고, 그 각의 크기를 나타내기도 한다.

● ∠AOB는 보통 크기가 작은 쪽의 각을 말한다.

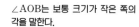

∠AOB=100°

01-5 맞꼭지각
유형 12, 13, 14

(1) **교각**: 두 직선이 한 점에서 만날 때 생기는 네 개의 각

　➡ ∠a, ∠b, ∠c, ∠d

(2) **맞꼭지각**: 교각 중에서 서로 마주 보는 각 ➡ ∠a와 ∠c, ∠b와 ∠d

(3) **맞꼭지각의 성질**: 맞꼭지각의 크기는 서로 같다. ➡ ∠a=∠c, ∠b=∠d

　참고 오른쪽 그림에서 ∠a+∠b=180°, ∠b+∠c=180°이므로

　　∠a=180°−∠b, ∠c=180°−∠b　∴ ∠a=∠c

　　같은 방법으로 하면 ∠b=∠d

● 두 직선이 한 점에서 만날 때 생기는 맞꼭지각은 2쌍이다.

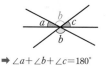

➡ ∠a+∠b+∠c=180°

01-6 직교, 수직이등분선, 수선의 발
유형 15

(1) **직교**

두 직선 AB와 CD의 교각이 직각일 때, 이 두 직선은 **직교**한다고 하거나 서로 **수직**이라 한다. **기호** $\overleftrightarrow{AB} \perp \overleftrightarrow{CD}$

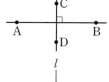

(2) **수직이등분선**

선분 AB의 중점 M을 지나면서 선분 AB에 수직인 직선 l을 선분 AB의 **수직이등분선**이라 한다.

➡ $l \perp \overline{AB}$, $\overline{AM}=\overline{MB}=\frac{1}{2}\overline{AB}$

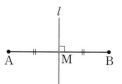

● 두 직선이 서로 수직일 때, 한 직선을 다른 직선의 수선이라 한다.
➡ $\overleftrightarrow{AB} \perp \overleftrightarrow{CD}$일 때, $\overleftrightarrow{AB}$는 $\overleftrightarrow{CD}$의 수선이고, $\overleftrightarrow{CD}$는 $\overleftrightarrow{AB}$의 수선이다.

(3) **수선의 발**

① **수선의 발**: 직선 l 위에 있지 않은 점 P에서 직선 l에 수선을 그었을 때 생기는 교점 H를 점 P에서 직선 l에 내린 수선의 발이라 한다.

② **점과 직선 사이의 거리**: 직선 l 위에 있지 않은 점 P에서 직선 l에 내린 수선의 발 H에 대하여 선분 PH의 길이를 점 P와 직선 l 사이의 거리라 한다.

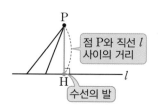

● $\overline{PH}$는 점 P와 직선 l 위의 점을 잇는 선분 중에서 길이가 가장 짧다.

01-4 각

[0022~0025] 다음 각을 보기에서 모두 고르시오.

┌ 보기 ┐
ㄱ. 73°   ㄴ. 180°   ㄷ. 90°
ㄹ. 158°   ㅁ. 49°   ㅂ. 131°
└──────────────────────────┘

0022 예각   **0023** 직각

0024 둔각   **0025** 평각

[0026~0029] 다음 그림에서 ∠x의 크기를 구하시오.

0026

0027

0028

0029

01-5 맞꼭지각

[0030~0033] 오른쪽 그림과 같이 세 직선이 한 점 O에서 만날 때, 다음 각의 맞꼭지각을 구하시오.

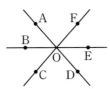

0030 ∠AOB   **0031** ∠BOC

0032 ∠AOE   **0033** ∠COE

[0034~0036] 다음 그림에서 ∠x, ∠y의 크기를 각각 구하시오.

0034

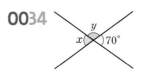

0035

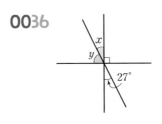

0036

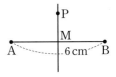

01-6 직교, 수직이등분선, 수선의 발

[0037~0038] 오른쪽 그림에서 직선 PM이 선분 AB의 수직이등분선이고 $\overline{AB}=6\,\text{cm}$일 때, 다음을 구하시오.

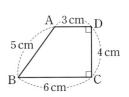

0037 선분 AM의 길이

0038 ∠PMB의 크기

[0039~0041] 오른쪽 그림과 같은 사다리꼴 ABCD에서 다음을 구하시오.

0039 $\overline{AD}$와 직교하는 변

0040 점 A에서 $\overline{CD}$에 내린 수선의 발

0041 점 D와 $\overline{BC}$ 사이의 거리

유형 완성

하 10% ···· 중 80% ···· 상 10%

유형 01 교점과 교선

(1) 교점: 선과 선 또는 선과 면이 만나서 생기는 점
(2) 교선: 면과 면이 만나서 생기는 선

교점
교선

0042 [대표 문제]

오른쪽 그림과 같은 사각뿔에서 교점의 개수를 a, 교선의 개수를 b라 할 때, $a+b$의 값을 구하시오.

0043 (중)

다음 중 옳지 않은 것을 모두 고르면? (정답 2개)

① 선이 움직인 자리는 면이 된다.
② 평면도형은 한 평면 위에 있는 도형이다.
③ 입체도형은 점, 선, 면으로 이루어져 있다.
④ 교점은 선과 선이 만나는 경우에만 생긴다.
⑤ 정육면체에서 교점의 개수는 교선의 개수와 같다.

0044 (중)

오른쪽 그림과 같은 육각기둥에서 교점의 개수를 a, 교선의 개수를 b, 면의 개수를 c라 할 때, $a+b-c$의 값은?

① 18   ② 19
③ 20   ④ 21
⑤ 22

 빈출

유형 02 직선, 반직선, 선분

0045 [대표 문제]

오른쪽 그림과 같이 직선 l 위에 5개의 점 A, B, C, D, E가 있을 때, 다음 중 $\overrightarrow{CD}$와 같은 것은?

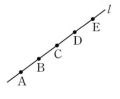

① $\overrightarrow{BC}$ ② $\overrightarrow{CA}$
③ $\overline{CD}$ ④ $\overrightarrow{CE}$
⑤ $\overrightarrow{DC}$

0046 (중)

아래 그림과 같이 직선 l 위에 네 점 A, B, C, D가 있을 때, 다음 중 옳지 않은 것을 모두 고르면? (정답 2개)

① $\overrightarrow{AB}=\overrightarrow{CD}$ ② $\overrightarrow{AB}=\overrightarrow{AD}$ ③ $\overrightarrow{AC}=\overrightarrow{BC}$
④ $\overleftrightarrow{AC}=\overleftrightarrow{CA}$ ⑤ $\overline{BD}=\overline{DB}$

0047 (중)

다음 중 옳은 것을 모두 고르면? (정답 2개)

① 한 점을 지나는 직선은 2개이다.
② 서로 다른 두 점을 지나는 직선은 하나뿐이다.
③ 시작점이 같은 두 반직선은 서로 같다.
④ 두 점 A, B를 잇는 선 중에서 가장 짧은 선은 $\overline{AB}$이다.
⑤ 반직선의 길이는 직선의 길이의 $\dfrac{1}{2}$이다.

유형 03 직선, 반직선, 선분의 개수

두 점 A, B를 이어서 만들 수 있는 서로 다른 직선, 반직선, 선분의 개수는 다음과 같다.

(1) 직선 ➡ $\overleftrightarrow{AB}$의 1개

(2) 반직선 ➡ $\overrightarrow{AB}$, $\overrightarrow{BA}$의 2개

(3) 선분 ➡ $\overline{AB}$의 1개 └ (반직선의 개수)=(직선의 개수)×2
└ (선분의 개수)=(직선의 개수)

0048 대표 문제

오른쪽 그림과 같이 한 직선 위에 있지 않은 세 점 A, B, C가 있다. 이 중 두 점을 지나는 서로 다른 직선, 반직선, 선분의 개수를 차례로 구하시오.

0049 종

오른쪽 그림과 같이 원 위에 5개의 점 A, B, C, D, E가 있을 때, 이 중 두 점을 지나는 서로 다른 직선, 반직선의 개수를 차례로 구하면?

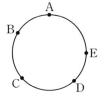

① 5, 10 　　　　② 5, 15

③ 10, 15 　　　　④ 10, 20

⑤ 20, 20

0050 종

서술형

다음 그림과 같이 직선 l 위에 네 점 A, B, C, D가 있다. 이 중 두 점을 이어서 만들 수 있는 서로 다른 직선의 개수를 x, 반직선의 개수를 y, 선분의 개수를 z라 할 때, $x+y+z$의 값을 구하시오.

0051 종

오른쪽 그림과 같이 세 점 A, B, C는 한 직선 위에 있고 점 D는 그 직선 위에 있지 않을 때, 다음을 구하시오.

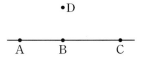

(1) 네 점 중 두 점을 지나는 서로 다른 직선의 개수

(2) 네 점 중 두 점을 지나는 서로 다른 반직선의 개수

유형 04 선분의 중점

점 M이 선분 AB의 중점일 때

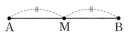

(1) $\overline{AM}=\overline{MB}=\dfrac{1}{2}\overline{AB}$

(2) $\overline{AB}=2\overline{AM}=2\overline{MB}$

참고 두 점 M, N이 선분 AB의 삼등분점일 때

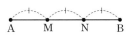

➡ $\overline{AM}=\overline{MN}=\overline{NB}=\dfrac{1}{3}\overline{AB}$

0052 대표 문제

아래 그림에서 점 M은 $\overline{AB}$의 중점이고, 두 점 C, D는 각각 $\overline{AM}$, $\overline{MB}$의 중점일 때, 다음 중 옳지 않은 것은?

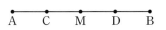

① $\overline{AB}=2\overline{CD}$ 　　　　② $\overline{AD}=\overline{BC}$

③ $\overline{CM}=\dfrac{1}{3}\overline{AB}$ 　　　　④ $\overline{AM}=\dfrac{2}{3}\overline{BC}$

⑤ $\overline{AB}=\dfrac{4}{3}\overline{BC}$

0053 종

오른쪽 그림에서 두 점 B, C가 $\overline{AD}$의 삼등분점일 때, 다음 보기 중 옳은 것을 모두 고르시오.

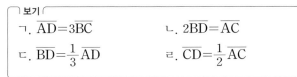

보기

ㄱ. $\overline{AD}=3\overline{BC}$ 　　　　ㄴ. $2\overline{BD}=\overline{AC}$

ㄷ. $\overline{BD}=\dfrac{1}{3}\overline{AD}$ 　　　　ㄹ. $\overline{CD}=\dfrac{1}{2}\overline{AC}$

0054 ③

아래 그림에서 두 점 P, Q는 $\overline{AB}$의 삼등분점이고, 점 M은 $\overline{AP}$의 중점일 때, 다음 중 옳지 <u>않은</u> 것은?

① $\overline{PQ}=\dfrac{1}{3}\overline{AB}$ ② $\overline{AB}=6\overline{MP}$

③ $\overline{AM}=\dfrac{1}{4}\overline{PB}$ ④ $\overline{MQ}=4\overline{MP}$

⑤ $\overline{MB}=5\overline{AM}$

빈출

유형 05   두 점 사이의 거리⑴ – 선분의 중점 이용하기

(1) 두 점 M, N이 각각 $\overline{AC}$, $\overline{CB}$의 중점일 때, → $\overline{AM}=\overline{MC}$, $\overline{CN}=\overline{NB}$

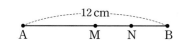

$\overline{MN}=\overline{MC}+\overline{CN}=\dfrac{1}{2}(\overline{AC}+\overline{CB})=\dfrac{1}{2}\overline{AB}$

➡ $\overline{AB}=2\overline{MN}$

(2) 두 점 M, N이 각각 $\overline{AB}$, $\overline{AM}$의 중점일 때, → $\overline{AM}=\overline{MB}$, $\overline{AN}=\overline{NM}$

$\overline{NM}=\dfrac{1}{2}\overline{AM}=\dfrac{1}{2}\times\dfrac{1}{2}\overline{AB}=\dfrac{1}{4}\overline{AB}$

➡ $\overline{AB}=4\overline{NM}$

0055 대표 문제

다음 그림에서 점 M은 $\overline{AB}$의 중점이고, 점 N은 $\overline{MB}$의 중점이다. $\overline{AB}=12\,\text{cm}$일 때, $\overline{AN}$의 길이를 구하시오.

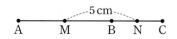

0056 ⑤

다음 그림에서 두 점 M, N은 각각 $\overline{AB}$, $\overline{BC}$의 중점이고 $\overline{MN}=5\,\text{cm}$일 때, $\overline{AC}$의 길이를 구하시오.

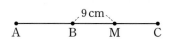

0057 ③

다음 그림에서 두 점 B, C는 $\overline{AD}$의 삼등분점이고, 두 점 M, N은 각각 $\overline{AB}$, $\overline{CD}$의 중점이다. $\overline{AD}=18\,\text{cm}$일 때, $\overline{MN}$의 길이를 구하시오.

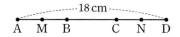

유형 06   두 점 사이의 거리⑵

오른쪽 그림에서 $3\overline{AB}=4\overline{BC}$이면

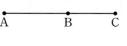

$\overline{AB}=\dfrac{4}{3}\overline{BC}$이므로

$\overline{AC}=\overline{AB}+\overline{BC}=\dfrac{4}{3}\overline{BC}+\overline{BC}=\dfrac{7}{3}\overline{BC}$

➡ $\overline{BC}=\dfrac{3}{7}\overline{AC}$

참고 $\overline{AB}:\overline{BC}=a:b$ ➡ ① $b\overline{AB}=a\overline{BC}$, $\overline{AB}=\dfrac{a}{b}\overline{BC}$

② $\overline{AB}=\dfrac{a}{a+b}\overline{AC}$

0058 대표 문제

다음 그림에서 두 점 M, N은 각각 $\overline{AB}$, $\overline{BC}$의 중점이고 $3\overline{AB}=\overline{BC}$이다. $\overline{MN}=20\,\text{cm}$일 때, $\overline{AB}$의 길이는?

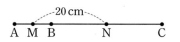

① $10\,\text{cm}$ ② $11\,\text{cm}$ ③ $12\,\text{cm}$

④ $13\,\text{cm}$ ⑤ $14\,\text{cm}$

0059 ③

다음 그림에서 점 M은 $\overline{BC}$의 중점이고 $\overline{AB}:\overline{BC}=2:3$이다. $\overline{BM}=9\,\text{cm}$일 때, $\overline{AC}$의 길이는?

① $28\,\text{cm}$ ② $29\,\text{cm}$ ③ $30\,\text{cm}$

④ $31\,\text{cm}$ ⑤ $32\,\text{cm}$

0060 (중)

서술형 ₒ

다음 그림에서 $\overline{AC}=2\overline{CD}$, $\overline{AB}=2\overline{BC}$이고 $\overline{AD}=27\,cm$일 때, $\overline{BC}$의 길이를 구하시오.

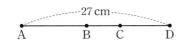

유형 07 평각을 이용하여 각의 크기 구하기

$\angle AOB=180°$일 때, $\angle BOC=a°$이면
➡ $\angle AOC=180°-a°$

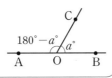

0061 [대표 문제]

오른쪽 그림에서 x의 값을 구하시오.

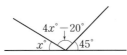

0062 (중)

오른쪽 그림에서 $\angle BOC$의 크기를 구하시오.

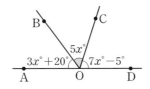

0063 (중)

오른쪽 그림에서 $y-x$의 값은?

① 4 ② 5
③ 6 ④ 7
⑤ 8

유형 08 직각을 이용하여 각의 크기 구하기

$\angle AOB=90°$일 때, $\angle BOC=a°$이면
➡ $\angle AOC=90°-a°$

0064 [대표 문제]

오른쪽 그림에서 x의 값은?

① 18 ② 21
③ 24 ④ 27
⑤ 30

0065 (하)

오른쪽 그림에서 $\angle AOC=90°$, $\angle BOD=90°$이고 $\angle AOB=35°$일 때, $\angle x$의 크기를 구하시오.

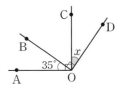

0066 (중)

서술형 ₒ

오른쪽 그림에서 $2\angle x-\angle y$의 크기를 구하시오.

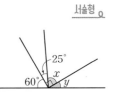

0067 ⑧

오른쪽 그림에서 $\angle AOC = 90°$,
$\angle BOD = 90°$이고
$\angle AOB + \angle COD = 50°$일 때,
$\angle BOC$의 크기를 구하시오.

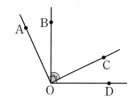

0070 ㉦

오른쪽 그림에서 $\angle a : \angle b = 2 : 3$,
$\angle a : \angle c = 1 : 2$일 때, $\angle c$의 크기는?

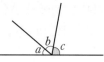

① $65°$
② $70°$
③ $75°$
④ $80°$
⑤ $85°$

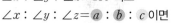

유형 09 각의 크기의 비가 주어졌을 때, 각의 크기 구하기

오른쪽 그림에서
$\angle x + \angle y + \angle z = 180°$이고
$\angle x : \angle y : \angle z = \boxed{a} : \boxed{b} : \boxed{c}$ 이면

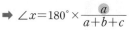

➡ $\angle x = 180° \times \dfrac{a}{a+b+c}$

$\angle y = 180° \times \dfrac{b}{a+b+c}$

$\angle z = 180° \times \dfrac{c}{a+b+c}$

유형 10 각의 크기 사이의 조건이 주어졌을 때, 각의 크기 구하기

오른쪽 그림에서 $\angle COD = \angle a$일 때

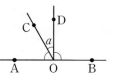

(1) $\angle AOC = 2\angle COD$이면
➡ $\angle AOC = 2\angle a$
(2) $\angle BOC = 4\angle COD$이면
➡ $\underline{\angle BOD = 3\angle a}$
└ $\angle BOC - \angle COD$

0068 대표 문제

오른쪽 그림에서
$\angle a : \angle b : \angle c = 4 : 5 : 6$일 때,
$\angle b$의 크기를 구하시오.

0071 대표 문제

오른쪽 그림에서
$\angle AOB = 3\angle BOC$,
$\angle COE = 4\angle COD$일 때,
$\angle BOD$의 크기를 구하시오.

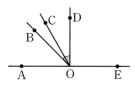

0069 ⑧

오른쪽 그림에서 $\angle AOB = 90°$이고
$\angle BOC : \angle COD = 1 : 4$일 때,
$\angle COD$의 크기는?

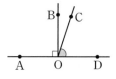

① $70°$
② $72°$
③ $74°$
④ $76°$
⑤ $78°$

0072 ㉭

오른쪽 그림에서
$\angle AOB = \angle BOC$,
$\angle COD = \angle DOE$일 때,
$\angle BOD$의 크기는?

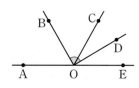

① $88°$
② $90°$
③ $92°$
④ $94°$
⑤ $96°$

0073 ⓒ

오른쪽 그림에서
$\angle AOB = \angle BOC = \dfrac{5}{2}\angle COD$일
때, $\angle AOB$의 크기는?

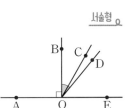

① 65°　　　② 70°　　　③ 75°

④ 80°　　　⑤ 85°

0074 ⓒ

서술형 ○

오른쪽 그림에서 $\angle AOB = 90°$이
고 $\angle BOC = \dfrac{1}{4}\angle AOC$,
$\angle COD = \dfrac{1}{5}\angle DOE$일 때,
$\angle BOD$의 크기를 구하시오.

유형 11　시침과 분침이 이루는 각의 크기 구하기

(1) 시침은 1시간에 30°만큼, 1분에 0.5°만큼 움직인다.
(2) 분침은 1시간에 360°만큼, 1분에 6°만큼 움직인다.
(3) 시침과 분침이 모두 시계의 12를 가리킬 때부터 x시 y분이
　 될 때까지
　 ① 시침이 움직인 각도 ➡ $30° \times x + 0.5° \times y$
　 ② 분침이 움직인 각도 ➡ $6° \times y$

0075 　대표 문제

오른쪽 그림과 같이 시계가 2시 30분을
가리킬 때, 시침과 분침이 이루는 각 중
에서 작은 쪽의 각의 크기를 구하시오.
(단, 시침과 분침의 두께는 생각하지 않
는다.)

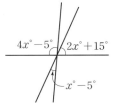

0076 ⓢ

오른쪽 그림과 같이 시계가 7시와 8시
사이에 시침과 분침이 서로 반대 방향
을 가리키며 평각을 이루는 시각을 구
하시오. (단, 시침과 분침의 두께는 생
각하지 않는다.)

빈출

유형 12　맞꼭지각의 성질

맞꼭지각의 크기는 서로 같다.
➡ $\angle a = \angle c$, $\angle b = \angle d$

0077 　대표 문제

오른쪽 그림에서 x의 값은?

① 15　　　② 20

③ 25　　　④ 30

⑤ 35

그림: $4x°-5°$, $2x°+15°$, $x°-5°$

0078 ⓗ

오른쪽 그림에서 $\angle AOC$의 크기를
구하시오.

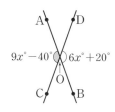

그림: $9x°-40°$, $6x°+20°$

0079 ⑧

오른쪽 그림에서 $x+y$의 값을 구하시오.

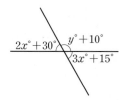

0080 ⑧

오른쪽 그림에서 $\angle b+\angle c=200°$일 때, $\angle a$의 크기를 구하시오.

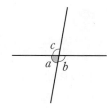

0081 ⑧

오른쪽 그림에서 $\angle x-\angle y$의 크기는?

① $0°$ ② $5°$

③ $10°$ ④ $15°$

⑤ $20°$

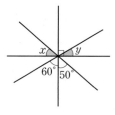

0082 ⑧

서술형 ♀

오른쪽 그림에서 $\angle AOC=65°$이고 $\angle a:\angle b=3:2$일 때, $\angle AOE$의 크기를 구하시오.

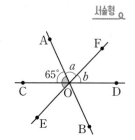

유형 13 맞꼭지각의 성질의 활용

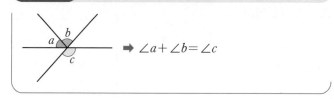

$\Rightarrow \angle a+\angle b=\angle c$

0083 〔대표 문제〕

오른쪽 그림에서 $x-y$의 값은?

① 60 ② 70

③ 80 ④ 90

⑤ 100

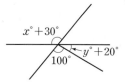

0084 ⑧

오른쪽 그림에서 $x-y$의 값을 구하시오.

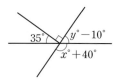

0085 ⑧

오른쪽 그림에서 $\angle x+\angle y$의 크기는?

① $128°$ ② $134°$

③ $140°$ ④ $146°$

⑤ $152°$

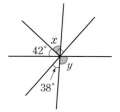

유형 14 맞꼭지각의 쌍의 개수

두 직선이 한 점에서 만날 때 생기는 맞꼭지
각은 ∠a와 ∠c, ∠b와 ∠d의 2쌍이다.

참고 서로 다른 n개의 직선이 한 점에서 만날 때
생기는 맞꼭지각은
➡ n(n−1)쌍

0086 대표 문제

오른쪽 그림과 같이 세 직선이 한 점에
서 만날 때 생기는 맞꼭지각은 모두 몇
쌍인지 구하시오.

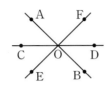

0087 중

오른쪽 그림과 같이 한 평면 위에 세 직
선이 있을 때 생기는 맞꼭지각은 모두
몇 쌍인가?

① 3쌍 　　　　② 4쌍
③ 5쌍 　　　　④ 6쌍
⑤ 7쌍

0088 중

오른쪽 그림과 같이 네 직선이 한 점에
서 만날 때 생기는 맞꼭지각은 모두 몇
쌍인지 구하시오.

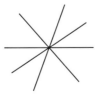

유형 15 수직과 수선

오른쪽 그림과 같이 $l \perp \overline{PH}$일 때
(1) 점 P에서 직선 l에 내린 수선의 발
➡ 점 H
(2) 점 P와 직선 l 사이의 거리
➡ $\overline{PH}$의 길이

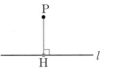

0089 대표 문제

다음 중 오른쪽 그림과 같은 직사
각형 ABCD에 대한 설명으로 옳
지 않은 것을 모두 고르면?

(정답 2개)

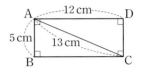

① $\overline{AB}$와 $\overline{BC}$는 직교한다.
② 점 C에서 $\overline{AB}$에 내린 수선의 발은 점 A이다.
③ $\overline{BC}$의 수선은 $\overline{AB}$, $\overline{CD}$이다.
④ 점 A와 $\overline{CD}$ 사이의 거리는 13 cm이다.
⑤ 점 D와 $\overline{BC}$ 사이의 거리는 5 cm이다.

0090 중

오른쪽 그림과 같은 평행사변
형 ABCD에서 점 A와 직선
BC 사이의 거리를 x cm, 점 A
와 직선 CD 사이의 거리를
y cm라 할 때, $x+y$의 값을 구하시오.

서술형

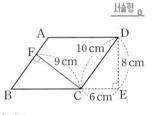

0091 중

다음 중 오른쪽 그림에 대한 설명으로
옳지 않은 것은?

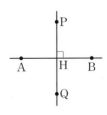

① ∠AHQ=90°
② $\overleftrightarrow{PQ} \perp \overleftrightarrow{AB}$
③ $\overleftrightarrow{PQ}$는 $\overleftrightarrow{AB}$의 수선이다.
④ 점 A와 $\overleftrightarrow{PQ}$ 사이의 거리는 $\overline{PH}$의 길이와 같다.
⑤ 점 Q에서 $\overleftrightarrow{AB}$에 내린 수선의 발은 점 H이다.

AB 유형 점검

0092
유형 01

오른쪽 그림과 같은 입체도형에서 교점의 개수를 a, 교선의 개수를 b라 할 때, $b-a$의 값을 구하시오.

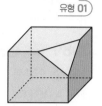

0093
유형 02

아래 그림과 같이 직선 l 위에 5개의 점 A, B, C, D, E가 있을 때, 다음 중 $\overrightarrow{BC}$를 포함하는 것의 개수를 구하시오.

$$\overrightarrow{AC}, \quad \overrightarrow{BC}, \quad \overrightarrow{BE}, \quad \overrightarrow{CB}, \quad \overrightarrow{CD}, \quad \overleftarrow{CE}, \quad \overrightarrow{ED}$$

0094
유형 03

오른쪽 그림과 같이 어느 세 점도 한 직선 위에 있지 않은 네 점 A, B, C, D가 있다. 이 중 두 점을 지나는 서로 다른 반직선의 개수를 a, 선분의 개수를 b라 할 때, $a+b$의 값을 구하시오.

A   D

B   C

0095
유형 04

아래 그림에서 두 점 M, N은 $\overline{AB}$의 삼등분점이고, 점 O는 $\overline{AB}$의 중점일 때, 다음 중 옳은 것은?

A   M   O   N   B

① $\overline{AB}=2\overline{AM}$

② $\overline{AN}=\dfrac{2}{3}\overline{MB}$

③ $\overline{AO}=\overline{NB}$

④ $\overline{MN}=\dfrac{1}{3}\overline{AN}$

⑤ $\overline{MO}=\dfrac{1}{3}\overline{OB}$

0096
유형 05

다음 그림에서 점 M은 $\overline{AB}$의 중점이고 $\overline{AN}=\overline{NM}$, $\overline{NB}=9\,\mathrm{cm}$일 때, $\overline{AM}$의 길이를 구하시오.

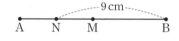

0097
유형 05

다음 그림에서 두 점 M, N은 각각 $\overline{AB}$, $\overline{BC}$의 중점이고 $\overline{AC}=22\,\mathrm{cm}$일 때, $\overline{MN}$의 길이를 구하시오.

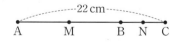

0098

유형 06

다음 그림에서 두 점 M, N은 각각 $\overline{AB}$, $\overline{BC}$의 중점이고 $\overline{AB}=4\overline{BC}$이다. $\overline{AM}=8\,cm$일 때, $\overline{MN}$의 길이를 구하시오.

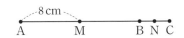

0099

유형 07

오른쪽 그림에서 ∠COD의 크기는?

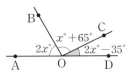

① 20°   ② 25°

③ 30°   ④ 35°

⑤ 40°

0100

유형 08

오른쪽 그림에서 x의 값은?

① 10   ② 11

③ 12   ④ 13

⑤ 14

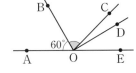

0101

유형 09

오른쪽 그림에서 ∠COD=90°이고
∠AOB : ∠BOC : ∠DOE
=2 : 4 : 3
일 때, ∠BOC의 크기를 구하시오.

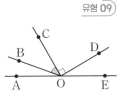

0102

유형 10

오른쪽 그림에서
∠AOC=2∠BOC,
∠COE=2∠COD일 때, ∠BOD의
크기는?

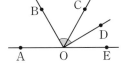

① 82°   ② 86°   ③ 90°

④ 94°   ⑤ 98°

0103

유형 10

오른쪽 그림에서 ∠AOB=60°이고 ∠BOD=3∠DOE,
∠COD=$\frac{1}{2}$∠DOE일 때,
∠BOC의 크기는?

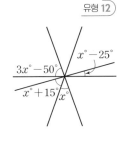

① 60°   ② 65°   ③ 70°

④ 75°   ⑤ 80°

0104

유형 12

오른쪽 그림에서 x의 값은?

① 30   ② 35

③ 40   ④ 45

⑤ 50

0105

유형 13

오른쪽 그림에서 x의 값은?

① 35   ② 37

③ 40   ④ 42

⑤ 45

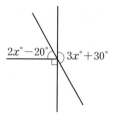

0106

유형 14

서로 다른 5개의 직선이 한 점에서 만날 때 생기는 맞꼭지각은 모두 몇 쌍인지 구하시오.

0107

유형 15

오른쪽 그림에서 $\overline{\rm AH}=\overline{\rm BH}$이고 $\angle{\rm AHD}=90°$, $\overline{\rm AB}=10$, $\overline{\rm CD}=14$일 때, 다음 보기 중 옳은 것을 모두 고르시오.

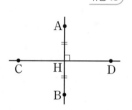

┌ 보기 ┐

ㄱ. $\overleftrightarrow{\rm AB}$와 $\overleftrightarrow{\rm CD}$는 직교한다.

ㄴ. $\overleftrightarrow{\rm AB}$는 $\overline{\rm CD}$의 수직이등분선이다.

ㄷ. 점 C와 $\overleftrightarrow{\rm AB}$ 사이의 거리는 7이다.

ㄹ. 점 D에서 $\overleftrightarrow{\rm AB}$에 내린 수선의 발은 점 H이다.

서술형

0108

유형 06

다음 그림에서 점 B는 $\overline{\rm AD}$의 중점이고 $\overline{\rm AD} : \overline{\rm DE}=2 : 1$, $\overline{\rm AB} : \overline{\rm BC}=3 : 1$이다. $\overline{\rm AE}=27\,{\rm cm}$일 때, $\overline{\rm AC}$의 길이를 구하시오.

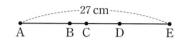

0109

유형 12

오른쪽 그림에서 $x+y$의 값을 구하시오.

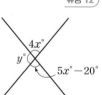

0110

유형 15

오른쪽 그림에서 점 A와 $\overline{\rm BC}$ 사이의 거리를 $x\,{\rm cm}$, 점 C와 $\overline{\rm AB}$ 사이의 거리를 $y\,{\rm cm}$, 점 D와 $\overleftrightarrow{\rm AB}$ 사이의 거리를 $z\,{\rm cm}$라 할 때, $x+y+z$의 값을 구하시오.

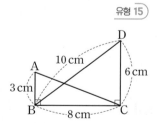

0111

오른쪽 그림과 같이 반원 위에 6개의 점 A, B, C, D, E, F가 있을 때, 이 중 두 점을 이어서 만들 수 있는 서로 다른 직선의 개수를 구하시오.

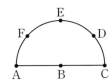

0112

다음 그림에서 $\overline{AM} : \overline{MB} = 2 : 3$, $\overline{AN} : \overline{NB} = 5 : 2$이고 $\overline{MN} = 22\,cm$일 때, $\overline{AB}$의 길이는?

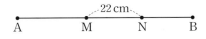

① 64 cm   ② 66 cm   ③ 68 cm

④ 70 cm   ⑤ 72 cm

0113

오른쪽 그림과 같이 시계가 6시와 7시 사이에 시침과 분침이 완전히 포개어질 때의 시각은? (단, 시침과 분침의 두께는 생각하지 않는다.)

① 6시 32분   ② 6시 $\dfrac{360}{11}$ 분   ③ 6시 33분

④ 6시 $\dfrac{370}{11}$ 분   ⑤ 6시 34분

0114

오른쪽 그림과 같이 $\overleftrightarrow{AB}$, $\overleftrightarrow{CD}$, $\overleftrightarrow{EF}$의 교점을 O라 하자.
$\angle AOC = \dfrac{1}{4}\angle AOG$,
$\angle GOD = 5\angle FOD$일 때, $\angle BOE$의 크기를 구하시오.

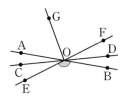

○ 기출 BOOK 2쪽

A 개념 확인
하 100% ···· 중 ···· 상

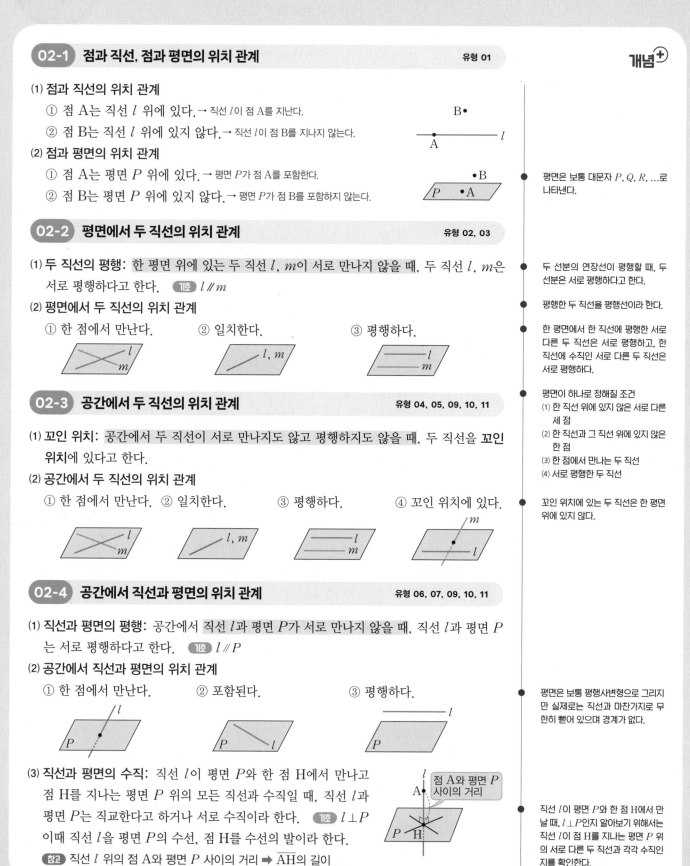

02-1 점과 직선, 점과 평면의 위치 관계
유형 01

(1) 점과 직선의 위치 관계

① 점 A는 직선 l 위에 있다. → 직선 l이 점 A를 지난다.

② 점 B는 직선 l 위에 있지 않다. → 직선 l이 점 B를 지나지 않는다.

(2) 점과 평면의 위치 관계

① 점 A는 평면 P 위에 있다. → 평면 P가 점 A를 포함한다.

② 점 B는 평면 P 위에 있지 않다. → 평면 P가 점 B를 포함하지 않는다.

> 평면은 보통 대문자 P, Q, R, ...로 나타낸다.

02-2 평면에서 두 직선의 위치 관계
유형 02, 03

(1) 두 직선의 평행: 한 평면 위에 있는 두 직선 l, m이 서로 만나지 않을 때, 두 직선 l, m은 서로 평행하다고 한다. 기호 $l /\!/ m$

(2) 평면에서 두 직선의 위치 관계

① 한 점에서 만난다.   ② 일치한다.   ③ 평행하다.

> 두 선분의 연장선이 평행할 때, 두 선분은 서로 평행하다고 한다.

> 평행한 두 직선을 평행선이라 한다.

> 한 평면에서 한 직선에 평행한 서로 다른 두 직선은 서로 평행하고, 한 직선에 수직인 서로 다른 두 직선은 서로 평행하다.

02-3 공간에서 두 직선의 위치 관계
유형 04, 05, 09, 10, 11

(1) 꼬인 위치: 공간에서 두 직선이 서로 만나지도 않고 평행하지도 않을 때, 두 직선을 **꼬인 위치**에 있다고 한다.

(2) 공간에서 두 직선의 위치 관계

① 한 점에서 만난다.   ② 일치한다.   ③ 평행하다.   ④ 꼬인 위치에 있다.

> 평면이 하나로 정해질 조건
> (1) 한 직선 위에 있지 않은 서로 다른 세 점
> (2) 한 직선과 그 직선 위에 있지 않은 한 점
> (3) 한 점에서 만나는 두 직선
> (4) 서로 평행한 두 직선

> 꼬인 위치에 있는 두 직선은 한 평면 위에 있지 않다.

02-4 공간에서 직선과 평면의 위치 관계
유형 06, 07, 09, 10, 11

(1) 직선과 평면의 평행: 공간에서 직선 l과 평면 P가 서로 만나지 않을 때, 직선 l과 평면 P는 서로 평행하다고 한다. 기호 $l /\!/ P$

(2) 공간에서 직선과 평면의 위치 관계

① 한 점에서 만난다.   ② 포함된다.   ③ 평행하다.

> 평면은 보통 평행사변형으로 그리지만 실제로는 직선과 마찬가지로 무한히 뻗어 있으며 경계가 없다.

(3) 직선과 평면의 수직: 직선 l이 평면 P와 한 점 H에서 만나고 점 H를 지나는 평면 P 위의 모든 직선과 수직일 때, 직선 l과 평면 P는 직교한다고 하거나 서로 수직이라 한다. 기호 $l \perp P$

이때 직선 l을 평면 P의 수선, 점 H를 수선의 발이라 한다.

참고 직선 l 위의 점 A와 평면 P 사이의 거리 ➡ $\overline{AH}$의 길이

> 직선 l이 평면 P와 한 점 H에서 만날 때, $l \perp P$인지 알아보기 위해서는 직선 l이 점 H를 지나는 평면 P 위의 서로 다른 두 직선과 각각 수직인지를 확인한다.

02-1 점과 직선, 점과 평면의 위치 관계

[0115~0116] 오른쪽 그림에서 다음을 구하시오.

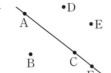

0115 직선 l 위에 있는 점

0116 직선 l 위에 있지 않은 점

[0117~0118] 오른쪽 그림에서 다음을 구하시오.

0117 평면 P 위에 있는 점

0118 평면 P 위에 있지 않은 점

02-2 평면에서 두 직선의 위치 관계

[0119~0120] 오른쪽 그림과 같은 직사각형에서 다음을 구하시오.

0119 변 BC와 평행한 변

0120 변 BC와 한 점에서 만나는 변

[0121~0124] 다음 중 오른쪽 그림에 대한 설명으로 옳은 것은 ○를, 옳지 않은 것은 ×를 ( ) 안에 써넣으시오.

0121 $\overleftrightarrow{AB} /\!/ \overleftrightarrow{DC}$ ( )

0122 $\overleftrightarrow{AD} /\!/ \overleftrightarrow{BC}$ ( )

0123 $\overleftrightarrow{AB} \perp \overleftrightarrow{BC}$ ( )

0124 $\overleftrightarrow{AD} \perp \overleftrightarrow{DC}$ ( )

02-3 공간에서 두 직선의 위치 관계

[0125~0128] 오른쪽 그림과 같은 삼각기둥에서 다음 두 모서리의 위치 관계를 말하시오.

0125 모서리 BC와 모서리 EF

0126 모서리 AC와 모서리 BC

0127 모서리 AB와 모서리 CF

0128 모서리 BC와 모서리 DE

[0129~0131] 오른쪽 그림과 같은 직육면체에서 모서리 BF에 대하여 다음을 구하시오.

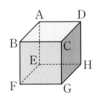

0129 한 점에서 만나는 모서리

0130 평행한 모서리

0131 꼬인 위치에 있는 모서리

02-4 공간에서 직선과 평면의 위치 관계

[0132~0137] 오른쪽 그림과 같은 직육면체에서 다음을 구하시오.

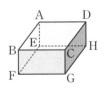

0132 면 ABCD에 포함되는 모서리

0133 면 AEHD와 한 점에서 만나는 모서리

0134 면 CGHD와 평행한 모서리

0135 모서리 BF와 수직인 면

0136 모서리 CG를 포함하는 면

0137 모서리 EH와 평행한 면

02-5 공간에서 두 평면의 위치 관계   유형 08~11

(1) **두 평면의 평행**: 공간에서 두 평면 P, Q가 서로 만나지 않을 때, 두 평면 P, Q는 서로 평행하다고 한다. (기호) $P /\!/ Q$

(2) **공간에서 두 평면의 위치 관계**

① 한 직선에서 만난다.   ② 일치한다.   ③ 평행하다.

(3) **두 평면의 수직**

평면 P가 평면 Q에 수직인 직선 l을 포함할 때, 평면 P와 평면 Q는 직교한다고 하거나 서로 수직이라 한다. (기호) $P \perp Q$

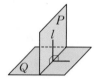

- 한 평면에 평행한 서로 다른 두 평면은 서로 평행하다.
- 두 평면 P, Q가 한 직선에서 만날 때, 그 직선은 두 평면 P, Q의 교선이다.
- 공간에서의 위치 관계 중에서 두 직선의 위치 관계에서만 꼬인 위치가 존재하고, 직선과 평면, 두 평면의 위치 관계에서는 꼬인 위치가 존재하지 않는다.

02-6 동위각과 엇각   유형 12

한 평면 위의 서로 다른 두 직선 l, m이 다른 한 직선 n과 만나서 생기는 8개의 각 중에서

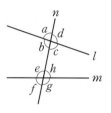

(1) **동위각**: 서로 같은 위치에 있는 두 각
➡ $\angle a$와 $\angle e$, $\angle b$와 $\angle f$, $\angle c$와 $\angle g$, $\angle d$와 $\angle h$

(2) **엇각**: 서로 엇갈린 위치에 있는 두 각
➡ $\angle b$와 $\angle h$, $\angle c$와 $\angle e$

- 서로 다른 두 직선이 다른 한 직선과 만나면 8개의 교각이 생기고 그중에서 동위각은 4쌍, 엇각은 2쌍이다.

02-7 평행선의 성질   유형 13, 15~21

서로 다른 두 직선이 다른 한 직선과 만날 때

(1) 두 직선이 평행하면 동위각의 크기는 서로 같다.
➡ $l /\!/ m$이면 $\angle a = \angle b$

(2) 두 직선이 평행하면 엇각의 크기는 서로 같다.
➡ $l /\!/ m$이면 $\angle c = \angle d$

- 다음 그림에서 $l /\!/ m$이면 $\angle a + \angle b = 180°$

- 맞꼭지각의 크기는 항상 같고, 동위각과 엇각의 크기는 두 직선이 평행할 때에만 같다.

02-8 두 직선이 평행하기 위한 조건   유형 14

서로 다른 두 직선이 다른 한 직선과 만날 때

(1) 동위각의 크기가 서로 같으면 두 직선은 평행하다.
➡ $\angle a = \angle b$이면 $l /\!/ m$

(2) 엇각의 크기가 서로 같으면 두 직선은 평행하다.
➡ $\angle c = \angle d$이면 $l /\!/ m$

- 다음 그림에서 $\angle a + \angle b = 180°$이면 $l /\!/ m$

- 두 직선이 평행한지 알아보기 위해서는 동위각 또는 엇각의 크기가 서로 같은지를 확인한다.

02-5 공간에서 두 평면의 위치 관계

[0138~0141] 오른쪽 그림과 같은 직육면체에서 다음을 구하시오.

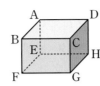

0138 면 ABCD와 평행한 면

0139 면 ABFE와 한 모서리에서 만나는 면

0140 면 BFGC와 수직인 면

0141 모서리 CD를 교선으로 갖는 두 면

[0142~0144] 오른쪽 그림과 같이 밑면이 정오각형인 오각기둥에서 다음을 구하시오.

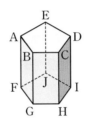

0142 면 ABCDE와 평행한 면의 개수

0143 면 AFGB와 수직인 면의 개수

0144 면 FGHIJ와 한 모서리에서 만나는 면의 개수

02-6 동위각과 엇각

[0145~0148] 오른쪽 그림과 같이 세 직선이 만날 때, 다음 각을 구하시오.

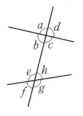

0145 ∠a의 동위각

0146 ∠g의 동위각

0147 ∠b의 엇각

0148 ∠e의 엇각

[0149~0152] 오른쪽 그림과 같이 세 직선이 만날 때, 다음 각의 크기를 구하시오.

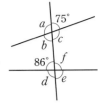

0149 ∠a의 동위각

0150 ∠c의 엇각

0151 ∠e의 동위각

0152 ∠f의 엇각

02-7 평행선의 성질

[0153~0154] 다음 그림에서 $l /\!/ m$일 때, ∠a, ∠b의 크기를 각각 구하시오.

0153

0154

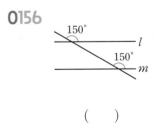

02-8 두 직선이 평행하기 위한 조건

[0155~0158] 다음 그림에서 두 직선 l, m이 평행하면 ○를, 평행하지 않으면 ×를 ( ) 안에 써넣으시오.

0155

0156

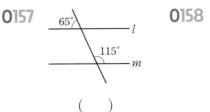

( )   ( )

0157

0158

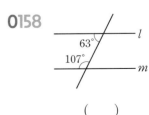

( )   ( )

⒝ 유형 완성

유형 01 점과 직선, 점과 평면의 위치 관계

(1) 점과 직선의 위치 관계
   ① 점 A는 직선 l 위에 있다.
   ② 점 B는 직선 l 위에 있지 않다.

(2) 점과 평면의 위치 관계
   ① 점 A는 평면 P 위에 있다.
   ② 점 B는 평면 P 위에 있지 않다.

0159 대표 문제

다음 중 오른쪽 그림에 대한 설명으로
옳은 것을 모두 고르면? (정답 2개)

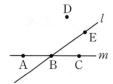

① 직선 l은 점 E를 지난다.
② 직선 m은 점 B를 지나지 않는다.
③ 두 점 A, C는 같은 직선 위에 있지 않다.
④ 점 D는 두 직선 l, m 중 어느 직선 위에도 있지 않다.
⑤ 점 A는 두 점 B, E를 지나는 직선 위에 있다.

0160 중

오른쪽 그림과 같이 평면 P 위에 직
선 l이 있을 때, 다음 보기 중 5개의
점 A, B, C, D, E에 대한 설명으로
옳은 것을 모두 고르시오.

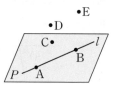

┌ 보기 ┐
ㄱ. 직선 l 위에 있지 않은 점은 2개이다.
ㄴ. 평면 P 위에 있는 점은 3개이다.
ㄷ. 점 C는 평면 P 위에 있지만 직선 l 위에 있지 않다.
└─────┘

0161 중

오른쪽 그림과 같은 사각뿔에서 모서리
AB 위에 있지 않은 꼭짓점의 개수를 a,
면 ABC 위에 있는 꼭짓점의 개수를 b
라 할 때, $a+b$의 값을 구하시오.

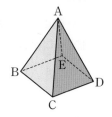

빈출
유형 02 평면에서 두 직선의 위치 관계

(1) 한 점에서 만난다.   (2) 일치한다.   (3) 평행하다.

       └─── 만난다. ───┘   만나지 않는다.

0162 대표 문제

오른쪽 그림과 같은 정팔각형의 변의 연
장선 중에서 $\overleftrightarrow{BC}$와 한 점에서 만나는
직선의 개수를 a, 만나지 않는 직선의 개
수를 b라 할 때, $a-b$의 값을 구하시오.

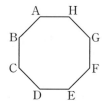

0163 하

다음 중 오른쪽 그림과 같은 사다리꼴
에 대한 설명으로 옳지 <u>않은</u> 것을 모두
고르면? (정답 2개)

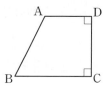

① $\overleftrightarrow{AB}$와 $\overleftrightarrow{AD}$는 한 점에서 만난다.
② $\overleftrightarrow{AB}$와 $\overleftrightarrow{BC}$는 수직으로 만난다.
③ $\overleftrightarrow{AB}$와 $\overleftrightarrow{CD}$는 만나지 않는다.
④ $\overleftrightarrow{AD}$와 $\overleftrightarrow{BC}$는 평행하다.
⑤ $\overleftrightarrow{AD}$와 $\overleftrightarrow{CD}$는 수직으로 만난다.

0164 ⑤

오른쪽 그림과 같은 마름모에서 다음 중 위치 관계가 나머지 넷과 <u>다른</u> 하나는?

(단, 점 O는 $\overline{AC}$와 $\overline{BD}$의 교점이다.)

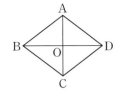

① $\overleftrightarrow{AB}$와 $\overleftrightarrow{AC}$ ② $\overleftrightarrow{AO}$와 $\overleftrightarrow{CD}$ ③ $\overleftrightarrow{AD}$와 $\overleftrightarrow{BO}$

④ $\overleftrightarrow{AD}$와 $\overleftrightarrow{BC}$ ⑤ $\overleftrightarrow{BD}$와 $\overleftrightarrow{CD}$

0165 ⑤

다음 보기 중 한 평면 위에 있는 서로 다른 세 직선 l, m, n에 대한 설명으로 옳은 것을 모두 고르시오.

> 보기
> ㄱ. $l /\!/ m$, $m /\!/ n$이면 $l /\!/ n$이다.
> ㄴ. $l \perp m$, $l \perp n$이면 $m \perp n$이다.
> ㄷ. $l \perp m$, $m /\!/ n$이면 $l /\!/ n$이다.

유형 03 평면이 정해질 조건

다음이 주어지면 평면이 하나로 정해진다.
(1) 한 직선 위에 있지 않은 서로 다른 세 점
(2) 한 직선과 그 직선 위에 있지 않은 한 점
(3) 한 점에서 만나는 두 직선
(4) 서로 평행한 두 직선

(1) 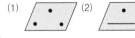　(2) 　(3) 　(4)

0166 대표 문제

다음 중 한 평면이 정해질 조건이 <u>아닌</u> 것은?

① 평행한 두 직선
② 한 점에서 만나는 두 직선
③ 일치하는 두 직선
④ 한 직선과 그 직선 위에 있지 않은 한 점
⑤ 한 직선 위에 있지 않은 서로 다른 세 점

0167 ⑥

오른쪽 그림과 같이 직선 l 위에 있는 세 점 A, B, C와 직선 l 위에 있지 않은 한 점 D로 정해지는 서로 다른 평면의 개수를 구하시오.

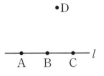

0168 ⑤

오른쪽 그림과 같이 세 점 A, B, C는 평면 P 위에 있고, 점 D는 평면 P 위에 있지 않을 때, 네 점 A, B, C, D 중 세 점으로 정해지는 서로 다른 평면 중 평면 P를 제외한 평면의 개수를 구하시오.

(단, 네 점 중 어느 세 점도 한 직선 위에 있지 않다.)

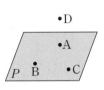

빈출

유형 04 공간에서 두 직선의 위치 관계

(1) 한 점에서 만난다.　　(2) 일치한다.

ㄴ 만난다. ㄴ

(3) 평행하다.　　(4) 꼬인 위치에 있다.

ㄴ 만나지 않는다. ㄴ

참고 (1), (2), (3)은 한 평면 위에 있고 (4)는 한 평면 위에 있지 않다.

0169 대표 문제

다음 중 오른쪽 그림과 같은 직육면체에 대한 설명으로 옳지 <u>않은</u> 것을 모두 고르면? (정답 2개)

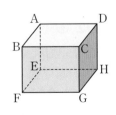

① 모서리 AB와 모서리 CD는 한 점에서 만난다.
② 모서리 AB와 모서리 GH는 꼬인 위치에 있다.
③ 모서리 BC와 모서리 FG는 평행하다.
④ 모서리 BF와 모서리 EH는 만나지 않는다.
⑤ 모서리 CD와 모서리 DH는 수직으로 만난다.

0170

다음 중 오른쪽 그림과 같은 사각뿔에서 모서리 AE와의 위치 관계가 나머지 넷과 다른 하나는?

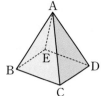

① $\overline{AB}$ ② $\overline{AC}$
③ $\overline{BC}$ ④ $\overline{BE}$
⑤ $\overline{DE}$

0171

다음 중 공간에서 서로 다른 두 직선의 위치 관계에 대한 설명으로 옳지 <u>않은</u> 것을 모두 고르면? (정답 2개)

① 서로 만나지 않는 두 직선은 항상 평행하다.
② 꼬인 위치에 있는 두 직선은 만나지 않는다.
③ 평행한 두 직선은 한 평면 위에 있다.
④ 꼬인 위치에 있는 두 직선은 한 평면 위에 있다.
⑤ 한 점에서 만나는 두 직선은 한 평면 위에 있다.

0172 서술형

오른쪽 그림과 같은 직육면체에서 $\overline{AD}$와 평행한 모서리의 개수를 a, $\overline{BE}$와 수직으로 만나는 모서리의 개수를 b라 할 때, $a+b$의 값을 구하시오.

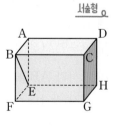

빈출

유형 05 꼬인 위치

공간에서 두 직선이 서로 만나지도 않고 평행하지도 않을 때, 두 직선은 꼬인 위치에 있다.

참고 입체도형에서 한 모서리와 꼬인 위치에 있는 모서리를 찾을 때는 주어진 모서리와 한 점에서 만나는 모서리와 평행한 모서리를 제외하면 된다.

0173 대표 문제

다음 중 오른쪽 그림과 같은 삼각뿔에서 모서리 AB와 꼬인 위치에 있는 모서리는?

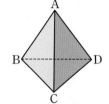

① $\overline{AC}$ ② $\overline{AD}$
③ $\overline{BC}$ ④ $\overline{BD}$
⑤ $\overline{CD}$

0174

다음 중 오른쪽 그림과 같이 밑면이 정오각형인 오각기둥에서 모서리 CD와 만나지도 않고 평행하지도 않은 모서리를 모두 고르면? (정답 2개)

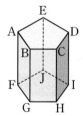

① $\overline{AF}$ ② $\overline{CH}$
③ $\overline{DI}$ ④ $\overline{GH}$
⑤ $\overline{HI}$

0175

오른쪽 그림과 같은 직육면체에서 $\overline{BH}$와 꼬인 위치에 있는 모서리의 개수를 구하시오.

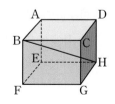

0176 ⑧

다음 중 오른쪽 그림과 같은 삼각기둥
에서 꼬인 위치에 있는 모서리끼리 짝
지은 것을 모두 고르면? (정답 2개)

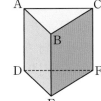

① $\overline{AB}$, $\overline{BC}$ ② $\overline{AC}$, $\overline{DF}$

③ $\overline{AD}$, $\overline{EF}$ ④ $\overline{BE}$, $\overline{DE}$

⑤ $\overline{AC}$, $\overline{BE}$

빈출

유형 06   공간에서 직선과 평면의 위치 관계

(1) 직선과 평면의 위치 관계

① 한 점에서 만난다.   ② 포함된다.   ③ 평행하다.

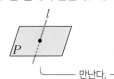

└── 만난다. ──┘   만나지 않는다.

(2) 직선과 평면의 수직

직선 l과 평면 P의 교점을 지나는 평면 P 위의 모든 직선이
직선 l과 수직이면

➡ $l \perp P$

0177 (대표 문제)

오른쪽 그림은 밑면이 사다리꼴인 사각
기둥이다. 모서리 AD와 평행한 면의
개수를 x, 모서리 CG와 수직인 면의 개
수를 y, 모서리 BF와 꼬인 위치에 있는
모서리의 개수를 z라 할 때, $x+y+z$의
값을 구하시오.

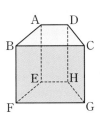

0178 ㉵

다음 중 공간에서 직선과 평면의 위치 관계가 될 수 <u>없는</u>
것은?

① 평행하다.   ② 수직이다.

③ 꼬인 위치에 있다.   ④ 한 점에서 만난다.

⑤ 직선이 평면에 포함된다.

0179 ⑧

다음 중 오른쪽 그림과 같은 직육면체
에 대한 설명으로 옳지 <u>않은</u> 것을 모두
고르면? (정답 2개)

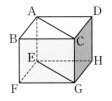

① $\overline{AC}$와 평행한 면은 면 EFGH이다.

② $\overline{BC}$와 수직인 면은 2개이다.

③ $\overline{AC}$와 $\overline{DH}$는 꼬인 위치에 있다.

④ $\overline{BF}$와 평행한 모서리는 1개이다.

⑤ 평면 AEGC와 평행한 모서리는 4개이다.

0180 ⑧

다음 중 오른쪽 그림과 같이 밑면이 정오
각형인 오각기둥에 대한 설명으로 옳은
것은?

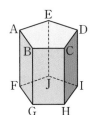

① $\overline{AE}$와 수직인 모서리는 4개이다.

② $\overleftrightarrow{AB}$와 $\overleftrightarrow{CD}$는 꼬인 위치에 있다.

③ $\overline{AF}$와 평행한 면은 2개이다.

④ 면 BGHC에 포함된 모서리는 5개이다.

⑤ 면 ABCDE와 $\overline{BG}$는 수직이다.

유형 07   점과 평면 사이의 거리

평면 P 위에 있지 않은 점 A와 평면 P 사이
의 거리

➡ 점 A에서 평면 P에 내린 수선의 발 H까지
의 거리

➡ $\overline{AH}$의 길이

0181 (대표 문제)

오른쪽 그림과 같은 사각기둥에서 점 A
와 면 EFGH 사이의 거리를 a cm, 점 B
와 면 AEHD 사이의 거리를 b cm, 점
C와 면 ABFE 사이의 거리를 c cm라
할 때, $a+b+c$의 값을 구하시오.

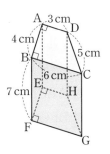

0182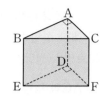

오른쪽 그림과 같이 밑면이 직각삼각형인 삼각기둥에서 점 C와 면 ABED 사이의 거리와 길이가 같은 모서리를 모두 구하시오.

0183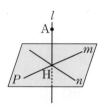

오른쪽 그림에서 $l \perp P$이고, 점 H는 직선 l 위의 점 A에서 평면 P에 내린 수선의 발이다. 점 A와 평면 P 사이의 거리가 5 cm일 때, 다음 중 옳지 <u>않은</u> 것은? (단, 두 직선 m, n은 평면 P 위에 있다.)

① $\overline{AH} \perp n$　　　② $l \perp m$　　　③ $l \perp n$

④ $m \perp n$　　　⑤ $\overline{AH} = 5$ cm

유형 08 공간에서 두 평면의 위치 관계

(1) 두 평면의 위치 관계

　① 한 직선에서 만난다.　② 일치한다.　③ 평행하다.

　　└─ 만난다. ─┘　　　　만나지 않는다.

(2) 두 평면의 수직

　평면 P가 평면 Q에 수직인 직선 l을 포함하면
　➡ $P \perp Q$

0184 대표 문제

다음 중 오른쪽 그림과 같은 정육면체에서 평면 AEGC와 수직인 면을 모두 고르면? (정답 2개)

① 면 ABCD　　② 면 ABFE

③ 면 BFGC　　④ 면 CGHD

⑤ 면 EFGH

0185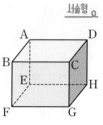

오른쪽 그림과 같은 직육면체에서 면 AEHD와 만나지 않는 면의 개수를 a, 수직인 면의 개수를 b라 할 때, $b-a$의 값을 구하시오.

0186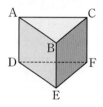

다음 보기 중 오른쪽 그림과 같은 삼각기둥에 대한 설명으로 옳은 것을 모두 고른 것은?

┌ 보기 ┐
ㄱ. 면 ABC와 면 BEFC의 교선은 모서리 BC이다.
ㄴ. 면 ABC와 면 DEF는 평행하다.
ㄷ. 면 ADEB와 만나는 면은 2개이다.

① ㄱ　　　　② ㄱ, ㄴ　　　　③ ㄱ, ㄷ

④ ㄴ, ㄷ　　　⑤ ㄱ, ㄴ, ㄷ

0187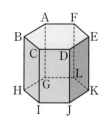

오른쪽 그림과 같이 밑면이 정육각형인 육각기둥에서 서로 평행한 두 면은 모두 몇 쌍인지 구하시오.

유형 09 일부를 잘라 낸 입체도형에서의 위치 관계

주어진 입체도형에서 모서리를 직선으로, 면을 평면으로 생각하여 두 직선, 직선과 평면, 두 평면의 위치 관계를 파악한다.

0188 대표 문제

오른쪽 그림은 직육면체를 세 꼭짓점 A, B, E를 지나는 평면으로 잘라 낸 입체도형이다. 다음 중 옳지 <u>않은</u> 것은?

① $\overline{AB}$와 면 DEFG는 평행하다.
② $\overline{EF}$와 $\overline{CG}$는 꼬인 위치에 있다.
③ 면 ADGC와 수직인 면은 3개이다.
④ 면 BEF와 평행한 모서리는 4개이다.
⑤ 면 ABC와 수직인 모서리는 $\overline{AD}$, $\overline{BF}$, $\overline{CG}$이다.

0189 ㈜

오른쪽 그림은 직육면체를 $\overline{AD}=\overline{BC}$가 되도록 잘라 낸 입체도형이다. 다음을 모두 구하시오.

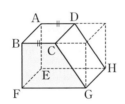

(1) 모서리 FG와 평행한 면
(2) 모서리 CG와 수직으로 만나는 모서리

0190 ㈜

오른쪽 그림은 직육면체를 반으로 잘라서 만든 입체도형이다. 이때 모서리 BE와 꼬인 위치에 있는 모서리의 개수를 구하시오.

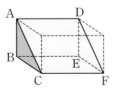

0191 ㈜

오른쪽 그림은 직육면체를 세 모서리의 중점을 지나는 평면으로 잘라 낸 입체도형이다. 각 면을 연장한 평면과 각 모서리를 연장한 직선을 생각할 때, $\overleftrightarrow{FI}$와 꼬인 위치에 있는 직선의 개수를 a, 평면 GHIJ와 평행한 직선의 개수를 b라 하자. 이때 $a+b$의 값을 구하시오.

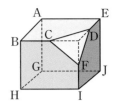

유형 10 전개도가 주어졌을 때의 위치 관계

전개도로 만들어지는 입체도형을 그린 후 위치 관계를 파악한다. 이때 겹쳐지는 꼭짓점을 모두 표시한다.

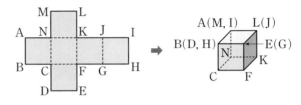

0192 대표 문제

오른쪽 그림과 같은 전개도로 정육면체를 만들었을 때, 다음 중 모서리 AB와 꼬인 위치에 있는 모서리를 모두 고르면? (정답 2개)

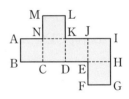

① $\overline{CD}$
② $\overline{EH}$
③ $\overline{EJ}$
④ $\overline{JK}$
⑤ $\overline{LM}$

0193 ㈜

오른쪽 그림과 같은 전개도로 삼각뿔을 만들었을 때, 다음 중 모서리 AF와 만나지 <u>않는</u> 모서리는?

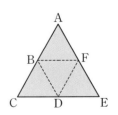

① $\overline{BC}$
② $\overline{BD}$
③ $\overline{BF}$
④ $\overline{CD}$
⑤ $\overline{EF}$

0194 (중)

오른쪽 그림과 같은 전개도로 정육면체를 만들었을 때, 면 B와 평행한 면은?

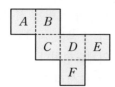

① 면 A ② 면 C

③ 면 D ④ 면 E

⑤ 면 F

0195 (중)

오른쪽 그림과 같은 전개도로 삼각기둥을 만들었을 때, 다음 중 모서리 AB에 대한 설명으로 옳지 <u>않은</u> 것은?

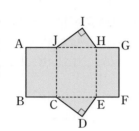

① 면 CDE와 수직이다.

② 면 JCEH와 평행하다.

③ 면 HEFG와 평행하다.

④ 모서리 IJ와 수직으로 만난다.

⑤ 모서리 CE와 꼬인 위치에 있다.

0196 (상)

오른쪽 그림과 같은 전개도로 정육면체 모양의 주사위를 만들려고 한다. 평행한 두 면에 적힌 수의 합이 7일 때, $a+b-c$의 값은?

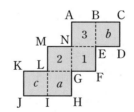

① 2   ② 3

③ 4   ④ 5

⑤ 6

유형 11   공간에서 여러 가지 위치 관계

공간에서 두 직선, 직선과 평면, 두 평면의 위치 관계는 직육면체를 그려 확인한다.
이때 직육면체의 모서리를 직선으로, 면을 평면으로 생각한다.

0197 대표 문제

다음 중 공간에서 서로 다른 두 직선 l, m과 한 평면 P의 위치 관계에 대한 설명으로 옳은 것을 모두 고르면?

(정답 2개)

① $l /\!/ m$, $l \perp P$이면 $m \perp P$이다.

② $l \perp m$, $l \perp P$이면 $m \perp P$이다.

③ $l \perp m$, $m /\!/ P$이면 $l /\!/ P$이다.

④ $l \perp P$, $m \perp P$이면 $l /\!/ m$이다.

⑤ $l \perp P$, $m /\!/ P$이면 $l \perp m$이다.

0198 (중)

다음 보기 중 공간에서 항상 평행한 것을 모두 고르시오.

┌ 보기 ┐
ㄱ. 한 직선에 수직인 서로 다른 두 평면
ㄴ. 한 직선에 평행한 서로 다른 두 평면
ㄷ. 한 평면에 수직인 서로 다른 두 직선
ㄹ. 한 평면에 평행한 서로 다른 두 직선

0199 (상)

다음 중 공간에서 서로 다른 세 직선 l, m, n과 서로 다른 세 평면 P, Q, R의 위치 관계에 대한 설명으로 옳은 것을 모두 고르면? (정답 2개)

① $l /\!/ m$, $l /\!/ n$이면 $m \perp n$이다.

② $l \perp m$, $m \perp n$이면 $l /\!/ n$이다.

③ $P /\!/ Q$, $Q /\!/ R$이면 $P /\!/ R$이다.

④ $P /\!/ Q$, $P \perp R$이면 $Q \perp R$이다.

⑤ $P \perp Q$, $P \perp R$이면 $Q \perp R$이다.

 **유형 12** 동위각과 엇각

한 평면 위에서 서로 다른 두 직선이 다른 한 직선과 만날 때
(1) 동위각: 서로 같은 위치에 있는 두 각
(2) 엇각: 서로 엇갈린 위치에 있는 두 각

참고 세 직선이 세 점에서 만나는 경우에는 다음 그림과 같이 두 부분으로 나누어 한 부분을 가린 후 동위각과 엇각을 찾는다.

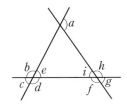

0200 대표 문제

오른쪽 그림과 같이 세 직선이 만날 때, 다음 중 옳은 것을 모두 고르면?
(정답 2개)

① $\angle a$의 동위각은 $\angle d$, $\angle g$이다.
② $\angle a$의 엇각은 $\angle i$이다.
③ $\angle c$와 $\angle f$는 동위각이다.
④ $\angle e$와 $\angle h$는 엇각이다.
⑤ $\angle a$의 크기와 $\angle f$의 크기는 같다.

0201 중

오른쪽 그림과 같이 세 직선이 만날 때, 다음 중 옳은 것은?

① $\angle a$의 크기는 $120°$이다.
② $\angle b$의 동위각의 크기는 $100°$이다.
③ $\angle c$의 엇각의 크기는 $80°$이다.
④ $\angle e$의 엇각의 크기는 $100°$이다.
⑤ $\angle f$의 맞꼭지각의 크기는 $80°$이다.

0202 중

오른쪽 그림에서 $\angle x$의 모든 엇각의 크기의 합을 구하시오.

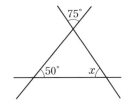

 유형 13 평행선의 성질

서로 다른 두 직선이 다른 한 직선과 만날 때
(1) 두 직선이 평행하면 동위각의 크기는 서로 같다.
→ $l / \! / m$이면 $\angle a = \angle b$ → 알파벳 F

(2) 두 직선이 평행하면 엇각의 크기는 서로 같다.
→ $l / \! / m$이면 $\angle c = \angle d$ → 알파벳 Z

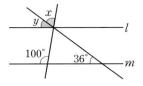

0203 대표 문제

오른쪽 그림에서 $l / \! / m$일 때, $\angle x - \angle y$의 크기는?

① $26°$ ② $28°$
③ $30°$ ④ $32°$
⑤ $34°$

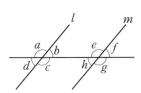

0204 하

오른쪽 그림에서 $l / \! / m$일 때, $\angle b$와 크기가 같은 각을 모두 구하시오.

0205 중

오른쪽 그림에서 $l / \! / m$일 때, $\angle x + \angle y$의 크기를 구하시오.

서술형

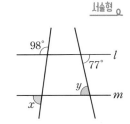

0206 ㉗

오른쪽 그림에서 $l \parallel m$, $m \parallel n$일 때, $\angle y - \angle x$의 크기는?

① $45°$ ② $50°$

③ $55°$ ④ $60°$

⑤ $65°$

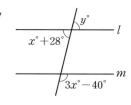

0207 ㉗

오른쪽 그림에서 $l \parallel m$일 때, x, y의 값을 각각 구하시오.

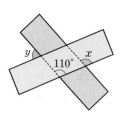

0208 ㉗

오른쪽 그림과 같이 직사각형 모양의 종이테이프 두 개를 겹쳐 놓았을 때, $\angle x$, $\angle y$의 크기를 각각 구하시오.

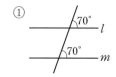

0209 ㉘

오른쪽 그림에서 $l \parallel m$이고 삼각형 ABC가 정삼각형일 때, $\angle x - \angle y$의 크기를 구하시오.

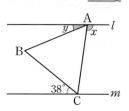

유형 14   두 직선이 평행하기 위한 조건

서로 다른 두 직선이 다른 한 직선과 만날 때

(1) 동위각의 크기가 서로 같으면 두 직선은 평행하다.

➡ $\angle a = \angle b$이면 $l \parallel m$

(2) 엇각의 크기가 서로 같으면 두 직선은 평행하다.

➡ $\angle c = \angle d$이면 $l \parallel m$

0210   대표 문제

다음 중 두 직선 l, m이 평행하지 <u>않은</u> 것은?

①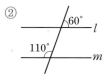

②

③

④

⑤

0211 ㉗

오른쪽 그림에서 평행한 두 직선을 모두 찾아 기호로 나타내시오.

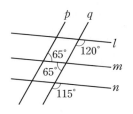

0212 ⑧

다음 중 오른쪽 그림에서 두 직선 l, m이 평행할 조건을 모두 고르면?

(정답 2개)

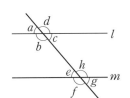

① $\angle a = \angle c$

② $\angle b = 110°$

③ $\angle c = 110°$

④ $\angle e = 110°$

⑤ $\angle d + \angle e = 180°$

0213 ⑧

다음 중 오른쪽 그림에 대한 설명으로 옳지 <u>않은</u> 것은?

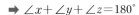

① $l /\!/ m$이면 $\angle a = \angle e$이다.

② $\angle b = \angle h$이면 $l /\!/ m$이다.

③ $\angle c = \angle h$이면 $l /\!/ m$이다.

④ $\angle d = \angle f$이면 $l /\!/ m$이다.

⑤ $l /\!/ m$이면 $\angle b + \angle g = 180°$이다.

유형 15 **평행선에서 삼각형 모양이 주어진 경우**

(1) 평행선에서 동위각과 엇각의 크기는 각각 같다.

(2) 삼각형의 세 각의 크기의 합은 180°이다.

➡ $\angle x + \angle y + \angle z = 180°$

0214 대표 문제

오른쪽 그림에서 $l /\!/ m$일 때, $\angle x$의 크기를 구하시오.

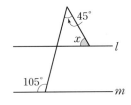

0215 ⑧

오른쪽 그림에서 $l /\!/ m$일 때, x의 값을 구하시오.

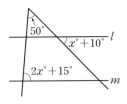

0216 ⑧

오른쪽 그림에서 $l /\!/ m$일 때, $\angle x$의 크기는?

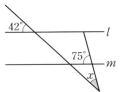

① $30°$ ② $31°$

③ $32°$ ④ $33°$

⑤ $34°$

0217 ⑧

오른쪽 그림에서 $l /\!/ m$일 때, $\angle x + \angle y$의 크기는?

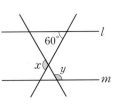

① $200°$ ② $210°$

③ $220°$ ④ $230°$

⑤ $240°$

02 위치 관계

유형 16   평행선에서 보조선을 긋는 경우(1)

❶ 꺾인 점을 지나고 주어진 평행선에 평행한 직선을 긋는다.
❷ 평행선에서 동위각과 엇각의 크기는 각각 같음을 이용한다.

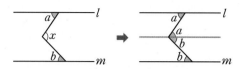

$l /\!/ m$이면 $\angle x = \angle a + \angle b$

0218 【대표 문제】

오른쪽 그림에서 $l /\!/ m$일 때, $\angle x$의 크기를 구하시오.

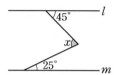

0219 ⓈⒽ

오른쪽 그림에서 $l /\!/ m$일 때, x의 값은?

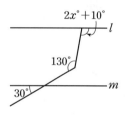

① 35   ② 40

③ 45   ④ 50

⑤ 55

0220 ⓈⒽ

오른쪽 그림에서 $l /\!/ m$일 때, $\angle x$의 크기를 구하시오.

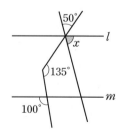

0221 ⓈⒶ

오른쪽 그림에서 $l /\!/ m$이고 $\angle ABC = 4\angle CBD$일 때, $\angle CBD$의 크기를 구하시오.

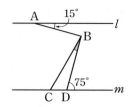

유형 17   평행선에서 보조선을 긋는 경우(2)

❶ 꺾인 점을 각각 지나고 주어진 평행선에 평행한 직선을 긋는다.
❷ 평행선에서 동위각과 엇각의 크기는 각각 같음을 이용한다.

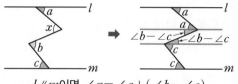

$l /\!/ m$이면 $\angle x = \angle a + (\angle b - \angle c)$

0222 【대표 문제】

오른쪽 그림에서 $l /\!/ m$일 때, $\angle x$의 크기를 구하시오.

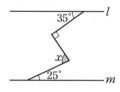

0223 ⓈⒽ

오른쪽 그림에서 $l /\!/ m$일 때, $\angle x$의 크기는?

① 40°   ② 42°

③ 45°   ④ 48°

⑤ 50°

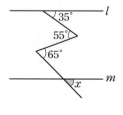

0224 (중)

오른쪽 그림에서 $l /\!/ m$일 때, $\angle x$의 크기는?

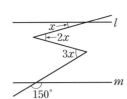

① 10°　　② 12°

③ 15°　　④ 18°

⑤ 20°

유형 18 평행선에서 보조선을 긋는 경우(3)

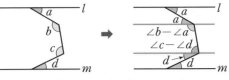

❶ 꺾인 점을 각각 지나고 주어진 평행선에 평행한 직선을 긋는다.

❷ 평행선에서 크기의 합이 180°인 두 각을 찾는다.

$l /\!/ m$이면 $(\angle b - \angle a) + (\angle c - \angle d) = 180°$

0227 대표 문제

오른쪽 그림에서 $l /\!/ m$일 때, $\angle x$의 크기를 구하시오.

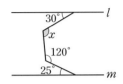

0225 (중)

서술형

오른쪽 그림에서 $l /\!/ m$일 때, $\angle x + \angle y$의 크기를 구하시오.

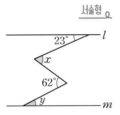

0228 (중)

오른쪽 그림에서 $l /\!/ m$일 때, $\angle x$의 크기는?

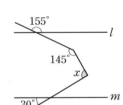

① 84°　　② 86°

③ 88°　　④ 90°

⑤ 92°

0226 (상)

오른쪽 그림에서 $l /\!/ m$일 때, x의 값은?

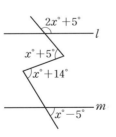

① 61　　② 63

③ 65　　④ 67

⑤ 69

0229 (중)

오른쪽 그림에서 $l /\!/ m$일 때, $\angle x + \angle y$의 크기는?

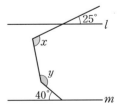

① 225°　　② 230°

③ 235°　　④ 240°

⑤ 245°

오른쪽 그림에서 $l /\!/ m$일 때, 두 직선 l, m에 평행한 직선을 그으면
➡ $\angle a + \angle b + \angle c = 180°$

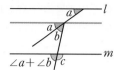

0230 대표 문제

오른쪽 그림에서 $l /\!/ m$일 때, $\angle x$의 크기를 구하시오.

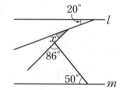

0231 (중)

오른쪽 그림에서 $l /\!/ m$일 때, $\angle x$의 크기를 구하시오.

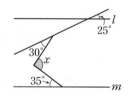

0232 (중)

오른쪽 그림에서 $l /\!/ m$일 때, $\angle a + \angle b + \angle c + \angle d$의 크기는?

① 160° ② 170°
③ 180° ④ 190°
⑤ 200°

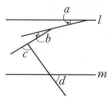

0233 (상)

오른쪽 그림에서 $l /\!/ m$일 때, $\angle a + \angle b + \angle c + \angle d$의 크기를 구하시오.

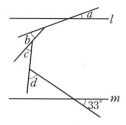

0234 (상)

어느 공원에서 자전거를 타던 학생이 오른쪽 그림과 같이 A 지점에서 출발하여 세 지점 B, C, D에서 방향을 바꾸어 E 지점에 도착하였다. $\overline{BA} /\!/ \overline{DE}$일 때, $\angle x$의 크기를 구하시오.

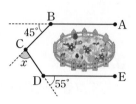

오른쪽 그림에서 $l /\!/ m$이고 $\angle DAB = \angle BAC$, $\angle ECB = \angle BCA$일 때, 두 직선 l, m에 평행한 직선을 그으면 삼각형 ABC에서
$2\angle a + 2\angle b = 180°$ ➡ $\angle ABC = \angle a + \angle b = 90°$

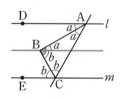

0235 대표 문제

오른쪽 그림에서 $l /\!/ m$이고 $\angle CBE = \dfrac{1}{3}\angle ABC$, $\angle DAC = \dfrac{1}{3}\angle CAB$일 때, $\angle ACB$의 크기를 구하시오.

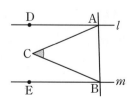

0236 ⑧

오른쪽 그림에서 $l /\!/ m$이고
$\angle ABC : \angle CBE = 2 : 1$,
$\angle BAC : \angle CAD = 2 : 1$일 때,
$\angle ACB$의 크기는?

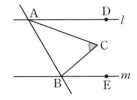

① 55°　　　　② 60°

③ 65°　　　　④ 70°

⑤ 75°

0237 ⑧

다음 그림에서 $l /\!/ m$이고 $\angle ABC = \angle CBD$,
$\angle BDA = \angle ADC$일 때, $\angle x$의 크기를 구하시오.

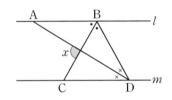

빈출

유형 21　종이접기

직사각형 모양의 종이를 접으면
(1) 접은 각의 크기가 같다.
(2) 엇각의 크기가 같다.

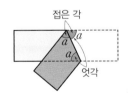

0238 　대표 문제

오른쪽 그림과 같이 직사각형 모양의
종이를 접었을 때, $\angle x$, $\angle y$의 크기
를 각각 구하시오.

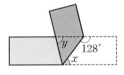

0239 ⑧

오른쪽 그림과 같이 직사각형 모양
의 종이를 $\overline{DF}$를 접는 선으로 하여
접었을 때, $\angle x$의 크기를 구하시오.

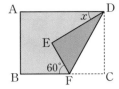

0240 ⑧

오른쪽 그림은 평행사변형 모양의
종이를 대각선 BD를 접는 선으로
하여 접은 것이다. 점 P는 $\overline{BA}$와
$\overline{DC'}$의 연장선의 교점이고
$\angle BDC = 47°$일 때, $\angle BPD$의 크
기를 구하시오.

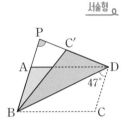

0241 ⑧

오른쪽 그림과 같이 직사각형 모
양의 종이를 접었을 때,
$\angle x + \angle y$의 크기는?

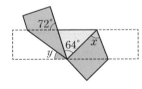

① 102°　　　② 104°　　　③ 106°

④ 108°　　　⑤ 110°

AB 유형 점검

0242
유형 01

다음 중 오른쪽 그림에 대한 설명으로 옳지 <u>않은</u> 것은?

① 점 B는 직선 m 위에 있지 않다.

② 점 C는 직선 l 위에 있지 않다.

③ 두 점 A, C는 같은 직선 위에 있다.

④ 직선 l은 점 D를 지나지 않는다.

⑤ 직선 m은 점 A를 지난다.

0243
유형 02

한 평면 위에 있는 서로 다른 세 직선 l, m, n에 대하여 $l /\!/ m$, $m \perp n$일 때, 두 직선 l, n의 위치 관계는?

① 일치한다.　　　　　② 직교한다.

③ 평행하다.　　　　　④ 만나지 않는다.

⑤ 꼬인 위치에 있다.

0244
유형 04

다음 중 오른쪽 그림과 같이 밑면이 직각삼각형인 삼각기둥에 대한 설명으로 옳은 것은?

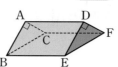

① 모서리 AB와 모서리 BC는 수직으로 만난다.

② 모서리 AC와 모서리 EF는 평행하다.

③ 모서리 BC와 평행한 모서리는 3개이다.

④ 모서리 AD와 모서리 BC는 꼬인 위치에 있다.

⑤ 모서리 BE와 모서리 DE는 두 점에서 만난다.

0245
유형 05

다음 중 오른쪽 그림과 같은 정육면체에서 모서리 CD와 만나지도 않고 평행하지도 않은 모서리는?

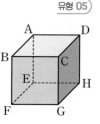

① $\overline{AB}$　　　　　② $\overline{BC}$

③ $\overline{BF}$　　　　　④ $\overline{DH}$

⑤ $\overline{EF}$

0246
유형 06

오른쪽 그림과 같이 밑면이 정육각형인 육각기둥에서 면 ABCDEF에 포함된 모서리의 개수를 a, 모서리 DJ와 한 점에서 만나는 면의 개수를 b, 모서리 HI와 평행한 면의 개수를 c라 할 때, $a-b-c$의 값을 구하시오.

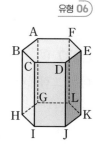

0247
유형 07

오른쪽 그림과 같이 밑면이 직각삼각형인 삼각기둥에서 점 C와 면 ADEB 사이의 거리를 a cm, 점 D와 면 BEFC 사이의 거리를 b cm라 할 때, $b-a$의 값을 구하시오.

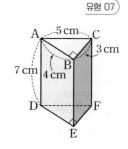

0248
유형 08

오른쪽 그림과 같은 직육면체에서 평면 ABGH와 수직인 면을 모두 구하시오.

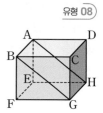

0249

유형 09

오른쪽 그림은 직육면체를 세 꼭짓점 B, C, F를 지나는 평면으로 잘라 낸 입체도형이다. 모서리 FG와 평행한 면의 개수를 a, 모서리 BC와 한 점에서 만나는 면의 개수를 b, 면 ADGC와 수직인 면의 개수를 c, 모서리 CF와 꼬인 위치에 있는 모서리의 개수를 d라 할 때, $a+b+c+d$의 값을 구하시오.

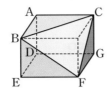

0250

유형 10

오른쪽 그림과 같은 전개도로 정육면체를 만들었을 때, 다음을 모두 구하시오.

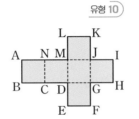

(1) 모서리 AB와 평행한 모서리
(2) 모서리 AB와 꼬인 위치에 있는 모서리

0251

유형 11

다음 보기 중 공간에서 서로 다른 두 직선 l, m과 서로 다른 세 평면 P, Q, R의 위치 관계에 대한 설명으로 옳은 것을 모두 고른 것은?

┌ 보기 ┐
ㄱ. $l /\!/ P$, $m \perp P$이면 $l /\!/ m$이다.
ㄴ. $l \perp P$, $l /\!/ Q$이면 $P \perp Q$이다.
ㄷ. $P /\!/ Q$, $l \perp P$이면 $l \perp Q$이다.
ㄹ. $P \perp Q$, $P /\!/ R$이면 $Q /\!/ R$이다.
└─────────────────────────┘

① ㄱ, ㄴ   ② ㄱ, ㄷ   ③ ㄴ, ㄷ
④ ㄴ, ㄹ   ⑤ ㄷ, ㄹ

0252

유형 12

다음 중 오른쪽 그림에서 동위각, 엇각을 바르게 찾은 것은?

⟨동위각⟩   ⟨엇각⟩
① $\angle a$와 $\angle c$ $\angle c$와 $\angle f$
② $\angle a$와 $\angle e$ $\angle d$와 $\angle g$
③ $\angle b$와 $\angle f$ $\angle a$와 $\angle f$
④ $\angle b$와 $\angle h$ $\angle d$와 $\angle f$
⑤ $\angle c$와 $\angle g$ $\angle c$와 $\angle e$

0253

유형 13

오른쪽 그림에서 $l /\!/ m$일 때, $\angle x + \angle y$의 크기를 구하시오.

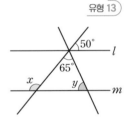

0254

유형 14

오른쪽 그림에서 평행한 직선끼리 바르게 짝 지은 것은?

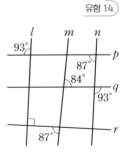

① $l /\!/ m$, $m /\!/ n$
② $l /\!/ n$, $m /\!/ n$
③ $l /\!/ n$, $p /\!/ q$
④ $l /\!/ m$, $l /\!/ n$, $q /\!/ r$
⑤ $p /\!/ q$, $p /\!/ r$, $q /\!/ r$

0255
유형 17

오른쪽 그림에서 $l /\!/ m$일 때, $\angle x + \angle y$의 크기를 구하시오.

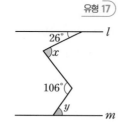

0256
유형 18

오른쪽 그림에서 $l /\!/ m$일 때, $\angle x$의 크기는?

① 130°　　② 135°
③ 140°　　④ 145°
⑤ 150°

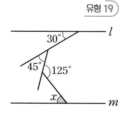

0257
유형 19

오른쪽 그림에서 $l /\!/ m$일 때, $\angle x$의 크기를 구하시오.

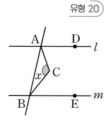

0258
유형 20

오른쪽 그림에서 $l /\!/ m$이고 $\angle CBE = 2\angle ABC$, $\angle DAC = 2\angle BAC$일 때, $\angle x$의 크기를 구하시오.

서술형

0259
유형 15

오른쪽 그림에서 $l /\!/ m$일 때, $\angle x + \angle y$의 크기를 구하시오.

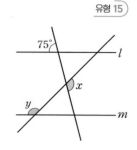

0260
유형 16

오른쪽 그림에서 $l /\!/ m$일 때, x의 값을 구하시오.

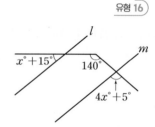

0261
유형 21

오른쪽 그림과 같이 직사각형 모양의 종이를 $\overline{EF}$를 접는 선으로 하여 접었을 때, $\angle x$의 크기를 구하시오.

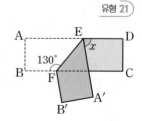

C 실력 향상
하 ···· 중 ···· 상100%

0262

오른쪽 그림은 직육면체의 한 모퉁이를 직육면체 모양으로 잘라 낸 입체도형이다. 각 면을 연장한 평면과 각 모서리를 연장한 직선을 생각할 때, 평면 EJIMNF와 수직인 평면의 개수를 a, 평면 DGJE와 평행한 직선의 개수를 b라 하자. 이때 $a+b$의 값은?

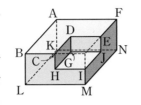

① 15   ② 16   ③ 17

④ 18   ⑤ 19

0263

오른쪽 그림에서 $l /\!/ m$이고 사각형 ABCD는 정사각형이다. 대각선 BD의 연장선이 두 직선 l, m과 만나는 점을 각각 E, F라 할 때, $\angle x$의 크기를 구하시오.

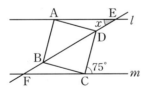

0264

다음 그림에서 $l /\!/ m /\!/ n$일 때, $x+y$의 값은?

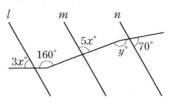

① 180   ② 185   ③ 190

④ 195   ⑤ 200

0265

오른쪽 그림과 같이 평행사변형 모양의 종이를 접었을 때, $\angle x$, $\angle y$의 크기를 각각 구하면?

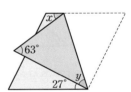

① $\angle x=36°$, $\angle y=27°$

② $\angle x=36°$, $\angle y=36°$

③ $\angle x=36°$, $\angle y=45°$

④ $\angle x=45°$, $\angle y=36°$

⑤ $\angle x=45°$, $\angle y=45°$

◑ 기출 BOOK 6쪽

03-1 **작도**   유형 01

개념⊕

작도: 눈금 없는 자와 컴퍼스만을 사용하여 도형을 그리는 것
(1) **눈금 없는 자**: 두 점을 이어 선분을 그리거나 주어진 선분을 연장할 때 사용
(2) **컴퍼스**: 원을 그리거나 주어진 선분의 길이를 재어 다른 곳으로 옮길 때 사용

작도에서 사용하는 자에는 눈금이 없으므로 선분의 길이를 잴 때에는 컴퍼스를 사용한다.

03-2 **길이가 같은 선분의 작도**   유형 02

$\overline{AB}$와 길이가 같은 $\overline{CD}$는 다음과 같이 작도한다.

❶ 눈금 없는 자를 사용하여 직선을 그리고, 그 직선 위에 점 C를 잡는다.
❷ 컴퍼스를 사용하여 $\overline{AB}$의 길이를 잰다.
❸ 점 C를 중심으로 반지름의 길이가 $\overline{AB}$인 원을 그려 ❶의 직선과의 교점을 D라 하면 $\overline{AB}$와 길이가 같은 $\overline{CD}$가 작도된다.

03-3 **크기가 같은 각의 작도**   유형 03

∠AOB와 크기가 같고 $\overrightarrow{PQ}$를 한 변으로 하는 ∠CPQ는 다음과 같이 작도한다.

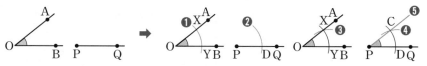

❶ 점 O를 중심으로 적당한 원을 그려 $\overrightarrow{OA}$, $\overrightarrow{OB}$와의 교점을 각각 X, Y라 한다.
❷ 점 P를 중심으로 반지름의 길이가 $\overline{OX}$인 원을 그려 $\overrightarrow{PQ}$와의 교점을 D라 한다.
❸ 컴퍼스를 사용하여 $\overline{XY}$의 길이를 잰다.
❹ 점 D를 중심으로 반지름의 길이가 $\overline{XY}$인 원을 그려 ❷의 원과의 교점을 C라 한다.
❺ $\overrightarrow{PC}$를 그리면 ∠AOB와 크기가 같고 $\overrightarrow{PQ}$를 한 변으로 하는 ∠CPQ가 작도된다.

크기가 같은 각을 작도할 때, 각도기를 사용하지 않는다.

03-4 **평행선의 작도**   유형 04

직선 l 위에 있지 않은 한 점 P를 지나고 직선 l에 평행한 직선은 다음과 같이 작도한다.

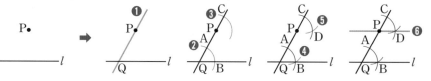

❶ 점 P를 지나는 적당한 직선을 그려 직선 l과의 교점을 Q라 한다.
❷ 점 Q를 중심으로 적당한 원을 그려 $\overrightarrow{PQ}$, 직선 l과의 교점을 각각 A, B라 한다.
❸ 점 P를 중심으로 반지름의 길이가 $\overline{QA}$인 원을 그려 $\overrightarrow{PQ}$와의 교점을 C라 한다.
❹ 컴퍼스를 사용하여 $\overline{AB}$의 길이를 잰다.
❺ 점 C를 중심으로 반지름의 길이가 $\overline{AB}$인 원을 그려 ❸의 원과의 교점을 D라 한다.
❻ $\overleftrightarrow{PD}$를 그리면 점 P를 지나고 직선 l에 평행한 직선 PD가 작도된다.

'서로 다른 두 직선이 다른 한 직선과 만날 때, 동위각의 크기가 서로 같으면 두 직선은 평행하다.'는 성질이 있으므로 평행선의 작도는 '크기가 같은 각의 작도'를 이용한다.

왼쪽의 작도는 동위각을 이용한 것으로, 엇각을 이용하여 평행선을 작도할 수도 있다.

03-1 작도

0266 다음 보기 중 작도할 때 사용하는 것을 모두 고르시오.

┌ 보기 ┐
ㄱ. 컴퍼스   ㄴ. 각도기
ㄷ. 눈금 있는 자   ㄹ. 눈금 없는 자
└────────────────┘

[0267~0271] 다음 중 작도에 대한 설명으로 옳은 것은 ○를, 옳지 않은 것은 ×를 ( ) 안에 써넣으시오.

0267 원을 그릴 때에는 컴퍼스를 사용한다. ( )

0268 두 점을 이어 선분을 그릴 때에는 눈금 있는 자를 사용한다. ( )

0269 각의 크기를 잴 때에는 컴퍼스를 사용한다. ( )

0270 선분을 연장할 때에는 눈금 없는 자를 사용한다. ( )

0271 선분의 길이를 잴 때에는 자를 사용한다. ( )

03-2 길이가 같은 선분의 작도

0272 다음 그림은 $\overline{AB}$와 길이가 같은 $\overline{CD}$를 작도하는 과정이다. □ 안에 알맞은 것을 써넣으시오.

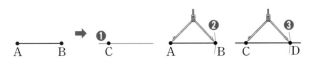

┌─────────────────────────────┐
│ ❶ [   ]로 직선을 그리고, 그 직선 위에 점 C를
│   잡는다.
│ ❷ 컴퍼스를 사용하여 [   ]의 길이를 잰다.
│ ❸ 점 [ ]를 중심으로 반지름의 길이가 $\overline{AB}$인 원을 그려 ❶
│   의 직선과의 교점을 [ ]라 한다.
└─────────────────────────────┘

03-3 크기가 같은 각의 작도

[0273~0275] 다음 그림은 ∠XOY와 크기가 같은 각을 $\overrightarrow{PQ}$를 한 변으로 하여 작도한 것이다. □ 안에 알맞은 것을 써넣으시오.

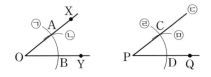

0273 작도 순서는 ㉠→[ ]→[ ]→[ ]→㉢이다.

0274 $\overline{OA}=\overline{OB}=$ [   ] $=\overline{PD}$

0275 $\overline{AB}=$ [   ]

03-4 평행선의 작도

[0276~0277] 오른쪽 그림은 직선 l 위에 있지 않은 한 점 P를 지나고 직선 l에 평행한 직선을 작도한 것이다. □ 안에 알맞은 것을 써넣으시오.

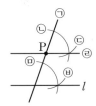

0276 작도 순서는 ㉠ → ㉺ → [ ] → [ ] → [ ] → [ ]이다.

0277 위의 작도는 '서로 다른 두 직선이 다른 한 직선과 만날 때, [   ]의 크기가 서로 같으면 두 직선은 평행하다.'는 성질을 이용한 것이다.

[0278~0279] 오른쪽 그림은 직선 l 위에 있지 않은 한 점 P를 지나고 직선 l에 평행한 직선을 작도한 것이다. □ 안에 알맞은 것을 써넣으시오.

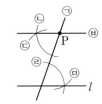

0278 작도 순서는 ㉠ → ㉣ → [ ] → [ ] → [ ] → [ ]이다.

0279 위의 작도는 '서로 다른 두 직선이 다른 한 직선과 만날 때, [ ]의 크기가 서로 같으면 두 직선은 평행하다.'는 성질을 이용한 것이다.

03-5 삼각형 유형 05

(1) 삼각형 ABC를 기호로 △ABC와 같이 나타낸다.
　① 대변: 한 각과 마주 보는 변
　② 대각: 한 변과 마주 보는 각

(2) 삼각형의 세 변의 길이 사이의 관계
　삼각형에서 한 변의 길이는 다른 두 변의 길이의 합보다 작다.

개념+

일반적으로 △ABC에서 ∠A, ∠B, ∠C의 대변의 길이를 각각 a, b, c로 나타낸다.

삼각형의 세 변의 길이가 a, b, c일 때
➡ $a<b+c,\ b<c+a,\ c<a+b$

03-6 삼각형의 작도 유형 06, 07

다음의 각 경우에 삼각형을 하나로 작도할 수 있다.

(1) 세 변의 길이를 알 때

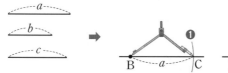

(2) 두 변의 길이와 그 끼인각의 크기를 알 때

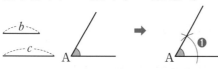

(3) 한 변의 길이와 그 양 끝 각의 크기를 알 때

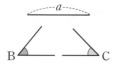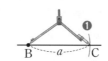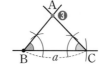

삼각형의 세 변의 길이가 주어졌을 때, 삼각형이 될 수 있는 조건
➡ (가장 긴 변의 길이)
　 < (다른 두 변의 길이의 합)

삼각형의 작도는 길이가 같은 선분의 작도와 크기가 같은 각의 작도를 이용한다.

삼각형이 하나로 정해지는 경우
① 세 변의 길이를 알 때
② 두 변의 길이와 그 끼인각의 크기를 알 때
③ 한 변의 길이와 그 양 끝 각의 크기를 알 때

삼각형이 하나로 정해지지 않는 경우
① 가장 긴 변의 길이가 다른 두 변의 길이의 합보다 크거나 같을 때
② 두 변의 길이와 그 끼인각이 아닌 다른 한 각의 크기를 알 때
③ 세 각의 크기를 알 때

03-7 도형의 합동 유형 08

△ABC와 △DEF가 서로 합동일 때, 기호로
　△ABC≡△DEF
와 같이 나타낸다.

이때 두 도형의 대응점의 순서를 맞추어 쓴다.

주의 합동인 두 도형의 넓이는 항상 같지만 넓이가 같은 두 도형이 항상 합동인 것은 아니다.

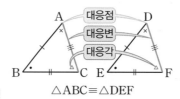
△ABC≡△DEF

모양과 크기가 같아서 포개었을 때 완전히 겹치는 두 도형을 서로 합동이라 한다. 이때 겹치는 점을 대응점, 겹치는 변을 대응변, 겹치는 각을 대응각이라 한다.

두 도형이 서로 합동이면
① 대응변의 길이가 같다.
② 대응각의 크기가 같다.

03-8 삼각형의 합동 조건 유형 09~15

두 삼각형은 다음의 각 경우에 서로 합동이다.

(1) 대응하는 세 변의 길이가 각각 같을 때 (SSS 합동)
　➡ $\overline{AB}=\overline{DE},\ \overline{BC}=\overline{EF},\ \overline{AC}=\overline{DF}$

(2) 대응하는 두 변의 길이가 각각 같고, 그 끼인각의 크기가 같을 때 (SAS 합동)
　➡ $\overline{AB}=\overline{DE},\ \overline{BC}=\overline{EF},\ \angle B=\angle E$

(3) 대응하는 한 변의 길이가 같고, 그 양 끝 각의 크기가 각각 같을 때 (ASA 합동)
　➡ $\overline{BC}=\overline{EF},\ \angle B=\angle E,\ \angle C=\angle F$

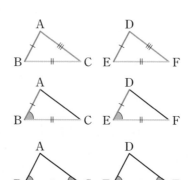

삼각형의 합동 조건에서 S는 변(Side), A는 각(Angle)을 뜻한다.

세 변
S S S

두 변
S A S
끼인 각

한 변
A S A
양 끝 각

03-5 삼각형

[0280~0283] 오른쪽 그림과 같은 △ABC에서 다음을 구하시오.

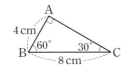

0280 ∠A의 대변의 길이

0281 ∠C의 대변의 길이

0282 $\overline{AB}$의 대각의 크기

0283 $\overline{BC}$의 대각의 크기

[0284~0287] 다음 중 삼각형의 세 변의 길이가 될 수 있는 것은 ○를, 될 수 없는 것은 ×를 ( ) 안에 써넣으시오.

0284 2 cm, 3 cm, 4 cm   (   )

0285 4 cm, 5 cm, 9 cm   (   )

0286 6 cm, 7 cm, 15 cm   (   )

0287 9 cm, 9 cm, 9 cm   (   )

03-6 삼각형의 작도

0288 다음은 세 변의 길이 a, b, c가 주어졌을 때, △ABC를 작도하는 과정이다. ☐ 안에 알맞은 것을 써넣으시오.

❶ 길이가 ☐ 인 $\overline{BC}$를 작도한다.

❷ 점 B를 중심으로 반지름의 길이가 ☐ 인 원을 그린다.

❸ 점 C를 중심으로 반지름의 길이가 ☐ 인 원을 그린다.

❹ ❷, ❸의 두 원의 교점을 ☐ 라 하고 $\overline{AB}$, $\overline{AC}$를 그리면 △ABC가 작도된다.

03-7 도형의 합동

[0289~0292] 다음 중 옳은 것은 ○를, 옳지 않은 것은 ×를 ( ) 안에 써넣으시오.

0289 모양이 같은 두 도형은 서로 합동이다.   (   )

0290 합동인 두 도형의 넓이는 같다.   (   )

0291 합동인 두 도형의 대응각의 크기는 같다.   (   )

0292 넓이가 같은 두 정사각형은 서로 합동이다. (   )

03-8 삼각형의 합동 조건

[0293~0295] 다음 중 △ABC와 △DEF가 합동이면 ○를, 합동인지 알 수 없으면 ×를 ( ) 안에 써넣으시오.

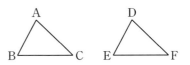

0293 $\overline{AB}=\overline{DE}$, $\overline{BC}=\overline{EF}$, $\overline{CA}=\overline{FD}$ (   )

0294 $\overline{AB}=\overline{DE}$, $\overline{AC}=\overline{DF}$, ∠B=∠E   (   )

0295 $\overline{BC}=\overline{EF}$, ∠A=∠D, ∠C=∠F   (   )

[0296~0298] 다음 그림과 같은 두 삼각형이 서로 합동일 때, 기호 ≡를 사용하여 나타내고, 합동 조건을 말하시오.

0296

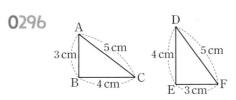

0297

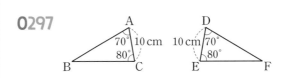

0298

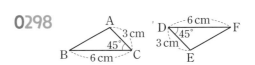

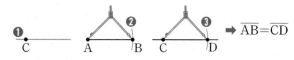

하10% ···· 중80% ···· 상10%

유형 01 작도

(1) 작도: 눈금 없는 자와 컴퍼스만을 사용하여 도형을 그리는 것
(2) 눈금 없는 자: 두 점을 지나는 선분을 그리거나 주어진 선분을 연장할 때 사용
(3) 컴퍼스: 원을 그리거나 주어진 선분의 길이를 재어 다른 곳으로 옮길 때 사용

0299 대표 문제

다음 중 작도에 대한 설명으로 옳지 <u>않은</u> 것을 모두 고르면? (정답 2개)

① 눈금 없는 자와 컴퍼스만을 사용한다.
② 선분의 길이를 재어 다른 직선으로 옮길 때에는 눈금 없는 자를 사용한다.
③ 두 점을 지나는 직선을 그릴 때에는 눈금 없는 자를 사용한다.
④ 두 선분의 길이를 비교할 때에는 컴퍼스를 사용한다.
⑤ 주어진 각과 크기가 같은 각을 작도할 때에는 각도기를 사용한다.

0300 하

다음 중 원을 그리거나 선분의 길이를 재어 옮길 때 사용하는 작도 도구는?

① 줄자   ② 각도기   ③ 삼각자
④ 컴퍼스   ⑤ 눈금 없는 자

0301 하

다음 중 작도할 때의 눈금 없는 자의 용도로 옳은 것을 모두 고르면? (정답 2개)

① 원을 그린다.
② 선분을 연장한다.
③ 선분의 길이를 재어 옮긴다.
④ 각의 크기를 측정한다.
⑤ 두 점을 연결하는 선분을 그린다.

유형 02 길이가 같은 선분의 작도

$\overline{AB}$와 길이가 같은 $\overline{CD}$의 작도

→ $\overline{AB}=\overline{CD}$

0302 대표 문제

다음은 선분 AB를 점 B의 방향으로 연장하여 $\overline{AC}=2\overline{AB}$가 되도록 선분 AC를 작도하는 과정이다. 작도 순서를 나열하시오.

ㄱ 컴퍼스를 사용하여 $\overline{AB}$의 길이를 잰다.
ㄴ 점 B를 중심으로 반지름의 길이가 $\overline{AB}$인 원을 그려 $\overline{AB}$의 연장선과의 교점을 C라 한다.
ㄷ $\overline{AB}$를 점 B의 방향으로 연장한다.

0303 중

다음 그림과 같이 선분 AB를 점 B의 방향으로 연장한 반직선 위에 $\overline{AC}=3\overline{AB}$인 점 C를 작도할 때 사용하는 도구는?

A━B ➡ A━B━C

① 컴퍼스   ② 각도기   ③ 삼각자
④ 눈금 있는 자   ⑤ 눈금 없는 자

0304 중

다음은 선분 AB를 한 변으로 하는 정삼각형을 작도하는 과정이다. (개), (내)에 알맞은 것을 구하시오.

❶ 두 점 A, B를 중심으로 반지름의 길이가 ┌ (개) ┐인 원을 각각 그려 두 원의 교점을 C라 한다.
❷ $\overline{AC}$, $\overline{BC}$를 그리면 삼각형 ABC는 $\overline{AB}$를 한 변으로 하는 ┌ (내) ┐이다.

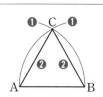

유형 03 크기가 같은 각의 작도

∠AOB와 크기가 같은 ∠CPQ의 작도

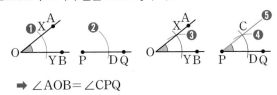

➡ ∠AOB=∠CPQ

0305 [대표 문제]

아래 그림은 ∠XOY와 크기가 같은 각을 $\overrightarrow{PQ}$를 한 변으로 하여 작도한 것이다. 다음 중 옳지 <u>않은</u> 것은?

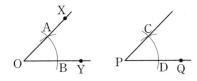

① $\overline{AB}=\overline{CD}$　　② $\overline{OA}=\overline{OB}$　　③ $\overline{OA}=\overline{PD}$
④ $\overline{PC}=\overline{CD}$　　⑤ ∠AOB=∠CPD

0306 [중]

다음은 ∠XOY와 크기가 같은 각을 $\overrightarrow{AB}$를 한 변으로 하여 작도하는 과정이다. 작도 순서를 바르게 나열한 것은?

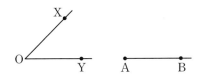

⊙ 점 A를 중심으로 반지름의 길이가 $\overline{OC}$인 원을 그려 $\overrightarrow{AB}$ 와의 교점을 E라 한다.
⊙ 점 O를 중심으로 적당한 원을 그려 $\overrightarrow{OX}$, $\overrightarrow{OY}$와의 교점을 각각 C, D라 한다.
⊙ 점 E를 중심으로 반지름의 길이가 $\overline{CD}$인 원을 그려 ⊙의 원과의 교점을 F라 한다.
⊙ $\overrightarrow{AF}$를 그린다.

① ⊙ → ⊙ → ⊙ → ⊙
② ⊙ → ⊙ → ⊙ → ⊙
③ ⊙ → ⊙ → ⊙ → ⊙
④ ⊙ → ⊙ → ⊙ → ⊙
⑤ ⊙ → ⊙ → ⊙ → ⊙

유형 04 평행선의 작도

직선 l 위에 있지 않은 한 점 P를 지나고 직선 l에 평행한 직선의 작도

(1) 동위각 이용　　　　(2) 엇각 이용

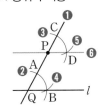　

0307 [대표 문제]

오른쪽 그림은 직선 l 위에 있지 않은 한 점 P를 지나고 직선 l에 평행한 직선 m을 작도한 것이다. 다음 중 옳지 <u>않은</u> 것은?

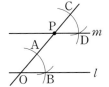

① $\overline{OA}=\overline{OB}$
② $\overline{OA}=\overline{PD}$
③ $\overline{OB}=\overline{CD}$
④ $\overrightarrow{OB}/\!/\overrightarrow{PD}$
⑤ ∠AOB=∠CPD

0308 [중]

오른쪽 그림은 직선 l 위에 있지 않은 한 점 P를 지나고 직선 l에 평행한 직선을 작도한 것이다. 다음 보기 중 옳은 것을 모두 고른 것은?

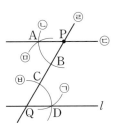

┌ 보기 ┐
ㄱ. 작도 순서는 ⊜ → ⊎ → ⊙ → ⊕ → ⊙ → ⊜이다.
ㄴ. '서로 다른 두 직선이 다른 한 직선과 만날 때, 엇각의 크기가 서로 같으면 두 직선은 평행하다.'는 성질을 이용한 것이다.
ㄷ. $\overline{PA}=\overline{AB}=\overline{CQ}$
ㄹ. ∠APB=∠CQD

① ㄱ, ㄴ　　　② ㄱ, ㄹ　　　③ ㄴ, ㄷ
④ ㄴ, ㄹ　　　⑤ ㄷ, ㄹ

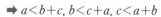 유형 05 삼각형의 세 변의 길이 사이의 관계

삼각형에서 한 변의 길이는 다른 두 변의 길이의 합보다 작다.

➡ $a<b+c$, $b<c+a$, $c<a+b$

참고 삼각형의 세 변의 길이가 주어졌을 때, 삼각형이 될 수 있는 조건
➡ (가장 긴 변의 길이)<(다른 두 변의 길이의 합)

0309 대표 문제

다음 중 삼각형의 세 변의 길이가 될 수 있는 것을 모두 고르면? (정답 2개)

① 2 cm, 6 cm, 8 cm

② 3 cm, 9 cm, 10 cm

③ 6 cm, 8 cm, 12 cm

④ 7 cm, 9 cm, 18 cm

⑤ 8 cm, 10 cm, 19 cm

0310 중

삼각형의 세 변의 길이가 $x-1$, x, $x+1$일 때, 다음 중 x의 값이 될 수 없는 것은?

① 2

② 3

③ 4

④ 5

⑤ 6

0311 상

길이가 3 cm, 4 cm, 5 cm, 7 cm인 4개의 막대 중에서 3개를 골라 만들 수 있는 서로 다른 삼각형의 개수를 구하시오.

0312 상

서술형

삼각형의 세 변의 길이가 x cm, 5 cm, 10 cm일 때, x의 값이 될 수 있는 자연수의 개수를 구하시오.

유형 06 삼각형의 작도

다음의 각 경우에 삼각형을 하나로 작도할 수 있다.

(1) 세 변의 길이를 알 때

(2) 두 변의 길이와 그 끼인각의 크기를 알 때

(3) 한 변의 길이와 그 양 끝 각의 크기를 알 때

0313 대표 문제

다음은 두 변의 길이 b, c와 그 끼인각 ∠A의 크기가 주어졌을 때, △ABC를 작도하는 과정이다. ㈎～㈒에 알맞지 않은 것은?

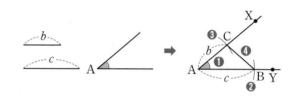

❶ ∠A와 크기가 같은 ☐㈎☐를 작도한다.

❷ 점 ☐㈏☐를 중심으로 반지름의 길이가 c인 원을 그려 $\overrightarrow{AY}$와의 교점을 B라 한다.

❸ 점 ☐㈐☐를 중심으로 반지름의 길이가 ☐㈑☐인 원을 그려 $\overrightarrow{AX}$와의 교점을 C라 한다.

❹ ☐㈒☐를 그리면 △ABC가 작도된다.

① ㈎ ∠XAY

② ㈏ B

③ ㈐ A

④ ㈑ b

⑤ ㈒ $\overline{BC}$

0314 하

다음 그림은 세 변의 길이 a, b, c가 주어졌을 때, 변 BC가 직선 l 위에 있도록 △ABC를 작도한 것이다. 작도 순서를 나열하시오.

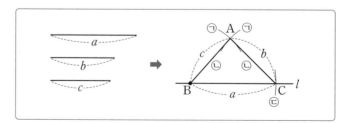

0315 종

오른쪽 그림과 같이 $\overline{AB}$의 길이와 ∠A, ∠B의 크기가 주어졌을 때, 다음 중 △ABC의 작도 순서로 옳지 <u>않은</u> 것은?

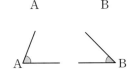

① ∠A → $\overline{AB}$ → ∠B
② ∠B → $\overline{AB}$ → ∠A
③ ∠A → ∠B → $\overline{AB}$
④ $\overline{AB}$ → ∠A → ∠B
⑤ $\overline{AB}$ → ∠B → ∠A

빈출

유형 07 삼각형이 하나로 정해지는 조건

다음의 각 경우에 삼각형이 하나로 정해진다.
(1) 세 변의 길이를 알 때 → (가장 긴 변의 길이)<(다른 두 변의 길이의 합)
(2) 두 변의 길이와 그 끼인각의 크기를 알 때
(3) 한 변의 길이와 그 양 끝 각의 크기를 알 때

0316 대표 문제

다음 중 △ABC가 하나로 정해지는 것을 모두 고르면?

(정답 2개)

① $\overline{AB}=7\,cm$, $\overline{BC}=7\,cm$, $\overline{CA}=12\,cm$
② $\overline{AB}=8\,cm$, $\overline{BC}=7\,cm$, ∠A=60°
③ $\overline{BC}=7\,cm$, $\overline{CA}=5\,cm$, ∠B=45°
④ $\overline{BC}=5\,cm$, ∠A=30°, ∠B=40°
⑤ ∠A=50°, ∠B=60°, ∠C=70°

0317 하

△ABC에서 $\overline{AB}$의 길이와 ∠B의 크기가 주어졌을 때, 다음 보기 중 △ABC가 하나로 정해지기 위해 필요한 나머지 한 조건이 <u>아닌</u> 것을 모두 고르시오.

보기
ㄱ. ∠A   ㄴ. $\overline{AC}$ ㄷ. ∠C   ㄹ. $\overline{BC}$

0318 종

△ABC에서 ∠C의 크기가 주어졌을 때, 다음 중 △ABC가 하나로 정해지기 위해 필요한 조건이 <u>아닌</u> 것은?

① $\overline{AC}$, $\overline{BC}$
② ∠A, $\overline{AC}$
③ ∠B, ∠C
④ ∠B, $\overline{AB}$
⑤ ∠B, $\overline{BC}$

0319 종

△ABC에서 $\overline{AC}=5\,cm$이고 다음 조건이 주어질 때, △ABC가 하나로 정해지지 <u>않는</u> 것을 모두 고르면?

(정답 2개)

① $\overline{AB}=2\,cm$, $\overline{BC}=8\,cm$
② $\overline{AB}=3\,cm$, $\overline{BC}=5\,cm$
③ $\overline{BC}=6\,cm$, ∠C=80°
④ ∠A=50°, ∠C=100°
⑤ $\overline{AB}=6\,cm$, ∠B=45°

빈출

유형 08 도형의 합동

△ABC≡△DEF이면
(1) 대응변의 길이가 같다.
 ➡ $\overline{AB}=\overline{DE}$, $\overline{BC}=\overline{EF}$, $\overline{CA}=\overline{FD}$
(2) 대응각의 크기가 같다.
 ➡ ∠A=∠D, ∠B=∠E, ∠C=∠F

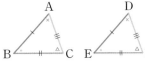

0320 대표 문제

아래 그림에서 사각형 ABCD와 사각형 EFGH가 서로 합동일 때, 다음 중 옳지 <u>않은</u> 것은?

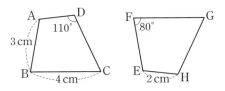

① $\overline{AD}=2\,cm$
② ∠B=80°
③ ∠H=80°
④ $\overline{EF}=3\,cm$
⑤ $\overline{FG}=4\,cm$

0321 ⓝ

아래 그림에서 △ABC≡△FED일 때, 다음 중 옳지 <u>않은</u>
것은?

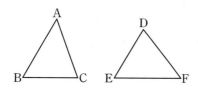

① △ABC와 △FED는 포개었을 때 완전히 겹쳐진다.
② 점 B의 대응점은 점 E이다.
③ $\overline{BC}$의 길이와 $\overline{EF}$의 길이는 같다.
④ ∠C의 크기와 ∠D의 크기는 같다.
⑤ △ABC와 △FED의 넓이는 같다.

0322 ⓝ

다음 중 두 도형이 항상 합동인 것을 모두 고르면? (정답 2개)

① 넓이가 같은 두 원
② 넓이가 같은 두 직사각형
③ 한 변의 길이가 같은 마름모
④ 둘레의 길이가 같은 두 삼각형
⑤ 둘레의 길이가 같은 두 정사각형

0323 ⓝ   서술형 ⓞ

다음 그림에서 △ABC≡△DEF일 때, $x+y$의 값을 구
하시오.

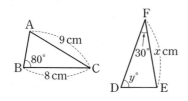

유형 09 합동인 삼각형 찾기

두 삼각형은 다음의 각 경우에 서로 합동이다.
(1) 대응하는 세 변의 길이가 각각 같을 때 ➡ SSS 합동
(2) 대응하는 두 변의 길이가 각각 같고, 그 끼인각의 크기가 같
   을 때 ➡ SAS 합동
(3) 대응하는 한 변의 길이가 같고, 그 양 끝 각의 크기가 각각 같
   을 때 ➡ ASA 합동

0324 대표 문제

다음 보기 중 오른쪽 그림과 같은 삼각형과
합동인 삼각형을 모두 고른 것은?

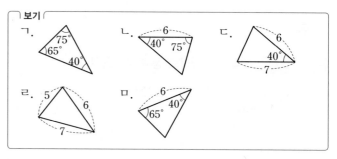

① ㄱ, ㄴ   ② ㄴ, ㄷ   ③ ㄷ, ㅁ
④ ㄱ, ㄴ, ㄹ   ⑤ ㄴ, ㄷ, ㅁ

0325 ⓝ

다음 보기 중 △ABC≡△DEF인 것을 모두 고른 것은?

> 보기
> ㄱ. $\overline{AB}=\overline{DE}$, $\overline{AC}=\overline{DF}$, ∠A=∠D
> ㄴ. $\overline{BC}=\overline{EF}$, ∠A=∠D, ∠B=∠E
> ㄷ. $\overline{AB}=\overline{DE}$, $\overline{BC}=\overline{EF}$, $\overline{AC}=\overline{DF}$
> ㄹ. ∠A=∠D, ∠B=∠E, ∠C=∠F

① ㄱ, ㄴ   ② ㄷ, ㄹ   ③ ㄱ, ㄴ, ㄷ
④ ㄱ, ㄷ, ㄹ   ⑤ ㄴ, ㄷ, ㄹ

0326 ⓒ

다음 중 서로 합동인 삼각형을 모두 찾아 기호 ≡를 사용하여 나타내고, 각각의 합동 조건을 말하시오.

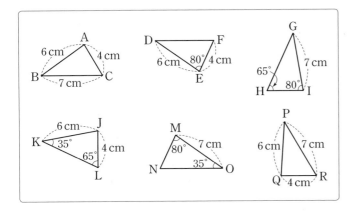

0327 ⓒ

다음 삼각형 중 나머지 넷과 합동이 <u>아닌</u> 것은?

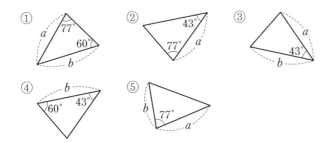

유형 10 두 삼각형이 합동이 되기 위해 필요한 조건

(1) 두 변의 길이가 각각 같을 때
   ➡ 나머지 한 변의 길이 또는 그 끼인각의 크기가 같아야 한다.
(2) 한 변의 길이와 그 양 끝 각 중 한 각의 크기가 같을 때
   ➡ 그 각을 끼고 있는 변의 길이 또는 다른 한 각의 크기가 같아야 한다.
(3) 두 각의 크기가 각각 같을 때
   ➡ 대응하는 한 변의 길이가 같아야 한다.

0328 대표 문제

오른쪽 그림에서 $\overline{AB}=\overline{DE}$,
$\angle A = \angle D$일 때, 다음 보기 중
$\triangle ABC \equiv \triangle DEF$가 되기 위해 필요한 나머지 한 조건을 모두 고르시오.

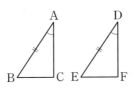

보기
ㄱ. $\overline{AC}=\overline{DF}$ ㄴ. $\overline{AC}=\overline{EF}$ ㄷ. $\overline{BC}=\overline{DF}$
ㄹ. $\overline{BC}=\overline{EF}$ ㅁ. $\angle B = \angle E$ ㅂ. $\angle C = \angle F$

0329 ⓗ

$\triangle ABC$와 $\triangle DEF$에서 $\overline{AB}=\overline{DE}$, $\angle B = \angle E$일 때, $\triangle ABC$와 $\triangle DEF$가 SAS 합동이 되기 위해 필요한 나머지 한 조건은?

① $\overline{AC}=\overline{DE}$ ② $\overline{AC}=\overline{DF}$ ③ $\overline{BC}=\overline{EF}$

④ $\angle A = \angle D$ ⑤ $\angle C = \angle F$

0330 ⓒ

아래 그림에서 $\overline{AB}=\overline{DE}$, $\overline{BC}=\overline{EF}$일 때, 다음 중 $\triangle ABC \equiv \triangle DEF$가 되기 위해 필요한 나머지 한 조건을 모두 고르면? (정답 2개)

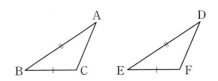

① $\overline{AC}=\overline{DF}$ ② $\angle A = \angle D$ ③ $\angle B = \angle E$
④ $\angle C = \angle F$ ⑤ $\overline{AB}=\overline{EF}$

0331 ⓒ

아래 그림에서 $\angle B = \angle F$, $\angle C = \angle E$일 때, 다음 중 $\triangle ABC \equiv \triangle DFE$가 되기 위해 필요한 나머지 한 조건을 모두 고르면? (정답 2개)

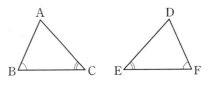

① $\overline{AB}=\overline{DF}$ ② $\overline{AC}=\overline{EF}$ ③ $\angle A = \angle D$
④ $\overline{BC}=\overline{DE}$ ⑤ $\overline{BC}=\overline{FE}$

0332 ⑧

아래 그림에서 $\overline{BC}=\overline{EF}$일 때, 두 가지 조건을 추가하여 △ABC≡△DEF가 되도록 하려고 한다. 다음 중 이때 필요한 조건이 <u>아닌</u> 것은?

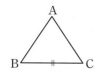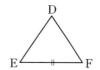

① ∠A=∠D, ∠B=∠E
② $\overline{AB}=\overline{DE}$, ∠B=∠E
③ $\overline{AB}=\overline{DE}$, $\overline{AC}=\overline{DF}$
④ $\overline{AC}=\overline{DF}$, ∠A=∠D
⑤ $\overline{AC}=\overline{DF}$, ∠C=∠F

유형 11 삼각형의 합동 조건 – SSS 합동

대응하는 세 변의 길이가 각각 같을 때
➡ $\overline{AB}=\overline{DE}$, $\overline{BC}=\overline{EF}$, $\overline{AC}=\overline{DF}$이면
　　△ABC≡△DEF (SSS 합동)

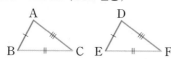

0333 대표 문제

다음은 오른쪽 그림에서 사각형 ABCD가 마름모일 때, △ABC≡△ADC임을 설명하는 과정이다. (가), (나), (다)에 알맞은 것을 차례로 나열한 것은?

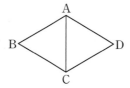

△ABC와 △ADC에서 사각형 ABCD가 마름모이므로
$\overline{AB}=$ (가) , $\overline{BC}=\overline{DC}$, (나) 는 공통
∴ △ABC≡△ADC ((다) 합동)

① $\overline{AD}$, $\overline{AC}$, SSS
② $\overline{AD}$, $\overline{AC}$, SAS
③ $\overline{AD}$, $\overline{AC}$, ASA
④ $\overline{DC}$, $\overline{AD}$, SSS
⑤ $\overline{DC}$, $\overline{AD}$, SAS

0334 ⑧

서술형 ₀

오른쪽 그림에서 $\overline{AB}=\overline{CD}$, $\overline{AD}=\overline{BC}$일 때, △ABC와 합동인 삼각형을 찾아 기호 ≡를 사용하여 나타내고, 합동 조건을 말하시오.

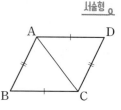

0335 ⑧

다음은 아래 그림과 같이 ∠XOY와 크기가 같고 $\overrightarrow{PQ}$를 한 변으로 하는 각을 작도하였을 때, △AOB≡△CPD임을 설명하는 과정이다. (가)~(라)에 알맞은 것을 구하시오.

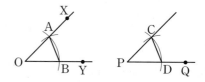

△AOB와 △CPD에서
$\overline{OA}=$ (가) , $\overline{OB}=$ (나) , $\overline{AB}=$ (다)
∴ △AOB≡△CPD ((라) 합동)

빈출

유형 12 삼각형의 합동 조건 – SAS 합동

대응하는 두 변의 길이가 각각 같고, 그 끼인각의 크기가 같을 때
➡ $\overline{AB}=\overline{DE}$, $\overline{BC}=\overline{EF}$, ∠B=∠E이면
　　△ABC≡△DEF (SAS 합동)

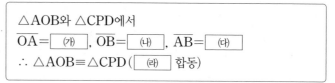

0336 대표 문제

다음은 오른쪽 그림에서 점 O가 $\overline{AB}$, $\overline{CD}$의 중점일 때, △ACO≡△BDO임을 설명하는 과정이다. (가)~(라)에 알맞은 것을 구하시오.

△ACO와 △BDO에서
$\overline{AO}=$ (가) , $\overline{CO}=$ (나) , ∠AOC= (다) (맞꼭지각)
∴ △ACO≡△BDO ((라) 합동)

0337 ㉗

오른쪽 그림에서 $\overline{OA}=\overline{OC}$, $\overline{AB}=\overline{CD}$일 때, 다음 중 옳지 <u>않은</u> 것은?

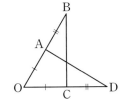

① $\overline{OB}=\overline{OD}$

② $\overline{OC}=\overline{CD}$

③ $\angle BCO=\angle DAO$

④ $\angle OBC=\angle ODA$

⑤ $\triangle AOD\equiv\triangle COB$

0338 ㉗

오른쪽 그림과 같은 직사각형 ABCD에서 점 M은 $\overline{AD}$의 중점일 때, 다음 보기 중 옳지 <u>않은</u> 것을 모두 고른 것은?

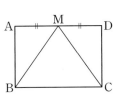

┌─ 보기 ─────────────────────────┐
ㄱ. $\overline{BM}=\overline{CM}$ ㄴ. $\overline{AB}=\overline{AM}$
ㄷ. $\angle AMB=\angle BMC$ ㄹ. $\angle ABM=\angle DCM$
└───────────────────────────────┘

① ㄱ, ㄴ   ② ㄱ, ㄹ   ③ ㄴ, ㄷ

④ ㄴ, ㄹ   ⑤ ㄷ, ㄹ

0339 ㉗

다음은 점 C가 $\overline{AB}$의 수직이등분선 l 위의 한 점일 때, $\overline{AC}=\overline{BC}$임을 설명하는 과정이다. (개)~(라)에 알맞은 것을 구하시오.

┌───────────────────────────────┐
$\overline{AB}$의 수직이등분선 l과 $\overline{AB}$의 교점을 D라 하면 △CAD와 △CBD에서
$\overline{AD}=$ [개] ,
$\angle CDA=$ [나] $=90°$,
$\overline{CD}$는 공통이므로
△CAD≡△CBD([다] 합동)
∴ $\overline{AC}=$ [라]
└───────────────────────────────┘

0340 ㉘

오른쪽 그림과 같은 사각형 ABCD에서 점 O는 두 대각선 AC, BD의 교점이고 $\overline{AO}=\overline{DO}$, $\overline{BO}=\overline{CO}$일 때, 다음 중 옳지 <u>않은</u> 것을 모두 고르면?

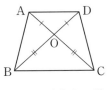

(정답 2개)

① $\triangle ABC\equiv\triangle DCB$

② $\triangle ABD\equiv\triangle DCA$

③ $\triangle ABD\equiv\triangle DCB$

④ $\triangle ABO\equiv\triangle DCO$

⑤ $\triangle AOD\equiv\triangle COB$

빈출

유형 13   삼각형의 합동 조건 – ASA 합동

대응하는 한 변의 길이가 같고, 그 양 끝 각의 크기가 각각 같을 때

➡ $\overline{BC}=\overline{EF}$, $\angle B=\angle E$, $\angle C=\angle F$이면
         $\triangle ABC\equiv\triangle DEF$ (ASA 합동)

0341 [대표 문제]

다음은 오른쪽 그림에서 $\overline{AB}=\overline{CD}$, $\angle A=\angle D$일 때, $\triangle AMB\equiv\triangle DMC$임을 설명하는 과정이다. (개)~(라)에 알맞은 것을 구하시오.

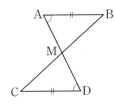

┌───────────────────────────────┐
△AMB와 △DMC에서
$\overline{AB}=\overline{DC}$, $\angle A=\angle D$,
$\angle AMB=$ [개] ([나])이므로 $\angle B=$ [다]
∴ △AMB≡△DMC([라] 합동)
└───────────────────────────────┘

0342 중

다음은 오른쪽 그림과 같이 ∠XOY
의 이등분선 위의 한 점 P에서 $\overrightarrow{OX}$,
$\overrightarrow{OY}$에 내린 수선의 발을 각각 A, B
라 할 때, $\overline{AP}=\overline{BP}$임을 설명하는 과
정이다. (개), (내), (대)에 알맞은 것을 구
하시오.

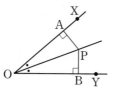

△AOP와 △BOP에서
$\overline{OP}$는 공통, ∠AOP=∠BOP,
∠APO=90°− (개) =90°−∠BOP= (내)
∴ △AOP≡△BOP ((대) 합동)
∴ $\overline{AP}=\overline{BP}$

0343 중

서술형

오른쪽 그림은 두 지점 A, B 사이
의 거리를 구하기 위해 측정한 값을
나타낸 것이다. $\overline{AD}$와 $\overline{BE}$의 교점
을 C라 할 때, 삼각형의 합동을 이
용하여 두 지점 A, B 사이의 거리
를 구하시오.

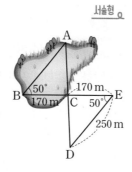

0344 중

다음은 오른쪽 그림에서 점 E가 $\overline{AC}$
의 중점이고, $\overline{AB}\,/\!/\,\overline{EF}$, $\overline{DE}\,/\!/\,\overline{BC}$일
때, △ADE≡△EFC임을 설명하는
과정이다. (개)~(라)에 알맞은 것을 구하
시오.

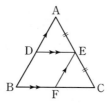

△ADE와 △EFC에서
$\overline{AE}=\overline{EC}$
$\overline{AB}\,/\!/\,\overline{EF}$이므로 ∠EAD= (개) (동위각)
$\overline{DE}\,/\!/\,\overline{BC}$이므로 (내) =∠ECF ((대))
∴ △ADE≡△EFC ((라) 합동)

0345 중

다음은 오른쪽 그림에서 네 점
B, F, C, E가 한 직선 위에
있고, $\overline{AB}\,/\!/\,\overline{ED}$, $\overline{AC}\,/\!/\,\overline{FD}$,
$\overline{BF}=\overline{CE}$일 때,
△ABC≡△DEF임을 설명하
는 과정이다. (개)~(매)에 알맞은 것을 구하시오.

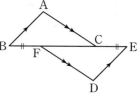

△ABC와 △DEF에서
$\overline{BF}=\overline{CE}$이므로
$\overline{BC}=\overline{BF}+\overline{FC}=$ (개) $+\overline{FC}=$ (내)
$\overline{AB}\,/\!/\,\overline{ED}$이므로 ∠ABC= (대) (엇각)
$\overline{AC}\,/\!/\,\overline{FD}$이므로 ∠ACB=∠DFE ((라))
∴ △ABC≡△DEF ((매) 합동)

빈출

유형 14 삼각형의 합동의 활용 – 정삼각형

다음과 같은 정삼각형의 성질을 이용하여 합동인 두 삼각형을
찾는다.
(1) 정삼각형의 세 변의 길이는 모두 같다.
(2) 정삼각형의 세 각의 크기는 모두 60°이다.

0346 대표 문제

오른쪽 그림과 같이 $\overline{AB}$ 위의 한
점 C를 잡아 $\overline{AC}$, $\overline{CB}$를 각각 한
변으로 하는 정삼각형 ACD,
CBE를 만들었을 때, 다음 중 옳
지 않은 것은?

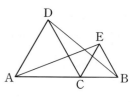

① $\overline{AE}=\overline{DB}$ ② $\overline{CE}=\overline{CB}$
③ ∠EAC=∠BDC   ④ ∠ACE=∠DCB
⑤ △ABD≡△BAE

0347 종

오른쪽 그림에서 △ABC는 정삼각형이고 $\overline{AD}=\overline{CE}$일 때, △ABD와 합동인 삼각형을 찾고, 합동 조건을 말하시오.

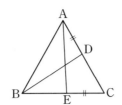

0348 종

오른쪽 그림에서 △ABC와 △ADE가 정삼각형일 때, 다음 중 옳지 <u>않은</u> 것은?

① $\overline{BD}=\overline{CE}$

② ∠ABD=∠ACE

③ ∠ADB=∠AEC

④ ∠BAD=∠CAE

⑤ ∠CDE=∠DCA

0349 상

서술형

오른쪽 그림에서 △ABC는 정삼각형이고 $\overline{AF}=\overline{BD}=\overline{CE}$일 때, ∠DEF의 크기를 구하시오.

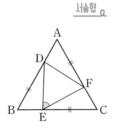

유형 15 삼각형의 합동의 활용 – 정사각형

다음과 같은 정사각형의 성질을 이용하여 합동인 두 삼각형을 찾는다.

⑴ 정사각형의 네 변의 길이는 모두 같다.

⑵ 정사각형의 네 각의 크기는 모두 90°이다.

0350 대표 문제

오른쪽 그림에서 사각형 ABCD와 사각형 ECFG가 정사각형일 때, $\overline{DF}$의 길이는?

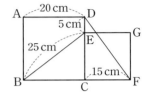

① 18 cm   ② 20 cm

③ 25 cm   ④ 28 cm

⑤ 30 cm

0351 종

오른쪽 그림에서 사각형 ABCD는 정사각형이고 △EBC는 정삼각형일 때, 다음 중 옳지 <u>않은</u> 것은?

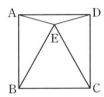

① $\overline{AB}=\overline{DC}$

② $\overline{EB}=\overline{EC}$

③ ∠ABE=∠DCE=30°

④ ∠AEB=∠DEC=60°

⑤ △EAB≡△EDC

0352 상

오른쪽 그림에서 사각형 ABCD는 정사각형이고 $\overline{BE}=\overline{CF}$일 때, ∠AGF의 크기를 구하시오.

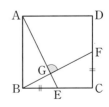

유형 점검

0353

유형 02

아래 그림과 같이 $\overline{AB}$를 점 B의 방향으로 연장하여 그 길이가 $\overline{AB}$의 길이의 2배가 되는 $\overline{AC}$를 작도할 때, 다음 중 옳은 것은?

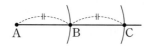

① $\overline{AC}$는 눈금 없는 자만으로도 작도가 가능하다.
② 주어진 선분 AB의 길이를 자로 정확히 재어 2배로 연장하여 그린다.
③ 컴퍼스를 사용하여 점 A를 중심으로 반지름의 길이가 $\overline{AB}$인 원을 그려 점 C를 찾는다.
④ 컴퍼스를 사용하여 점 B를 중심으로 반지름의 길이가 $\overline{AB}$인 원을 그려 점 C를 찾는다.
⑤ $\overline{AB}$의 길이는 $\overline{BC}$의 길이의 2배와 같다.

0354

유형 03

다음 그림은 ∠XOY와 크기가 같은 각을 $\overrightarrow{PQ}$를 한 변으로 하여 작도한 것이다. 작도 순서를 바르게 나열한 것은?

① ㉠ → ㉡ → ㉢ → ㉣ → ㉤
② ㉠ → ㉢ → ㉡ → ㉣ → ㉤
③ ㉠ → ㉢ → ㉣ → ㉡ → ㉤
④ ㉡ → ㉠ → ㉣ → ㉢ → ㉤
⑤ ㉡ → ㉣ → ㉠ → ㉢ → ㉤

0355

유형 04

오른쪽 그림은 직선 l 위에 있지 않은 한 점 P를 지나고 직선 l에 평행한 직선 m을 작도한 것이다. 다음 중 옳지 않은 것은?

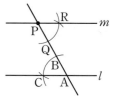

① $\overline{AB}=\overline{AC}$
② $\overline{AB}=\overline{PR}$
③ $\overline{BC}=\overline{QR}$
④ ∠BAC=∠QPR
⑤ ∠QPR=∠QRP

0356

유형 05

삼각형의 두 변의 길이가 3 cm, 7 cm일 때, 다음 중 나머지 한 변의 길이가 될 수 있는 것을 모두 고르면? (정답 2개)

① 2 cm ② 4 cm ③ 7 cm
④ 9 cm ⑤ 12 cm

0357

유형 06

다음 그림은 두 변의 길이와 그 끼인각의 크기가 주어졌을 때, $\overline{BC}$를 밑변으로 하는 △ABC를 작도한 것이다. 작도 순서를 바르게 나열한 것은?

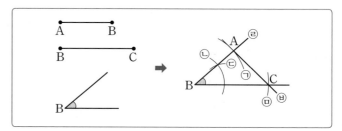

① ㉠ → ㉡ → ㉢ → ㉤ → ㉣ → ㉺
② ㉡ → ㉠ → ㉢ → ㉤ → ㉺ → ㉣
③ ㉡ → ㉢ → ㉣ → ㉠ → ㉤ → ㉺
④ ㉡ → ㉢ → ㉣ → ㉤ → ㉺ → ㉠
⑤ ㉢ → ㉡ → ㉣ → ㉤ → ㉺ → ㉠

0358

_{유형 07}

다음 중 △ABC가 하나로 정해지지 <u>않는</u> 것을 모두 고르면? (정답 2개)

① $\overline{AB}=6\,cm$, $\overline{BC}=6\,cm$, $\overline{CA}=10\,cm$

② $\overline{AB}=8\,cm$, $\overline{BC}=7\,cm$, $\angle A=55°$

③ $\overline{AC}=7\,cm$, $\angle A=45°$, $\angle C=75°$

④ $\overline{BC}=9\,cm$, $\angle A=30°$, $\angle B=50°$

⑤ $\angle A=50°$, $\angle B=65°$, $\angle C=65°$

0359

_{유형 07}

오른쪽 그림과 같은 △ABC에서 $\overline{AB}=7\,cm$, $\overline{BC}=4\,cm$일 때, 다음 중 △ABC가 하나로 정해지기 위해 필요한 나머지 한 조건을 모두 고르면? (정답 2개)

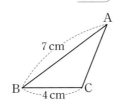

① $\angle A=30°$ ② $\angle B=70°$ ③ $\overline{AC}=2\,cm$

④ $\overline{AC}=4\,cm$ ⑤ $\overline{AC}=11\,cm$

0360

_{유형 08}

아래 그림에서 사각형 ABCD와 사각형 PQRS가 서로 합동일 때, 다음 중 옳지 <u>않은</u> 것은?

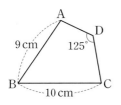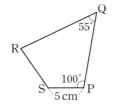

① $\overline{AD}=5\,cm$ ② $\overline{CD}=\overline{RS}$ ③ $\overline{QR}=10\,cm$

④ $\angle B=55°$ ⑤ $\angle R=85°$

0361

_{유형 09}

다음 중 보기의 삼각형에서 서로 합동인 것끼리 짝 지은 것을 모두 고르면? (정답 2개)

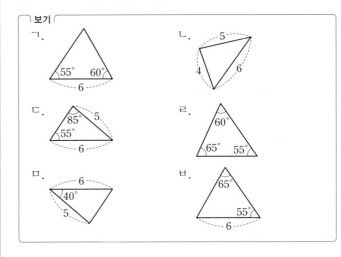

① ㄱ, ㄷ   ② ㄱ, ㅂ   ③ ㄴ, ㄷ

④ ㄷ, ㅁ   ⑤ ㄹ, ㅂ

0362

_{유형 10}

아래 그림에서 $\angle A=\angle D$일 때, 두 가지 조건을 추가하여 △ABC≡△DEF가 되도록 하려고 한다. 다음 중 이때 필요한 조건이 <u>아닌</u> 것을 모두 고르면? (정답 2개)

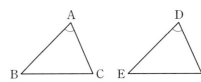

① $\angle B=\angle E$, $\angle C=\angle F$

② $\angle B=\angle E$, $\overline{AB}=\overline{DE}$

③ $\angle B=\angle E$, $\overline{AC}=\overline{DF}$

④ $\overline{AB}=\overline{DE}$, $\overline{AC}=\overline{DF}$

⑤ $\overline{AB}=\overline{DE}$, $\overline{BC}=\overline{EF}$

0363

유형 11

다음 보기 중 오른쪽 그림과 같은
사각형 ABCD에 대하여 옳은 것을
모두 고른 것은?

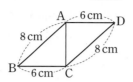

┌ 보기 ┐
ㄱ. ∠ABC=∠ADC ㄴ. $\overline{AB}=\overline{AC}$
ㄷ. ∠BAC=∠DCA ㄹ. ∠BCA=∠DAC

① ㄱ, ㄴ ② ㄱ, ㄹ ③ ㄴ, ㄷ
④ ㄱ, ㄷ, ㄹ ⑤ ㄴ, ㄷ, ㄹ

0364

유형 12

오른쪽 그림에서 △ABC는 $\overline{AB}=\overline{AC}$인
이등변삼각형이고 $\overline{AD}=\overline{AE}$이다. 이때
△ABE와 합동인 삼각형을 찾고, 합동
조건을 말하시오.

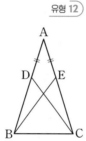

0365

유형 13

오른쪽 그림에서 점 M은 $\overline{AD}$와 $\overline{BC}$
의 교점이고 $\overline{AB}$∥$\overline{CD}$, $\overline{AM}=\overline{DM}$
일 때, 다음 중 옳지 않은 것은?

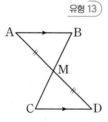

① $\overline{AB}=\overline{CD}$
② $\overline{AD}=\overline{BC}$
③ $\overline{BM}=\overline{CM}$
④ ∠ABM=∠DCM
⑤ ∠BAM=∠CDM

서술형

0366

유형 13

오른쪽 그림에서 점 A는 $\overline{BE}$와
$\overline{CD}$의 교점이다. △ABC는
$\overline{AB}=\overline{AC}$인 이등변삼각형이고
∠DBA=∠ECA일 때, 합동인
삼각형을 모두 찾아 기호 ≡를 사
용하여 나타내시오.

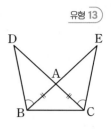

0367

유형 14

오른쪽 그림에서 △ABC는 정삼
각형이고 $\overline{BD}=\overline{CE}$일 때,
∠PBD+∠PDB의 크기를 구하
시오.

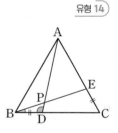

0368

유형 15

오른쪽 그림과 같이 정사각형
ABCD의 대각선 BD 위에
점 E를 잡고 $\overline{AE}$의 연장선과
$\overline{BC}$의 연장선의 교점을 F라
하자. ∠EFC=35°일 때,
∠x의 크기를 구하시오.

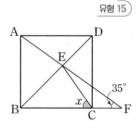

0369

세 변의 길이가 자연수이고, 둘레의 길이가 17인 이등변삼각형의 개수를 구하시오.

0370

아래 그림과 같이 ∠BAC=90°이고 $\overline{AB}=\overline{AC}$인 직각이등변삼각형 ABC의 꼭짓점 A를 지나는 직선 l에 대하여 두 점 B, C에서 직선 l에 내린 수선의 발을 각각 D, E라 하자. $\overline{BD}=6\,cm$, $\overline{CE}=2\,cm$일 때, 다음 물음에 답하시오.

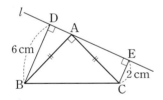

(1) △ACE와 합동인 삼각형을 찾고, 합동 조건을 말하시오.
(2) $\overline{DE}$의 길이를 구하시오.

0371

오른쪽 그림과 같이 정삼각형 ABC에서 $\overline{BC}$의 연장선 위에 점 D를 잡아 정삼각형 ECD를 만들었을 때, ∠x의 크기는?

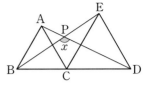

① 112°　　　② 116°　　　③ 120°
④ 124°　　　⑤ 128°

0372

오른쪽 그림과 같이 한 변의 길이가 10 cm인 정사각형 모양의 종이 2장을 겹쳐서 두 대각선 AC와 BD의 교점 O에 다른 정사각형의 꼭짓점이 일치하도록 붙였을 때, 사각형 OHBI의 넓이를 구하시오.

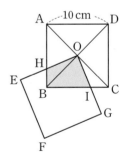

🔗 기출 BOOK 10쪽

Ⅱ

평면도형

A 개념 확인

하100% ···· 중 ··· 상

04-1 다각형
유형 01, 02, 03

(1) **다각형**: 3개 이상의 선분으로 둘러싸인 평면도형
 ① **변**: 다각형을 이루는 각 선분
 ② **꼭짓점**: 다각형의 변과 변이 만나는 점
 ③ **내각**: 다각형에서 이웃한 두 변으로 이루어진 내부의 각
 ④ **외각**: 다각형의 이웃한 두 변에서 한 변과 다른 변의 연장선으로 이루어진 각

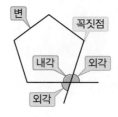

(2) **정다각형**: 변의 길이가 모두 같고 내각의 크기가 모두 같은 다각형

   ...
정삼각형　　정사각형　　정오각형

> **참고** • 변의 길이가 모두 같다고 해서 정다각형인 것은 아니다. **예** 마름모
> • 내각의 크기가 모두 같다고 해서 정다각형인 것은 아니다. **예** 직사각형

개념+
- n개의 선분으로 둘러싸인 다각형을 n각형이라 한다.
- 다각형에서 한 내각에 대한 외각은 2개이지만 맞꼭지각으로 그 크기가 같으므로 하나만 생각한다.
- 다각형의 한 꼭짓점에서 내각의 크기와 외각의 크기의 합은 $180°$이다.
- 변이 n개인 정다각형을 정n각형이라 한다.

04-2 다각형의 대각선의 개수
유형 04, 05

(1) **대각선**: 다각형에서 서로 이웃하지 않는 두 꼭짓점을 이은 선분
(2) **대각선의 개수**
 ① n각형의 한 꼭짓점에서 그을 수 있는 대각선의 개수 ➡ $n-3$
　　꼭짓점의 개수 ┘　　└ 한 꼭짓점에서 그을 수 있는 대각선의 개수
 ② n각형의 대각선의 개수 ➡ $\dfrac{n(n-3)}{2}$
　　└ 한 대각선을 중복하여 센 횟수

대각선

예 ① 오각형의 한 꼭짓점에서 그을 수 있는 대각선의 개수는 $5-3=2$
 ② 오각형의 대각선의 개수는 $\dfrac{5\times(5-3)}{2}=5$ ➡

> **참고** n각형의 한 꼭짓점에서 대각선을 모두 그었을 때 생기는 삼각형의 개수 ➡ $n-2$

- 다각형의 한 꼭짓점에서 자기 자신과 이웃하는 2개의 꼭짓점에는 대각선을 그을 수 없으므로 한 꼭짓점에서 그을 수 있는 대각선의 개수는 꼭짓점의 개수에서 3을 뺀다.
- 삼각형에서는 모든 꼭짓점이 서로 이웃하여 대각선이 존재하지 않으므로 대각선은 변이 4개 이상인 다각형에서 생각한다.

04-3 삼각형의 내각과 외각
유형 06~11

(1) 삼각형의 세 내각의 크기의 합은 $180°$이다.
 ➡ $\triangle ABC$에서 $\angle A+\angle B+\angle C=180°$

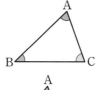

(2) 삼각형의 한 외각의 크기는 그와 이웃하지 않는 두 내각의 크기의 합과 같다.
 ➡ $\triangle ABC$에서 $\angle ACD=\angle A+\angle B$
　　∠C의 외각 ┘　　└ ∠C를 제외한 두 내각의 크기의 합
 예 오른쪽 그림과 같은 $\triangle ABC$에서 $\angle ACD$는 $\angle C$의 외각이므로
　　$\angle ACD=\angle A+\angle B=70°+40°=110°$

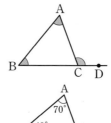

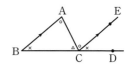
변 BC의 연장선 위에 점 D를 잡고 점 C를 지나고 변 BA에 평행한 반직선 CE를 그으면
$\angle A=\angle ACE$ (엇각),
$\angle B=\angle ECD$ (동위각)
∴ $\angle A+\angle B+\angle C$
$=\angle ACE+\angle ECD+\angle C$
$=180°$

04-1 다각형

[0373~0376] 다음 중 다각형인 것은 ◯를, 다각형이 아닌 것은 ×를 ( ) 안에 써넣으시오.

0373
( )

0374
( )

0375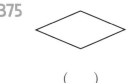
( )

0376
( )

[0377~0378] 다음 다각형에서 ∠A의 외각의 크기를 구하시오.

0377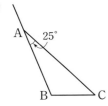

0378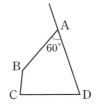

[0379~0384] 다음 중 옳은 것은 ◯를, 옳지 않은 것은 ×를 ( ) 안에 써넣으시오.

0379 십각형의 꼭짓점은 10개이다. ( )

0380 다각형의 한 내각에 대한 외각은 1개이다. ( )

0381 변이 6개인 다각형을 정육각형이라 한다. ( )

0382 네 내각의 크기가 같은 사각형은 정사각형이다. ( )

0383 세 변의 길이가 같은 삼각형은 정삼각형이다. ( )

0384 정다각형은 변의 길이가 모두 같고 내각의 크기가 모두 같다. ( )

04-2 다각형의 대각선의 개수

[0385~0388] 다음 다각형의 한 꼭짓점에서 그을 수 있는 대각선의 개수와 다각형의 대각선의 개수를 차례로 구하시오.

0385 사각형

0386 육각형

0387 구각형

0388 십이각형

[0389~0390] 대각선의 개수가 다음과 같은 다각형을 구하시오.

0389 14

0390 35

04-3 삼각형의 내각과 외각

[0391~0392] 다음 그림에서 ∠x의 크기를 구하시오.

0391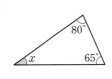

0392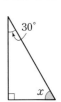

[0393~0394] 다음 그림에서 ∠x의 크기를 구하시오.

0393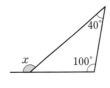

0394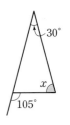

04-4 다각형의 내각의 크기의 합과 외각의 크기의 합   유형 12~16

(1) 다각형의 내각의 크기의 합

n각형의 내각의 크기의 합은 $180° \times (n-2)$이다.

다각형	사각형	오각형	육각형	...	n각형
한 꼭짓점에서 대각선을 모두 그어 만들 수 있는 삼각형의 개수	②	③	④	...	$n-2$
내각의 크기의 합	$180° \times 2 = 360°$	$180° \times 3 = 540°$	$180° \times 4 = 720°$	...	$180° \times (n-2)$

○ 다각형의 내각의 크기의 합은 다각형을 여러 개의 삼각형으로 나눈 후 삼각형의 내각의 크기의 합이 $180°$임을 이용하여 구한다.

○ n각형의 한 꼭짓점에서 대각선을 모두 그으면 n각형이 $(n-2)$개의 삼각형으로 나누어지므로 n각형의 내각의 크기의 합은 $(n-2)$개의 삼각형의 내각의 크기의 합과 같다.

(2) 다각형의 외각의 크기의 합

n각형의 외각의 크기의 합은 항상 $360°$이다.

> **참고** n각형의 한 꼭짓점에서 내각의 크기와 외각의 크기의 합은 $180°$로 일정하고, 꼭짓점은 n개이므로
>
> $$(내각의 크기의 합) + (외각의 크기의 합) = 180° \times n$$
> $$\therefore (외각의 크기의 합) = 180° \times n - 180° \times (n-2) = 360°$$

○ n각형의 외각의 크기의 합은 변의 개수와 관계없이 항상 $360°$이다.

○ 다각형의 외각을 오려서 한 점에 모으면 다각형의 외각의 크기의 합이 $360°$임을 확인할 수 있다.

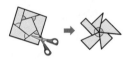

04-5 정다각형의 한 내각의 크기와 한 외각의 크기   유형 17, 18, 19

(1) 정n각형의 한 내각의 크기

$$\rightarrow \frac{\overset{\text{내각의 크기의 합}}{180° \times (n-2)}}{\underset{\text{꼭짓점의 개수}}{n}}$$

(2) 정n각형의 한 외각의 크기

$$\rightarrow \frac{\overset{\text{외각의 크기의 합}}{360°}}{\underset{\text{꼭짓점의 개수}}{n}}$$

○ 정n각형은 모든 내각의 크기와 모든 외각의 크기가 각각 같으므로 내각의 크기의 합과 외각의 크기의 합을 각각 n으로 나누면 한 내각의 크기와 한 외각의 크기를 구할 수 있다.

○ 정다각형의 한 내각의 크기와 한 외각의 크기의 합은 $180°$이므로 한 내각의 크기와 한 외각의 크기를 모두 구할 때에는 한 외각의 크기를 먼저 구한 후에 이를 이용하여 한 내각의 크기를 구할 수도 있다.

정다각형	정삼각형	정사각형	정오각형	정육각형
한 내각의 크기	$\dfrac{180°}{3} = 60°$	$\dfrac{360°}{4} = 90°$	$\dfrac{180° \times (5-2)}{5}$ $= 108°$	$\dfrac{180° \times (6-2)}{6}$ $= 120°$
한 외각의 크기	$\dfrac{360°}{3} = 120°$	$\dfrac{360°}{4} = 90°$	$\dfrac{360°}{5} = 72°$	$\dfrac{360°}{6} = 60°$

04-4 다각형의 내각의 크기의 합과 외각의 크기의 합

[0395~0396] 다음 다각형의 내각의 크기의 합을 구하시오.

0395 칠각형

0396 십각형

[0397~0398] 내각의 크기의 합이 다음과 같은 다각형을 구하시오.

0397 $1260°$

0398 $1800°$

0399 오른쪽 그림과 같은 오각형에 대하여 다음을 구하시오.

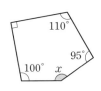

(1) 오각형의 내각의 크기의 합

(2) $\angle x$의 크기

0400 오른쪽 그림과 같은 육각형에 대하여 다음을 구하시오.

(1) 육각형의 내각의 크기의 합

(2) $\angle x$의 크기

[0401~0402] 다음 다각형의 외각의 크기의 합을 구하시오.

0401 팔각형

0402 십일각형

[0403~0404] 다음 그림에서 $\angle x$의 크기를 구하시오.

0403

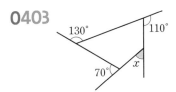

0404

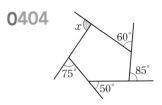

04-5 정다각형의 한 내각의 크기와 한 외각의 크기

[0405~0406] 다음 정다각형의 한 내각의 크기를 구하시오.

0405 정팔각형

0406 정십각형

[0407~0408] 한 내각의 크기가 다음과 같은 정다각형을 구하시오.

0407 $150°$

0408 $162°$

[0409~0410] 다음 정다각형의 한 외각의 크기를 구하시오.

0409 정구각형

0410 정십오각형

[0411~0412] 한 외각의 크기가 다음과 같은 정다각형을 구하시오.

0411 $20°$

0412 $30°$

B 유형 완성

하 10% ···· 중 80% ···· 상 10%

유형 01 다각형

(1) 다각형: 3개 이상의 선분으로 둘러싸인 평면도형
(2) 다음의 경우는 다각형이 아니다.
　① 전체 또는 일부가 곡선으로 둘러싸여 있을 때
　② 선분이 끊어져 있을 때
　③ 입체도형

0413 대표 문제

다음 중 다각형인 것을 모두 고르면? (정답 2개)

① 원　　　　　② 구　　　　　③ 삼각형

④ 정팔각형　　⑤ 정육면체

0414 하

다음 중 다각형인 것은?

① 　② 　③

④ 　⑤

0415 하

다음 중 다각형에 대한 설명으로 옳지 <u>않은</u> 것은?

① 다각형은 3개 이상의 선분으로 둘러싸인 평면도형이다.
② 다각형을 이루는 각 선분을 모서리라 한다.
③ 칠각형의 꼭짓점은 7개이다.
④ 구각형의 변은 9개이다.
⑤ 한 다각형에서 꼭짓점의 개수와 변의 개수는 항상 같다.

유형 02 다각형의 내각과 외각

(1) 내각: 다각형에서 이웃한 두 변으로 이루어진 내부의 각
(2) 외각: 다각형의 이웃한 두 변에서 한 변과 다른 변의 연장선으로 이루어진 각

(3) 다각형의 한 꼭짓점에서 내각의 크기와 외각의 크기의 합은 $180°$이다.

0416 대표 문제

오른쪽 그림에서 $\angle x + \angle y$의 크기를 구하시오.

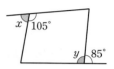

0417 하

다음 중 $\angle x$의 크기가 가장 작은 것은?

① 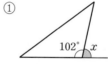　②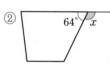

③ 　④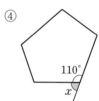

⑤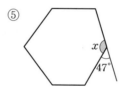

0418 중　　　　　　　　　　　　　서술형

오른쪽 그림과 같은 사각형 ABCD에서 x, y의 값을 각각 구하시오.

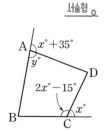

70 Ⅱ. 평면도형

유형 03 정다각형

(1) 정다각형: 변의 길이가 모두 같고 내각의 크기가 모두 같은 다각형
(2) 다음의 경우는 정다각형이 아니다.
① 변의 길이는 모두 같지만 내각의 크기가 다를 때
② 내각의 크기는 모두 같지만 변의 길이가 다를 때

0419 대표 문제

다음 보기 중 옳은 것을 모두 고른 것은?

보기
ㄱ. 꼭짓점이 8개인 정다각형은 정팔각형이다.
ㄴ. 세 내각의 크기가 같은 삼각형은 정삼각형이다.
ㄷ. 변의 길이가 모두 같은 다각형은 정다각형이다.
ㄹ. 정다각형의 한 꼭짓점에서 내각의 크기와 외각의 크기의 합은 360°이다.

① ㄱ, ㄴ ② ㄱ, ㄷ ③ ㄱ, ㄹ
④ ㄴ, ㄷ ⑤ ㄷ, ㄹ

0420 하

다음 조건을 모두 만족시키는 다각형을 구하시오.

조건
(가) 10개의 선분으로 둘러싸여 있다.
(나) 변의 길이가 모두 같다.
(다) 내각의 크기가 모두 같다.

0421 중

다음 중 정다각형에 대한 설명으로 옳지 않은 것을 모두 고르면? (정답 2개)

① 변의 길이가 모두 같다.
② 내각의 크기가 모두 같다.
③ 외각의 크기가 모두 같다.
④ 대각선의 길이가 모두 같다.
⑤ 내각의 크기와 외각의 크기가 같다.

유형 04 한 꼭짓점에서 그을 수 있는 대각선의 개수

(1) n각형의 한 꼭짓점에서 그을 수 있는 대각선의 개수
➡ $n-3$
(2) n각형의 한 꼭짓점에서 대각선을 모두 그었을 때 생기는 삼각형의 개수
➡ $n-2$

참고 n각형의 내부의 한 점에서 각 꼭짓점에 선분을 그었을 때 생기는 삼각형의 개수
➡ n

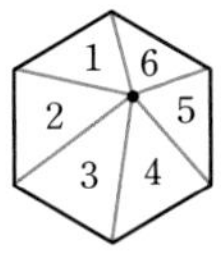

0422 대표 문제

팔각형의 한 꼭짓점에서 그을 수 있는 대각선의 개수를 a, 이때 생기는 삼각형의 개수를 b라 할 때, $a+b$의 값은?

① 6 ② 8 ③ 9
④ 11 ⑤ 13

0423 하

한 꼭짓점에서 그을 수 있는 대각선의 개수가 10인 다각형의 변의 개수는?

① 9 ② 10 ③ 11
④ 12 ⑤ 13

0424 중

어떤 다각형의 내부의 한 점에서 각 꼭짓점에 선분을 그었을 때 생기는 삼각형의 개수가 7이다. 이 다각형의 한 꼭짓점에서 그을 수 있는 대각선의 개수는?

① 3 ② 4 ③ 5
④ 6 ⑤ 7

유형 05 다각형의 대각선의 개수

(1) 다각형이 주어진 경우
   → n각형의 대각선의 개수는 $\dfrac{n(n-3)}{2}$이다.
(2) 대각선의 개수가 k인 다각형이 주어진 경우
   → $\dfrac{n(n-3)}{2}=k$를 만족시키는 n의 값을 구하여 n각형을 구한다.

0425 대표 문제

대각선의 개수가 54인 다각형의 한 꼭짓점에서 대각선을 모두 그었을 때 생기는 삼각형의 개수는?

① 7   ② 8   ③ 9
④ 10   ⑤ 11

0426 하

다음 중 다각형과 그 다각형의 대각선의 개수를 짝 지은 것으로 옳지 <u>않은</u> 것은?

① 오각형 – 5   ② 칠각형 – 14
③ 팔각형 – 20   ④ 구각형 – 27
⑤ 십삼각형 – 55

0427 중

어떤 다각형의 내부의 한 점에서 각 꼭짓점에 선분을 그었을 때 생기는 삼각형의 개수가 11이다. 이 다각형의 대각선의 개수를 구하시오.

0428 중   서술형

한 꼭짓점에서 그을 수 있는 대각선의 개수가 육각형의 대각선의 개수와 같은 다각형을 구하시오.

0429 중

다음 조건을 모두 만족시키는 다각형을 구하시오.

조건
㈎ 대각선의 개수가 90이다.
㈏ 변의 길이가 모두 같고 내각의 크기가 모두 같다.

0430 상

오른쪽 그림과 같이 원탁에 6명의 사람이 앉아 있다. 다음 각 상황에서 악수는 모두 몇 번 하게 되는지 구하시오.

(1) 이웃한 사람끼리만 서로 한 번씩 악수를 할 때
(2) 서로 한 번씩 악수를 하되 이웃한 사람끼리는 하지 않을 때
(3) 모두 서로 한 번씩 악수를 할 때

유형 06 삼각형의 세 내각의 크기의 합

삼각형의 세 내각의 크기의 합은 180°이다.
➡ △ABC에서 ∠A+∠B+∠C=180°

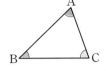

0431 대표 문제

오른쪽 그림과 같은 △ABC에서 x의 값을 구하시오.

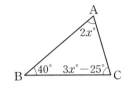

0432 중

오른쪽 그림과 같이 $\overline{AE}$와 $\overline{BD}$의 교점을 C라 할 때, ∠x의 크기를 구하시오.

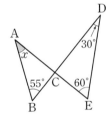

0433 중

오른쪽 그림에서 $\overrightarrow{DE}$∥$\overline{BC}$일 때, ∠x의 크기는?

① 55°　② 60°
③ 65°　④ 70°
⑤ 75°

0434 중

오른쪽 그림과 같은 △ABC에서 $\overline{BD}$가 ∠B의 이등분선일 때, 다음을 구하시오.

(1) ∠ABD의 크기
(2) ∠x의 크기

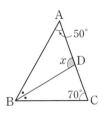

0435 중

세 내각의 크기의 비가 3 : 4 : 5인 삼각형이 있다. 이 삼각형의 내각 중 가장 작은 내각의 크기는?

① 32°　② 45°　③ 54°
④ 58°　⑤ 62°

0436 중

오른쪽 그림과 같은 △ABC에서 ∠A=54°이고 4∠B=3∠C일 때, ∠B의 크기를 구하시오.

서술형

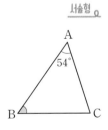

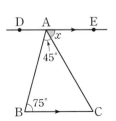

유형 07 삼각형의 내각과 외각 사이의 관계

삼각형의 한 외각의 크기는 그와 이웃하지 않는 두 내각의 크기의 합과 같다.
➡ △ABC에서 ∠ACD=∠A+∠B
    └ ∠C의 외각

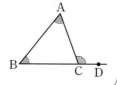

0437 (대표 문제)

오른쪽 그림과 같은 △ABC에서 x의 값을 구하시오.

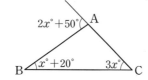

0438 ⓐ

오른쪽 그림에서 ∠x의 크기는?

① 92°   ② 93°

③ 94°   ④ 95°

⑤ 96°

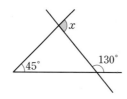

0439 ⓑ

오른쪽 그림에서 $\overleftrightarrow{AB}$ ∥ $\overleftrightarrow{CD}$일 때, ∠x의 크기를 구하시오.

서술형

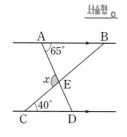

0440 ⓑ

오른쪽 그림과 같은 △ABC에서 ∠x의 크기를 구하시오.

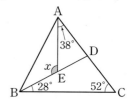

0441 ⓑ

오른쪽 그림과 같이 $\overline{AC}$와 $\overline{DE}$의 교점을 F라 할 때, ∠x의 크기는?

① 115°   ② 125°

③ 135°   ④ 145°

⑤ 155°

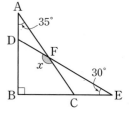

0442 ⓑ

오른쪽 그림과 같은 △ABC에서 ∠BAD=∠CAD일 때, ∠x의 크기를 구하시오.

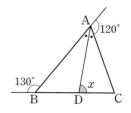

0443 ⓑ

오른쪽 그림에서 ∠GAH=45°, ∠AGB=∠BFC=∠CED=20°일 때, ∠EDH의 크기는?

① 95°   ② 100°

③ 105°   ④ 110°

⑤ 115°

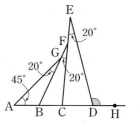

유형 08 삼각형의 내각의 크기의 합의 활용

오른쪽 그림과 같은 △ABC에서
• + × = 180° − (∠a + ∠b + ∠c)
따라서 △DBC에서
∠x = 180° − (• + ×)
  = 180° − {180° − (∠a + ∠b + ∠c)}
  = ∠a + ∠b + ∠c
➡ ∠x = ∠a + ∠b + ∠c

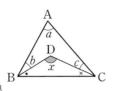

0444 대표 문제

오른쪽 그림과 같은 △ABC에서
∠x의 크기를 구하시오.

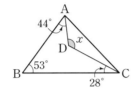

0445 중

오른쪽 그림에서 ∠x의 크기는?

① 120°　　② 122°

③ 125°　　④ 128°

⑤ 130°

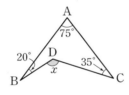

0446 중

오른쪽 그림과 같은 △ABC에서 ∠B
의 이등분선과 ∠C의 이등분선의 교
점을 D라 할 때, ∠x의 크기를 구하
시오.

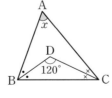

0447 중　　　　서술형

오른쪽 그림과 같은 △ABC에서
∠B의 이등분선과 ∠C의 이등분선
의 교점을 D라 할 때, ∠x의 크기를
구하시오.

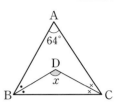

0448 중

오른쪽 그림과 같이 △ABC에서 ∠B
의 이등분선과 ∠C의 이등분선의 교점
을 D라 하자. ∠EAC = 128°일 때,
∠x의 크기는?

① 112°　　② 114°

③ 116°　　④ 118°

⑤ 120°

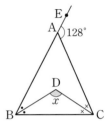

유형 09 삼각형의 한 내각과 한 외각의 이등분선이
이루는 각

오른쪽 그림과 같이 △ABC에서
2× = 2• + ∠A
∴ × = • + ½∠A　　…… ㉠
△DBC에서
× = • + ∠x　　…… ㉡
㉠, ㉡에서 ∠x = ½∠A

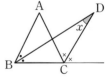

0449 대표 문제

오른쪽 그림과 같이 △ABC에서
∠B의 이등분선과 ∠C의 외각의
이등분선의 교점을 D라 하자.
∠A = 54°일 때, ∠x의 크기를 구
하시오.

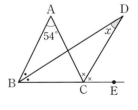

0450 ③

오른쪽 그림과 같이 △ABC에서 ∠B의 이등분선과 ∠C의 외각의 이등분선의 교점을 D라 하자. ∠D=50°일 때, ∠x의 크기를 구하시오.

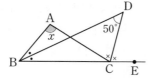

0451 ③

오른쪽 그림에서 ∠ABD=∠DBE=∠EBP, ∠ACD=∠DCE=∠ECP 이고 ∠D=44°일 때, ∠x+∠y의 크기를 구하시오.

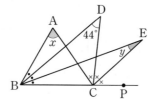

빈출

유형 10 이등변삼각형의 성질을 이용하여 각의 크기 구하기

오른쪽 그림과 같은 △BCD에서 $\overline{AB}=\overline{AC}=\overline{CD}$이고 ∠B=∠a일 때, 이등변삼각형의 성질과 삼각형의 외각의 성질을 이용하면

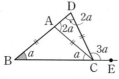

(1) △ABC에서 ∠ACB=∠a이므로
→ ∠CAD=∠a+∠a=2∠a
(2) △ACD에서 ∠D=2∠a이므로 △BCD에서
→ ∠DCE=∠a+2∠a=3∠a

0452 대표 문제

오른쪽 그림과 같은 △BCD에서 $\overline{AB}=\overline{AC}=\overline{CD}$이고 ∠B=40°일 때, ∠x의 크기를 구하시오.

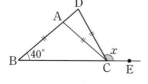

0453 ③

오른쪽 그림과 같은 △ABC에서 $\overline{AD}=\overline{BD}=\overline{BC}$이고 ∠C=70°일 때, ∠x의 크기는?

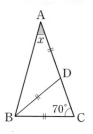

① 25° ② 30°
③ 35° ④ 40°
⑤ 45°

0454 ③

서술형

오른쪽 그림과 같은 △ABC에서 $\overline{AB}=\overline{AC}$, $\overline{BC}=\overline{BD}$이고 ∠A=54°일 때, ∠x의 크기를 구하시오.

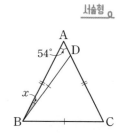

0455 ④

오른쪽 그림과 같은 △BED에서 $\overline{AB}=\overline{AC}=\overline{CD}=\overline{DE}$이고 ∠DEF=111°일 때, ∠x의 크기는?

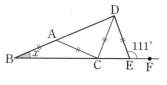

① 22° ② 23° ③ 24°
④ 25° ⑤ 26°

유형 11 별 모양의 도형에서 각의 크기 구하기

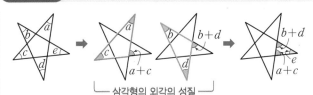

∴ ∠a+∠b+∠c+∠d+∠e=180°

0456 대표 문제

오른쪽 그림에서 ∠x의 크기는?

① 20°   ② 22°

③ 24°   ④ 26°

⑤ 28°

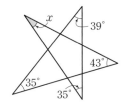

0457 중

오른쪽 그림에서 ∠x−∠y의 크기를 구하시오.

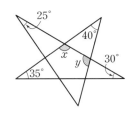

0458 상

오른쪽 그림에서 ∠a+∠b+∠c+∠d의 크기는?

① 130°   ② 140°

③ 150°   ④ 160°

⑤ 170°

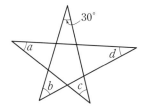

유형 12 다각형의 내각의 크기의 합

n각형의 한 꼭짓점에서 대각선을 모두 그으면 $(n-2)$개의 삼각형으로 나누어지므로 n각형의 내각의 크기의 합은

➡ $180° \times (n-2)$
└ 삼각형의 세 내각의 크기의 합

0459 대표 문제

대각선의 개수가 65인 다각형의 내각의 크기의 합은?

① 1620°   ② 1800°   ③ 1980°

④ 2160°   ⑤ 2340°

0460 중

내각의 크기의 합이 1080°인 다각형의 꼭짓점의 개수를 구하시오.

0461 중

다음 조건을 모두 만족시키는 다각형을 구하시오.

┌ 조건 ┐
(가) 변의 길이가 모두 같고 내각의 크기가 모두 같다.
(나) 내각의 크기의 합이 1620°이다.

0462 중 서술형

오른쪽 그림은 육각형의 내부의 한 점에서 각 꼭짓점에 선분을 그은 것이다. 삼각형의 내각의 크기의 합이 180°임을 이용하여 육각형의 내각의 크기의 합을 구하시오.

유형 13 다각형의 내각의 크기의 합을 이용하여 각의 크기 구하기

❶ 주어진 n각형의 내각의 크기의 합을 구한다.
➡ $180° \times (n-2)$ (단, $n \geq 3$)
❷ ❶을 이용하여 식을 세운 후 구하고자 하는 내각의 크기를 구한다.

0463 대표 문제

오른쪽 그림에서 x의 값을 구하시오.

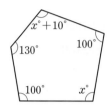

0464 중

오른쪽 그림에서 ∠x의 크기는?

① 140°   ② 145°

③ 150°   ④ 155°

⑤ 160°

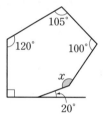

0465 중

오른쪽 그림에서 ∠x의 크기를 구하시오.

서술형

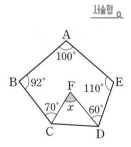

0466 중

오른쪽 그림에서 ∠x+∠y의 크기를 구하시오.

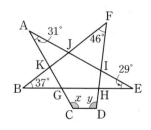

0467 중

오른쪽 그림에서 ∠x의 크기는?

① 105°   ② 110°

③ 115°   ④ 120°

⑤ 125°

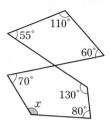

0468 중

오른쪽 그림과 같이 사각형 ABCD에서 ∠C의 이등분선과 ∠D의 이등분선의 교점을 E라 하자. ∠A=110°, ∠B=82°일 때, ∠x의 크기를 구하시오.

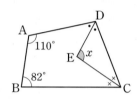

유형 14 다각형의 외각의 크기의 합

다각형의 외각의 크기의 합은 항상 360°이다.

0469 대표 문제

오른쪽 그림에서 x의 값은?

① 56   ② 58

③ 60   ④ 62

⑤ 64

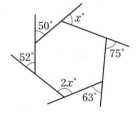

0470 하

다음 그림에서 ∠x의 크기를 구하시오.

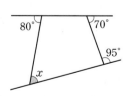

0471 종

오른쪽 그림에서 ∠a+∠b의 크기를 구하시오.

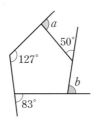

0475 상

오른쪽 그림에서
∠a+∠b+∠c+∠d+∠e
+∠f+∠g+∠h
의 크기를 구하시오.

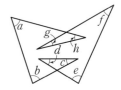

유형 15 다각형의 내각의 크기의 합의 활용

오른쪽 그림에서 맞꼭지각의 크기는 같으므로
∠e+∠f=∠g+∠h
➡ ∠a+∠b+∠c+∠d+∠e+∠f
= ∠a+∠b+∠c+∠d+∠g+∠h
= 360° → 사각형의 내각의 크기의 합

보조선 긋기

유형 16 다각형의 외각의 크기의 합의 활용

다음 성질을 이용하여 각의 크기를 구한다.
(1) 삼각형의 한 외각의 크기는 그와 이웃하지 않는 두 내각의 크기의 합과 같다.
(2) 다각형의 외각의 크기의 합은 360°이다.

0472 대표 문제

오른쪽 그림에서 ∠x의 크기는?

① 70°   ② 73°
③ 75°   ④ 77°
⑤ 80°

0476 대표 문제

오른쪽 그림에서
∠a+∠b+∠c+∠d+∠e
+∠f+∠g
의 크기는?

① 295°   ② 300°
③ 305°   ④ 310°
⑤ 315°

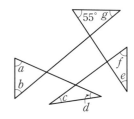

0473 종

오른쪽 그림에서 ∠x의 크기는?

① 30°   ② 35°
③ 40°   ④ 45°
⑤ 50°

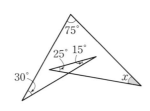

0474 종

오른쪽 그림에서
∠a+∠b+∠c+∠d의 크기를
구하시오.

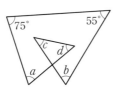

0477 상

오른쪽 그림에서
∠a+∠b+∠c+∠d+∠e
+∠f+∠g+∠h+∠i+∠j
의 크기를 구하시오.

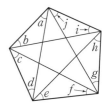

유형 17 정다각형의 한 내각의 크기와 한 외각의 크기

(1) 정n각형의 한 내각의 크기 ➡ $\dfrac{180° \times (n-2)}{n}$

(2) 정n각형의 한 외각의 크기 ➡ $\dfrac{360°}{n}$

0478 대표 문제

다음 중 정육각형에 대한 설명으로 옳은 것을 모두 고르면?

(정답 2개)

① 한 꼭짓점에서 그을 수 있는 대각선의 개수는 3이다.

② 대각선의 개수는 10이다.

③ 내각의 크기의 합은 900°이다.

④ 한 내각의 크기는 120°이다.

⑤ 한 외각의 크기는 45°이다.

0479 하

정십각형의 한 외각의 크기를 $a°$, 정십이각형의 한 내각의 크기를 $b°$라 할 때, $a+b$의 값을 구하시오.

0480 중

한 외각의 크기가 45°인 정다각형의 내각의 크기의 합을 구하시오.

0481 중

다음 조건을 모두 만족시키는 다각형을 구하시오.

┌조건┐
㉮ 변의 길이가 모두 같고 내각의 크기가 모두 같다.
㉯ 한 내각의 크기와 한 외각의 크기의 비는 3 : 2이다.

0482 중

내각과 외각의 크기의 총합이 1080°인 정다각형의 한 내각의 크기는?

① 60°   ② 90°   ③ 108°

④ 120°   ⑤ 135°

0483 중

오른쪽 그림은 정n각형 모양의 접시의 일부분이다. ∠BAC=18°일 때, n의 값을 구하시오.

서술형

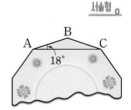

유형 18 정다각형의 한 내각의 크기의 활용

정n각형에서 각의 크기를 구할 때, 다음을 이용한다.

(1) 모든 변의 길이가 같다.

(2) 한 내각의 크기는 $\dfrac{180° \times (n-2)}{n}$이다.

(3) 이등변삼각형에서 두 내각의 크기가 같다.

(4) 삼각형의 한 외각의 크기는 그와 이웃하지 않는 두 내각의 크기의 합과 같다.

0484 대표 문제

오른쪽 그림과 같은 정오각형 ABCDE에서 $\angle x$의 크기를 구하시오.

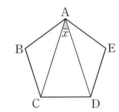

0485 중

오른쪽 그림과 같이 정오각형 ABCDE에서 $\overline{AC}$와 $\overline{BE}$의 교점을 F라 할 때, $\angle x$의 크기는?

① 60° ② 64°

③ 68° ④ 72°

⑤ 76°

0486 상

오른쪽 그림과 같은 정육각형 ABCDEF에서 $\overline{BP}=\overline{CQ}$일 때, $\angle x$의 크기를 구하시오.

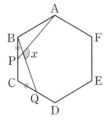

유형 19 정다각형의 한 외각의 크기의 활용

오른쪽 그림과 같이 한 변의 길이가 같은 정오각형과 정육각형에서 정오각형의 한 외각의 크기는 72°, 정육각형의 한 외각의 크기는 60°이므로

➡ $\angle x = 72° + 60° = 132°$

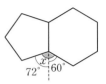

0487 대표 문제

오른쪽 그림은 한 변의 길이가 같은 정육각형과 정팔각형을 붙여 놓은 것이다. 이때 $\angle x$의 크기를 구하시오.

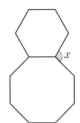

0488 중 서술형

오른쪽 그림과 같이 정오각형 ABCDE의 두 변 AE와 CD의 연장선의 교점을 P라 할 때, $\angle x$의 크기를 구하시오.

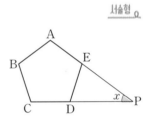

0489 상

오른쪽 그림은 한 변의 길이가 같은 정오각형과 정육각형을 붙여 놓은 것이다. 정오각형의 한 변의 연장선과 정육각형의 한 변의 연장선이 만날 때, $\angle x$의 크기는?

① 82° ② 83°

③ 84° ④ 85°

⑤ 86°

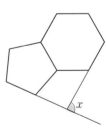

AB 유형 점검

0490
유형 02

오른쪽 그림과 같은 △ABC에서 $y-x$의 값을 구하시오.

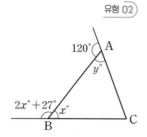

0491
유형 03

다음 보기 중 옳은 것을 모두 고른 것은?

> **보기**
> ㄱ. 내각의 크기가 모두 같은 다각형은 정다각형이다.
> ㄴ. 사각형에서 변의 길이가 모두 같으면 내각의 크기도 모두 같다.
> ㄷ. 정다각형의 한 꼭짓점에서 내각의 크기와 외각의 크기의 합은 180°이다.
> ㄹ. 정다각형의 한 내각에 대한 외각은 2개이고, 그 크기가 서로 같다.

① ㄱ, ㄴ   ② ㄱ, ㄷ   ③ ㄴ, ㄷ
④ ㄴ, ㄹ   ⑤ ㄷ, ㄹ

0492
유형 04

십이각형의 한 꼭짓점에서 그을 수 있는 대각선의 개수를 a, 내부의 한 점에서 각 꼭짓점에 선분을 그었을 때 생기는 삼각형의 개수를 b라 할 때, $a+b$의 값을 구하시오.

0493
유형 05

대각선의 개수가 20인 다각형의 변의 개수는?

① 6   ② 7   ③ 8
④ 9   ⑤ 10

0494
유형 06

오른쪽 그림과 같은 △ABC에서 x의 값을 구하시오.

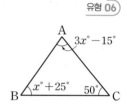

0495
유형 07

오른쪽 그림에서 ∠x의 크기는?

① 100°   ② 105°
③ 110°   ④ 115°
⑤ 120°

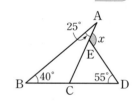

0496
유형 07

오른쪽 그림과 같은 △ABC에서 $\overline{AD}$가 ∠BAC의 이등분선일 때, ∠x의 크기를 구하시오.

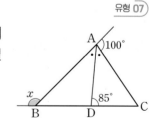

0497

유형 08

오른쪽 그림에서 $\angle x + \angle y$의 크기
는?

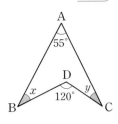

① $55°$ ② $60°$

③ $65°$ ④ $70°$

⑤ $75°$

0498

유형 09

오른쪽 그림과 같이 △ABC에서
$\angle B$의 이등분선과 $\angle C$의 외각의
이등분선의 교점을 D라 하자.
$\angle D = 36°$일 때, $\angle x$의 크기는?

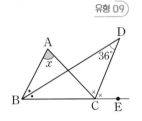

① $68°$ ② $70°$ ③ $72°$

④ $74°$ ⑤ $76°$

0499

유형 10

오른쪽 그림과 같은 △ACD에서
$\overline{AB} = \overline{BC} = \overline{CD}$이고 $\angle A = 25°$
일 때, $\angle x$의 크기를 구하시오.

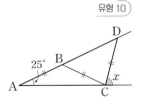

0500

유형 11

오른쪽 그림에 대하여 다음 중 옳
지 <u>않은</u> 것은?

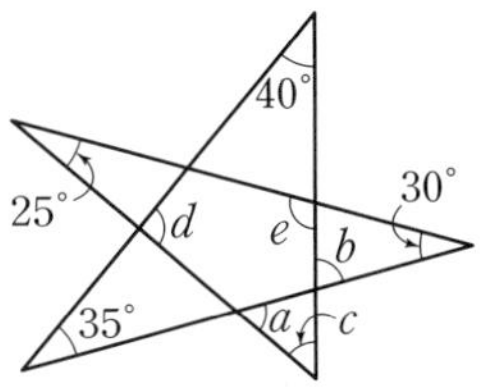

① $\angle a = 55°$

② $\angle b = 75°$

③ $\angle c = 50°$

④ $\angle d = 80°$

⑤ $\angle e = 105°$

0501

유형 12

한 꼭짓점에서 그을 수 있는 대각선의 개수가 6인 다각형
의 내각의 크기의 합을 구하시오.

0502

유형 13

오른쪽 그림에서 x의 값은?

① 80   ② 82

③ 84   ④ 86

⑤ 88

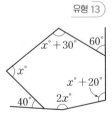

0503

오른쪽 그림에서 x의 값을 구하시오.

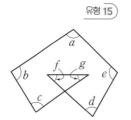

0504

오른쪽 그림에서
$$\angle a + \angle b + \angle c + \angle d + \angle e + \angle f + \angle g$$
의 크기를 구하시오.

0505

오른쪽 그림에서 $l /\!/ m$일 때, $\angle a + \angle b + \angle c + \angle d + \angle e$의 크기를 구하시오.

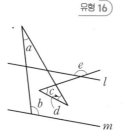

0506

내각의 크기의 합이 $2520°$인 정다각형의 한 외각의 크기를 구하시오.

서술형

0507

한 꼭짓점에서 그을 수 있는 대각선의 개수가 12인 다각형의 대각선의 개수를 구하시오.

0508

오른쪽 그림과 같이 사각형 ABCD에서 $\angle$B의 이등분선과 $\angle$C의 이등분선의 교점을 E라 하자. $\angle A = 112°$, $\angle D = 100°$일 때, $\angle x$의 크기를 구하시오.

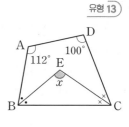

0509

한 내각의 크기와 한 외각의 크기의 비가 5 : 1인 정다각형의 내각의 크기의 합을 $a°$, 외각의 크기의 합을 $b°$라 할 때, $a-b$의 값을 구하시오.

0510

어떤 다각형의 한 꼭짓점에서 대각선을 모두 그으면 a개의 대각선을 그을 수 있고, b개의 삼각형이 생긴다. $a+b=17$ 일 때, 이 다각형의 대각선의 개수를 구하시오.

0511

오른쪽 그림과 같이 △ABC에서 ∠B의 외각의 이등분선과 ∠C의 외각의 이등분선의 교점을 E라 하자. ∠A=74°일 때, ∠x의 크기를 구하시오.

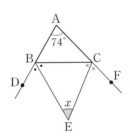

0512

오른쪽 그림에서
∠ABC : ∠CBF=2 : 1,
∠EDC : ∠CDF=2 : 1일 때, ∠x 의 크기는?

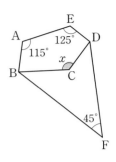

① 120°　　　② 125°

③ 130°　　　④ 135°

⑤ 140°

0513

오른쪽 그림에서
∠a+∠b+∠c+∠d+∠e+∠f 의 크기를 구하시오.

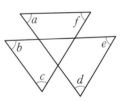

● 기출 BOOK 14쪽

05-1 원과 부채꼴
유형 01

개념⁺

(1) 원

평면 위의 한 점 O에서 일정한 거리에 있는 모든 점으로 이루어진 도형을 원이라 하고, 원 O로 나타낸다.

(2) 호

원 위의 두 점을 잡으면 원은 두 부분으로 나누어지는데 이 두 부분을 각각 **호**라 한다.

이때 양 끝 점이 A, B인 호를 호 AB라 한다. [기호] $\overset{\frown}{AB}$

(3) 할선

원 위의 두 점을 지나는 직선을 **할선**이라 한다.

(4) 현

원 위의 두 점을 이은 선분을 **현**이라 하고, 양 끝 점이 C, D인 현을 현 CD라 한다.

(5) 부채꼴

원 O에서 호 AB와 두 반지름 OA, OB로 이루어진 도형을 **부채꼴 AOB**라 한다.

(6) 중심각

부채꼴 AOB에서 두 반지름 OA, OB가 이루는 각, 즉 ∠AOB를 호 AB에 대한 **중심각** 또는 부채꼴 AOB의 중심각이라 하고, $\overset{\frown}{AB}$를 ∠AOB에 대한 호라 한다.

(7) 활꼴

원 O에서 현 CD와 호 CD로 이루어진 도형을 **활꼴**이라 한다.

● $\overset{\frown}{AB}$는 보통 길이가 짧은 쪽의 호를 나타내고, 길이가 긴 쪽의 호는 그 호 위의 한 점 P를 잡아 $\overset{\frown}{APB}$와 같이 나타낸다.

● 원의 중심을 지나는 현은 그 원의 지름이고, 원의 지름은 그 원에서 길이가 가장 긴 현이다.

● 반원은 부채꼴이면서 동시에 활꼴이다.

05-2 중심각의 크기와 호의 길이, 부채꼴의 넓이 사이의 관계
유형 02~07, 09

한 원 또는 합동인 두 원에서

(1) 중심각의 크기가 같은 두 부채꼴의 호의 길이와 넓이는 각각 같다.

(2) 부채꼴의 호의 길이와 넓이는 각각 중심각의 크기에 정비례한다.

● 호의 길이 또는 넓이가 같은 두 부채꼴의 중심각의 크기는 같다.

05-3 중심각의 크기와 현의 길이 사이의 관계
유형 08, 09

한 원 또는 합동인 두 원에서

(1) 중심각의 크기가 같은 두 현의 길이는 같다.

(2) 현의 길이는 중심각의 크기에 정비례하지 않는다.

[참고] 오른쪽 그림에서 ∠AOC=2∠AOB일 때,

$$\overline{AC} < \overline{AB} + \overline{BC} = 2\overline{AB}$$

● 길이가 같은 두 현에 대한 중심각의 크기는 같다.

● 한 원 또는 합동인 두 원에서 활꼴의 넓이는 중심각의 크기에 정비례하지 않는다.

05-1 원과 부채꼴

0514 오른쪽 그림의 원 O 위에 다음을 나타내시오.

(1) 호 AB

(2) 현 BC

0515 오른쪽 그림의 원 O 위에 다음을 나타내시오.

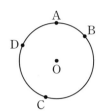

(1) 부채꼴 AOB

(2) 현 CD와 호 CD로 이루어진 활꼴

[0516~0518] 오른쪽 그림과 같은 원 O에 대하여 다음을 기호로 나타내시오.

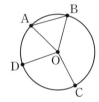

0516 ∠AOB에 대한 현

0517 ∠AOD에 대한 호

0518 $\overparen{CD}$에 대한 중심각

[0519~0524] 다음 중 옳은 것은 ○를, 옳지 않은 것은 ×를 ( ) 안에 써넣으시오.

0519 원의 중심을 지나는 현은 그 원의 반지름이다.
( )

0520 반원은 활꼴인 동시에 부채꼴이다. ( )

0521 원에서 현과 호로 이루어진 도형을 부채꼴이라 한다.
( )

0522 중심각의 크기가 90°인 부채꼴은 반원이다. ( )

0523 할선은 원 위의 두 점을 지나는 직선이다. ( )

0524 한 원 위의 두 점 A, B에 대하여 호 AB와 현 AB에 대한 중심각의 크기는 같다. ( )

05-2 중심각의 크기와 호의 길이, 부채꼴의 넓이 사이의 관계

[0525~0528] 오른쪽 그림과 같은 원 O에서 ∠AOB = ∠BOC = ∠COD일 때, ☐ 안에 알맞은 것을 써넣으시오.

0525 $\overparen{AB}$ = ☐ = $\overparen{CD}$

0526 $\overparen{BD}$ = ☐ $\overparen{BC}$

0527 (부채꼴 AOC의 넓이)
= ☐ × (부채꼴 COD의 넓이)

0528 (부채꼴 AOD의 넓이)
= ☐ × (부채꼴 BOC의 넓이)

[0529~0532] 다음 그림과 같은 원 O에서 x의 값을 구하시오.

0529
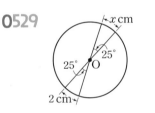

0530
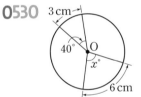

0531
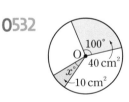

0532
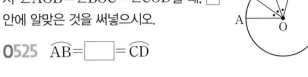

05-3 중심각의 크기와 현의 길이 사이의 관계

[0533~0534] 다음 그림과 같은 원 O에서 x의 값을 구하시오.

0533
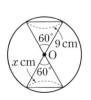

0534

05-4 **원의 둘레의 길이와 넓이**   유형 10, 13, 15~19   개념+

(1) 원주율

원의 둘레의 길이를 지름의 길이로 나눈 값을 원주율이라 한다.

원주율은 기호로 π와 같이 나타내고, '파이'라 읽는다.

➡ (원주율)$=\dfrac{(원의\ 둘레의\ 길이)}{(원의\ 지름의\ 길이)}=\pi$

(2) 원의 둘레의 길이와 넓이

반지름의 길이가 r인 원의 둘레의 길이를 l, 넓이를 S라 하면

① $l=2\pi r$

② $S=\pi r^2$

예 반지름의 길이가 $3\,\mathrm{cm}$인 원의 둘레의 길이를 l, 넓이를 S라 하면

   ① $l=2\pi\times3=6\pi(\mathrm{cm})$

   ② $S=\pi\times3^2=9\pi(\mathrm{cm}^2)$

> 원주율(π)은 원의 크기와 상관없이 항상 일정하며 그 값은 3.141592…와 같이 소수점 아래의 숫자가 한없이 계속되는 소수이다.

05-5 **부채꼴의 호의 길이와 넓이**   유형 11, 13~20

반지름의 길이가 r, 중심각의 크기가 $x°$인 부채꼴의 호의 길이를 l, 넓이를 S라 하면

(1) $l=2\pi r\times\dfrac{x}{360}$

(2) $S=\pi r^2\times\dfrac{x}{360}$

예 반지름의 길이가 $3\,\mathrm{cm}$, 중심각의 크기가 $30°$인 부채꼴의 호의 길이를 l, 넓이를 S라 하면

   ① $l=2\pi\times3\times\dfrac{30}{360}=\dfrac{\pi}{2}(\mathrm{cm})$

   ② $S=\pi\times3^2\times\dfrac{30}{360}=\dfrac{3}{4}\pi(\mathrm{cm}^2)$

> 부채꼴의 호의 길이와 넓이는 각각 중심각의 크기에 정비례하므로
> (1) $l:2\pi r=x:360$에서
> $l=2\pi r\times\dfrac{x}{360}$
> (2) $S:\pi r^2=x:360$에서
> $S=\pi r^2\times\dfrac{x}{360}$

05-6 **부채꼴의 호의 길이와 넓이 사이의 관계**   유형 12

반지름의 길이가 r, 호의 길이가 l인 부채꼴의 넓이를 S라 하면

$S=\dfrac{1}{2}rl$ → 중심각의 크기가 주어지지 않은 부채꼴의 넓이를 구할 때 사용한다.

참고 중심각의 크기를 $x°$라 하면

$l=2\pi r\times\dfrac{x}{360}$에서 $\dfrac{x}{360}=\dfrac{l}{2\pi r}$

$\therefore S=\pi r^2\times\dfrac{x}{360}=\pi r^2\times\dfrac{l}{2\pi r}=\dfrac{1}{2}rl$

예 반지름의 길이가 $2\,\mathrm{cm}$, 호의 길이가 $\pi\,\mathrm{cm}$인 부채꼴의 넓이를 S라 하면

$S=\dfrac{1}{2}\times2\times\pi=\pi(\mathrm{cm}^2)$

> 위의 그림과 같이 반지름의 길이가 r이고 호의 길이가 l인 부채꼴을 중심각의 크기가 같도록 잘게 잘라 서로 엇갈리게 붙이면 직사각형에 가까운 모양이 된다. 이를 통해 부채꼴의 넓이가 $\dfrac{1}{2}l\times r=\dfrac{1}{2}rl$임을 알 수 있다.

05-4 원의 둘레의 길이와 넓이

[0535~0536] 다음 그림과 같은 원의 둘레의 길이와 넓이를 차례로 구하시오.

0535

0536

[0537~0538] 둘레의 길이가 다음과 같은 원의 반지름의 길이를 구하시오.

0537 16π cm

0538 20π cm

[0539~0540] 넓이가 다음과 같은 원의 반지름의 길이를 구하시오.

0539 36π cm^2

0540 49π cm^2

[0541~0542] 다음 그림에서 색칠한 부분의 둘레의 길이를 구하시오.

0541

0542
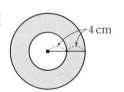

[0543~0544] 다음 그림에서 색칠한 부분의 넓이를 구하시오.

0543

0544
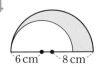

05-5 부채꼴의 호의 길이와 넓이

[0545~0548] 다음 그림과 같은 부채꼴의 호의 길이와 넓이를 차례로 구하시오.

0545

0546
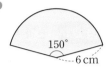

0547

0548

[0549~0550] 다음 그림과 같은 부채꼴의 둘레의 길이를 구하시오.

0549

0550

[0551~0552] 다음 조건을 만족시키는 부채꼴의 중심각의 크기를 구하시오.

0551 반지름의 길이가 6 cm이고 호의 길이가 4π cm

0552 반지름의 길이가 5 cm이고 넓이가 5π cm^2

05-6 부채꼴의 호의 길이와 넓이 사이의 관계

[0553~0554] 다음 그림과 같은 부채꼴의 넓이를 구하시오.

0553
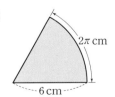

0554
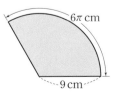

B 유형 완성

하 10% ····· 중 80% ····· 상 10%

유형 01 원과 부채꼴

(1) 호 AB: 원 위의 두 점 A, B를 양 끝
점으로 하는 원의 일부분 ➡ $\overset{\frown}{AB}$

(2) 할선: 원 위의 두 점을 지나는 직선

(3) 현 CD: 원 위의 두 점 C, D를 이은
선분 ➡ $\overline{CD}$

(4) 부채꼴 AOB: 호 AB와 두 반지름 OA,
OB로 이루어진 도형

(5) 호 AB에 대한 중심각 또는 부채꼴 AOB
의 중심각 ➡ ∠AOB

(6) 활꼴: 현 CD와 호 CD로 이루어진 도형

0555 대표 문제

다음 중 오른쪽 그림과 같은 원 O에 대한
설명으로 옳지 <u>않은</u> 것은?
(단, 세 점 A, O, C는 한 직선 위에 있다.)

① $\overline{AB}$는 현이다.

② $\overset{\frown}{AB}$에 대한 중심각은 ∠AOB이다.

③ $\overline{AC}$는 길이가 가장 긴 현이다.

④ $\overline{AB}$와 $\overset{\frown}{AB}$로 이루어진 도형은 부채꼴이다.

⑤ $\overset{\frown}{BC}$는 원 O 위의 두 점 B, C를 양 끝 점으로 하는 원의
일부분이다.

0556 하

한 원에서 부채꼴과 활꼴이 같아질 때의 부채꼴의 중심각의
크기를 구하시오.

0557 중

오른쪽 그림과 같이 원 O 위에 두 점 A,
B가 있다. 현 AB의 길이가 원 O의 반지
름의 길이와 같을 때, $\overset{\frown}{AB}$에 대한 중심
각의 크기를 구하시오.

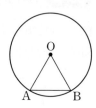

빈출

유형 02 중심각의 크기와 호의 길이 ⑴

한 원 또는 합동인 두 원에서 부채꼴의 호의
길이는 중심각의 크기에 정비례한다.
➡ $\overset{\frown}{AB} : \overset{\frown}{CD} = ∠AOB : ∠COD$

0558 대표 문제

오른쪽 그림과 같은 원 O에서 x,
y의 값을 각각 구하시오.

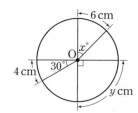

0559 하

오른쪽 그림과 같은 원 O에서 x의 값을
구하시오.

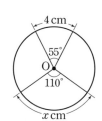

90 Ⅱ. 평면도형

0560 중

오른쪽 그림과 같은 원 O에서 x의 값은?

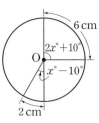

① 38
② 40
③ 42
④ 44
⑤ 46

0561 중

오른쪽 그림과 같은 반원 O에서 $2\angle AOC = \angle BOC$이고 $\overarc{BC} = 30\,\text{cm}$일 때, $\overarc{AC}$의 길이는?

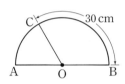

① 5 cm
② 10 cm
③ 15 cm
④ 20 cm
⑤ 25 cm

0562 중

서술형

원 O에서 중심각의 크기가 30°인 부채꼴의 호의 길이가 5 cm일 때, 원 O의 둘레의 길이를 구하시오.

유형 03 **중심각의 크기와 호의 길이 (2)**
– 호의 길이의 비가 주어진 경우

한 원에서 부채꼴의 호의 길이는 중심각의 크기에 정비례하므로
$\overarc{AB} : \overarc{BC} : \overarc{CA} = a : b : c$이면

➡ $\angle AOB = 360° \times \dfrac{a}{a+b+c}$

$\angle BOC = 360° \times \dfrac{b}{a+b+c}$

$\angle COA = 360° \times \dfrac{c}{a+b+c}$

0563 대표 문제

오른쪽 그림과 같은 원 O에서 $\overarc{AB} : \overarc{BC} : \overarc{CA} = 2 : 3 : 4$일 때, $\overarc{AB}$에 대한 중심각의 크기는?

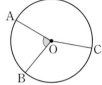

① 65°
② 70°
③ 75°
④ 80°
⑤ 85°

0564 중

오른쪽 그림과 같은 반원 O에서 $\overarc{AB} = 3\overarc{BC}$일 때, $\angle AOB$의 크기를 구하시오.

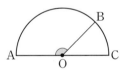

0565 중

오른쪽 그림과 같은 원 O에서 $\overarc{AC} : \overarc{CB} = 3 : 7$일 때, $\angle BCO$의 크기를 구하시오.
(단, $\overline{AB}$는 원 O의 지름이다.)

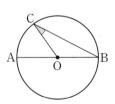

0566 ⓒ

오른쪽 그림과 같은 원 O에서
$\overarc{AB} : \overarc{CD} = 1 : 3$, $\angle BOC = 92°$일 때,
$\angle COD$의 크기는?
(단, $\overline{AD}$는 원 O의 지름이다.)

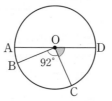

① 62°　　② 64°　　③ 66°

④ 68°　　⑤ 70°

0569 ⓒ

오른쪽 그림과 같은 원 O에서
$\overline{OC} /\!/ \overline{AB}$이고 $\overarc{AB} : \overarc{BC} = 2 : 1$일 때,
$\angle AOB$의 크기는?

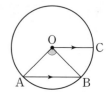

① 82°　　② 84°

③ 86°　　④ 88°

⑤ 90°

유형 04　호의 길이 구하기 (1) – 평행선의 성질 이용하기

(1) 이등변삼각형 AOB의 두 각의 크기는
　　같으므로
　　➡ $\angle OAB = \angle OBA$
(2) $\overline{AB} /\!/ \overline{CD}$이면 엇각의 크기는 서로 같
　　으므로
　　➡ $\angle AOC = \angle OAB$, $\angle BOD = \angle OBA$
(3) 부채꼴의 호의 길이는 중심각의 크기에 정비례한다.

0567　대표 문제

오른쪽 그림과 같이 $\overline{CD}$가 지름인 원
O에서 $\overline{AB} /\!/ \overline{CD}$이고 $\angle AOB = 120°$,
$\overarc{AB} = 8\,cm$일 때, $\overarc{AC}$의 길이를 구
하시오.

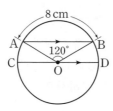

0568 ⓒ

오른쪽 그림과 같이 $\overline{CD}$가 지름인 원
O에서 $\overline{AB} /\!/ \overline{CD}$이고 $\angle AOB = 108°$
일 때, $\overarc{AC}$의 길이는 $\overarc{AB}$의 길이의 몇
배인지 구하시오.

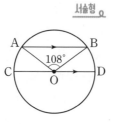

빈출

유형 05　호의 길이 구하기 (2) – 보조선 긋기

오른쪽 그림에서 $\overarc{AD}$의 길이는 다음과
같은 순서로 구한다.
❶ $\overline{OD}$를 긋는다.
❷ 평행선의 성질, 이등변삼각형의 성질
　을 이용하여 $\angle AOD$의 크기를 구한다.
❸ 부채꼴의 호의 길이는 중심각의 크기에 정비례함을 이용하여
　비례식을 세워 $\overarc{AD}$의 길이를 구한다.

0570　대표 문제

오른쪽 그림과 같이 $\overline{AB}$가 지름인
원 O에서 $\overline{AC} /\!/ \overline{OD}$이고
$\angle BOD = 40°$, $\overarc{BD} = 6\,cm$일 때,
$\overarc{AC}$의 길이는?

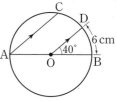

① 12 cm　　② 13 cm　　③ 14 cm

④ 15 cm　　⑤ 16 cm

0571 ⓒ

오른쪽 그림과 같은 반원 O에서
$\overline{OC} /\!/ \overline{BD}$이고 $\angle AOC = 20°$,
$\overarc{BD} = 14\,cm$일 때, $\overarc{CD}$의 길이를
구하시오.

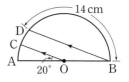

0572

오른쪽 그림과 같이 $\overline{AB}$가 지름인
원 O에서 ∠CAO=15°,
$\overparen{BC}$=4 cm일 때, $\overparen{AC}$의 길이는?

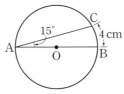

① 20 cm ② 22 cm

③ 24 cm ④ 26 cm

⑤ 28 cm

0573

오른쪽 그림과 같이 $\overline{AB}$가 지름인 원
O에서 $\overline{OD} /\!/ \overline{BC}$이고 ∠AOD=45°
일 때, $\overparen{AD} : \overparen{DC} : \overparen{CB}$를 가장 간단
한 자연수의 비로 나타내시오.

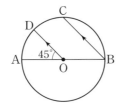

0574

오른쪽 그림과 같이 $\overline{AB}$, $\overline{CD}$가 지
름인 원 O에서 $\overline{AE} /\!/ \overline{CD}$이고
∠BOD=30°, $\overparen{AC}$=3 cm일 때,
$\overparen{AE}$의 길이를 구하시오.

서술형

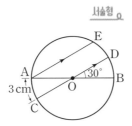

0575 ⑧

오른쪽 그림과 같이 $\overline{AB}$가 지름인 원 O
에서 $\overline{OC} /\!/ \overline{DB}$이고 $\overparen{BC}$=5 cm일 때,
$\overparen{AD}$의 길이는?

① 8 cm ② 9 cm

③ 10 cm ④ 11 cm

⑤ 12 cm

유형 06 호의 길이 구하기 (3)
− 삼각형의 내각과 외각 사이의 관계 이용하기

오른쪽 그림에서 $\overline{DO}=\overline{DE}$일 때,
∠E=∠a라 하면
△ODE에서 ∠ODC=2∠a
△OCE에서 ∠AOC=3∠a
➡ $\overparen{AC} : \overparen{BD}$=∠AOC : ∠BOD
          =3 : 1

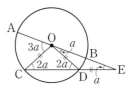

0576 대표 문제

오른쪽 그림과 같이 원 O의
지름 AB의 연장선과 현 CD
의 연장선의 교점을 P라 하
자. $\overline{CO}=\overline{CP}$, ∠P=20°,
$\overparen{BD}$=15 cm일 때, 다음 중 옳지 <u>않은</u> 것은?

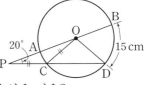

① ∠OCD=40° ② ∠BOD=60°

③ ∠COD=100° ④ $\overparen{AC}$=5 cm

⑤ $\overparen{CD}$=20 cm

0577 ⑧

오른쪽 그림과 같이 반원 O에서
지름 AB의 연장선과 현 CD의
연장선의 교점을 P라 하자.
$\overline{CP}=\overline{CO}$이고 $\overparen{AC}$=4 cm일 때,
$\overparen{BD}$의 길이를 구하시오.

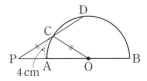

0578 ⑧

오른쪽 그림과 같이 원 O의
지름 AB의 연장선과 현 CD
의 연장선의 교점을 P라 하
자. $\overline{DO}=\overline{DP}$, ∠AOC=45°,
$\overparen{AC}$=12 cm일 때, $\overparen{CD}$의 길이를 구하시오.

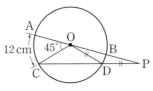

유형 07 중심각의 크기와 부채꼴의 넓이

한 원 또는 합동인 두 원에서 부채꼴의 넓이는 중심각의 크기에 정비례한다.

➡ $\left(\begin{array}{c}\text{부채꼴 AOB의}\\\text{넓이}\end{array}\right) : \left(\begin{array}{c}\text{부채꼴 COD의}\\\text{넓이}\end{array}\right)$
$= \angle AOB : \angle COD$

0579 [대표 문제]

오른쪽 그림과 같은 원 O에서 부채꼴 AOB의 넓이가 60 cm^2, 부채꼴 COD의 넓이가 12 cm^2이고 $\angle AOB = 120°$일 때, $\angle COD$의 크기를 구하시오.

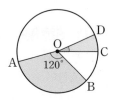

0580 (하)

오른쪽 그림과 같은 원 O에서 부채꼴 COD의 넓이가 부채꼴 AOB의 넓이의 4배일 때, x의 값은?

① 9   ② 10
③ 11   ④ 12
⑤ 13

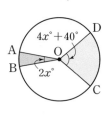

0581 (중)

원 O에서 중심각의 크기가 60°인 부채꼴의 넓이가 20 cm^2일 때, 원 O의 넓이를 구하시오.

0582 (중)

서술형

오른쪽 그림과 같은 원 O에서
$\angle AOB : \angle BOC : \angle COA = 4 : 6 : 5$
이고 원 O의 넓이가 105 cm^2일 때, 부채꼴 BOC의 넓이를 구하시오.

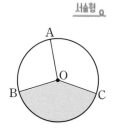

0583 (중)

오른쪽 그림과 같은 반원 O에서 점 C, D, E, F, G는 $\overarc{AB}$를 6등분 하는 점이다. 부채꼴 AOD의 넓이가 14 cm^2일 때, 부채꼴 BOE의 넓이를 구하시오.

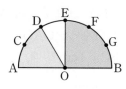

0584 (중)

오른쪽 그림에서 원 O의 넓이는 25 cm^2이고 부채꼴 AOB의 넓이는 5 cm^2일 때, $\triangle OPQ$에서 $\angle x + \angle y$의 크기를 구하시오.

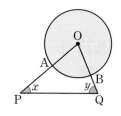

유형 08 중심각의 크기와 현의 길이

한 원 또는 합동인 두 원에서
(1) 크기가 같은 중심각에 대한 현의 길이는 같다.
➡ $\angle AOB = \angle COD$이면 $\overline{AB} = \overline{CD}$
(2) 길이가 같은 현에 대한 중심각의 크기는 같다.
➡ $\overline{AB} = \overline{CD}$이면 $\angle AOB = \angle COD$

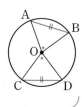

0585 [대표 문제]

오른쪽 그림과 같은 원 O에서
$\overline{AB} = \overline{CD} = \overline{DE} = \overline{EF}$이고
$\angle COF = 96°$일 때, $\angle x$의 크기를 구하시오.

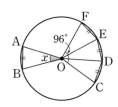

0586 (중)

오른쪽 그림과 같이 반지름의 길이가 5 cm인 원 O에서 $\overarc{PQ} = \overarc{PR}$이고 $\overline{PQ} = 8 \text{ cm}$일 때, 색칠한 부분의 둘레의 길이를 구하시오.

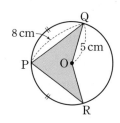

0587 ☻

오른쪽 그림과 같은 원 O에서 △ABC 가 정삼각형일 때, $\overarc{AB}$에 대한 중심각 의 크기를 구하시오.

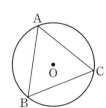

0590 ㉤

다음 중 한 원에 대한 설명으로 옳지 <u>않은</u> 것은?

① 호의 길이는 중심각의 크기에 정비례한다.

② 현의 길이는 중심각의 크기에 정비례한다.

③ 부채꼴의 넓이는 중심각의 크기에 정비례한다.

④ 길이가 같은 호에 대한 중심각의 크기는 같다.

⑤ 길이가 같은 현에 대한 중심각의 크기는 같다.

0588 ㉯

서술형

오른쪽 그림과 같이 $\overline{AB}$가 지름인 원 O에서 $\overline{AC} /\!/ \overline{OD}$이고 $\overline{CD}=5\,cm$일 때, $\overarc{BD}$의 길이를 구하시오.

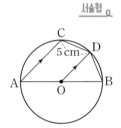

0591 ☻

오른쪽 그림과 같은 원 O에서 $\angle AOB=80°$, $\angle COD=40°$일 때, 다음 중 옳은 것을 모두 고르면? (정답 2개)

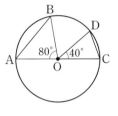

① $\overarc{AB}=2\overarc{CD}$

② $\overline{AB}=2\overline{CD}$

③ $\overline{AB}>2\overline{CD}$

④ $\overline{AB}=2\overline{OC}$

⑤ (△AOB의 넓이)<2×(△COD의 넓이)

유형 09 중심각의 크기에 정비례하는 것

한 원 또는 합동인 두 원에서

(1) 중심각의 크기에 정비례하는 것
   ➡ 호의 길이, 부채꼴의 넓이

(2) 중심각의 크기에 정비례하지 않는 것
   ➡ 현의 길이, 삼각형의 넓이, 활꼴의 넓이

0589 대표 문제

오른쪽 그림과 같은 원 O에서 $\angle AOB=3\angle COD$일 때, 다음 중 옳은 것을 모두 고르면? (정답 2개)

① $\overarc{CD}=\dfrac{1}{3}\overarc{AB}$

② $\overline{AB}=3\overline{CD}$

③ $\overline{AB} /\!/ \overline{CD}$

④ (△AOB의 넓이)=3×(△COD의 넓이)

⑤ (부채꼴 AOB의 넓이)=3×(부채꼴 COD의 넓이)

유형 10 원의 둘레의 길이와 넓이

반지름의 길이가 r인 원의 둘레의 길이를 l, 넓이를 S라 하면
$$l=2\pi r,\ S=\pi r^2$$

0592 대표 문제

오른쪽 그림과 같은 원에서 색칠한 부분 의 둘레의 길이와 넓이를 차례로 구하시 오.

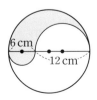

0593

오른쪽 그림과 같은 반원에서 색칠한
부분의 넓이는?

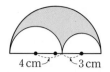

① $10\pi \, \text{cm}^2$ ② $12\pi \, \text{cm}^2$

③ $14\pi \, \text{cm}^2$ ④ $16\pi \, \text{cm}^2$

⑤ $18\pi \, \text{cm}^2$

0594

다음 그림과 같이 좌우 양쪽은 반원 모양이고 가운데는 직
선 모양인 트랙이 있다. 트랙의 폭이 $4 \, \text{m}$로 일정할 때, 트
랙의 넓이를 구하시오.

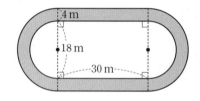

0595

오른쪽 그림에서 합동인 3개의 작은 원의
넓이가 각각 $9\pi \, \text{cm}^2$일 때, 큰 원의 둘레
의 길이는? (단, 작은 원들의 중심은 모
두 큰 원의 지름 위에 있다.)

① $16\pi \, \text{cm}$ ② $18\pi \, \text{cm}$ ③ $20\pi \, \text{cm}$

④ $22\pi \, \text{cm}$ ⑤ $24\pi \, \text{cm}$

빈출
유형 11 부채꼴의 호의 길이와 넓이

반지름의 길이가 r, 중심각의 크기가 $x°$인 부
채꼴의 호의 길이를 l, 넓이를 S라 하면

$$l = 2\pi r \times \frac{x}{360}, \quad S = \pi r^2 \times \frac{x}{360}$$

0596 （대표 문제）

반지름의 길이가 $6 \, \text{cm}$이고 중심각의 크기가 $210°$인 부채
꼴의 호의 길이와 넓이를 차례로 구하시오.

0597

오른쪽 그림과 같이 중심각의 크
기가 $30°$이고 호의 길이가 $\pi \, \text{cm}$
인 부채꼴의 둘레의 길이는?

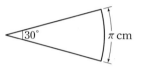

① $(\pi + 6) \, \text{cm}$ ② $(\pi + 9) \, \text{cm}$ ③ $(\pi + 12) \, \text{cm}$

④ $(2\pi + 6) \, \text{cm}$ ⑤ $(2\pi + 12) \, \text{cm}$

0598

서술형

오른쪽 그림과 같이 한 변의 길이가
$5 \, \text{cm}$인 정오각형에서 색칠한 부분의
넓이를 구하시오.

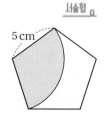

0599

오른쪽 그림과 같이 반지름의 길이가
$4 \, \text{cm}$인 원 O에서
$\overparen{AB} : \overparen{BC} : \overparen{CA} = 3 : 5 : 7$일 때, 부채
꼴 BOC의 호의 길이를 구하시오.

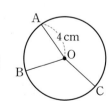

0600 (상)

오른쪽 그림은 한 변의 길이가 12 cm인 정삼각형의 각 꼭짓점을 중심으로 하여 반지름의 길이가 같은 세 원을 그린 것이다. 이때 색칠한 부분의 넓이를 구하시오.

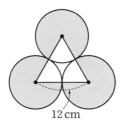

12 cm

빈출

유형 13   색칠한 부분의 둘레의 길이 구하기

주어진 도형을 길이를 구할 수 있는 꼴로 적당히 나누어 각각의 길이를 구한 후 모두 더한다.

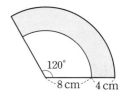

➡ (색칠한 부분의 둘레의 길이)
= (큰 호의 길이) + (작은 호의 길이) + (선분의 길이) × 2
= ① + ② + ③ × 2

0604   대표 문제

오른쪽 그림과 같은 부채꼴에서 색칠한 부분의 둘레의 길이는?

① $\left(\dfrac{20}{3}\pi + 4\right)$ cm

② $(10\pi + 4)$ cm

③ $\left(\dfrac{40}{3}\pi + 8\right)$ cm

④ $(20\pi + 8)$ cm

⑤ $(40\pi + 8)$ cm

120°
8 cm   4 cm

유형 12   부채꼴의 호의 길이와 넓이 사이의 관계

반지름의 길이가 r, 호의 길이가 l인 부채꼴의 넓이를 S라 하면
$$S = \dfrac{1}{2}rl$$

0601   대표 문제

반지름의 길이가 6 cm이고 넓이가 24π cm²인 부채꼴의 호의 길이는?

① 2π cm   ② 4π cm   ③ 6π cm

④ 8π cm   ⑤ 10π cm

0605 (하)

오른쪽 그림과 같이 한 변의 길이가 16 cm인 정사각형에서 색칠한 부분의 둘레의 길이는?

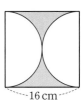

① $(8\pi + 32)$ cm   ② $(8\pi + 64)$ cm

③ $(16\pi + 32)$ cm   ④ $(16\pi + 64)$ cm

⑤ $(32\pi + 32)$ cm

16 cm

0602 (하)

반지름의 길이가 16 cm이고 호의 길이가 4π cm인 부채꼴의 넓이는?

① 32π cm²   ② 34π cm²   ③ 36π cm²

④ 38π cm²   ⑤ 40π cm²

0603 (중)

서술형

오른쪽 그림과 같이 호의 길이가 2π cm이고 넓이가 3π cm²인 부채꼴에 대하여 다음을 구하시오.

2π cm
3π cm²

(1) 반지름의 길이

(2) 중심각의 크기

0606 (중)

오른쪽 그림과 같이 한 변의 길이가 8 cm인 정사각형에서 색칠한 부분의 둘레의 길이를 구하시오.

8 cm

0607 ⑧

오른쪽 그림에서 색칠한 부분의 둘레의 길이를 구하시오.

서술형

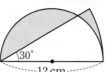

0608 ⑧

오른쪽 그림과 같이 반지름의 길이가 6 cm인 두 원 O, O′이 서로의 중심을 지날 때, 색칠한 부분의 둘레의 길이를 구하시오.

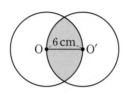

빈출

유형 14   색칠한 부분의 넓이 구하기 (1)

❶ 전체 넓이에서 색칠하지 않은 부분의 넓이를 뺀다.
❷ 같은 부분이 있으면 한 부분의 넓이를 구한 후 같은 부분의 개수를 곱한다.

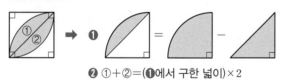

❷ ①+②=(❶에서 구한 넓이)×2

0609   대표 문제

오른쪽 그림과 같이 한 변의 길이가 4 cm인 정사각형에서 색칠한 부분의 넓이를 구하시오.

0610 ⑨

오른쪽 그림과 같은 부채꼴에서 색칠한 부분의 넓이는?

① $20\pi \, \text{cm}^2$ ② $22\pi \, \text{cm}^2$

③ $24\pi \, \text{cm}^2$ ④ $26\pi \, \text{cm}^2$

⑤ $28\pi \, \text{cm}^2$

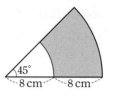

0611 ⑧

오른쪽 그림과 같이 한 변의 길이가 12 cm인 정사각형에서 색칠한 부분의 넓이를 구하시오.

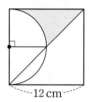

0612 ⑧

오른쪽 그림과 같이 한 변의 길이가 3 cm인 정사각형에서 색칠한 부분의 넓이는?

① $\left(9-\dfrac{3}{2}\pi\right)\text{cm}^2$ ② $(9-2\pi)\,\text{cm}^2$

③ $\left(9-\dfrac{8}{3}\pi\right)\text{cm}^2$ ④ $\left(12-\dfrac{3}{2}\pi\right)\text{cm}^2$

⑤ $(12-2\pi)\,\text{cm}^2$

0613 ⑧

서술형

오른쪽 그림과 같은 부채꼴에서 색칠한 부분의 둘레의 길이와 넓이를 차례로 구하시오.

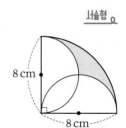

유형 15 색칠한 부분의 넓이 구하기 (2)
– 넓이가 같은 부분으로 이동하는 경우

주어진 도형의 일부분을 넓이가 같은 부분으로 이동하여 간단한 모양을 만든 후 색칠한 부분의 넓이를 구한다.

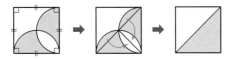

0614 대표 문제

오른쪽 그림과 같은 부채꼴에서 색칠한 부분의 넓이를 구하시오.

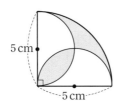

5 cm
5 cm

0615 중

오른쪽 그림과 같이 반지름의 길이가 4 cm인 두 원 O, O′이 서로의 중심을 지날 때, 색칠한 부분의 넓이를 구하시오.

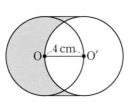

4 cm
O O′

0616 중

오른쪽 그림과 같이 한 변의 길이가 10 cm인 정사각형에서 색칠한 부분의 넓이는?

10 cm

① 30 cm² ② 40 cm²
③ 50 cm² ④ 60 cm²
⑤ 70 cm²

0617 상

오른쪽 그림과 같이 중심이 같은 5개의 원을 그린 후 각 원을 8등분하여 다트판을 만들었다. 각 원의 반지름의 길이가 2 cm, 4 cm, 6 cm, 8 cm, 10 cm일 때, 색칠한 부분의 넓이를 구하시오.

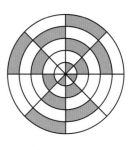

유형 16 색칠한 부분의 넓이 구하기 (3)
– 색칠한 부분의 넓이가 같은 경우

오른쪽 그림과 같은 직사각형과 반원에서 색칠한 두 부분의 넓이가 같으면
➡ (직사각형의 넓이)=(반원의 넓이)
↳ ①=③이므로 ①+②=②+③

①
② ③

0618 대표 문제

오른쪽 그림과 같이 $\overline{AB}=8$ cm인 직사각형 ABCD와 부채꼴 ABE가 있다. 색칠한 두 부분의 넓이가 같을 때, $\overline{BC}$의 길이를 구하시오.

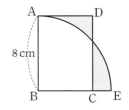

A D
8 cm
B C E

0619 중

오른쪽 그림과 같은 반원 O와 부채꼴 ABC에서 색칠한 두 부분의 넓이가 같을 때, ∠ABC의 크기는?

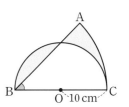

A
B O 10 cm C

① 30° ② 35°
③ 40° ④ 45°
⑤ 50°

주어진 도형을 몇 개의 도형으로 나누어 넓이를 구한 후 각각의 넓이를 더하거나 빼어서 색칠한 부분의 넓이를 구한다.

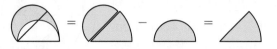

0620 대표 문제

오른쪽 그림은 지름의 길이가 8 cm인 반원을 점 A를 중심으로 30°만큼 회전시킨 것이다. 이때 색칠한 부분의 넓이를 구하시오.

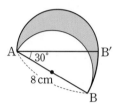

0621 종

오른쪽 그림은 ∠A=90°인 직각삼각형 ABC의 각 변을 지름으로 하는 반원을 그린 것이다. 이때 색칠한 부분의 넓이는?

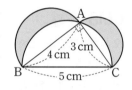

① $5 \, cm^2$ ② $6 \, cm^2$ ③ $7 \, cm^2$
④ $8 \, cm^2$ ⑤ $9 \, cm^2$

0622 종

오른쪽 그림은 $\overline{AD}$를 한 변으로 하는 정사각형과 $\overline{AD}$를 지름으로 하는 반원을 붙여 놓은 것이다. 이때 색칠한 부분의 넓이를 구하시오.

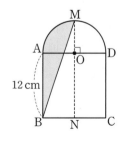

오른쪽 그림과 같이 세 원을 묶은 끈의 최소 길이는

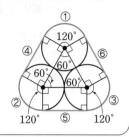

➡ ①+②+③ + ④+⑤+⑥
   └ 곡선 부분의   └ 직선 부분의
     길이의 합   길이의 합

= (원의 둘레의 길이)+④×3

0623 대표 문제

오른쪽 그림과 같이 밑면의 반지름의 길이가 7 cm인 원기둥 3개를 끈으로 묶으려고 할 때, 끈의 최소 길이는? (단, 끈의 두께와 매듭의 길이는 생각하지 않는다.)

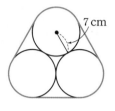

① $(7\pi+21) \, cm$ ② $(7\pi+42) \, cm$
③ $(14\pi+21) \, cm$ ④ $(14\pi+42) \, cm$
⑤ $(49\pi+42) \, cm$

0624 종

어느 편의점에서 원기둥 모양의 통조림 캔 6개를 오른쪽 그림과 같이 접착 테이프로 묶어서 팔려고 한다. 통조림 캔 한 개의 밑면의 지름의 길이가 12 cm일 때, 접착 테이프의 최소 길이는? (단, 접착 테이프의 두께와 접착 테이프가 겹치는 부분은 생각하지 않는다.)

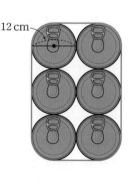

① $(6\pi+36) \, cm$ ② $(12\pi+36) \, cm$
③ $(12\pi+72) \, cm$ ④ $(24\pi+36) \, cm$
⑤ $(24\pi+72) \, cm$

0625 ✍️

서술형

다음 그림과 같이 밑면의 반지름의 길이가 2 cm인 원기둥 모양의 통 4개를 A, B 두 방법으로 묶으려고 한다. 끈의 길이가 최소가 되도록 묶을 때, 방법 A와 방법 B의 끈의 길이의 차는 몇 cm인지 구하시오.

(단, 끈의 두께와 매듭의 길이는 생각하지 않는다.)

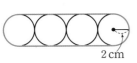
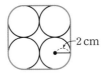

[방법 A]   [방법 B]

유형 19   원이 지나간 자리의 넓이 구하기

오른쪽 그림과 같이 원이 정삼각형의 변을 따라 한 바퀴 돌았을 때, 원이 지나간 자리의 넓이는

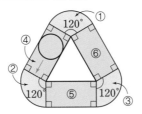

➡️ ①+②+③ + ④+⑤+⑥

   부채꼴의   직사각형의
   넓이의 합   넓이의 합

   =(원의 넓이)+④×3

0626 대표 문제

오른쪽 그림과 같이 반지름의 길이가 4 cm인 원이 한 변의 길이가 16 cm인 정삼각형의 변을 따라 한 바퀴 돌았을 때, 원이 지나간 자리의 넓이를 구하시오.

0627 중

오른쪽 그림과 같이 반지름의 길이가 2 cm인 원이 직사각형의 변을 따라 한 바퀴 돌았을 때, 원이 지나간 자리의 넓이를 구하시오.

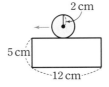

유형 20   도형을 회전시켰을 때, 점이 움직인 거리 구하기

한 점을 중심으로 도형을 회전시켰을 때, 점이 움직인 거리는 그 거리가 부채꼴의 호의 길이임을 이용하여 구한다.

예 오른쪽 그림과 같이 한 변의 길이가 x 인 정삼각형 ABC를 점 C를 중심으로 점 A가 변 BC의 연장선 위의 점 A′에 오도록 회전시켰을 때, 점 A가 움직인 거리는

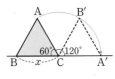

$$\overset{\frown}{AA'}=2\pi x \times \frac{120}{360}=\frac{2}{3}\pi x$$

0628 대표 문제

오른쪽 그림과 같이 삼각자 ABC를 점 C를 중심으로 점 A가 변 BC의 연장선 위의 점 A′에 오도록 회전시켰다.

∠B=60°이고 $\overline{AC}$=6 cm일 때, 점 A가 움직인 거리를 구하시오.

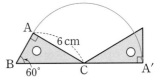

0629 중

다음 그림과 같이 한 변의 길이가 9 cm인 정삼각형 ABC를 직선 l 위에서 점 A가 점 A′에 오도록 회전시켰을 때, 점 A가 움직인 거리를 구하시오.

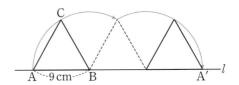

0630 ✍️

다음 그림과 같이 가로, 세로의 길이가 각각 4 cm, 3 cm이고 대각선의 길이가 5 cm인 직사각형을 직선 l 위에서 점 A가 점 A′에 오도록 회전시켰을 때, 점 A가 움직인 거리를 구하시오.

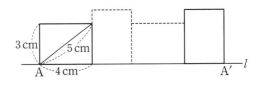

0631

유형 01

다음 중 원에 대한 설명으로 옳지 <u>않은</u> 것은?

① 반원은 중심각의 크기가 180°인 부채꼴이다.

② 원의 두 반지름과 호로 이루어진 도형을 부채꼴이라 한다.

③ 원 위의 두 점을 이은 현과 호로 이루어진 도형을 활꼴이라 한다.

④ 평면 위의 한 점으로부터 일정한 거리에 있는 모든 점으로 이루어진 도형을 원이라 한다.

⑤ 한 원에서 같은 호에 대한 부채꼴의 넓이는 활꼴의 넓이보다 항상 크다.

0632

유형 02

오른쪽 그림과 같이 $\overline{AD}$, $\overline{BE}$가 지름인 원 O에서 $\overparen{AB}=3$ cm일 때, 다음을 구하시오.

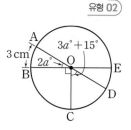

(1) ∠AOE의 크기

(2) $\overparen{AE}$의 길이

0633

유형 03

오른쪽 그림과 같은 반원 O에서 $\overparen{AC}:\overparen{BC}=2:3$일 때, ∠CBO의 크기를 구하시오.

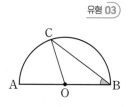

0634

유형 04

오른쪽 그림과 같은 원 O에서 $\overline{OC}/\!\!/\overline{AB}$이고 ∠BOC=45°, $\overparen{BC}=4$ cm일 때, $\overparen{AB}$의 길이를 구하시오.

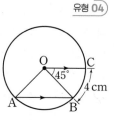

0635

유형 05

오른쪽 그림과 같이 $\overline{AB}$가 지름인 원 O에서 ∠CAO=20°일 때, $\overparen{AC}:\overparen{BC}$는?

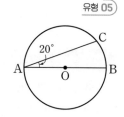

① 2 : 5   ② 2 : 7

③ 5 : 2   ④ 7 : 2

⑤ 7 : 5

0636

유형 06

오른쪽 그림과 같이 원 O의 지름 AB의 연장선과 현 CD의 연장선의 교점을 P라 하자. $\overline{DO}=\overline{DP}$, ∠P=22°, $\overparen{BD}=2$ cm일 때, $\overparen{AC}$의 길이는?

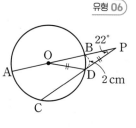

① 3 cm   ② 4 cm   ③ 5 cm

④ 6 cm   ⑤ 7 cm

0637

유형 07

오른쪽 그림과 같은 원 O에서 두 부채꼴 AOB와 COD의 넓이의 합이 30 cm²이고 ∠AOB=15°, ∠COD=75°일 때, 원 O의 넓이를 구하시오.

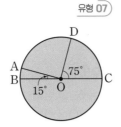

0638

유형 08

오른쪽 그림과 같이 반지름의 길이가 9 cm인 원 O에서 $\overset{\frown}{AB}=\overset{\frown}{BC}$이고 $\overset{\frown}{AB}=6$ cm일 때, 색칠한 부분의 둘레의 길이를 구하시오.

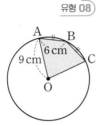

0639

유형 09

오른쪽 그림과 같은 원 O에서 $\overline{AD}$가 지름이고

$$\angle AOB=\angle BOC=\angle COD$$

일 때, 다음 중 옳지 <u>않은</u> 것을 모두 고르면? (정답 2개)

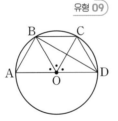

① $\overline{AB}=\overline{BC}=\overline{CD}$
② $\overset{\frown}{AC}=3\overset{\frown}{CD}$
③ $\overline{BC}/\!/\overline{AD}$
④ $\overline{BD}=2\overline{AB}$
⑤ $\triangle AOB\equiv\triangle COD$

0640

유형 10

오른쪽 그림과 같은 원에서 색칠한 부분의 둘레의 길이와 넓이를 차례로 구하시오.

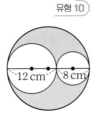

0641

유형 10

오른쪽 그림과 같이 지름 AD의 길이가 18 cm인 원에서 $\overline{AB}=\overline{BC}=\overline{CD}$일 때, 색칠한 부분의 둘레의 길이와 넓이를 차례로 구하시오.

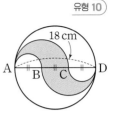

0642

유형 11

오른쪽 그림은 한 변의 길이가 4 cm인 정사각형, 정오각형, 정팔각형의 안쪽에 각각 부채꼴을 그린 것이다. 이때 색칠한 부분의 넓이를 구하시오.

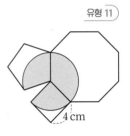

0643

유형 12

반지름의 길이가 12 cm이고 넓이가 60π cm²인 부채꼴의 호의 길이를 구하시오.

0644

유형 13

오른쪽 그림은 어느 방범용 카메라가 물체를 인식할 수 있는 부분을 색칠한 것이다. 이때 색칠한 부분의 둘레의 길이는?

① $(10\pi+18)$ m
② $(10\pi+36)$ m
③ $(20\pi+18)$ m
④ $(20\pi+20)$ m
⑤ $(20\pi+36)$ m

0645

유형 14

오른쪽 그림과 같이 한 변의 길이가 6 cm 인 정사각형에서 색칠한 부분의 넓이는?

① $(9\pi - 12)\,\text{cm}^2$

② $(18\pi - 48)\,\text{cm}^2$

③ $(18\pi - 36)\,\text{cm}^2$

④ $(72\pi - 72)\,\text{cm}^2$

⑤ $(72\pi - 36)\,\text{cm}^2$

0646

유형 15

다음 보기의 그림은 한 변의 길이가 4 cm인 정사각형 4개 와 부채꼴을 이용하여 그린 것이다. 보기 중 색칠한 부분의 넓이가 같은 것을 모두 찾아 짝 지으시오.

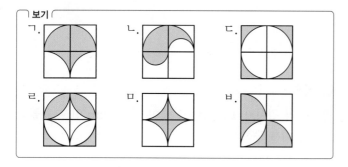

보기

ㄱ. ㄴ. ㄷ.
ㄹ. ㅁ. ㅂ.

0647

유형 16

오른쪽 그림과 같은 직각삼각형 ABC와 부채꼴 ABD에서 색칠한 두 부분의 넓이가 같을 때, x의 값 을 구하시오.

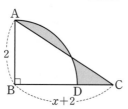

서술형

0648

유형 07

오른쪽 그림과 같이 $\overline{AB}$가 지름 인 원 O에서 $\overline{AD}\,/\!/\,\overline{OC}$이고 $\angle BOC=25°$이다. 부채꼴 BOC의 넓이가 $5\,\text{cm}^2$일 때, 부채꼴 AOD 의 넓이를 구하시오.

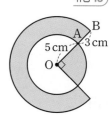

0649

유형 13

오른쪽 그림과 같이 중심이 O로 같은 원과 부채꼴이 겹쳐 있다. $\overline{OA}=5\,\text{cm}$, $\overline{AB}=3\,\text{cm}$일 때, 색칠한 부분의 둘레의 길이를 구 하시오.

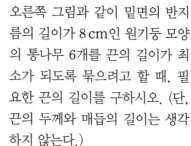

0650

유형 18

오른쪽 그림과 같이 밑면의 반지 름의 길이가 8 cm인 원기둥 모양 의 통나무 6개를 끈의 길이가 최 소가 되도록 묶으려고 할 때, 필 요한 끈의 길이를 구하시오. (단, 끈의 두께와 매듭의 길이는 생각 하지 않는다.)

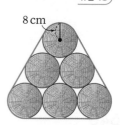

• 정답과 해설 46쪽

실력 향상

0651

오른쪽 그림은 한 변의 길이가 6 cm인 정육각형 ABCDEF에서 $\overline{EF}$, $\overline{DE}$, $\overline{CD}$를 연장하여 부채꼴 AFG, GEH, HDI를 그린 것이다. 이때 색칠한 부분의 넓이를 구하시오.

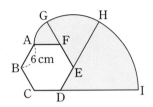

0652

오른쪽 그림과 같이 반지름의 길이가 12 cm이고 중심각의 크기가 90°인 부채꼴 AOB가 있다. $\overarc{AB}$를 삼등분한 점을 C, D라 하고 두 점 C, D에서 $\overline{OB}$에 내린 수선의 발을 각각 E, F라 하자. 이때 색칠한 부분의 넓이를 구하시오.

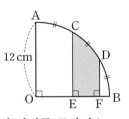

0653

오른쪽 그림에서 색칠한 부분의 넓이와 직사각형 ABCD의 넓이가 같을 때, 색칠한 부분의 넓이를 구하시오.

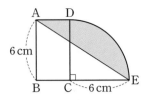

0654

다음 그림과 같이 평평한 풀밭에 한 변의 길이가 4 m인 정사각형 모양의 꽃밭이 있다. 이 꽃밭의 P 지점에 길이가 6 m인 끈으로 소를 묶어 놓았을 때, 소가 최대한 움직일 수 있는 영역의 넓이를 구하시오. (단, 소는 꽃밭에 들어갈 수 없고, 끈의 두께와 소의 크기는 생각하지 않는다.)

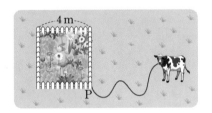

기출 BOOK 18쪽

III

입체도형

하 100% ···· 중 ···· 상

개념 확인

06-1 다면체
유형 01~06

(1) 다면체: 다각형인 면으로만 둘러싸인 입체도형

① **면:** 다면체를 둘러싸고 있는 다각형

② **모서리:** 다면체를 둘러싸고 있는 다각형의 변

③ **꼭짓점:** 다면체를 둘러싸고 있는 다각형의 꼭짓점

[주의] 다각형이 아닌 원이나 곡면으로 둘러싸인 입체도형은 다면체가 아니다.

(2) 각뿔대: 각뿔을 밑면에 평행한 평면으로 잘라서 생기는 두 다면체 중에서 각뿔이 아닌 쪽의 입체도형

① **밑면:** 각뿔대에서 서로 평행한 두 면

② **옆면:** 각뿔대에서 밑면이 아닌 면

③ **높이:** 각뿔대에서 두 밑면에 수직인 선분의 길이

[참고] 각뿔대의 옆면은 모두 사다리꼴이다.

(3) 다면체의 종류: 각기둥, 각뿔, 각뿔대 등

개념 +

● 변의 개수가 가장 적은 다각형은 삼각형, 면의 개수가 가장 적은 다면체는 사면체이다.

● 다면체는 둘러싸인 면의 개수에 따라 사면체, 오면체, 육면체, …라 한다.

● • 각기둥: 두 밑면이 서로 평행하고 합동인 다각형이고, 옆면이 모두 직사각형인 다면체
　• 각뿔: 밑면이 다각형이고 옆면이 모두 삼각형인 다면체

● 각뿔대는 밑면의 모양에 따라 삼각뿔대, 사각뿔대, 오각뿔대, …라 한다.

● • n각기둥의 면의 개수 ➡ $n+2$
　• n각뿔의 면의 개수 ➡ $n+1$
　• n각뿔대의 면의 개수 ➡ $n+2$

06-2 정다면체
유형 07~11

(1) 정다면체: 모든 면이 합동인 정다각형이고, 각 꼭짓점에 모인 면의 개수가 같은 다면체

(2) 정다면체의 종류

정사면체, 정육면체, 정팔면체, 정십이면체, 정이십면체의 5가지뿐이다.

● 정다면체의 두 조건 중 어느 하나만을 만족시키는 것은 정다면체가 아니다.

정다면체	정사면체	정육면체	정팔면체	정십이면체	정이십면체
겨냥도					
면의 모양	정삼각형	정사각형	정삼각형	정오각형	정삼각형
한 꼭짓점에 모인 면의 개수	3	3	4	3	5
면의 개수	4	6	8	12	20
모서리의 개수	6	12	12	30	30
꼭짓점의 개수	4	8	6	20	12
전개도					

[참고] 정다면체는 입체도형이므로 한 꼭짓점에 모인 면의 개수가 3 이상이어야 하고, 한 꼭짓점에 모인 각의 크기의 합이 360°보다 작아야 한다. 따라서 정다면체의 면이 될 수 있는 다각형은 정삼각형, 정사각형, 정오각형뿐이고, 만들 수 있는 정다면체는 정사면체, 정육면체, 정팔면체, 정십이면체, 정이십면체뿐이다.

정삼각형

정사각형

정오각형

06-1 다면체

[0655~0660] 다음 중 다면체인 것은 ○를, 다면체가 아닌 것은 ×를 ( ) 안에 써넣으시오.

0655

( )

0656
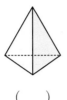
( )

0657

( )

0658

( )

0659

( )

0660
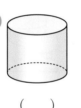
( )

[0661~0662] 다음 다면체가 몇 면체인지 구하시오.

0661 사각뿔

0662 육각기둥

[0663~0666] 오른쪽 그림과 같은 삼각뿔대에 대하여 다음을 구하시오.

0663 꼭짓점의 개수

0664 모서리의 개수

0665 면의 개수

0666 옆면의 모양

0667 다음 표를 완성하시오.

	사각기둥	사각뿔	사각뿔대
옆면의 모양			
면의 개수			
모서리의 개수			
꼭짓점의 개수			

06-2 정다면체

[0668~0670] 다음 중 정다면체에 대한 설명으로 옳은 것은 ○를, 옳지 않은 것은 ×를 ( ) 안에 써넣으시오.

0668 각 면이 모두 합동인 정다각형으로 이루어져 있다.
( )

0669 각 꼭짓점에 모인 면의 개수가 같다. ( )

0670 면의 모양은 정삼각형, 정사각형, 정육각형이다.
( )

0671 다음 표를 완성하시오.

	정사면체	정육면체	정팔면체	정십이면체	정이십면체
면의 모양					
한 꼭짓점에 모인 면의 개수					
모서리의 개수					
꼭짓점의 개수					

[0672~0674] 오른쪽 그림과 같은 전개도로 만든 정다면체에 대하여 다음 물음에 답하시오.

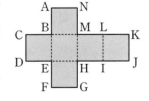

0672 이 정다면체의 이름을 말하시오.

0673 점 G와 겹치는 꼭짓점을 구하시오.

0674 $\overline{AN}$과 겹치는 모서리를 구하시오.

06-3 회전체 유형 12, 13, 14, 18 개념⁺

(1) **회전체**: 평면도형을 한 직선 l을 축으로 하여 1회전 시킬 때 생기는 입체도형
  ① **회전축**: 회전시킬 때 축이 되는 직선 l
  ② **모선**: 회전하여 옆면을 만드는 선분

(2) **원뿔대**: 원뿔을 밑면에 평행한 평면으로 잘라서 생기는 두 입체도형 중에서 원뿔이 아닌 쪽의 입체도형
  ① **밑면**: 원뿔대에서 서로 평행한 두 면
  ② **옆면**: 원뿔대에서 밑면이 아닌 면
  ③ **높이**: 원뿔대에서 두 밑면에 수직인 선분의 길이

(3) **회전체의 종류**: 원기둥, 원뿔, 원뿔대, 구 등

회전체	원기둥	원뿔	원뿔대	구
겨냥도	직사각형	직각삼각형	사다리꼴	반원

● 구는 회전축이 무수히 많다.

● 구의 옆면은 구분할 수 없고, 선분이 아닌 곡선을 회전시킨 것이므로 구에서는 모선을 생각하지 않는다.

06-4 회전체의 성질 유형 15, 16, 18

(1) 회전체를 회전축에 수직인 평면으로 자른 단면의 경계는 항상 원이다.

(2) 회전체를 회전축을 포함하는 평면으로 자른 단면은 모두 합동이고, 회전축에 대한 선대칭도형이다.

직사각형   이등변삼각형   사다리꼴   원

● 한 직선을 따라 접었을 때 완전히 겹치는 도형을 선대칭도형이라 한다.

● 구는 어느 방향으로 잘라도 그 단면이 항상 원이고, 구의 중심을 지나는 평면으로 잘랐을 때 그 단면이 가장 크다.

06-5 회전체의 전개도 유형 17

회전체	원기둥	원뿔	원뿔대
겨냥도			
전개도			

● 구의 전개도는 그릴 수 없다.

● ① 원기둥의 전개도에서
  (직사각형의 가로의 길이)
  =(원의 둘레의 길이)
  ② 원뿔의 전개도에서
  (부채꼴의 호의 길이)
  =(원의 둘레의 길이)
  ③ 원뿔대의 전개도에서
  (작은 부채꼴의 호의 길이)
  =(작은 원의 둘레의 길이)
  (큰 부채꼴의 호의 길이)
  =(큰 원의 둘레의 길이)

06-3 회전체

[0675~0680] 다음 중 회전체인 것은 ○를, 회전체가 아닌 것은 ×를 ( ) 안에 써넣으시오.

0675

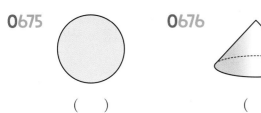

( )

0676

( )

0677

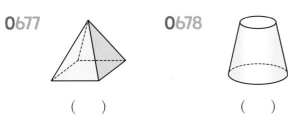

( )

0678

( )

0679

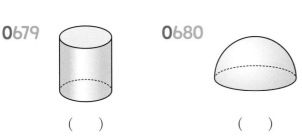

( )

0680

( )

[0681~0684] 다음 그림과 같은 평면도형을 직선 l을 회전축으로 하여 1회전 시킬 때 생기는 회전체를 그리고, 그 회전체의 이름을 말하시오.

0681 l

0682 l

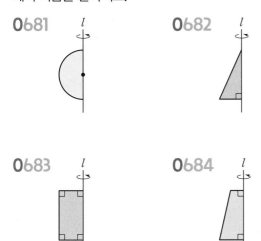

0683 l

0684 l

06-4 회전체의 성질

[0685~0688] 다음 중 회전체에 대한 설명으로 옳은 것은 ○를, 옳지 않은 것은 ×를 ( ) 안에 써넣으시오.

0685 모든 회전체의 회전축은 1개이다. ( )

0686 구는 어느 방향으로 잘라도 그 단면이 항상 원이다. ( )

0687 회전체를 회전축에 수직인 평면으로 자른 단면은 모두 합동이다. ( )

0688 회전체를 회전축을 포함하는 평면으로 자른 단면은 선대칭도형이다. ( )

0689 다음 표를 완성하시오.

	회전축을 포함한 평면으로 자른 단면의 모양	회전축에 수직인 평면으로 자른 단면의 모양
원기둥		
원뿔		
원뿔대		
구		

06-5 회전체의 전개도

0690 다음 그림과 같은 회전체와 그 전개도에서 a, b의 값을 각각 구하시오.

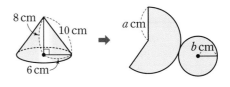

0691 다음 그림과 같은 회전체와 그 전개도에서 a, b, c, d, e의 값을 각각 구하시오.

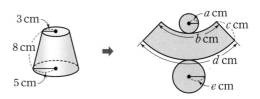

유형 완성

하 10% ···· 중 80% ···· 상 10%

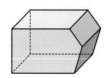

유형 01 다면체

(1) 다면체: 다각형인 면으로만 둘러싸인 입체도형
(2) 다면체의 종류: 각기둥, 각뿔, 각뿔대 등
(3) 다면체는 둘러싸인 면의 개수에 따라 사면체, 오면체, 육면체, …
    라 한다.

0692 대표 문제

다음 보기 중 다면체를 모두 고르시오.

┌ 보기 ┐
ㄱ. 직육면체   ㄴ. 오각형   ㄷ. 원기둥
ㄹ. 사각뿔대   ㅁ. 삼각기둥   ㅂ. 반구

0693 하

오른쪽 그림과 같은 다면체는 몇 면체
인지 구하시오.

빈출
유형 02 다면체의 면, 모서리, 꼭짓점의 개수

	n각기둥	n각뿔	n각뿔대
면의 개수	$n+2$	$n+1$	$n+2$
모서리의 개수	$3n$	$2n$	$3n$
꼭짓점의 개수	$2n$	$n+1$	$2n$

참고 면의 개수가 n인 다면체는 n면체이다.

0694 대표 문제

육각뿔대의 면의 개수를 a, 팔각기둥의 모서리의 개수를 b,
사각뿔의 꼭짓점의 개수를 c라 할 때, $a+b+c$의 값을 구
하시오.

0695 중

다음 중 다면체와 그 다면체가 몇 면체인지 짝 지은 것으로
옳지 않은 것은?

① 삼각뿔 – 사면체   ② 사각기둥 – 육면체
③ 삼각뿔대 – 사면체   ④ 칠각기둥 – 구면체
⑤ 구각뿔대 – 십일면체

0696 중

다음 중 오른쪽 그림과 같은 다면체와 면
의 개수가 같은 것을 모두 고르면?

(정답 2개)

① 정육면체   ② 오각뿔대
③ 육각뿔   ④ 육각기둥
⑤ 칠각뿔대

0697 중

다음 중 꼭짓점의 개수가 가장 많은 다면체는?

① 오각기둥   ② 육각뿔   ③ 육각뿔대
④ 칠각뿔대   ⑤ 십각뿔

0698 ⓜ

서술형 ◦

십이각뿔대의 모서리의 개수를 a, 팔각뿔의 모서리의 개수를 b라 할 때, $a-b$의 값을 구하시오.

0699 ⓜ

다음 중 면의 개수가 10이고 모서리의 개수가 18인 다면체는?

① 육각기둥   ② 팔각기둥   ③ 구각뿔
④ 구각기둥   ⑤ 십각뿔대

0700 ⓜ

다음 중 꼭짓점의 개수와 면의 개수가 같은 다면체는?

① 삼각뿔대   ② 직육면체   ③ 오각기둥
④ 육각뿔   ⑤ 사각뿔대

0701 ⓜ

구각뿔을 밑면에 평행한 평면으로 자를 때 생기는 두 입체도형의 꼭짓점의 개수의 차를 구하시오.

유형 03   다면체의 면, 모서리, 꼭짓점의 개수의 활용

면, 모서리, 꼭짓점의 개수 중 어느 하나가 주어진 다면체는 다음과 같은 순서로 구한다.
❶ 주어진 조건에 따라 구하는 다면체를 n각기둥 또는 n각뿔 또는 n각뿔대로 놓는다.
❷ 주어진 면, 모서리, 꼭짓점의 개수를 이용하여 n의 값을 구한다.

0702 대표 문제

꼭짓점의 개수가 14인 각기둥의 면의 개수를 x, 모서리의 개수를 y라 할 때, $x+y$의 값은?

① 24   ② 26   ③ 28
④ 30   ⑤ 32

0703 ⓜ

모서리의 개수가 18인 각뿔대는 몇 면체인지 구하시오.

0704 ⓜ

모서리의 개수와 면의 개수의 차가 10인 각뿔의 꼭짓점의 개수는?

① 11   ② 12   ③ 13
④ 14   ⑤ 15

0705 ⓜ

면의 개수를 x, 꼭짓점의 개수를 y, 모서리의 개수를 z라 할 때, $x+y+z=74$를 만족시키는 각뿔대를 구하시오.

0706 (중)

다음 중 구각뿔과 모서리의 개수가 같은 각기둥의 밑면의 모양은?

① 삼각형   ② 사각형   ③ 오각형

④ 육각형   ⑤ 칠각형

0707 (중)

십면체인 각기둥, 각뿔, 각뿔대의 모서리의 개수의 합은?

① 50   ② 54   ③ 58

④ 62   ⑤ 66

유형 04   다면체의 옆면의 모양

	각기둥	각뿔	각뿔대
옆면의 모양	직사각형	삼각형	사다리꼴

0708 (대표 문제)

다음 중 다면체와 그 옆면의 모양을 짝 지은 것으로 옳지 <u>않은</u> 것은?

① 삼각기둥 – 직사각형   ② 삼각뿔 – 삼각형

③ 사각뿔 – 사각형   ④ 육각기둥 – 직사각형

⑤ 육각뿔대 – 사다리꼴

0709 (하)

다음 중 옆면의 모양이 사각형이 <u>아닌</u> 것은?

① 오각뿔대   ② 육각뿔   ③ 직육면체

④ 칠각기둥   ⑤ 구각뿔대

0710 (하)

다음 보기 중 옆면의 모양이 삼각형인 다면체를 모두 고르시오.

┌ 보기 ┐
ㄱ. 정육면체   ㄴ. 원기둥   ㄷ. 오각뿔
ㄹ. 팔각기둥   ㅁ. 원뿔   ㅂ. 칠각뿔
ㅅ. 십각뿔대   ㅇ. 십일각뿔   ㅈ. 구

(빈출)

유형 05   다면체의 이해

(1) 각기둥: 두 밑면이 서로 평행하고 합동인 다각형이고, 옆면이 모두 직사각형인 다면체

(2) 각뿔: 밑면이 다각형이고 옆면이 모두 삼각형인 다면체

(3) 각뿔대: 각뿔을 밑면에 평행한 평면으로 잘라서 생기는 두 다면체 중에서 각뿔이 아닌 쪽의 입체도형

0711 (대표 문제)

다음 중 다면체에 대한 설명으로 옳은 것은?

① 각기둥의 밑면의 개수는 1이다.

② 사각기둥은 사면체이다.

③ 팔각뿔의 모서리의 개수는 9이다.

④ 각뿔의 면의 개수와 꼭짓점의 개수는 같다.

⑤ 각뿔대를 밑면에 수직인 평면으로 자른 단면은 사다리꼴이다.

0712 ⓒ

다음 중 육각기둥에 대한 설명으로 옳지 <u>않은</u> 것은?

① 팔면체이다.

② 두 밑면은 서로 평행하다.

③ 모서리의 개수는 18이다.

④ 옆면의 모양은 모두 직사각형으로 합동이다.

⑤ 밑면에 평행한 평면으로 자른 단면은 육각형이다.

0713 ⓒ

다음 중 각뿔에 대한 설명으로 옳지 <u>않은</u> 것은?

① 밑면의 개수는 2이다.

② n각뿔의 꼭짓점의 개수는 $n+1$이다.

③ 각뿔의 종류는 밑면의 모양으로 결정된다.

④ 밑면은 다각형이고 옆면은 모두 삼각형이다.

⑤ 삼각뿔을 밑면에 평행한 평면으로 자른 단면은 삼각형이다.

0714 ⓒ

다음 중 각뿔대에 대한 설명으로 옳지 <u>않은</u> 것을 모두 고르면? (정답 2개)

① n각뿔대는 $(n+2)$면체이다.

② 두 밑면은 서로 합동인 다각형이다.

③ 밑면은 다각형이고 옆면은 모두 사다리꼴이다.

④ 모서리의 개수와 꼭짓점의 개수가 같다.

⑤ 각뿔대를 밑면에 평행한 평면으로 자르면 두 개의 각뿔대가 생긴다.

유형 06 주어진 조건을 만족시키는 다면체

(1) 옆면의 모양으로 다면체의 종류를 결정한다.
   ① 직사각형 ➡ 각기둥
   ② 삼각형 ➡ 각뿔
   ③ 사다리꼴 ➡ 각뿔대
(2) 면, 꼭짓점, 모서리의 개수를 이용하여 밑면의 모양을 결정한다.

0715 대표 문제

다음 조건을 모두 만족시키는 다면체는?

┌조건┐
㈎ 두 밑면은 서로 평행하다.
㈏ 옆면의 모양은 직사각형이 아닌 사다리꼴이다.
㈐ 꼭짓점의 개수는 14이다.

① 칠각뿔   ② 칠각뿔대   ③ 칠각기둥
④ 팔각뿔대   ⑤ 구각기둥

0716 ⓒ

밑면의 개수가 1이고 옆면의 모양은 삼각형인 십면체를 구하시오.

0717 ⓒ   서술형 ℓ

다음 조건을 모두 만족시키는 다면체의 꼭짓점의 개수를 구하시오.

┌조건┐
㈎ 두 밑면은 서로 평행하고 합동인 다각형이다.
㈏ 옆면의 모양은 직사각형이다.
㈐ 모서리의 개수는 24이다.

0718 (상)

다음 조건을 모두 만족시키는 다면체의 모서리의 개수를 구하시오.

┌─ 조건 ─────────────────────────────┐
(가) 두 밑면이 평행하지만 합동은 아니다.
(나) 옆면의 모양은 사다리꼴이다.
(다) 면의 개수와 꼭짓점의 개수의 합은 32이다.
└────────────────────────────────────┘

빈출

유형 07 정다면체

(1) 다음 조건을 모두 만족시키는 다면체를 정다면체라 한다.
　① 모든 면이 합동인 정다각형이다.
　② 각 꼭짓점에 모인 면의 개수가 같다.
(2) 정다면체는 정사면체, 정육면체, 정팔면체, 정십이면체, 정이십면체의 5가지뿐이다.

	면의 모양	한 꼭짓점에 모인 면의 개수
정사면체	정삼각형	3
정육면체	정사각형	3
정팔면체	정삼각형	4
정십이면체	정오각형	3
정이십면체	정삼각형	5

0719 대표 문제

다음 중 정다면체에 대한 설명으로 옳은 것을 모두 고르면? (정답 2개)

① 모든 면이 합동인 정다각형으로 이루어진 다면체를 정다면체라 한다.
② 정다면체의 종류는 5가지뿐이다.
③ 모든 정다면체는 평행한 면이 있다.
④ 면의 모양이 정오각형인 정다면체는 정이십면체이다.
⑤ 정팔면체의 한 꼭짓점에 모인 면의 개수는 4이다.

0720 (중)

다음은 정다면체가 5가지뿐인 이유를 설명한 것이다. 이때 (가), (나)에 알맞은 것을 구하시오.

┌────────────────────────────────────┐
• 다면체는 한 꼭짓점에 모인 면의 개수가 [(가)] 이상이어야 한다.
• 다면체는 한 꼭짓점에 모인 각의 크기의 합이 [(나)] 보다 작아야 한다.
└────────────────────────────────────┘

0721 (중)

다음 중 정다면체와 그 면의 모양, 한 꼭짓점에 모인 면의 개수를 바르게 짝 지은 것은?

① 정사면체 – 정삼각형 – 4
② 정육면체 – 정삼각형 – 3
③ 정팔면체 – 정사각형 – 4
④ 정십이면체 – 정오각형 – 4
⑤ 정이십면체 – 정삼각형 – 5

0722 (중)

면의 모양이 정삼각형인 정다면체의 종류는 a가지, 한 꼭짓점에 모인 면의 개수가 3인 정다면체의 종류는 b가지이다. 이때 $a+b$의 값은?

① 3　　　② 4　　　③ 5
④ 6　　　⑤ 7

0723 🌶
다음 조건을 모두 만족시키는 정다면체를 구하시오.

조건
㈎ 모든 면은 합동인 정삼각형이다.
㈏ 각 꼭짓점에 모인 면의 개수는 4이다.

0724 🌶
오른쪽 그림과 같이 각 면이 합동인 정삼각형으로 이루어진 입체도형이 정다면체가 아닌 이유를 설명하시오.

유형 08 정다면체의 면, 모서리, 꼭짓점 개수

	정사면체	정육면체	정팔면체	정십이면체	정이십면체
면의 개수	4	6	8	12	20
모서리의 개수	6	12	12	30	30
꼭짓점의 개수	4	8	6	20	12

0725 대표 문제
다음 중 옳지 않은 것은?

① 정사면체의 모서리의 개수와 정육면체의 면의 개수는 같다.
② 정이십면체의 꼭짓점의 개수는 정사면체의 꼭짓점의 개수의 3배이다.
③ 정육면체의 모서리의 개수와 정팔면체의 모서리의 개수는 같다.
④ 정이십면체의 모서리의 개수는 정십이면체의 모서리의 개수보다 많다.
⑤ 꼭짓점의 개수가 가장 많은 정다면체는 정십이면체이다.

0726 🌶
다음 보기 중 그 값이 가장 큰 것과 가장 작은 것을 차례로 고르시오.

보기
ㄱ. 정사면체의 모서리의 개수
ㄴ. 정육면체의 꼭짓점의 개수
ㄷ. 정팔면체의 면의 개수
ㄹ. 정십이면체의 모서리의 개수
ㅁ. 정이십면체의 꼭짓점의 개수

0727 🌶
서술형

다음 조건을 모두 만족시키는 다면체의 면의 개수를 a, 꼭짓점의 개수를 b라 할 때, $a-b$의 값을 구하시오.

조건
㈎ 모든 면은 합동인 정다각형이다.
㈏ 각 꼭짓점에 모인 면의 개수는 5이다.

0728 🌶
꼭짓점의 개수가 가장 많은 정다면체의 모서리의 개수를 a, 모서리의 개수가 가장 적은 정다면체의 면의 개수를 b라 할 때, $a+b$의 값은?

① 26 ② 30 ③ 34
④ 38 ⑤ 42

유형 09 정다면체의 전개도

(1) 정사면체   (2) 정육면체   (3) 정팔면체

(4) 정십이면체   (5) 정이십면체

참고 정다면체의 전개도는 자르는 모서리의 위치에 따라 다양한 형태가 나올 수 있다.

0729 대표 문제

다음 보기 중 오른쪽 그림과 같은 전개도로 만든 정다면체에 대한 설명으로 옳은 것을 모두 고른 것은?

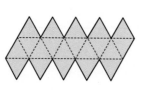

보기
ㄱ. 한 꼭짓점에 모인 면의 개수는 5이다.
ㄴ. 모서리의 개수는 12이다.
ㄷ. 꼭짓점의 개수는 30이다.
ㄹ. 정십이면체와 모서리의 개수가 같다.

① ㄱ, ㄴ   ② ㄱ, ㄷ   ③ ㄱ, ㄹ
④ ㄴ, ㄷ   ⑤ ㄷ, ㄹ

0730

오른쪽 그림과 같은 전개도로 만든 정사면체에서 다음 중 $\overline{AB}$와 겹치는 모서리는?

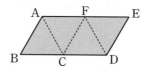

① $\overline{AF}$ ② $\overline{BC}$ ③ $\overline{CD}$
④ $\overline{ED}$ ⑤ $\overline{FD}$

0731

다음 중 정육면체의 전개도가 될 수 없는 것을 모두 고르면? (정답 2개)

①   ②   ③

④   ⑤

0732

다음 중 오른쪽 그림과 같은 전개도로 만든 정다면체에 대한 설명으로 옳지 않은 것을 모두 고르면? (정답 2개)

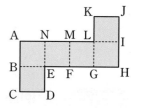

① 정육면체이다.
② 평행한 면은 모두 3쌍이다.
③ $\overline{FG}$와 겹치는 모서리는 $\overline{KJ}$이다.
④ 점 A와 겹치는 꼭짓점은 점 I이다.
⑤ 면 ABEN과 면 GHIL은 평행하다.

0733

오른쪽 그림과 같은 전개도로 정팔면체를 만들 때, 다음을 구하시오.

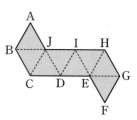

(1) 점 B와 겹치는 꼭짓점
(2) $\overline{BC}$와 평행한 모서리
(3) $\overline{CD}$와 꼬인 위치에 있는 모서리

0734 (종)

다음 중 아래 그림과 같은 전개도로 만든 정다면체에 대한 설명으로 옳지 <u>않은</u> 것을 모두 고르면? (정답 2개)

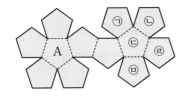

① 모든 면은 합동인 정오각형이다.

② 한 꼭짓점에 모인 면의 개수는 4이다.

③ 모서리의 개수는 30이다.

④ 꼭짓점의 개수는 12이다.

⑤ 면 A와 평행한 면은 ⓒ이다.

유형 10 **정다면체의 각 면의 한가운데 점을 꼭짓점으로 하는 다면체**

정다면체의 각 면의 한가운데 점을 연결하면 처음 정다면체의 면의 개수만큼 꼭짓점이 생기는 새로운 정다면체를 만들 수 있다.

(1) 정사면체 ➡ 정사면체
(2) 정육면체 ➡ 정팔면체
(3) 정팔면체 ➡ 정육면체
(4) 정십이면체 ➡ 정이십면체
(5) 정이십면체 ➡ 정십이면체

0735 [대표 문제]

다음 중 정다면체와 그 정다면체의 각 면의 한가운데 점을 연결하여 만든 다면체를 짝 지은 것으로 옳지 <u>않은</u> 것은?

① 정사면체 – 정사면체

② 정육면체 – 정팔면체

③ 정팔면체 – 정육면체

④ 정십이면체 – 정십이면체

⑤ 정이십면체 – 정십이면체

0736 (종)

다음 중 정육면체의 각 면의 대각선의 교점을 꼭짓점으로 하여 만든 다면체에 대한 설명으로 옳지 <u>않은</u> 것은?

① 면의 개수는 8이다.

② 칠각뿔과 면의 개수가 같다.

③ 정육면체와 모서리의 개수가 같다.

④ 한 꼭짓점에 모인 면의 개수는 3이다.

⑤ 모든 면이 합동인 정삼각형으로 이루어져 있다.

0737 (상)

오른쪽 그림과 같은 정사면체의 각 모서리의 중점을 연결하여 만든 다면체를 구하시오.

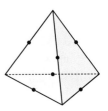

빈출

유형 11 **정다면체의 단면의 모양**

정육면체를 한 평면으로 자를 때 생기는 단면의 모양은 다음의 네 가지가 있다.

(1) 삼각형 (2) 사각형 (3) 오각형 (4) 육각형

0738

오른쪽 그림과 같은 정육면체를 세 꼭짓점 A, B, G를 지나는 평면으로 자를 때 생기는 단면의 모양은?

① 정삼각형   ② 직각삼각형

③ 직사각형   ④ 마름모

⑤ 정사각형

0739 ⓒ

다음 중 정육면체를 한 평면으로 자를 때 생기는 단면의 모양이 될 수 <u>없는</u> 것은?

① 정삼각형　　② 직각삼각형　　③ 직사각형

④ 오각형　　　⑤ 육각형

0740 ⓒ

오른쪽 그림과 같이 정육면체를 세 꼭짓점 A, C, F를 지나는 평면으로 자를 때 생기는 단면에서 ∠AFC의 크기를 구하시오.

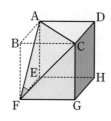

0741 ⓒ

오른쪽 그림과 같은 정사면체에서 세 점 E, F, G는 각각 모서리 AD, BD, CD의 중점이다. 세 점 E, F, G를 지나는 평면으로 정사면체를 자를 때 생기는 단면의 모양은?

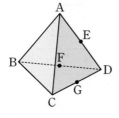

① 정삼각형　　② 직각삼각형　　③ 정사각형

④ 직사각형　　⑤ 마름모

0742 ⓒ

오른쪽 그림과 같은 정육면체에서 점 M은 모서리 AB의 중점이다. 세 점 D, M, F를 지나는 평면으로 정육면체를 자를 때 생기는 단면의 모양은?

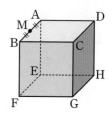

① 정삼각형　　② 이등변삼각형

③ 마름모　　　④ 직사각형

⑤ 오각형

유형 12 **회전체**

(1) 회전체: 평면도형을 한 직선을 축으로 하여 1회전 시킬 때 생기는 입체도형

(2) 원뿔대: 원뿔을 밑면에 평행한 평면으로 잘라서 생기는 두 입체도형 중에서 원뿔이 아닌 쪽의 입체도형

(3) 회전체의 종류: 원기둥, 원뿔, 원뿔대, 구 등

0743 대표 문제

다음 중 회전축을 갖는 입체도형이 <u>아닌</u> 것은?

① 　　② 　　③

④ 　　⑤

0744 ⓗ

다음 보기 중 다면체의 개수를 a, 회전체의 개수를 b라 할 때, $a-b$의 값을 구하시오.

┌ 보기 ─────────────────────────
ㄱ. 정사면체　　ㄴ. 팔각뿔　　ㄷ. 원뿔대
ㄹ. 육각기둥　　ㅁ. 원기둥　　ㅂ. 반원
ㅅ. 원뿔　　　　ㅇ. 오각뿔대　ㅈ. 구
─────────────────────────────

유형 13 평면도형과 회전체

다음과 같은 평면도형을 한 직선 l을 축으로 하여 1회전 시키면 각각 원기둥, 원뿔, 원뿔대, 구가 된다.

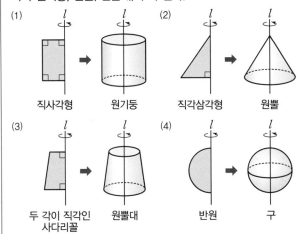

(1) 직사각형 → 원기둥 (2) 직각삼각형 → 원뿔

(3) 두 각이 직각인 사다리꼴 → 원뿔대 (4) 반원 → 구

주의 회전축에서 떨어져 있는 평면도형을 1회전 시키면 가운데가 빈 회전체가 만들어진다.

0745 대표 문제

다음 중 평면도형을 회전시켜 만든 입체도형으로 옳은 것은?

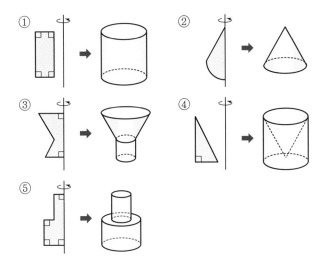

0746 중

오른쪽 그림과 같은 도넛 모양의 회전체는 다음 중 어느 평면도형을 1회전 시킨 것인가?

①   ②   ③

④   ⑤

0747 중

오른쪽 그림과 같은 회전체는 다음 중 어느 평면도형을 1회전 시킨 것인가?

①   ②   ③

④   ⑤

0748 상

오른쪽 그림과 같은 직사각형 ABCD를 대각선 AC를 회전축으로 하여 1회전 시킬 때 생기는 입체도형은?

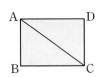

①   ②   ③

④   ⑤

어떤 평면도형을 1회전 시켜서 얻은 회전체는 회전축에 따라 그 모양이 달라진다.

(1) 회전축이 $\overline{AC}$이면

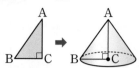

(2) 회전축이 $\overline{AB}$이면

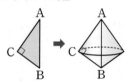

0749 대표 문제

오른쪽 그림과 같은 직각삼각형 ABC를 1회전 시켜 원뿔을 만들려고 할 때, 다음 보기 중 회전축이 될 수 있는 것을 모두 고른 것은?

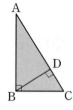

┌ 보기 ┐
ㄱ. $\overline{AB}$ ㄴ. $\overline{AC}$
ㄷ. $\overline{BC}$ ㄹ. $\overline{BD}$

① ㄱ, ㄴ ② ㄱ, ㄷ ③ ㄷ, ㄹ
④ ㄱ, ㄴ, ㄷ ⑤ ㄱ, ㄷ, ㄹ

0750 중

아래 [그림 2]는 [그림 1]의 어느 한 선분을 회전축으로 하여 1회전 시킬 때 생기는 회전체이다. 다음 중 [그림 2]의 회전축이 될 수 있는 것은?

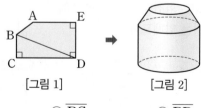

[그림 1] [그림 2]

① $\overline{AB}$ ② $\overline{BC}$ ③ $\overline{BD}$
④ $\overline{CD}$ ⑤ $\overline{AE}$

(1) 회전체를 회전축에 수직인 평면으로 자른 단면 ➡ 원
(2) 회전체를 회전축을 포함하는 평면으로 자른 단면
➡ 원기둥 – 직사각형
원뿔 – 이등변삼각형
원뿔대 – 사다리꼴
구 – 원

참고 원기둥을 회전축에 수직인 평면으로 자른 단면은 항상 합동이다.

0751 대표 문제

다음 중 회전체와 그 회전체를 회전축을 포함하는 평면으로 자를 때 생기는 단면의 모양을 짝 지은 것으로 옳지 않은 것을 모두 고르면? (정답 2개)

① 구 – 원 ② 반구 – 원
③ 원뿔 – 부채꼴 ④ 원기둥 – 직사각형
⑤ 원뿔대 – 사다리꼴

0752 하

다음 중 어떤 평면으로 잘라도 그 단면이 항상 원인 회전체는?

① 구 ② 반구 ③ 원기둥
④ 원뿔 ⑤ 원뿔대

0753 중

오른쪽 그림은 어떤 회전체를 회전축에 수직인 평면으로 자른 단면과 회전축을 포함하는 평면으로 자른 단면을 차례로 나타낸 것이다. 이 회전체의 이름을 말하시오.

0754

다음 중 오른쪽 그림과 같은 평면도형을 직선 l을 회전축으로 하여 1회전 시킬 때 생기는 회전체를 회전축을 포함하는 평면으로 자른 단면은?

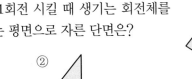

유형 16　회전체의 단면의 넓이와 둘레의 길이

⑴ 회전축에 수직인 평면으로 자를 때
➡ 단면은 항상 원이므로 원의 넓이 또는 둘레의 길이를 구하는 공식을 이용한다.
⑵ 회전축을 포함하는 평면으로 자를 때
➡ 회전시키기 전의 평면도형을 이용하여 구한다.

0757 대표 문제

오른쪽 그림과 같은 사다리꼴을 직선 l을 회전축으로 하여 1회전 시킬 때 생기는 회전체를 회전축을 포함하는 평면으로 자른 단면의 넓이를 구하시오.

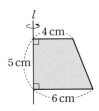

0755

오른쪽 그림과 같은 원뿔을 평면 ①, ②, ③, ④, ⑤로 자를 때 생기는 단면의 모양으로 옳지 <u>않은</u> 것은?

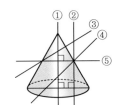

0758 하

오른쪽 그림과 같은 원뿔을 회전축을 포함하는 평면으로 자를 때 생기는 단면의 넓이는?

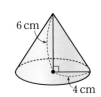

① 12 cm²　　② 15 cm²

③ 18 cm²　　④ 21 cm²

⑤ 24 cm²

0756

오른쪽 그림과 같은 원뿔대를 한 평면으로 자를 때, 다음 중 그 단면의 모양이 될 수 <u>없는</u> 것은?

0759

오른쪽 그림과 같이 $\overline{AB}=\overline{AC}$인 이등변삼각형 ABC를 $\overline{BC}$를 회전축으로 하여 1회전 시킬 때 생기는 회전체를 회전축을 포함하는 평면으로 자른 단면의 둘레의 길이를 구하시오.

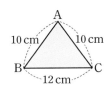

0760 중

반지름의 길이가 8 cm인 구를 한 평면으로 자를 때 생기는 단면 중 가장 큰 단면의 넓이를 구하시오.

0761 중

오른쪽 그림과 같은 회전체를 회전축을 포함하는 평면으로 자를 때 생기는 단면의 넓이는?

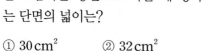

① 30 cm² ② 32 cm²

③ 34 cm² ④ 36 cm²

⑤ 38 cm²

0762 상

오른쪽 그림과 같은 직각삼각형을 직선 l을 회전축으로 하여 1회전 시킬 때 생기는 회전체를 회전축에 수직인 평면으로 잘랐다. 이때 생기는 단면 중 가장 큰 단면의 둘레의 길이를 구하시오.

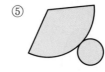 서술형

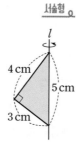

빈출

유형 17 회전체의 전개도

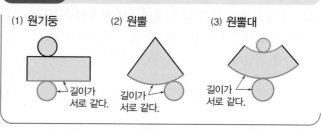

(1) 원기둥 (2) 원뿔 (3) 원뿔대

길이가 서로 같다. 길이가 서로 같다. 길이가 서로 같다.

0763 대표 문제

다음 그림과 같은 직사각형을 직선 l을 회전축으로 하여 1회전 시킬 때 생기는 회전체의 전개도에서 a, b, c의 값을 각각 구하시오.

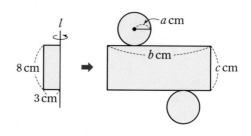

0764 하

오른쪽 그림과 같은 평면도형을 직선 l을 회전축으로 하여 1회전 시킬 때 생기는 회전체의 전개도는?

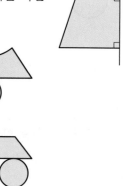

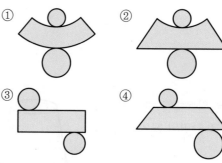

① ②

③ ④

⑤

0765 ⓜ

아래 그림은 원뿔과 그 전개도이다. 다음 중 전개도에 대한 설명으로 옳지 <u>않은</u> 것은?

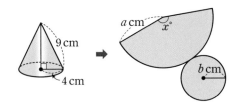

① $a=9$

② $b=4$

③ $x=160$

④ 부채꼴의 호의 길이는 8π cm이다.

⑤ 부채꼴의 넓이와 원의 넓이가 같다.

0766 ⓜ

오른쪽 그림과 같은 전개도로 만들어지는 원뿔대의 두 밑면 중 큰 원의 반지름의 길이를 구하시오.

0767 ⓜ

오른쪽 그림과 같은 전개도로 만들어지는 입체도형의 밑면인 원의 넓이를 구하시오.

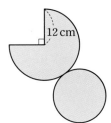

유형 18 회전체의 이해

(1) 회전체: 평면도형을 한 직선을 축으로 1회전 시킬 때 생기는 입체도형

(2) 회전체의 성질

① 회전체를 회전축에 수직인 평면으로 자른 단면
→ 항상 원이다.

② 회전체를 회전축을 포함한 평면으로 자른 단면
→ 모두 합동이고 선대칭도형이다.

0768 대표문제

다음 중 회전체에 대한 설명으로 옳지 <u>않은</u> 것을 모두 고르면? (정답 2개)

① 원기둥의 회전축과 모선은 항상 평행하다.

② 원뿔대의 전개도에서 옆면의 모양은 사다리꼴이다.

③ 회전체를 회전축에 수직인 평면으로 자른 단면은 항상 원이다.

④ 모든 회전체는 전개도를 그릴 수 있다.

⑤ 평면도형을 한 직선을 축으로 하여 1회전 시킬 때 생기는 입체도형을 회전체라 한다.

0769 ⓜ

다음 보기 중 구에 대한 설명으로 옳은 것을 모두 고른 것은?

> 보기
> ㄱ. 전개도를 그릴 수 없다.
> ㄴ. 회전축은 1개이다.
> ㄷ. 어떤 평면으로 잘라도 그 단면은 항상 합동인 원이다.
> ㄹ. 평면으로 자른 단면의 넓이가 가장 큰 경우는 구의 중심을 지나도록 잘랐을 때이다.

① ㄱ, ㄴ   ② ㄱ, ㄷ   ③ ㄱ, ㄹ

④ ㄴ, ㄹ   ⑤ ㄷ, ㄹ

06 다면체와 회전체

AB 유형 점검

0770 유형 01

다음 보기 중 다면체의 개수를 구하시오.

보기
ㄱ. 정삼각형　ㄴ. 원기둥　ㄷ. 오각기둥
ㄹ. 원뿔　ㅁ. 칠각뿔대　ㅂ. 구

0771 유형 02

다음 보기 중 칠면체의 개수를 구하시오.

보기
ㄱ. 직육면체　ㄴ. 오각기둥　ㄷ. 오각뿔대
ㄹ. 육각뿔　ㅁ. 육각뿔대　ㅂ. 칠각뿔

0772 유형 02

다음 중 그 값이 가장 큰 것은?

① 삼각기둥의 꼭짓점의 개수
② 사각뿔대의 모서리의 개수
③ 칠각기둥의 면의 개수
④ 팔각뿔의 꼭짓점의 개수
⑤ 오각뿔의 모서리의 개수

0773 유형 03

면의 개수가 12인 각뿔의 모서리의 개수와 꼭짓점의 개수를 각각 a, b라 할 때, $a-b$의 값을 구하시오.

0774 유형 04

다음 중 다면체와 그 옆면의 모양을 바르게 짝 지은 것은?

① 오각뿔 – 사각형　② 구각기둥 – 구각형
③ 삼각뿔대 – 사다리꼴　④ 팔각뿔대 – 삼각형
⑤ 십각뿔 – 직사각형

0775 유형 05

다음 보기 중 칠각뿔에 대한 설명으로 옳은 것을 모두 고르시오.

보기
ㄱ. 밑면의 개수는 2이다.
ㄴ. 옆면의 모양은 삼각형이다.
ㄷ. 꼭짓점은 육각뿔의 꼭짓점보다 1개 더 많다.
ㄹ. 모서리의 개수는 오각뿔대의 모서리의 개수와 같다.

0776 유형 07

면의 모양이 정오각형인 정다면체의 한 꼭짓점에 모인 면의 개수를 a, 한 꼭짓점에 모인 면의 개수가 가장 많은 정다면체의 면의 개수를 b라 할 때, $a+b$의 값은?

① 13　② 20　③ 23
④ 27　⑤ 30

0777

유형 07 + 08

다음 보기 중 정다면체에 대한 설명으로 옳은 것을 모두 고르시오.

┌ 보기 ┐
ㄱ. 정사면체의 꼭짓점의 개수는 4이다.
ㄴ. 정십이면체는 12개의 정오각형으로 이루어져 있다.
ㄷ. 정사면체, 정팔면체, 정이십면체는 면의 모양이 모두 같다.
ㄹ. 정삼각형이 한 꼭짓점에 3개씩 모인 정다면체는 정이십면체이다.

0778

유형 08

한 꼭짓점에 모인 면의 개수가 4인 정다면체의 꼭짓점의 개수를 a, 면의 개수가 가장 많은 정다면체의 모서리의 개수를 b라 할 때, $a+b$의 값은?

① 30   ② 32   ③ 34
④ 36   ⑤ 38

0779

유형 09

오른쪽 그림과 같은 전개도로 만든 정다면체의 꼭짓점의 개수를 a, 모서리의 개수를 b라 할 때, $b-a$의 값은?

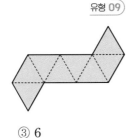

① 2   ② 4   ③ 6
④ 8   ⑤ 10

0780

유형 10

어떤 정다면체의 각 면의 한가운데 점을 연결하여 만든 정다면체가 처음 정다면체와 같은 종류일 때, 이 정다면체를 구하시오.

0781

유형 11

오른쪽 그림과 같은 정육면체를 세 꼭짓점 B, D, G를 지나는 평면으로 자를 때 생기는 단면의 모양은?

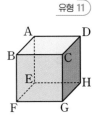

① 정삼각형   ② 직각삼각형
③ 직사각형   ④ 정사각형
⑤ 마름모

0782

유형 12

다음 중 회전체가 <u>아닌</u> 것을 모두 고르면? (정답 2개)

① 원기둥   ② 원뿔   ③ 정팔면체
④ 구   ⑤ 구각뿔

0783

유형 13

다음 보기 중 평면도형을 회전시켜 만든 입체도형으로 옳은 것을 모두 고르시오.

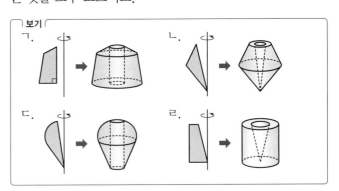

0784
유형 15

다음 중 한 평면으로 자를 때 생기는 단면의 모양이 삼각형이 될 수 없는 입체도형은?

① 삼각뿔   ② 원뿔   ③ 정육면체
④ 원기둥   ⑤ 오각기둥

0785
유형 02 + 07 + 18

다음 중 보기의 입체도형에 대한 설명으로 옳은 것을 모두 고르면? (정답 2개)

┌ 보기 ┐
ㄱ. 정사면체   ㄴ. 정팔면체   ㄷ. 오각뿔대
ㄹ. 삼각뿔   ㅁ. 팔각뿔   ㅂ. 육각기둥
ㅅ. 원뿔대   ㅇ. 원기둥   ㅈ. 구

① 회전체는 ㅅ, ㅇ, ㅈ이다.
② 팔면체는 ㄴ, ㄷ, ㅂ이다.
③ 정삼각형인 면으로만 이루어진 입체도형은 ㄱ, ㄴ, ㄹ이다.
④ 서로 평행한 면이 있는 입체도형은 ㄴ, ㄷ, ㅂ, ㅅ, ㅇ이다.
⑤ 전개도를 그릴 수 없는 입체도형은 ㅅ, ㅇ, ㅈ이다.

0786
유형 18

다음 보기 중 옳은 것을 모두 고르시오.

┌ 보기 ┐
ㄱ. 반원의 지름을 회전축으로 하여 1회전 시키면 반구가 된다.
ㄴ. 원뿔대를 회전축에 수직인 평면으로 자른 단면은 원이다.
ㄷ. 회전체를 회전축을 포함하는 평면으로 자른 단면은 선대칭도형이다.
ㄹ. 원뿔을 밑면에 평행한 평면으로 자르면 원뿔과 원뿔대가 생긴다.

서술형

0787
유형 06

다음 조건을 모두 만족시키는 다면체를 구하시오.

┌ 조건 ┐
㈎ 두 밑면은 서로 평행하고 합동이다.
㈏ 옆면의 모양은 직사각형이다.
㈐ 십일면체이다.

0788
유형 16

오른쪽 그림과 같은 평면도형을 직선 l을 회전축으로 하여 1회전 시킬 때 생기는 회전체를 회전축을 포함하는 평면으로 자른 단면의 넓이를 구하시오.

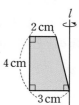

0789
유형 17

오른쪽 그림과 같은 원뿔대의 전개도에서 옆면의 둘레의 길이를 구하시오.

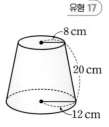

실력 향상
하 ···· 중 ···· 상100%

0790

오른쪽 그림은 한 모서리의 길이가 5 cm인 정사면체이다. 모서리 AB의 중점을 M이라 할 때, 점 M에서 시작하여 세 모서리 AC, CD, BD를 거쳐 다시 점 M까지 최단 거리로 이동하려고 한다. 이때 최단 거리는?

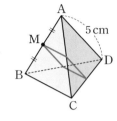

① 8 cm ② 9 cm ③ 10 cm
④ 11 cm ⑤ 12 cm

0791

오른쪽 그림과 같은 평면도형을 직선 l을 회전축으로 하여 1회전 시킬 때 생기는 회전체를 한 평면으로 자르려고 한다. 다음 중 그 단면의 모양이 될 수 없는 것은?

0792

오른쪽 그림과 같이 반지름의 길이가 3 cm인 원을 직선 l을 회전축으로 하여 1회전 시켰다. 이때 생기는 회전체를 원의 중심 O를 지나면서 회전축에 수직인 평면으로 자른 단면의 넓이는?

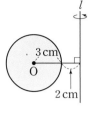

① $58\pi \text{ cm}^2$ ② $60\pi \text{ cm}^2$ ③ $62\pi \text{ cm}^2$

④ $64\pi \text{ cm}^2$ ⑤ $66\pi \text{ cm}^2$

0793

오른쪽 그림과 같이 원기둥 위의 점 A에서 겉면을 따라 점 B까지 실로 연결할 때, 다음 중 실의 길이가 가장 짧게 되는 경로를 전개도 위에 바르게 나타낸 것은?

(단, $\overline{AB}$는 원기둥의 모선이다.)

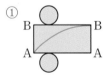
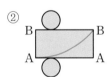
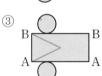
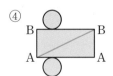
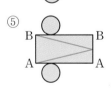

⭮ 기출 BOOK 22쪽

06
다면체와 회전체

07-1 기둥의 겉넓이

유형 01, 02, 05~08

기둥의 겉넓이는 두 밑넓이와 옆넓이의 합이므로 전개도를 이용하여 다음과 같이 구한다.

(1) 각기둥의 겉넓이

(각기둥의 겉넓이)
= (밑넓이)×2＋(옆넓이)
= (밑넓이)×2＋(밑면의 둘레의 길이)×(높이)

(2) 원기둥의 겉넓이

원기둥의 밑면인 원의 반지름의 길이를 r, 높이를 h라 하면

(원기둥의 겉넓이) = (밑넓이)×2＋(옆넓이)
$$= 2\pi r^2 + 2\pi rh$$

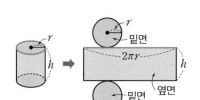

> 입체도형에서 한 밑면의 넓이를 밑넓이, 옆면 전체의 넓이를 옆넓이라한다.
>
> 기둥에서 밑면 2개는 서로 합동이므로 겉넓이를 구할 때에는 1개의 밑넓이를 구한 후 2를 곱한다.
>
> 원기둥의 전개도에서
> (직사각형의 가로의 길이)
> = (밑면인 원의 둘레의 길이)

07-2 기둥의 부피

유형 03~08, 23, 24

(1) 각기둥의 부피

각기둥의 밑넓이를 S, 높이를 h라 하면
(각기둥의 부피) = (밑넓이)×(높이) = Sh

(2) 원기둥의 부피

원기둥의 밑면인 원의 반지름의 길이를 r, 높이를 h라 하면
(원기둥의 부피) = (밑넓이)×(높이) = $\pi r^2 h$

> 모든 기둥의 부피는
> (밑넓이)×(높이)로 구한다.

07-3 뿔의 겉넓이

유형 09, 10, 11, 18, 19

뿔의 겉넓이는 밑넓이와 옆넓이의 합이므로 전개도를 이용하여 다음과 같이 구한다.

(1) 각뿔의 겉넓이

(각뿔의 겉넓이) = (밑넓이)＋(옆넓이)

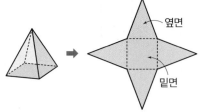

> n각뿔의 겉넓이는 n각형 모양의 밑면 1개와 삼각형 모양의 옆면 n개의 넓이의 합이다.

(2) 원뿔의 겉넓이

원뿔의 밑면인 원의 반지름의 길이를 r, 모선의 길이를 l이라 하면

(원뿔의 겉넓이) = (밑넓이)＋(옆넓이)
$$= \pi r^2 + \frac{1}{2} \times l \times 2\pi r$$
$$= \pi r^2 + \pi rl$$

참고 (뿔대의 겉넓이) = (두 밑면의 넓이의 합)＋(옆넓이)

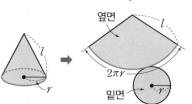

> 원뿔의 전개도에서
> (부채꼴의 반지름의 길이)
> = (원뿔의 모선의 길이)
> (부채꼴의 호의 길이)
> = (밑면인 원의 둘레의 길이)
>
> n각뿔대의 겉넓이는 n각형 모양의 밑면 2개와 사다리꼴 모양의 옆면 n개의 넓이의 합이다.

07-1 기둥의 겉넓이

[0794~0797] 아래 그림과 같은 각기둥과 그 전개도에서 다음을 구하시오.

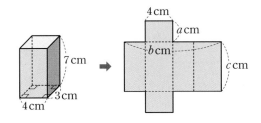

0794 a, b, c의 값

0795 밑넓이

0796 옆넓이

0797 겉넓이

[0798~0801] 아래 그림과 같은 원기둥과 그 전개도에서 다음을 구하시오.

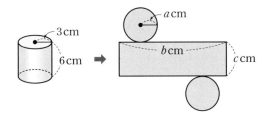

0798 a, b, c의 값

0799 밑넓이

0800 옆넓이

0801 겉넓이

[0802~0803] 다음 그림과 같은 기둥의 겉넓이를 구하시오.

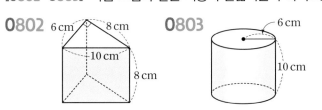

0802

0803

07-2 기둥의 부피

[0804~0805] 다음 그림과 같은 기둥의 부피를 구하시오.

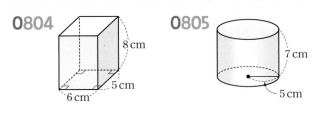

0804

0805

07-3 뿔의 겉넓이

[0806~0808] 오른쪽 그림과 같이 밑면은 정사각형이고 옆면은 모두 합동인 사각뿔에서 다음을 구하시오.

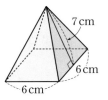

0806 밑넓이

0807 옆넓이

0808 겉넓이

[0809~0812] 아래 그림과 같은 원뿔과 그 전개도에서 다음을 구하시오.

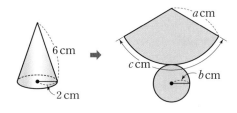

0809 a, b, c의 값

0810 밑넓이

0811 옆넓이

0812 겉넓이

[0813~0814] 다음 그림과 같은 뿔의 겉넓이를 구하시오.

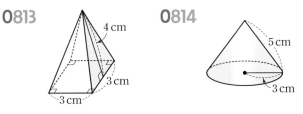

0813

0814

07-4 뿔의 부피

유형 12~19, 23, 24

(1) 각뿔의 부피

각뿔의 밑넓이를 S, 높이를 h라 하면

$$(\text{각뿔의 부피})=\frac{1}{3}\times(\text{밑넓이})\times(\text{높이})$$

$$=\frac{1}{3}Sh$$

(2) 원뿔의 부피

원뿔의 밑면인 원의 반지름의 길이를 r, 높이를 h라 하면

$$(\text{원뿔의 부피})=\frac{1}{3}\times(\text{밑넓이})\times(\text{높이})$$

$$=\frac{1}{3}\pi r^2 h$$

참고 (뿔대의 부피)=(큰 뿔의 부피)−(작은 뿔의 부피)

① 각뿔대

② 원뿔대

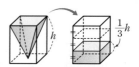

뿔 모양의 그릇에 물을 가득 채운 후 밑면이 합동이고 높이가 같은 기둥 모양의 그릇에 물을 옮겨 부으면 기둥 모양의 그릇을 세 번만에 가득 채울 수 있다. 즉, 뿔의 부피는 기둥의 부피의 $\frac{1}{3}$임을 알 수 있다.

모든 뿔의 부피는 $\frac{1}{3}\times(\text{밑넓이})\times(\text{높이})$로 구한다.

07-5 구의 겉넓이와 부피

유형 21~24

(1) 구의 겉넓이

반지름의 길이가 r인 구의 겉넓이를 S라 하면

$$S=4\pi r^2$$

(2) 구의 부피

반지름의 길이가 r인 구의 부피를 V라 하면

$$V=\frac{4}{3}\pi r^3$$

참고 원기둥에 꼭 맞게 들어 있는 구, 원뿔에 대하여 원뿔의 부피는 원기둥의 부피의 $\frac{1}{3}$이고, 구의 부피는 원기둥의 부피의 $\frac{2}{3}$이다.

즉, 오른쪽 그림과 같이 원기둥에 꼭 맞게 들어가는 구와 원뿔에서

$$(\text{원뿔의 부피})=\frac{1}{3}\times\pi r^2\times 2r=\frac{2}{3}\pi r^3$$

$$(\text{구의 부피})=\frac{4}{3}\pi r^3$$

$$(\text{원기둥의 부피})=\pi r^2\times 2r=2\pi r^3$$

$$\therefore (\text{원뿔의 부피}):(\text{구의 부피}):(\text{원기둥의 부피})=\frac{2}{3}\pi r^3:\frac{4}{3}\pi r^3:2\pi r^3$$

$$=1:2:3$$

└→ r의 값에 관계없이 일정하다.

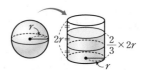

구 모양의 그릇에 물을 가득 채운 후 구가 꼭 맞게 들어가는 원기둥 모양의 그릇에 물을 옮겨 부으면 원기둥 모양의 그릇의 높이의 $\frac{2}{3}$를 채울 수 있다. 즉, 구의 부피는 원기둥의 부피의 $\frac{2}{3}$임을 알 수 있다.

$\therefore (\text{구의 부피})$

$=\frac{2}{3}\times(\text{원기둥의 부피})$

$=\frac{2}{3}\times\pi r^2\times 2r$

$=\frac{4}{3}\pi r^3$

07-4 뿔의 부피

[0815~0816] 밑면이 다음 그림과 같고 높이가 6 cm인 각뿔의 부피를 구하시오.

0815

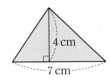

0816

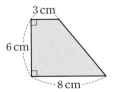

[0817~0818] 다음 그림과 같은 뿔의 부피를 구하시오.

0817

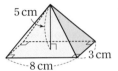

0818

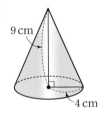

[0819~0821] 오른쪽 그림은 사각뿔을 밑면에 평행한 평면으로 잘라 만든 사각뿔대이다. 다음을 구하시오.

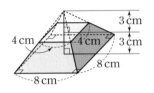

0819 처음 사각뿔의 부피

0820 잘라 낸 작은 사각뿔의 부피

0821 사각뿔대의 부피

[0822~0824] 오른쪽 그림은 원뿔을 밑면에 평행한 평면으로 잘라 만든 원뿔대이다. 다음을 구하시오.

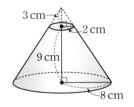

0822 처음 원뿔의 부피

0823 잘라 낸 작은 원뿔의 부피

0824 원뿔대의 부피

07-5 구의 겉넓이와 부피

[0825~0826] 다음 그림과 같은 구의 겉넓이와 부피를 차례로 구하시오.

0825

0826

[0827~0828] 다음 그림과 같은 반구의 겉넓이와 부피를 차례로 구하시오.

0827

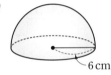

0828

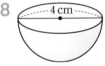

[0829~0832] 오른쪽 그림과 같이 밑면의 반지름의 길이가 3 cm이고 높이가 6 cm인 원기둥에 꼭 맞는 구와 원뿔이 들어 있을 때, 다음을 구하시오.

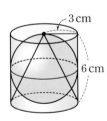

0829 원기둥의 부피

0830 구의 부피

0831 원뿔의 부피

0832 원기둥, 구, 원뿔의 부피의 비
(단, 가장 간단한 자연수의 비로 나타내시오.)

Ⓑ 유형 완성

유형 01 각기둥의 겉넓이

(각기둥의 겉넓이)=(밑넓이)×2+(옆넓이)
└ (밑면의 둘레의 길이)×(높이)

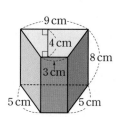

0833 대표 문제

오른쪽 그림과 같은 사각기둥의 겉넓이는?

① 168 cm²   ② 184 cm²

③ 200 cm²   ④ 224 cm²

⑤ 272 cm²

0834 중

겉넓이가 54 cm²인 정육면체의 한 모서리의 길이를 구하시오.

0835 중

서술형 ✏

오른쪽 그림과 같은 삼각기둥의 겉넓이가 270 cm²일 때, h의 값을 구하시오.

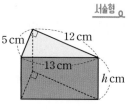

0836 상

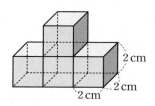

오른쪽 그림은 한 모서리의 길이가 2 cm인 정육면체 4개를 붙여 만든 입체도형이다. 이 입체도형의 겉넓이를 구하시오.

빈출

유형 02 원기둥의 겉넓이

원기둥의 밑면인 원의 반지름의 길이를 r, 높이를 h라 하면

(원기둥의 겉넓이)=(밑넓이)×2+(옆넓이)

$$=2\pi r^2+2\pi rh$$

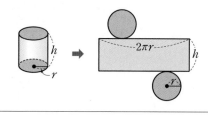

0837 대표 문제

오른쪽 그림과 같은 원기둥의 겉넓이는?

① 96π cm²   ② 112π cm²

③ 132π cm²   ④ 144π cm²

⑤ 192π cm²

0838 하

오른쪽 그림과 같은 전개도로 만든 원기둥의 겉넓이를 구하시오.

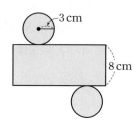

0839 (중)

오른쪽 그림과 같이 밑면의 반지름의 길이가 6 cm인 원기둥의 겉넓이가 180π cm² 일 때, 이 원기둥의 높이는?

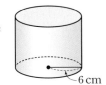

① 7 cm   ② 8 cm

③ 9 cm   ④ 10 cm

⑤ 11 cm

0840 (중)

오른쪽 그림과 같은 원기둥 모양의 롤러의 옆면에 페인트를 묻혀 연속하여 두 바퀴 굴릴 때, 페인트가 칠해지는 부분의 넓이를 구하시오.

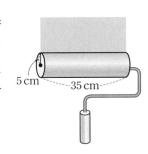

유형 03 각기둥의 부피

각기둥의 밑넓이를 S, 높이를 h라 하면
$$(각기둥의 \ 부피) = (밑넓이) \times (높이)$$
$$= Sh$$

0841 대표 문제

오른쪽 그림과 같은 사각기둥의 부피는?

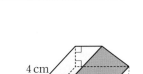

① 160 cm³   ② 162 cm³

③ 164 cm³   ④ 166 cm³

⑤ 168 cm³

0842 (중)

다음 그림과 같은 전개도로 만든 사각기둥의 부피를 구하시오.

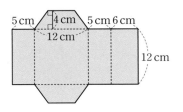

0843 (중)

오른쪽 그림과 같은 삼각기둥의 부피가 360 cm³일 때, 이 삼각기둥의 높이는?

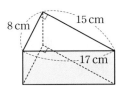

① 4 cm   ② 5 cm

③ 6 cm   ④ 7 cm

⑤ 8 cm

0844 (중)

서술형

밑면이 오른쪽 그림과 같고 부피가 324 cm³인 오각기둥에 대하여 다음을 구하시오.

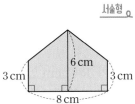

(1) 밑넓이

(2) 높이

원기둥의 밑면인 원의 반지름의 길이를 r, 높이를 h라 하면
$$(원기둥의 부피)=(밑넓이)\times(높이)$$
$$=\pi r^2 h$$

0845 대표 문제

오른쪽 그림과 같은 전개도로 만든 원기둥의 부피를 구하시오.

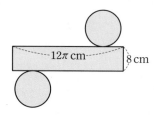

12π cm

8 cm

0846 중

오른쪽 그림과 같이 원기둥 위에 작은 원기둥을 올려 놓은 모양의 입체도형의 부피를 구하시오.

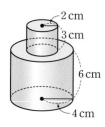

2 cm
3 cm
6 cm
4 cm

0847 중

부피가 $180\pi\,\mathrm{cm}^3$인 원기둥의 높이가 $5\,\mathrm{cm}$일 때, 이 원기둥의 밑면의 반지름의 길이는?

① 5 cm   ② 6 cm   ③ 7 cm
④ 8 cm   ⑤ 9 cm

0848 중

다음 그림과 같은 원기둥 A의 부피와 원기둥 B의 부피가 서로 같을 때, 원기둥 A의 옆넓이는?

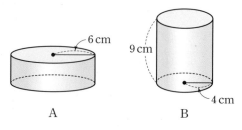

6 cm
9 cm
4 cm
A   B

① $45\pi\,\mathrm{cm}^2$ ② $46\pi\,\mathrm{cm}^2$ ③ $47\pi\,\mathrm{cm}^2$
④ $48\pi\,\mathrm{cm}^2$ ⑤ $49\pi\,\mathrm{cm}^2$

빈출

(1) (밑면이 부채꼴인 기둥의 겉넓이)
$$=(밑넓이)\times2+(옆넓이)$$
$$=(부채꼴의\ 넓이)\times2+\underline{(부채꼴의\ 둘레의\ 길이)}\times(높이)$$
$\qquad\qquad\qquad\qquad\qquad$ └→ (호의 길이)+(반지름의 길이)$\times2$
$$=\left(\pi r^2\times\frac{x}{360}\right)\times2+\left(2\pi r\times\frac{x}{360}+2r\right)\times h$$

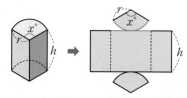

(2) (밑면이 부채꼴인 기둥의 부피)$=$(밑넓이)$\times$(높이)
$$=(부채꼴의\ 넓이)\times(높이)$$
$$=\pi r^2\times\frac{x}{360}\times h$$

0849 대표 문제

오른쪽 그림과 같이 밑면이 부채꼴인 기둥의 겉넓이와 부피를 차례로 구하시오.

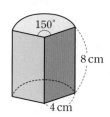

150°
8 cm
4 cm

0850 ⑧

오른쪽 그림과 같이 밑면이 반원인 기둥의 겉넓이는?

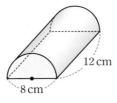

① $(16\pi+96)\,\mathrm{cm}^2$

② $56\pi\,\mathrm{cm}^2$

③ $(56\pi+96)\,\mathrm{cm}^2$

④ $64\pi\,\mathrm{cm}^2$

⑤ $(64\pi+96)\,\mathrm{cm}^2$

0851 ⑧

오른쪽 그림과 같이 밑면이 부채꼴인 기둥의 부피가 $36\pi\,\mathrm{cm}^3$일 때, 이 기둥의 높이는?

① $10\,\mathrm{cm}$ ② $12\,\mathrm{cm}$

③ $14\,\mathrm{cm}$ ④ $16\,\mathrm{cm}$

⑤ $18\,\mathrm{cm}$

0852 ⑧

오른쪽 그림은 원기둥 모양의 치즈 케이크를 밑면이 부채꼴인 기둥 모양으로 6등분 하여 자른 것 중 한 조각이다. 이 조각 케이크의 겉넓이와 부피를 차례로 구하시오.

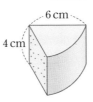

서술형 ⑨

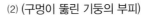

유형 06 구멍이 뚫린 기둥의 겉넓이와 부피

(1) (구멍이 뚫린 기둥의 겉넓이)
  = (밑넓이)×2+(옆넓이)
  = {(큰 기둥의 밑넓이)−(작은 기둥의 밑넓이)}×2
  　+(큰 기둥의 옆넓이)+(작은 기둥의 옆넓이)
  　　└ 바깥쪽의 옆넓이　　　└ 안쪽의 옆넓이

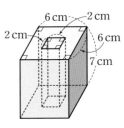

(2) (구멍이 뚫린 기둥의 부피)
  = (큰 기둥의 부피)−(작은 기둥의 부피)

0853 대표 문제

오른쪽 그림과 같이 구멍이 뚫린 입체도형의 겉넓이를 $a\,\mathrm{cm}^2$, 부피를 $b\,\mathrm{cm}^3$라 할 때, $a-b$의 값을 구하시오.

0854 ⑧

오른쪽 그림과 같이 구멍이 뚫린 입체도형의 부피는?

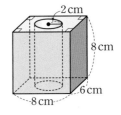

① $(364-16\pi)\,\mathrm{cm}^3$

② $(384-16\pi)\,\mathrm{cm}^3$

③ $(384+16\pi)\,\mathrm{cm}^3$

④ $(384-32\pi)\,\mathrm{cm}^3$

⑤ $(384+32\pi)\,\mathrm{cm}^3$

0855 ⑧

오른쪽 그림은 밑면의 반지름의 길이가 $8\,\mathrm{cm}$, 높이가 $10\,\mathrm{cm}$인 원기둥에 한 변의 길이가 $2\,\mathrm{cm}$인 정사각형을 밑면으로 하는 사각기둥 모양의 구멍을 뚫어 만든 입체도형이다. 이 입체도형의 겉넓이를 구하시오.

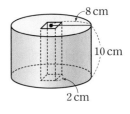

기둥의 일부를 잘라 낸 입체도형의 겉넓이와 부피

(1) (기둥의 일부를 잘라 낸 입체도형의 겉넓이)
 =(두 밑넓이의 합)+(옆넓이)
(2) (기둥의 일부를 잘라 낸 입체도형의 부피)
 =(잘라 내기 전 기둥의 부피)
  −(잘라 낸 입체도형의 부피)

0856 대표 문제

오른쪽 그림은 직육면체에서 작은 직육면체를 잘라 내고 남은 입체도형이다. 이 입체도형의 겉넓이를 구하시오.

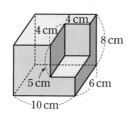

0857 중

오른쪽 그림은 원기둥을 평면으로 비스듬히 자르고 남은 입체도형이다. 이 입체도형의 부피는?

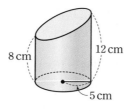

① $210\pi \, \text{cm}^3$ ② $220\pi \, \text{cm}^3$
③ $230\pi \, \text{cm}^3$ ④ $240\pi \, \text{cm}^3$
⑤ $250\pi \, \text{cm}^3$

0858 중

오른쪽 그림은 정육면체를 평면으로 비스듬히 자르고 남은 입체도형이다. 이 입체도형의 부피를 구하시오.

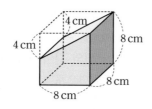

0859 상

오른쪽 그림과 같은 입체도형의 겉넓이는?

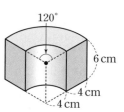

① $(40\pi+36) \, \text{cm}^2$
② $(40\pi+48) \, \text{cm}^2$
③ $(80\pi+36) \, \text{cm}^2$
④ $(80\pi+48) \, \text{cm}^2$
⑤ $(80\pi+54) \, \text{cm}^2$

빈출
유형 08 **회전체의 겉넓이와 부피 – 원기둥**

가로, 세로의 길이가 각각 r, h인 직사각형을 직선 l을 회전축으로 하여 1회전 시키면 밑면인 원의 반지름의 길이가 r, 높이가 h인 원기둥이 생긴다.

➡ (겉넓이)$=2\pi r^2+2\pi rh$, (부피)$=\pi r^2 h$

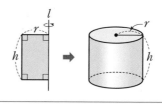

0860 대표 문제

오른쪽 그림과 같은 직사각형을 직선 l을 회전축으로 하여 1회전 시킬 때 생기는 회전체의 겉넓이는?

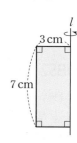

① $56\pi \, \text{cm}^2$ ② $58\pi \, \text{cm}^2$
③ $60\pi \, \text{cm}^2$ ④ $62\pi \, \text{cm}^2$
⑤ $64\pi \, \text{cm}^2$

0861

오른쪽 그림과 같은 직사각형을 직선 l을 회전축으로 하여 1회전 시킬 때 생기는 회전체의 부피는?

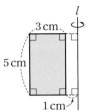

① $70\pi \, \text{cm}^3$ ② $75\pi \, \text{cm}^3$

③ $80\pi \, \text{cm}^3$ ④ $85\pi \, \text{cm}^3$

⑤ $90\pi \, \text{cm}^3$

0862

다음 그림은 어떤 회전체를 회전축에 수직인 평면으로 자른 단면과 회전축을 포함하는 평면으로 자른 단면을 차례로 나타낸 것이다. 이 회전체의 겉넓이와 부피를 차례로 구하시오.

 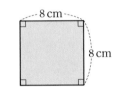

유형 09   각뿔의 겉넓이

(각뿔의 겉넓이)=(밑넓이)+(옆넓이)

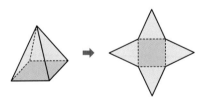

0863 [대표 문제]

오른쪽 그림과 같이 밑면은 정사각형이고, 옆면은 모두 합동인 사각뿔의 겉넓이를 구하시오.

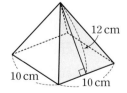

0864 (하)

오른쪽 그림과 같은 전개도로 만든 사각뿔의 겉넓이는?

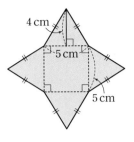

① $25 \, \text{cm}^2$ ② $40 \, \text{cm}^2$

③ $55 \, \text{cm}^2$ ④ $65 \, \text{cm}^2$

⑤ $70 \, \text{cm}^2$

0865 (중)

서술형

오른쪽 그림은 밑면이 정사각형이고, 옆면이 모두 합동인 사각뿔 모양의 포장 상자이다. 이 포장 상자의 겉넓이가 $133 \, \text{cm}^2$일 때, x의 값을 구하시오.

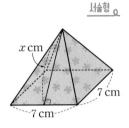

빈출

유형 10   원뿔의 겉넓이

원뿔의 밑면인 원의 반지름의 길이를 r, 모선의 길이를 l이라 하면

(원뿔의 겉넓이)=(밑넓이)+(옆넓이)

$$= \pi r^2 + \pi r l$$

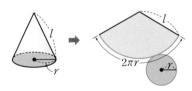

0866 [대표 문제]

오른쪽 그림과 같이 밑면의 지름의 길이가 $6 \, \text{cm}$이고, 모선의 길이가 $7 \, \text{cm}$인 원뿔의 겉넓이는?

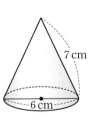

① $9\pi \, \text{cm}^2$ ② $21\pi \, \text{cm}^2$

③ $30\pi \, \text{cm}^2$ ④ $36\pi \, \text{cm}^2$

⑤ $42\pi \, \text{cm}^2$

0867 ⓒ

오른쪽 그림과 같이 밑면의 반지름의 길이가 5 cm인 원뿔의 겉넓이가 75π cm²일 때, 이 원뿔의 모선의 길이는?

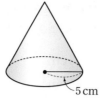

① 8 cm   ② 9 cm   ③ 10 cm

④ 11 cm   ⑤ 12 cm

0868 ⓒ

서술형 ◦

오른쪽 그림과 같이 모선의 길이가 9 cm인 원뿔의 옆넓이가 45π cm²일 때, 이 원뿔의 겉넓이를 구하시오.

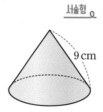

0869 ⓢ

모선의 길이가 밑면의 반지름의 길이의 2배인 원뿔이 있다. 이 원뿔의 겉넓이가 48π cm²일 때, 밑면의 반지름의 길이는?

① 2 cm   ② 3 cm   ③ 4 cm

④ 5 cm   ⑤ 6 cm

유형 11   뿔대의 겉넓이

(1) (각뿔대의 겉넓이)
= (두 밑면의 넓이의 합) + (옆면인 사다리꼴의 넓이의 합)

(2) (원뿔대의 겉넓이)
= (두 밑면인 원의 넓이의 합) + (옆넓이)
(큰 부채꼴의 넓이) − (작은 부채꼴의 넓이) ┘

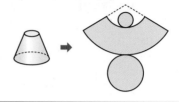

0870   대표 문제

오른쪽 그림과 같이 두 밑면이 모두 정사각형이고, 옆면이 모두 합동인 사각뿔대의 겉넓이를 구하시오.

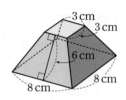

0871 ⓒ

오른쪽 그림과 같은 원뿔대의 옆넓이가 120π cm²일 때, x의 값을 구하시오.

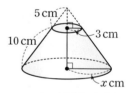

0872 ⓢ

오른쪽 그림은 원뿔대와 원기둥을 붙여 놓은 입체도형이다. 이 입체도형의 겉넓이는?

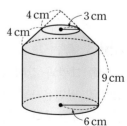

① 108π cm²   ② 142π cm²

③ 189π cm²   ④ 204π cm²

⑤ 235π cm²

유형 12 각뿔의 부피

각뿔의 밑넓이를 S, 높이를 h라 하면

(각뿔의 부피)$=\dfrac{1}{3}\times$(밑넓이)$\times$(높이)

         ↳ 각기둥의 부피

        $=\dfrac{1}{3}Sh$

0873 대표 문제

오른쪽 그림과 같은 삼각뿔의 부피는?

① 20 cm³   ② 30 cm³

③ 40 cm³   ④ 50 cm³

⑤ 60 cm³

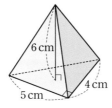

0874 중

오른쪽 그림과 같은 사각뿔의 부피가 90 cm³일 때, 이 사각뿔의 높이를 구하시오.

서술형

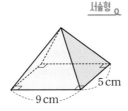

0875 상

오른쪽 그림과 같이 한 모서리의 길이가 3 cm인 정육면체에서 면 ABCD의 두 대각선의 교점을 O라 하자. 4개의 점 P, Q, R, S가 각각 $\overline{EF}$, $\overline{FG}$, $\overline{GH}$, $\overline{EH}$의 중점일 때, 사각뿔 O − PQRS의 부피는?

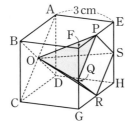

① 4 cm³   ② $\dfrac{9}{2}$ cm³   ③ 5 cm³

④ $\dfrac{11}{2}$ cm³   ⑤ 6 cm³

0876 상

오른쪽 그림과 같이 한 변의 길이가 12 cm인 정사각형 ABCD에서 $\overline{AB}$, $\overline{BC}$의 중점을 각각 E, F라 하자. $\overline{ED}$, $\overline{EF}$, $\overline{DF}$를 접는 선으로 하여 접었을 때 만들어지는 입체도형의 부피를 구하시오.

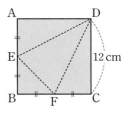

빈출

유형 13 원뿔의 부피

원뿔의 밑면인 원의 반지름의 길이를 r, 높이를 h라 하면

(원뿔의 부피)$=\dfrac{1}{3}\times$(밑넓이)$\times$(높이)

         ↳ 원기둥의 부피

        $=\dfrac{1}{3}\pi r^2 h$

0877 대표 문제

오른쪽 그림과 같은 원뿔의 부피는?

① 16π cm³   ② 32π cm³

③ 48π cm³   ④ 64π cm³

⑤ 96π cm³

0878 중

다음 그림과 같은 세 입체도형 A, B, C를 부피가 작은 것부터 차례로 나열한 것은?

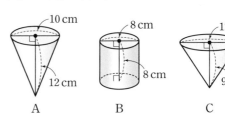

① A, B, C   ② A, C, B   ③ B, A, C

④ B, C, A   ⑤ C, B, A

0879

오른쪽 그림은 원뿔과 원기둥을 붙여 놓은
입체도형이다. 이 입체도형의 부피는?

① $63\pi\,\text{cm}^3$ ② $79\pi\,\text{cm}^3$

③ $95\pi\,\text{cm}^3$ ④ $112\pi\,\text{cm}^3$

⑤ $129\pi\,\text{cm}^3$

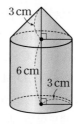

0880 ⊚

밑면의 반지름의 길이가 $5\,\text{cm}$인 원뿔의 부피가 $75\pi\,\text{cm}^3$일
때, 이 원뿔의 높이는?

① $5\,\text{cm}$ ② $6\,\text{cm}$ ③ $7\,\text{cm}$

④ $8\,\text{cm}$ ⑤ $9\,\text{cm}$

0881 ⊚   서술형

밑면의 둘레의 길이가 $10\pi\,\text{cm}$이고, 높이가 $15\,\text{cm}$인 원뿔
의 부피를 구하시오.

유형 14 뿔대의 부피

(뿔대의 부피)=(큰 뿔의 부피)−(작은 뿔의 부피)

(1) 각뿔대   (2) 원뿔대

0882 대표 문제

오른쪽 그림과 같은 사각뿔대의 부
피는?

① $50\,\text{cm}^3$ ② $52\,\text{cm}^3$

③ $54\,\text{cm}^3$ ④ $56\,\text{cm}^3$

⑤ $58\,\text{cm}^3$

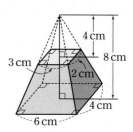

0883 ⊚

오른쪽 그림은 원뿔과 원뿔대를 붙여
놓은 입체도형이다. 이 입체도형의 부
피를 구하시오.

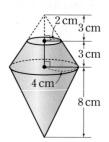

0884 ⊚

오른쪽 그림에서 위쪽 원뿔과 아래쪽
원뿔대의 부피의 비는?

① $1:3$ ② $1:4$

③ $1:7$ ④ $2:5$

⑤ $2:7$

유형 15 직육면체에서 잘라 낸 각뿔의 부피

(삼각뿔 C−BGD의 부피)
$=\dfrac{1}{3}\times(\triangle BCD의\ 넓이)\times\overline{CG}$
└ 밑넓이   └ 높이

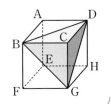

0886 대표 문제

오른쪽 그림과 같이 직육면체를 세 꼭짓점 B, G, D를 지나는 평면으로 자를 때 생기는 삼각뿔 C−BGD의 부피를 구하시오.

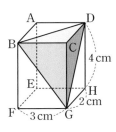

0886 중

오른쪽 그림과 같이 직육면체를 두 꼭짓점 D, G와 $\overline{BC}$의 중점 M을 지나는 평면으로 자를 때 생기는 삼각뿔 C−MGD의 부피가 28 cm³이다. 이때 $\overline{AB}$의 길이는?

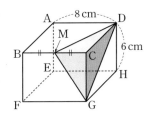

① 4 cm ② 5 cm ③ 6 cm
④ 7 cm ⑤ 8 cm

0887 중

오른쪽 그림은 한 모서리의 길이가 10 cm인 정육면체의 일부분을 잘라 내고 남은 입체도형이다. 이 입체도형의 부피를 구하시오.

서술형

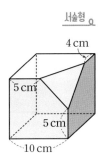

0888 상

오른쪽 그림과 같이 한 모서리의 길이가 3 cm인 정육면체에서 4개의 삼각뿔을 잘라 내고 남은 삼각뿔 C−AFH의 부피를 구하시오.

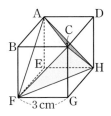

유형 16 직육면체 모양의 그릇에 담긴 물의 부피

직육면체 모양의 그릇에 담긴 물의 부피는 그릇을 기울였을 때 생기는 삼각기둥 또는 삼각뿔의 부피와 같다.

0889 대표 문제

오른쪽 그림과 같이 직육면체 모양의 그릇에 물을 가득 채운 후 그릇을 기울여 물을 흘려보냈다. 이때 남아 있는 물의 부피는? (단, 그릇의 두께는 생각하지 않는다.)

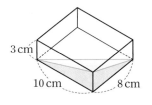

① 30 cm³ ② 40 cm³ ③ 50 cm³
④ 60 cm³ ⑤ 80 cm³

0890 중

직육면체 모양의 그릇에 물을 담은 후 기울였더니 오른쪽 그림과 같았다. 그릇에 담긴 물의 부피가 36 cm³일 때, x의 값을 구하시오. (단, 그릇의 두께는 생각하지 않는다.)

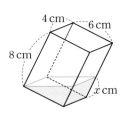

0891 (상)

다음 그림과 같이 직육면체 모양의 그릇 A에 물을 가득 채운 후 그릇을 기울여 직육면체 모양의 그릇 B에 물을 흘려보냈다. 이때 h의 값을 구하시오.

(단, 그릇의 두께는 생각하지 않는다.)

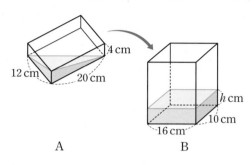

0893 (중)

서술형

오른쪽 그림과 같은 원뿔 모양의 그릇에 일정한 속력으로 물을 채우고 있다. 높이 3 cm까지 물을 채우는 데 3분이 걸렸을 때, 다음 물음에 답하시오. (단, 그릇의 두께는 생각하지 않는다.)

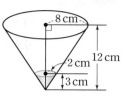

(1) 1분 동안 채워지는 물의 부피를 구하시오.

(2) 이 그릇을 가득 채우려면 앞으로 몇 분 동안 물을 더 넣어야 하는지 구하시오.

유형 17   원뿔 모양의 그릇에 담긴 물의 양

(1) 원뿔 모양의 빈 그릇에 물을 가득 채우는 데 걸리는 시간
➡ (그릇의 부피)÷(시간당 채우는 물의 부피)

(2) 원뿔 모양의 그릇에 물을 채우고 남은 부분의 부피
➡ (그릇의 부피)−(채워진 물의 부피)

0892 (대표 문제)

오른쪽 그림과 같은 원뿔 모양의 그릇에 1분에 3π cm³씩 물을 넣을 때, 빈 그릇을 가득 채우려면 몇 분 동안 물을 넣어야 하는가?

(단, 그릇의 두께는 생각하지 않는다.)

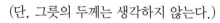

① 20분   ② 25분

③ 30분   ④ 35분

⑤ 40분

유형 18   전개도가 주어진 원뿔의 겉넓이와 부피

빈출

(1) 원뿔의 전개도에서
(옆면인 부채꼴의 호의 길이)
＝(밑면인 원의 둘레의 길이)

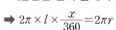
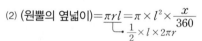
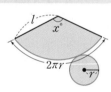

➡ $2\pi \times l \times \dfrac{x}{360} = 2\pi r$

(2) (원뿔의 옆넓이)$= \pi r l = \pi \times l^2 \times \dfrac{x}{360}$
$\llcorner \frac{1}{2} \times l \times 2\pi r$

0894 (대표 문제)

오른쪽 그림과 같은 전개도로 만든 원뿔의 겉넓이는?

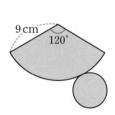

① 33π cm²   ② 36π cm²

③ 39π cm²   ④ 42π cm²

⑤ 45π cm²

0895 (중)

밑면의 반지름의 길이가 6 cm이고 옆넓이가 96π cm²인 원뿔의 전개도에서 부채꼴의 중심각의 크기는?

① 125° ② 130° ③ 135°

④ 140° ⑤ 145°

0896 (중)

서술형

오른쪽 그림과 같은 부채꼴을 옆면으로 하는 원뿔의 부피가 128π cm³일 때, 이 원뿔의 높이를 구하시오.

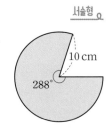

0897 (중)

오른쪽 그림과 같은 원뿔대의 전개도에서 작은 밑면인 원의 반지름의 길이를 a cm, 원뿔대의 겉넓이를 $b\pi$ cm²라 할 때, $a+b$의 값을 구하시오.

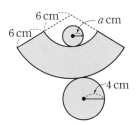

빈출

유형 19 회전체의 겉넓이와 부피 – 원뿔, 원뿔대

밑변의 길이가 r, 높이가 h인 직각삼각형을 직선 m을 회전축으로 하여 1회전 시키면 밑면의 반지름의 길이가 r, 높이가 h인 원뿔이 생긴다.

➡ (겉넓이)$=\pi r^2+\pi rl$, (부피)$=\dfrac{1}{3}\pi r^2 h$

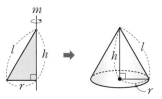

0898 **대표 문제**

오른쪽 그림과 같은 직각삼각형을 직선 l을 회전축으로 하여 1회전 시킬 때 생기는 회전체의 부피는?

① 320π cm³ ② 450π cm³

③ 640π cm³ ④ 780π cm³

⑤ 960π cm³

0899 (중)

오른쪽 그림과 같은 사다리꼴을 직선 l을 회전축으로 하여 1회전 시킬 때 생기는 회전체의 부피는?

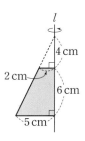

① 66π cm³ ② 70π cm³

③ 74π cm³ ④ 78π cm³

⑤ 82π cm³

0900 (중)

오른쪽 그림과 같은 직각삼각형을 직선 l을 회전축으로 하여 1회전 시킬 때 생기는 회전체의 부피는?

① $176\pi \, \text{cm}^3$　　② $184\pi \, \text{cm}^3$

③ $192\pi \, \text{cm}^3$　　④ $200\pi \, \text{cm}^3$

⑤ $208\pi \, \text{cm}^3$

0901 (중)

오른쪽 그림과 같은 평면도형을 직선 l을 회전축으로 하여 1회전 시킬 때 생기는 회전체의 겉넓이는?

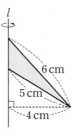

① $36\pi \, \text{cm}^2$　　② $44\pi \, \text{cm}^2$

③ $48\pi \, \text{cm}^2$　　④ $52\pi \, \text{cm}^2$

⑤ $60\pi \, \text{cm}^2$

0902 (상)

오른쪽 그림과 같은 직각삼각형 ABC를 $\overline{AC}$를 회전축으로 하여 1회전 시킬 때 생기는 회전체의 부피를 구하시오.

서술형

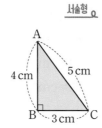

유형 20　구의 겉넓이

(1) 구의 반지름의 길이를 r라 하면

(구의 겉넓이)$=4\pi r^2$

(2) 반구의 반지름의 길이를 r라 하면

(반구의 겉넓이)$=4\pi r^2 \times \dfrac{1}{2}+\pi r^2$

0903 [대표 문제]

오른쪽 그림은 반지름의 길이가 $4 \, \text{cm}$인 구의 $\dfrac{1}{4}$을 잘라 내고 남은 입체도형이다. 이 입체도형의 겉넓이를 구하시오.

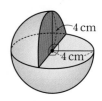

0904 (중)

구의 중심을 지나는 평면으로 자른 단면의 넓이가 $144\pi \, \text{cm}^2$인 구의 겉넓이는?

① $480\pi \, \text{cm}^2$　　② $504\pi \, \text{cm}^2$　　③ $528\pi \, \text{cm}^2$

④ $552\pi \, \text{cm}^2$　　⑤ $576\pi \, \text{cm}^2$

0905 (중)

오른쪽 그림과 같이 야구공의 겉면은 크기와 모양이 똑같은 가죽 두 조각으로 이루어져 있다. 야구공의 지름의 길이가 $7 \, \text{cm}$일 때, 가죽 한 조각의 넓이를 구하시오.

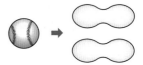

(단, 가죽 두 조각의 겹치는 부분은 없다.)

0906 ⑧
다음 그림은 원뿔, 원기둥, 반구를 붙여 놓은 입체도형이다. 이 입체도형의 겉넓이를 구하시오.

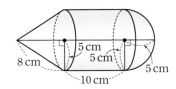

유형 21 구의 부피

(1) 구의 반지름의 길이를 r라 하면
$$(구의 부피)=\frac{4}{3}\pi r^3$$

(2) 반구의 반지름의 길이를 r라 하면
$$(반구의 부피)=\frac{4}{3}\pi r^3 \times \frac{1}{2}$$

0907 대표 문제
오른쪽 그림은 반구와 원기둥을 붙여 놓은 입체도형이다. 이 입체도형의 부피는?

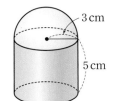

① $45\pi \ \text{cm}^3$ ② $54\pi \ \text{cm}^3$

③ $63\pi \ \text{cm}^3$ ④ $72\pi \ \text{cm}^3$

⑤ $81\pi \ \text{cm}^3$

0908 ⑧
오른쪽 그림과 같이 구의 $\frac{1}{8}$을 잘라 내고 남은 입체도형의 부피가 $252\pi \ \text{cm}^3$일 때, 구의 반지름의 길이는?

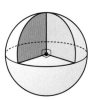

① 5 cm   ② 6 cm   ③ 7 cm

④ 8 cm   ⑤ 9 cm

0909 ⑧
서술형
겉넓이가 $100\pi \ \text{cm}^2$인 구의 부피를 구하시오.

0910 ⑧
다음 그림과 같이 지름의 길이가 18 cm인 쇠구슬 1개를 녹여서 지름의 길이가 2 cm인 쇠구슬을 만들려고 한다. 이때 만들 수 있는 쇠구슬은 최대 몇 개인가?
(단, 쇠구슬은 모두 구 모양이다.)

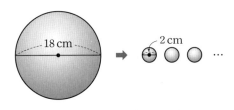

① 216개   ② 342개   ③ 513개

④ 729개   ⑤ 972개

0911 ⑧
오른쪽 그림에서 구의 부피와 원뿔의 부피가 서로 같을 때, x의 값을 구하시오.

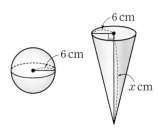

0912 (상)

오른쪽 그림과 같이 밑면의 반지름
의 길이가 8 cm인 원기둥 모양의
그릇에 물이 들어 있다. 이 그릇 안
에 반지름의 길이가 4 cm인 구를
완전히 잠기도록 넣었을 때, 더 올
라간 물의 높이는?
(단, 그릇의 두께는 생각하지 않는다.)

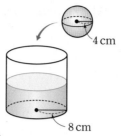

① $\frac{2}{3}$ cm   ② 1 cm   ③ $\frac{4}{3}$ cm

④ $\frac{5}{3}$ cm   ⑤ 2 cm

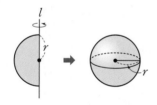

유형 22 회전체의 겉넓이와 부피 – 구

반지름의 길이가 r인 반원을 직선 l을 회전축으로 하여 1회전
시키면 반지름의 길이가 r인 구가 생긴다.

➡ (겉넓이)$=4\pi r^2$, (부피)$=\frac{4}{3}\pi r^3$

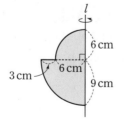

0913 대표 문제

오른쪽 그림과 같은 평면도형을 직
선 l을 회전축으로 하여 1회전 시킬
때 생기는 회전체의 겉넓이와 부피
를 차례로 구하시오.

0914 (중)

오른쪽 그림과 같은 평면도형을 직선 l
을 회전축으로 하여 1회전 시킬 때 생기
는 회전체의 부피는?

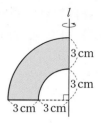

① 126π cm³   ② 128π cm³

③ 130π cm³   ④ 132π cm³

⑤ 134π cm³

0915 (중)   서술형

오른쪽 그림과 같은 평면도형을 직선 l
을 회전축으로 하여 1회전 시킬 때 생기
는 회전체의 부피를 구하시오.

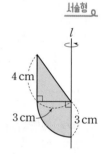

0916 (상)

오른쪽 그림과 같은 평면도형을 직선 l
을 회전축으로 하여 1회전 시킬 때 생기
는 회전체의 겉넓이는?

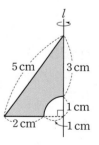

① 23π cm²   ② 25π cm²

③ 27π cm²   ④ 29π cm²

⑤ 32π cm²

유형 23 원기둥에 꼭 맞게 들어 있는 입체도형

오른쪽 그림과 같이 원기둥에 구와 원뿔이 꼭
맞게 들어갈 때,
(원뿔의 부피) : (구의 부피) : (원기둥의 부피)

$$=\frac{2}{3}\pi r^3 : \frac{4}{3}\pi r^3 : 2\pi r^3$$
$$=1 : 2 : 3$$

0917 대표 문제

오른쪽 그림과 같이 원기둥에 구와 원뿔이
꼭 맞게 들어 있다. 구의 부피가 $36\pi\,\mathrm{cm}^3$일
때, 원뿔과 원기둥의 부피를 차례로 구하시
오.

0918 중

오른쪽 그림과 같이 원기둥에 구 3개가 꼭 맞게
들어 있다. 원기둥의 부피가 $384\pi\,\mathrm{cm}^3$일 때, 구
3개의 겉넓이의 총합은?

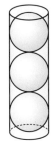

① $64\pi\,\mathrm{cm}^2$ ② $192\pi\,\mathrm{cm}^2$

③ $205\pi\,\mathrm{cm}^2$ ④ $321\pi\,\mathrm{cm}^2$

⑤ $384\pi\,\mathrm{cm}^2$

0919 상

오른쪽 그림과 같이 물이 가득
채워진 원기둥 모양의 그릇이
있다. 이 그릇에 꼭 맞는 반지
름의 길이가 $3\,\mathrm{cm}$인 쇠공을
넣었다가 꺼냈을 때, 원기둥
모양의 그릇에 남아 있는 물의
높이를 구하시오. (단, 그릇의 두께는 생각하지 않는다.)

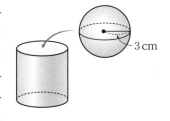

유형 24 입체도형에 꼭 맞게 들어 있는 입체도형

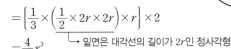

오른쪽 그림과 같이 구에 정팔면체가 꼭 맞
게 들어갈 때,

(팔면체의 부피)
$$=(\text{사각뿔의 부피}) \times 2$$
$$=\left\{\frac{1}{3} \times \left(\frac{1}{2} \times 2r \times 2r\right) \times r\right\} \times 2$$
$$=\frac{4}{3}r^3$$

└▶ 밑면은 대각선의 길이가 $2r$인 정사각형

0920 대표 문제

오른쪽 그림과 같이 반지름의 길이
가 $2\,\mathrm{cm}$인 구에 정팔면체가 꼭 맞
게 들어 있을 때, 이 정팔면체의 부
피를 구하시오.

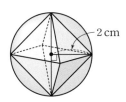

0921 중

오른쪽 그림과 같이 반지름의 길이가
$6\,\mathrm{cm}$인 반구에 원뿔이 꼭 맞게 들어 있
다. 반구와 원뿔의 부피를 각각 $V_1\,\mathrm{cm}^3$,
$V_2\,\mathrm{cm}^3$라 할 때, $\dfrac{V_1}{V_2}$의 값을 구하시오.

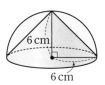

0922 중

오른쪽 그림과 같이 정육면체에 사각뿔과
구가 꼭 맞게 들어 있을 때, 정육면체, 사
각뿔, 구의 부피의 비는?

① $3 : 1 : \pi$ ② $3 : 2 : 1$

③ $4 : 3 : \pi$ ④ $6 : 2 : \pi$

⑤ $6 : 2 : 1$

유형 점검

0923

유형 01

오른쪽 그림과 같은 사다리꼴을 밑면으로 하고 높이가 8 cm인 사각기둥의 겉넓이는?

① 800 cm²　② 804 cm²

③ 808 cm²　④ 812 cm²

⑤ 816 cm²

0924

유형 02

오른쪽 그림과 같은 전개도로 만든 원기둥의 겉넓이를 구하시오.

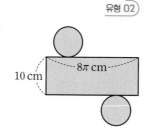

0925

유형 03

오른쪽 그림과 같이 직사각형 모양의 종이의 네 귀퉁이에서 정사각형 모양을 잘라 낸 전개도로 뚜껑이 없는 직육면체 모양의 상자를 만들려고 한다. 이때 상자의 부피를 구하시오.

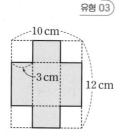

0926

유형 05

오른쪽 그림과 같이 밑면이 부채꼴인 기둥의 겉넓이는?

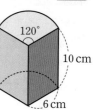

① $(60\pi+60)$ cm²

② $(64\pi+60)$ cm²

③ $(64\pi+120)$ cm²

④ $(72\pi+60)$ cm²

⑤ $(72\pi+120)$ cm²

0927

유형 06

오른쪽 그림과 같이 구멍이 뚫린 입체도형의 부피를 구하시오.

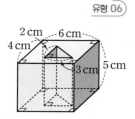

0928

유형 07

오른쪽 그림은 직육면체에서 작은 직육면체 2개를 잘라 내고 남은 입체도형이다. 이 입체도형의 겉넓이를 구하시오.

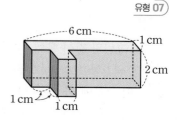

0929
유형 08

다음은 세 학생이 오른쪽 그림과 같은 직사각형 ABCD의 두 변 AD, CD를 각각 회전축으로 하여 1회전 시킬 때 생기는 회전체의 겉넓이를 비교한 것이다. 바르게 말한 학생을 고르시오.

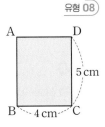

성훈: 변 AD가 회전축인 회전체의 겉넓이가 더 크다.
동하: 변 CD가 회전축인 회전체의 겉넓이가 더 크다.
다혜: 두 회전체의 겉넓이는 같다.

0930
유형 10

오른쪽 그림과 같이 밑면의 반지름의 길이가 3 cm인 원뿔의 겉넓이가 36π cm^{2}일 때, 이 원뿔의 모선의 길이를 구하시오.

0931
유형 11

오른쪽 그림과 같이 두 밑면이 모두 정사각형이고, 옆면이 모두 합동인 사각뿔대의 겉넓이는?

① 350 cm^2 ② 360 cm^2
③ 370 cm^2 ④ 380 cm^2
⑤ 390 cm^2

0932
유형 12

오른쪽 그림과 같은 삼각뿔의 부피가 20 cm^{3}일 때, 이 삼각뿔의 높이를 구하시오.

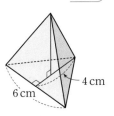

0933
유형 13

오른쪽 그림은 두 원뿔을 붙여 놓은 입체도형이다. 이 입체도형의 부피는?

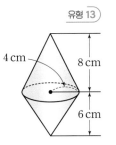

① 70π cm^3 ② $\dfrac{215}{3}\pi$ cm^3

③ 73π cm^3 ④ $\dfrac{224}{3}\pi$ cm^3

⑤ 75π cm^3

0934
유형 14

오른쪽 그림과 같은 원뿔대의 부피를 구하시오.

0935
유형 16

오른쪽 그림과 같이 직육면체 모양의 그릇에 물을 가득 채운 후 그릇을 기울여 물을 흘려보냈다. 남아 있는 물의 부피가 108 cm^{3}일 때, x의 값을 구하시오. (단, 그릇의 두께는 생각하지 않는다.)

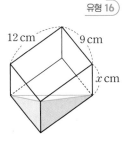

0936

유형 18 + 19

오른쪽 그림과 같은 직각삼각형을 직선 l을 회전축으로 하여 1회전 시킬 때 생기는 회전체의 겉넓이가 96π cm²일 때, 이 회전체의 전개도에서 부채꼴의 중심각의 크기를 구하시오.

6 cm

0937

유형 20

오른쪽 그림은 반구 2개와 원기둥을 붙여 놓은 입체도형이다. 이 입체도형의 겉넓이를 구하시오.

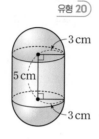

3 cm
5 cm
3 cm

0938

유형 21

오른쪽 그림은 반구와 원뿔을 붙여 놓은 입체도형이다. 이 입체도형의 부피를 구하시오.

3 cm
4 cm

0939

유형 23

오른쪽 그림과 같이 지름의 길이가 8 cm인 공 2개가 꼭 맞게 들어가는 원기둥 모양의 케이스가 있다. 이 케이스에 공 2개를 넣었을 때, 빈 공간의 부피를 구하시오.

(단, 케이스의 두께는 생각하지 않는다.)

서술형

0940

유형 04

다음 그림과 같은 원기둥 모양의 캔과 컵이 있다. 캔에 가득 담긴 음료수를 컵에 모두 부었을 때, 컵에 담긴 음료수의 높이를 구하시오.

(단, 캔과 컵의 두께는 생각하지 않는다.)

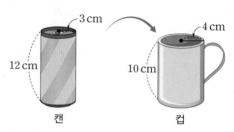

3 cm
12 cm
캔

4 cm
10 cm
컵

0941

유형 15

오른쪽 그림과 같이 정육면체를 세 꼭짓점 B, G, D를 지나는 평면으로 자를 때 생기는 작은 입체도형과 큰 입체도형의 부피의 비를 가장 간단한 자연수의 비로 나타내시오.

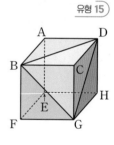

A D
B C
E H
F G

0942

유형 24

오른쪽 그림과 같이 한 모서리의 길이가 6 cm인 정육면체의 각 면의 한가운데 점을 연결하여 만든 입체도형의 부피를 구하시오.

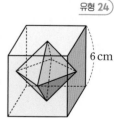

6 cm

실력 향상

하 ── 중 ── 상 100%

0943

오른쪽 그림과 같이 아랫부분이 원기둥 모양인 병에 높이가 12 cm가 되도록 물을 넣은 후 이 병을 거꾸로 하여 수면이 병의 밑면과 평행하게 하였더니 물이 없는 부분의 높이가 10 cm가 되었다고 한다. 이 병에 물을 가득 채웠을 때 물의 부피를 구하시오.

(단, 병의 두께는 생각하지 않는다.)

0944

오른쪽 그림과 같이 밑면의 반지름의 길이가 4 cm인 원뿔을 바닥에 대고 점 O를 중심으로 굴리면 5바퀴를 돈 후에 제자리로 돌아온다. 이때 이 원뿔의 겉넓이를 구하시오.

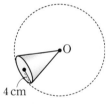

0945

오른쪽 그림은 원뿔을 밑면의 둘레 위의 두 점 A, B와 꼭짓점 C를 지나는 평면으로 잘라 내고 남은 입체도형이다. ∠AOB=90°일 때, 이 입체도형의 부피는? (단, O는 밑면의 중심이다.)

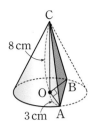

① $(18\pi+12)$ cm^3　　② $(18\pi+14)$ cm^3

③ $(20\pi+12)$ cm^3　　④ $(20\pi+14)$ cm^3

⑤ $(20\pi+16)$ cm^3

0946

오른쪽 그림과 같이 밑면이 반원인 기둥 모양의 그릇에 물을 가득 담은 후 그릇을 45°만큼 기울여 물을 흘려보냈다. 이때 그릇에 남아 있는 물의 부피는? (단, 그릇의 두께는 생각하지 않는다.)

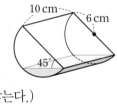

① $(80\pi-170)$ cm^3　　② $(80\pi-180)$ cm^3

③ $(90\pi-170)$ cm^3　　④ $(90\pi-180)$ cm^3

⑤ $(90\pi-190)$ cm^3

❍ 기출 BOOK 26쪽

IV
/
통계

08-1 대푯값

유형 01~05

개념⊕

(1) **변량**: 성적, 키 등과 같은 자료를 수량으로 나타낸 것

(2) **대푯값**: 자료 전체의 중심 경향이나 특징을 대표적으로 나타내는 값

① **평균**: 변량의 총합을 변량의 개수로 나눈 값 ➡ $(평균)=\dfrac{(변량의\ 총합)}{(변량의\ 개수)}$

② **중앙값**: 변량을 작은 값부터 크기순으로 나열했을 때, 자료의 중앙에 위치한 값

➡ 변량의 개수가 ⎡ 홀수이면 한가운데 있는 값이 중앙값이다.
⎣ 짝수이면 한가운데 있는 두 값의 평균이 중앙값이다.

③ **최빈값**: 자료에서 가장 많이 나타난 값

● 평균이 대푯값으로 가장 많이 쓰인다.

● 자료의 변량 중 매우 크거나 매우 작은 극단적인 값이 있는 경우
➡ 평균은 극단적인 값에 영향을 많이 받으므로 대푯값으로 평균보다 중앙값이 적절하다.

● 자료의 변량이 중복되어 나타나거나 수로 주어지지 않은 경우
➡ 대푯값으로 최빈값이 적절하다.

● 최빈값은 자료에 따라 2개 이상일 수도 있다.

08-2 줄기와 잎 그림

유형 06

줄기와 잎 그림: 줄기와 잎을 이용하여 자료를 나타낸 그림

❶ 변량을 자릿수를 기준으로 줄기와 잎으로 구분한다.

❷ 세로선을 긋고, 세로선의 왼쪽에 줄기를 작은 수부터 세로로 쓴다.

❸ 세로선의 오른쪽에 각 줄기에 해당하는 잎을 가로로 쓴다. 이때 중복되는 변량의 잎은 중복된 횟수만큼 쓴다.

❹ 줄기 a와 잎 b를 그림의 오른쪽 위에 $a\,|\,b$로 나타내고 그 뜻을 설명한다.

● 자료를 줄기와 잎 그림으로 나타내면 각각의 변량을 알 수 있을 뿐만 아니라 자료의 전체적인 분포 상태도 쉽게 알 수 있다.

● 줄기는 중복되는 수를 한 번만 쓰고, 잎은 중복되는 수를 모두 쓴다.

● 줄기와 잎 그림에서 변량의 전체 개수는 잎의 총개수와 같다.

[자료]
(단위: 점)

70	65	74
88	76	82
84	82	67

← 변량

➡ 십의 자리의 숫자

[줄기와 잎 그림]
(6 | 5는 65점)

줄기	잎			
6	5	7		
7	0	4	6	
8	2	2	4	8

→ 일의 자리의 숫자

08-3 도수분포표

유형 07, 08

(1) **계급**: 변량을 일정한 간격으로 나눈 구간

계급의 크기: 구간의 너비, 즉 계급의 양 끝 값의 차

(2) **도수**: 각 계급에 속하는 변량의 개수

(3) **도수분포표**: 자료를 몇 개의 계급으로 나누고 각 계급의 도수를 나타낸 표

❶ 주어진 자료에서 가장 작은 변량과 가장 큰 변량을 찾는다.

❷ ❶에서 찾은 두 변량이 속하는 구간을 일정한 간격으로 나누어 계급을 정한다.

❸ 각 계급에 속하는 변량의 개수를 세어 각 계급의 도수와 그 합을 구한다.

● 계급, 계급의 크기, 도수는 항상 단위를 포함하여 쓴다.

● 계급값: 각 계급의 양 끝 값의 중앙의 값
➡ $(계급값)=\dfrac{(계급의\ 양끝\ 값의\ 합)}{2}$

● 도수분포표는 변량의 개수가 많은 자료의 분포 상태를 파악할 때 편리하지만 각 계급에 속하는 변량의 정확한 값은 알 수 없다.

● 계급의 개수가 너무 많거나 너무 적으면 자료의 전체적인 분포 상태를 파악하기 어려우므로 계급의 개수는 보통 5~15 정도로 한다.

[자료]
(단위: cm)

152	156	150	149
151	163	168	144
164	152	158	157

➡

[도수분포표]

키(cm)	도수(명)
$140^{이상} \sim 150^{미만}$	2
150 ~ 160	7
160 ~ 170	3
합계	12

08-1 **대푯값**

[0947~0950] 다음 자료의 평균, 중앙값, 최빈값을 각각 구하시오.

0947 2, 8, 4, 8, 8

0948 10, 7, 6, 7, 2, 10

0949 21, 15, 21, 30, 17, 13, 23

0950 6, 12, 4, 4, 19, 36, 19, 4

08-2 **줄기와 잎 그림**

[0951~0955] 아래 자료는 호영이네 반 학생 18명의 1분 동안 윗몸 일으키기를 한 횟수를 조사하여 나타낸 것이다. 다음 물음에 답하시오.

(단위: 회)

31,	25,	52,	15,	20,	33,	19,	36,	33,
59,	42,	36,	21,	29,	39,	40,	17,	44

0951 다음 줄기와 잎 그림을 완성하시오.

(1|5는 15회)

줄기	잎
1	5
2	
3	
4	
5	

0952 줄기가 2인 잎을 모두 구하시오.

0953 잎이 가장 많은 줄기를 구하시오.

0954 윗몸 일으키기 횟수가 가장 많은 학생의 기록을 구하시오.

0955 윗몸 일으키기 횟수가 40회 이상인 학생 수를 구하시오.

08-3 **도수분포표**

[0956~0959] 아래 자료는 어느 중학교 학생 20명의 몸무게를 조사하여 나타낸 것이다. 다음 물음에 답하시오.

(단위: kg)

46,	51,	63,	63,	56,	56,	58,	62,	57,	59,
65,	69,	60,	61,	54,	55,	62,	59,	48,	50

0956 가장 큰 변량과 가장 작은 변량을 차례로 구하시오.

0957 다음 도수분포표를 완성하시오.

몸무게(kg)	도수(명)
$45^{이상} \sim 50^{미만}$	2
50 ~ 55	
~	
~	
65 ~ 70	
합계	

0958 도수가 가장 큰 계급을 구하시오.

0959 몸무게가 60 kg 이상인 학생 수를 구하시오.

[0960~0963] 오른쪽 도수분포표는 수희네 반 학생 24명의 하루 동안의 이모티콘 사용 건수를 조사하여 나타낸 것이다. 다음 물음에 답하시오.

사용 건수(건)	도수(명)
$10^{이상} \sim 20^{미만}$	3
20 ~ 30	8
30 ~ 40	A
40 ~ 50	4
50 ~ 60	2
합계	24

0960 계급의 크기를 구하시오.

0961 계급의 개수를 구하시오.

0962 A의 값을 구하시오.

0963 이모티콘 사용 건수가 40건인 학생이 속하는 계급을 구하시오.

08-4 히스토그램

유형 09, 10, 13

개념➕

(1) **히스토그램**: 가로축에 각 계급의 양 끝 값을, 세로축에 도수를 차례로 표시하고, 각 계급의 크기를 가로로, 그 계급의 도수를 세로로 하는 직사각형을 차례로 그려 나타낸 그래프

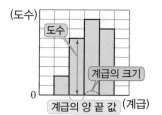

(2) **히스토그램의 특징**

① 자료의 전체적인 분포 상태를 한눈에 알아볼 수 있다.

② 직사각형의 가로의 길이는 일정하므로 각 직사각형의 넓이는 각 계급의 도수에 정비례한다.

③ (직사각형의 넓이)=(계급의 크기)×(그 계급의 도수)이므로

(모든 직사각형의 넓이의 합)=(계급의 크기)×(도수의 총합)

> 계급은 연속되어 있으므로 히스토그램에서 직사각형은 서로 붙여 그린다.
>
> 히스토그램에서 계급의 개수는 직사각형의 개수와 같다.

08-5 도수분포다각형

유형 11~14

(1) **도수분포다각형**: 히스토그램에서 각 직사각형의 윗변의 중앙에 점을 찍고, 히스토그램의 양 끝에 도수가 0인 계급이 하나씩 더 있는 것으로 생각하여 그 중앙에 점을 찍은 후 점을 선분으로 연결하여 나타낸 그래프

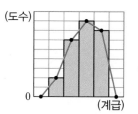

(2) **도수분포다각형의 특징**

① 자료의 전체적인 분포 상태를 한눈에 알아볼 수 있다.

② (도수분포다각형과 가로축으로 둘러싸인 부분의 넓이)

=(히스토그램의 모든 직사각형의 넓이의 합)=(계급의 크기)×(도수의 총합)

③ 두 개 이상의 자료의 분포를 함께 나타낼 수 있어 그 특징을 비교할 때 히스토그램보다 편리하다.

> 도수분포다각형은 히스토그램을 그리지 않고 도수분포표로부터 직접 그릴 수도 있다.
>
> 도수분포다각형에서 계급의 개수를 셀 때, 양 끝에 도수가 0인 계급은 세지 않는다.

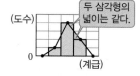

08-6 상대도수와 그 그래프

유형 15~23

(1) **상대도수**: 도수분포표에서 도수의 총합에 대한 각 계급의 도수의 비율

➡ (어떤 계급의 상대도수)$=\dfrac{(그 계급의 도수)}{(도수의 총합)}$ → 보통 소수로 나타낸다.

> 상대도수는 도수의 총합을 1로 보았을 때, 각 계급의 도수가 전체에서 차지하는 비율을 나타낸 것이다.

(2) **상대도수의 특징**

① 각 계급의 상대도수는 0 이상 1 이하의 수이고, 그 총합은 항상 1이다.

② 각 계급의 상대도수는 그 계급의 도수에 정비례한다.

③ 도수의 총합이 다른 두 집단의 분포를 비교할 때 편리하다.

(3) **상대도수의 분포표**: 각 계급의 상대도수를 나타낸 표

(4) **상대도수의 분포를 나타낸 그래프**: 상대도수의 분포표를 히스토그램이나 도수분포다각형 모양으로 나타낸 그래프

❶ 가로축에 각 계급의 양 끝 값을 차례로 표시한다.

❷ 세로축에 상대도수를 차례로 표시한다.

❸ 히스토그램이나 도수분포다각형 모양으로 그린다.

> (그래프와 가로축으로 둘러싸인 부분의 넓이)
> =(계급의 크기)×(상대도수의 총합)
> =(계급의 크기)   =1

계급	상대도수
$1^{이상} \sim 2^{미만}$	0.1
2 ~ 3	0.3
3 ~ 4	0.4
4 ~ 5	0.2
합계	1

➡

08-4 히스토그램

0964 다음 도수분포표를 히스토그램으로 나타내시오.

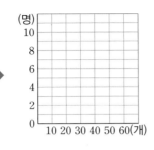

개수(개)	도수(명)
$10^{이상} \sim 20^{미만}$	1
20 ~ 30	4
30 ~ 40	11
40 ~ 50	8
50 ~ 60	6
합계	30

[0965~0969] 오른쪽 히스토 그램은 도현이네 반 학생들의 볼링 점수를 조사하여 나타낸 것이다. 다음 물음에 답하시오.

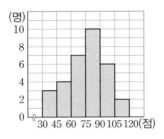

0965 계급의 크기를 구하시오.

0966 계급의 개수를 구하시오.

0967 전체 학생 수를 구하시오.

0968 도수가 가장 작은 계급을 구하시오.

0969 볼링 점수가 60점 미만인 학생 수를 구하시오.

08-5 도수분포다각형

0970 다음 도수분포표를 히스토그램과 도수분포다각형 으로 나타내시오.

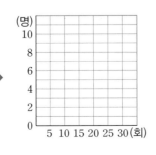

횟수(회)	도수(명)
$5^{이상} \sim 10^{미만}$	6
10 ~ 15	8
15 ~ 20	10
20 ~ 25	5
25 ~ 30	1
합계	30

[0971~0975] 오른쪽 도수분포 다각형은 지우네 반 학생들이 1년 동안 영화를 관람한 횟수를 조사 하여 나타낸 것이다. 다음 물음에 답하시오.

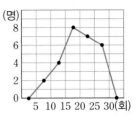

0971 계급의 크기를 구하시오.

0972 계급의 개수를 구하시오.

0973 전체 학생 수를 구하시오.

0974 도수가 가장 큰 계급을 구하시오.

0975 영화 관람 횟수가 14회인 학생이 속하는 계급의 도수를 구하시오.

08-6 상대도수와 그 그래프

[0976~0978] 아래는 예준이네 반 학생 20명의 지난달 독 서량을 조사하여 나타낸 상대도수의 분포표이다. 다음 물음에 답하시오.

권수(권)	도수(명)	상대도수
$2^{이상} \sim 4^{미만}$	3	
4 ~ 6	4	
6 ~ 8	5	
8 ~ 10	7	
10 ~ 12	1	
합계	20	

0976 상대도수의 분포표를 완성하시오.

0977 상대도수가 가장 작은 계급을 구하시오.

0978 상대도수의 분포표를 도수분포다각형 모양의 그래 프로 나타내시오.

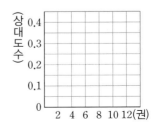

유형 완성

유형 01 평균

$$(평균)=\frac{(변량의\ 총합)}{(변량의\ 개수)}$$

0979 대표 문제

다음 표는 주호네 반의 종례 시간을 일주일 동안 조사하여 나타낸 것이다. 주호네 반의 평균 종례 시간은?

요일	월	화	수	목	금
시간(분)	15	13	14	11	7

① 11분   ② 12분   ③ 13분
④ 14분   ⑤ 15분

0980 중

4개의 변량 a, b, c, d의 평균이 10일 때, 6개의 변량 4, a, b, c, d, 16의 평균을 구하시오.

0981 상

오른쪽 표는 1반과 2반의 학생 수와 평균 통학 시간을 조사하여 나타낸 것이다. 두 반 전체의 평균 통학 시간은?

	1반	2반
학생 수(명)	26	24
통학 시간(분)	15	20

① 17분   ② 17.4분   ③ 17.8분
④ 18분   ⑤ 18.4분

유형 02 중앙값

중앙값: 변량을 작은 값부터 크기순으로 나열했을 때, 자료의 중앙에 위치한 값

➡ 변량의 개수가 ┌ 홀수이면 한가운데 있는 값
　　　　　　　└ 짝수이면 한가운데 있는 두 값의 평균

예 · 3, 4, 5, 6, 6 ➡ 중앙값: 5
　· 1, 3, 6, 7, 9, 10, 11, 12 ➡ 중앙값: $\frac{7+9}{2}=8$

0982 대표 문제

다음 자료는 A, B 두 모둠 학생들이 주말에 TV를 시청한 시간을 조사하여 나타낸 것이다. A 모둠의 자료의 중앙값을 a시간, B 모둠의 자료의 중앙값을 b시간이라 할 때, $a+b$의 값을 구하시오.

(단위: 시간)

· A 모둠: 3, 2, 6, 8, 7, 10, 4, 9, 4
· B 모둠: 4, 8, 11, 9, 2, 12, 3, 8, 5, 6

0983 중   서술형

다음 자료는 어느 반 학생 12명이 1분 동안 실시한 팔 굽혀 펴기 횟수를 조사하여 나타낸 것이다. 팔 굽혀 펴기 횟수의 평균을 a회, 중앙값을 b회라 할 때, $a+b$의 값을 구하시오.

(단위: 회)

1,	5,	10,	21,	13,	1
18,	13,	14,	3,	12,	9

0984 상

다음 자료는 유미네 모둠 학생 9명 중 6명을 대상으로 1학기 동안 읽은 책의 수를 조사하여 나타낸 것이다. 유미네 모둠 학생 9명의 1학기 동안 읽은 책의 수의 중앙값이 될 수 있는 가장 큰 값을 구하시오.

(단위: 권)

6,　7,　1,　3,　8,　3

유형 03 최빈값

최빈값: 자료에서 가장 많이 나타난 값

참고 최빈값은 자료에 따라 2개 이상일 수도 있다.

예 • 8, 10, 7, ⑨, 11, 12, ⑨ ➡ 최빈값: 9
• ⑮, ⑬, 18, 16, ⑮, ⑬ ➡ 최빈값: 13, 15

0985 대표 문제

다음 표는 선규네 반 학생 15명이 일주일 동안 편의점에 간 횟수를 조사하여 나타낸 것이다. 이 자료의 최빈값을 구하시오.

횟수(회)	0	1	2	3	4
학생 수(명)	2	a	5	3	1

0986 하

다음은 동요 「똑같아요」의 계이름 악보이다. 주어진 악보에서 계이름의 최빈값을 구하시오.

도 미 솔 도 미 솔 라 라 라 솔
파 파 파 미 미 미 레 레 레 도

0987 중

다음 자료의 평균을 a, 중앙값을 b, 최빈값을 c라 할 때, a, b, c의 대소 관계는?

> 3, 5, 1, 2, 3, 3, 9, 6, 4, 8

① $a<b<c$ ② $a<c<b$ ③ $b<a<c$
④ $c<a<b$ ⑤ $c<b<a$

0988 중

10개의 변량 0, 1, 3, 4, 4, 4, 4, 6, 9, 10에 한 개의 변량이 추가될 때, 다음 보기 중 옳은 것을 모두 고르시오.

┌ 보기 ┐
ㄱ. 이 자료의 평균은 변하지 않는다.
ㄴ. 이 자료의 중앙값은 변하지 않는다.
ㄷ. 이 자료의 최빈값은 변하지 않는다.

0989 중

서술형

오른쪽 꺾은선 그래프는 학생 24명이 하루 동안 다른 사람을 칭찬한 횟수를 조사하여 나타낸 것이다. 이 자료의 중앙값을 a회, 최빈값을 b회라 할 때, ab의 값을 구하시오.

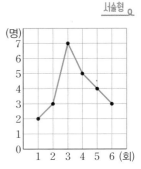

유형 04 적절한 대푯값 찾기

(1) 평균: 대푯값으로 가장 많이 쓰이며, 자료에 매우 크거나 매우 작은 값이 있으면 그 값에 영향을 받는다.
(2) 중앙값: 자료에 매우 크거나 매우 작은 값이 있으면 중앙값이 평균보다 대푯값으로 더 적절하다.
(3) 최빈값: 선호도를 조사할 때 주로 쓰이며, 변량이 중복되어 나타나는 자료나 수량으로 나타낼 수 없는 자료의 대푯값으로 적절하다.

0990 대표 문제

다음 자료 중 평균을 대푯값으로 하기에 가장 적절하지 <u>않은</u> 것은?

① 1, 2, 3, 4, 5 ② 2, 4, 6, 8, 10
③ 7, 7, 7, 7, 7 ④ 10, 10, 10, 10, 900
⑤ 10, 10, 20, 20, 30

0991 (종)

다음 자료는 어느 옷 가게에서 하루 동안 판매된 20장의 티셔츠 치수를 조사하여 나타낸 것이다. 이 가게에서 가장 많이 준비해야 할 티셔츠의 치수를 정하려고 할 때, 평균, 중앙값, 최빈값 중에서 가장 적절한 대푯값을 말하고, 그 값을 구하시오.

(단위: 호)

85,	95,	80,	85,	90,	95,	85,
95,	100,	105,	95,	105,	85,	95,
100,	90,	95,	90,	80,	95	

0992 (종)

다음 보기 중 아래 세 자료 A, B, C에 대한 설명으로 옳은 것을 모두 고른 것은?

자료 A	0, 1, 2, 2, 2, 3, 4
자료 B	1, 3, 5, 7, 10, 12, 14, 500
자료 C	−4, −3, −2, −1, 0, 1, 2, 3, 4

┌ 보기 ┐
ㄱ. 자료 A는 평균, 중앙값, 최빈값이 모두 같다.
ㄴ. 자료 B는 중앙값보다 평균이 자료의 중심 경향을 더 잘
　 나타낸다.
ㄷ. 자료 C는 평균이나 중앙값을 대푯값으로 정하는 것이
　 적절하다.

① ㄱ　　　　② ㄴ　　　　③ ㄱ, ㄷ
④ ㄴ, ㄷ　　　⑤ ㄱ, ㄴ, ㄷ

유형 05 대푯값이 주어질 때, 변량 구하기

미지수 x를 포함한 자료와 그 대푯값이 주어질 때, 다음과 같이 x의 값을 구한다.
(1) 평균이 주어질 때 ➡ 주어진 평균을 이용하여 평균에 대한 식을 세운 후 x의 값을 구한다.
(2) 중앙값이 주어질 때 ➡ 변량을 작은 값부터 크기순으로 나열한 후 주어진 중앙값을 이용하여 x가 몇 번째에 놓이는지 파악하여 x의 값을 구한다.
(3) 최빈값이 주어질 때 ➡ 가장 많이 나타난 변량을 찾아보고, 그 값이 없는 경우 x가 최빈값이 된다.

0993 대표 문제

다음 자료는 학생 10명이 일주일 동안 SNS에 올린 게시물의 개수를 조사하여 나타낸 것이다. 이 자료의 평균이 6개일 때, 최빈값을 구하시오.

(단위: 개)

6,	8,	4,	5,	5,	x,	6,	4,	9,	8

0994 (종)

4개의 변량 14, 17, 18, x의 중앙값이 16일 때, x의 값을 구하시오.

0995 (종)

다음 자료의 최빈값이 3일 때, 중앙값을 구하시오.

4,	3,	5,	2,	a,	6,	4,	b

0996 (종)　　　　　　　　　　　　　서술형

다음 7개의 변량의 평균과 최빈값이 서로 같을 때, x의 값을 구하시오.

8,	7,	5,	8,	x,	6,	8

0997 ⑧

다음은 어느 5인조 아이돌 그룹 멤버들의 나이에 대한 설명이다. 이 그룹 멤버들의 나이의 중앙값을 구하시오.

- 멤버들의 나이의 최빈값은 21세이다.
- 한 멤버의 나이는 19세이다.
- 가장 어린 멤버의 나이는 15세이다.
- 멤버들의 나이의 평균은 18.4세이다.

0998 ⑧

어느 모둠 학생 8명의 몸무게를 작은 값부터 크기순으로 나열하면 4번째 변량이 59 kg이고 중앙값은 60 kg이다. 이 모둠에 몸무게가 62 kg인 학생이 한 명 더 들어올 때, 학생 9명의 몸무게의 중앙값은?

① 59 kg   ② 60 kg   ③ 61 kg
④ 62 kg   ⑤ 63 kg

0999 ⑧

다음 조건을 모두 만족시키는 두 수 a, b에 대하여 $b-a$의 값을 구하시오.

─ 조건 ─
㉮ 3, 9, 15, 17, a의 중앙값은 9이다.
㉯ 5, 12, 14, a, b의 중앙값은 11이고, 평균은 10이다.

유형 06   줄기와 잎 그림

예) 오른쪽 줄기와 잎 그림에서   (2|0은 20개)

(1) 변량 ➡ 20개, 21개, 32개, 37개, 37개, 37개

(2) 변량의 개수 ➡ 6   └ 잎의 총개수

줄기	잎
2	0 1
3	2 7 7 7

1000 대표 문제

오른쪽 줄기와 잎 그림은 어느 반 학생들의 던지기 기록을 조사하여 나타낸 것이다. 다음 중 옳지 <u>않은</u> 것은?

던지기 기록 (1|4는 14 m)

줄기	잎
1	4 6 7
2	0 1 2 5 8
3	2 3 4 6 7 9
4	0 7 8

① 전체 학생은 17명이다.
② 잎이 가장 많은 줄기는 3이다.
③ 줄기가 2인 잎의 개수는 5이다.
④ 기록이 가장 좋은 학생과 가장 좋지 않은 학생의 기록의 차는 34 m이다.
⑤ 기록이 5번째로 좋은 학생의 기록은 21 m이다.

1001 ⑨

오른쪽 줄기와 잎 그림은 어느 날 지역 16곳의 최고 기온을 조사하여 나타낸 것이다. 최고 기온이 25 ℃ 이상인 지역의 수를 a, 23.5 ℃ 이하인 지역의 수를 b라 할 때, $a+b$의 값을 구하시오.

최고 기온 (22|1은 22.1 ℃)

줄기	잎
22	1 4
23	1 3 5 6 9
24	0 7
25	3 7 8
26	0 2 7 9

1002 ⑧

다음 줄기와 잎 그림은 민이네 반 학생들의 수학 수행평가 점수를 조사하여 나타낸 것이다. 최빈값을 a점, 중앙값을 b점이라 할 때, $a+b$의 값을 구하시오.

수학 수행평가 점수 (2|4는 24점)

줄기	잎
2	4 7
3	0 3 4 5 8
4	2 3 3 3 6 8 9

1003 ⑧

다음 줄기와 잎 그림은 어느 지역에서 11월 한 달 동안 오전 11시에 측정한 미세 먼지 농도를 조사하여 나타낸 것이다. 미세 먼지 농도가 보통인 날은 전체의 몇 %인지 구하시오.

미세 먼지 농도 (0|7은 7$\mu g/m^3$)

줄기	잎
0	7 8
1	2 3
2	2 4 5
3	1 1 2 4 8 8
4	0 3 5 5 6 7
5	2 4
6	3 8
7	5 9
8	2 3 5 9 9

좋음	보통	나쁨	매우 나쁨
0~30	31~80	81~150	151~ (단위: $\mu g/m^3$)

1004 ⑧

아래 줄기와 잎 그림은 어느 반 학생들의 줄넘기 횟수를 조사하여 나타낸 것이다. 다음 중 옳지 않은 것은?

줄넘기 횟수 (1|3은 13회)

잎(여학생)	줄기	잎(남학생)
4 3 3	1	9
7 6 4 4	2	2 3 7 9
9 8 5 2 2	3	0 2 3 4 4 5
2 1	4	0 2 3 5 7

① 전체 학생은 30명이다.

② 남학생의 잎이 가장 많은 줄기는 3이다.

③ 줄기가 4인 잎의 개수는 남학생이 여학생보다 많다.

④ 줄넘기 횟수가 여학생 중에서 5번째로 많은 학생과 남학생 중에서 7번째로 많은 학생의 횟수가 같다.

⑤ 전체 학생 중 줄넘기 횟수가 가장 많은 학생은 남학생이다.

빈출
유형 07 도수분포표

예

횟수(회)	도수(명)
20^{이상} ~ 25^{미만}	2
25 ~ 30	8
30 ~ 35	4
35 ~ 40	6
합계	⑳

• 계급의 크기: 25-20=5(회)
• 도수가 가장 큰 계급
• 도수의 총합
• 계급의 개수: 4

1005 대표 문제

오른쪽 도수분포표는 어느 반 학생 25명의 몸무게를 조사하여 나타낸 것이다. 다음 중 옳은 것은?

몸무게(kg)	도수(명)
38^{이상} ~ 42^{미만}	1
42 ~ 46	2
46 ~ 50	A
50 ~ 54	6
54 ~ 58	4
58 ~ 62	3
합계	25

① 계급의 크기는 6 kg이다.

② A의 값은 8이다.

③ 도수가 가장 큰 계급은 46 kg 이상 50 kg 미만이다.

④ 몸무게가 46 kg 이상 58 kg 미만인 학생은 14명이다.

⑤ 몸무게가 10번째로 가벼운 학생이 속하는 계급의 도수는 6명이다.

1006 ⑧

오른쪽 도수분포표는 어느 해 제주공항에서 폭설로 인해 연착된 비행기 50대의 연착 시간을 조사하여 나타낸 것이다. 다음 중 옳지 않은 것은?

연착 시간(시간)	도수(대)
0^{이상} ~ 1^{미만}	12
1 ~ 2	20
2 ~ 3	11
3 ~ 4	6
4 ~ 5	1
합계	50

① 계급의 개수는 5이다.

② 2시간 이상 3시간 미만인 계급의 도수는 11대이다.

③ 연착 시간이 2시간 미만인 비행기는 32대이다.

④ 연착 시간이 18번째로 짧은 비행기가 속하는 계급은 1시간 이상 2시간 미만이다.

⑤ 연착 시간이 가장 긴 비행기는 4시간 40분 연착되었다.

1007 ⓒ

오른쪽 도수분포표는 어느 헌혈의 집에서 하루 동안 헌혈한 사람 50명의 나이를 조사하여 나타낸 것이다. 20세 이상 30세 미만인 계급의 도수가 50세 이상 60세 미만인 계급의 도수의 3배일 때, 나이가 23세인 사람이 속하는 계급의 도수는?

나이(세)	도수(명)
$10^{이상} \sim 20^{미만}$	8
20 ~ 30	
30 ~ 40	12
40 ~ 50	9
50 ~ 60	
60 ~ 70	1
합계	50

① 11명 ② 12명 ③ 13명
④ 14명 ⑤ 15명

1008 ⓗ

아래 도수분포표는 이수와 동훈이가 어느 학교 1학년 2반 학생 30명의 일주일 동안의 가족과의 대화 시간을 조사하여 표로 각각 나타낸 것이다. 다음 보기 중 옳은 것을 모두 고르시오.

[이수]

대화 시간(시간)	도수(명)
$1^{이상} \sim 3^{미만}$	1
3 ~ 5	4
5 ~ 7	8
7 ~ 9	6
9 ~ 11	A
11 ~ 13	2
합계	30

[동훈]

대화 시간(시간)	도수(명)
$1^{이상} \sim 4^{미만}$	3
4 ~ 7	B
7 ~ 10	C
10 ~ 13	4
합계	30

┌ 보기 ┐
ㄱ. 두 개의 도수분포표의 계급의 크기는 같다.
ㄴ. $A=9$, $B=10$, $C=13$이다.
ㄷ. 대화 시간이 9시간 이상 10시간 미만인 학생은 7명이다.

---

(1) (계급의 백분율)$=\dfrac{(\text{그 계급의 도수})}{(\text{도수의 총합})} \times 100(\%)$

(2) (계급의 도수)$=(\text{도수의 총합}) \times \dfrac{(\text{그 계급의 백분율})}{100}$

1009 대표 문제

오른쪽 도수분포표는 어느 반 학생 30명의 오래 매달리기 기록을 조사하여 나타낸 것이다. 오래 매달리기 기록이 20초 이상 25초 미만인 학생이 전체의 20%일 때, 15초 이상 20초 미만인 학생은 전체의 몇 %인지 구하시오.

기록(초)	도수(명)
$0^{이상} \sim 5^{미만}$	1
5 ~ 10	4
10 ~ 15	7
15 ~ 20	
20 ~ 25	
25 ~ 30	3
합계	30

1010 ⓒ 서술형

오른쪽 도수분포표는 어느 뮤지컬에 출연한 배우 40명의 나이를 조사하여 나타낸 것이다. 나이가 30세 미만인 배우가 전체의 35%일 때, $A-B$의 값을 구하시오.

나이(세)	도수(명)
$10^{이상} \sim 20^{미만}$	3
20 ~ 30	A
30 ~ 40	15
40 ~ 50	B
50 ~ 60	4
합계	40

1011 ⓗ

오른쪽 도수분포표는 어느 반 학생들의 앉은키를 조사하여 나타낸 것이다. 이 도수분포표가 다음 조건을 모두 만족시킬 때, $A+B+C$의 값을 구하시오.

앉은키(cm)	도수(명)
$65^{이상} \sim 70^{미만}$	3
70 ~ 75	A
75 ~ 80	4
80 ~ 85	5
85 ~ 90	B
합계	C

┌ 조건 ┐
㈎ 앉은키가 70 cm 이상 75 cm 미만인 학생 수는 75 cm 이상 80 cm 미만인 학생 수의 2배이다.
㈏ 앉은키가 75 cm 이상인 학생은 전체의 50%이다.

유형 09 히스토그램

히스토그램에서
① 직사각형의 가로의 길이 ➡ 계급의 크기
② 직사각형의 세로의 길이 ➡ 도수

1012 대표 문제

오른쪽 히스토그램은 미수네 반 학생들의 일주일 동안의 취미 활동 시간을 조사하여 나타낸 것이다. 다음 중 옳지 않은 것을 모두 고르면? (정답 2개)

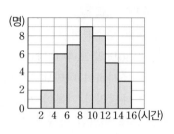

① 전체 학생은 40명이다.

② 도수가 가장 큰 계급의 도수는 8명이다.

③ 취미 활동 시간이 8시간 미만인 학생은 15명이다.

④ 취미 활동 시간이 8번째로 긴 학생이 속하는 계급은 12시간 이상 14시간 미만이다.

⑤ 취미 활동 시간이 10시간 이상 14시간 미만인 학생은 전체의 32 %이다.

1013 ⓗ

서술형

오른쪽 히스토그램은 어느 해 8월 한 달 동안의 일교차를 조사하여 나타낸 것이다. 계급의 크기를 a ℃, 계급의 개수를 b, 도수가 가장 큰 계급의 도수를 c일이라 할 때, $a+b+c$의 값을 구하시오.

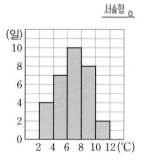

1014 ⓜ

오른쪽 히스토그램은 진수네 반 학생들의 왕복 통학 시간을 조사하여 나타낸 것이다. 다음 중 오른쪽 히스토그램을 통해 알 수 없는 것은?

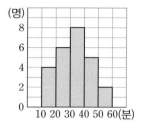

① 진수네 반 전체 학생 수

② 도수가 가장 작은 계급의 도수

③ 왕복 통학 시간이 21분인 학생이 속하는 계급

④ 왕복 통학 시간이 가장 짧은 학생의 왕복 통학 시간

⑤ 도수가 가장 큰 계급의 백분율

1015 ⓜ

오른쪽 히스토그램은 어느 반 학생들의 영어 성적을 조사하여 나타낸 것이다. 다음 물음에 답하시오.

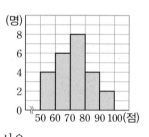

(1) 성적이 높은 쪽에서 10번째인 학생이 속하는 계급을 구하시오.

(2) 성적이 80점 이상인 학생은 전체의 몇 %인지 구하시오.

1016 ⓢ

오른쪽 히스토그램은 찬호네 반 학생들의 100 m 달리기 기록을 조사하여 나타낸 것이다. 찬호가 상위 10 % 이내에 들려면 기록이 몇 초 미만이어야 하는지 구하시오.

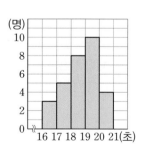

빈출

유형 10 | 히스토그램의 직사각형의 넓이

히스토그램에서
(1) 직사각형의 가로의 길이는 일정하므로 각 직사각형의 넓이는 세로의 길이, 즉 각 계급의 도수에 정비례한다.
(2) (직사각형의 넓이)=(계급의 크기)×(그 계급의 도수)
　　　　　　　　　　　└ 가로의 길이　└ 세로의 길이
(3) (모든 직사각형의 넓이의 합)=(계급의 크기)×(도수의 총합)

1017 [대표 문제]

오른쪽 히스토그램은 어느 운동 동아리 학생들의 몸무게를 조사하여 나타낸 것이다. 도수가 가장 큰 계급의 직사각형의 넓이와 도수가 가장 작은 계급의 직사각형의 넓이의 합을 구하시오.

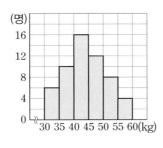

1018 [중]

오른쪽 히스토그램은 가영이네 반 학생들이 1년 동안 가족 여행을 한 횟수를 조사하여 나타낸 것이다. 이 히스토그램에서 모든 직사각형의 넓이의 합을 구하시오.

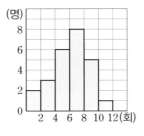

1019 [중]

오른쪽 히스토그램은 어느 반 학생들이 각 나라의 수도 맞히기 게임에서 맞힌 개수를 조사하여 나타낸 것이다. 10개 이상 15개 미만인 계급의 직사각형의 넓이는 25개 이상 30개 미만인 계급의 직사각형의 넓이의 몇 배인지 구하시오.

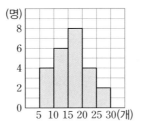

유형 11 | 도수분포다각형

도수분포다각형: 히스토그램에서 각 직사각형의 윗변의 중앙에 점을 찍고, 히스토그램의 양 끝에 도수가 0인 계급이 하나씩 더 있는 것으로 생각하여 그 중앙에 점을 찍은 후 점을 선분으로 연결하여 나타낸 그래프

참고 도수분포다각형에서 계급의 개수를 셀 때, 양 끝에 도수가 0인 계급은 세지 않는다.

1020 [대표 문제]

오른쪽 도수분포다각형은 지혜네 반 학생들이 하루 동안 물을 마시는 횟수를 조사하여 나타낸 것이다. 다음 중 옳지 않은 것을 모두 고르면? (정답 2개)

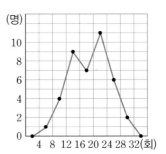

① 계급의 크기는 4회이다.
② 계급의 개수는 9이다.
③ 전체 학생은 40명이다.
④ 횟수가 20회인 학생이 속하는 계급의 도수는 11명이다.
⑤ 횟수가 16회 미만인 학생은 11명이다.

1021 [중]

오른쪽 도수분포다각형은 어느 반 학생들의 하루 동안의 가족과의 대화 시간을 조사하여 나타낸 것이다. 가족과의 대화 시간이 짧은 쪽에서 11번째인 학생이 속하는 계급의 도수를 구하시오.

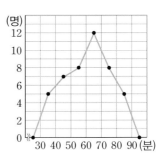

1022 [중]

오른쪽 도수분포다각형은 지연이네 반 학생들의 과학 성적을 조사하여 나타낸 것이다. 과학 성적이 80점 미만인 학생은 전체의 몇 %인지 구하시오.

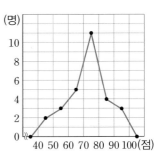

08 자료의 정리와 해석

1023 ⓢ

오른쪽 도수분포다각형은 수빈이네 반 학생들의 윗몸 일으키기 기록을 조사하여 나타낸 것이다. 이때 윗몸 일으키기 기록이 상위 20 % 이내에 들려면 최소 몇 회를 해야 하는지 구하시오.

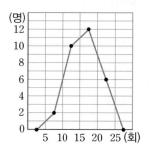

1024 ⓢ

다음 도수분포다각형은 선유가 입단하고 싶은 농구단 선수들의 키를 조사하여 나타낸 것이다. 선유의 키가 180 cm일 때, 선유가 이 농구단에 입단하면 키가 상위 몇 % 이내에 속하는지 구하시오.

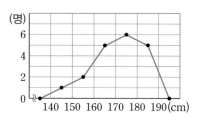

유형 12 **도수분포다각형의 넓이**

도수분포다각형에서
(도수분포다각형과 가로축으로 둘러싸인 부분의 넓이)
=(히스토그램의 모든 직사각형의 넓이의 합)
=(계급의 크기)×(도수의 총합)

1025 대표 문제

오른쪽 도수분포다각형은 나현이네 반 학생들의 제기차기 기록을 조사하여 나타낸 것이다. 도수분포다각형과 가로축으로 둘러싸인 부분의 넓이를 구하시오.

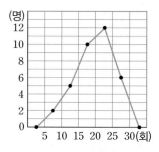

1026 ⓗ

오른쪽 도수분포다각형은 어느 반 학생들의 왼손 한 뼘의 길이를 조사하여 나타낸 것이다. 색칠한 두 삼각형의 넓이를 각각 S_1, S_2라 할 때, 다음 중 옳은 것은?

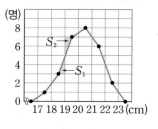

① $S_1 > S_2$ ② $S_1 < S_2$ ③ $S_1 = S_2$

④ $S_1 + S_2 = 2$ ⑤ $S_1 - S_2 = 1$

1027 ⓢ

오른쪽은 재범이네 반 학생들의 한 달 동안 도서관 이용 횟수를 조사하여 나타낸 히스토그램과 도수분포다각형이다. 다음 보기 중 옳은 것을 모두 고른 것은?

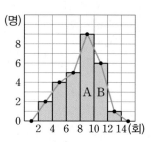

┌ 보기
ㄱ. 히스토그램에서 두 직사각형 A, B의 넓이의 비는 3 : 2 이다.
ㄴ. 도수분포다각형과 가로축으로 둘러싸인 부분의 넓이는 히스토그램의 모든 직사각형의 넓이의 합과 같다.
ㄷ. 도수분포다각형과 가로축으로 둘러싸인 부분의 넓이는 27이다.

① ㄱ   ② ㄱ, ㄴ   ③ ㄱ, ㄷ

④ ㄴ, ㄷ   ⑤ ㄱ, ㄴ, ㄷ

1028 ⓢ

오른쪽 도수분포다각형은 어느 학교 학생들의 영어 말하기 대회 점수를 조사하여 나타낸 것이다. 도수분포다각형과 가로축으로 둘러싸인 부분의 넓이가 350일 때, $a+b+c+d+e+f$의 값을 구하시오.

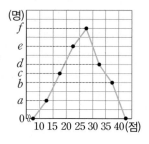

유형 13   히스토그램 또는 도수분포다각형이 찢어진 경우

(1) 도수의 총합이 주어지는 경우
  ➡ 도수의 총합을 이용하여 찢어진 부분에 속하는 계급의 도수를 구한다.
(2) 도수의 총합이 주어지지 않는 경우
  ➡ 도수의 총합을 x로 놓고 주어진 조건을 이용하여 x의 값과 찢어진 부분에 속하는 계급의 도수를 구한다.

1029 대표 문제

오른쪽은 진수네 반 학생 25명의 국어 성적을 조사하여 나타낸 히스토그램인데 일부가 찢어져 보이지 않는다. 국어 성적이 80점 이상인 학생이 6명일 때, 70점 이상 80점 미만인 학생은 전체의 몇 %인지 구하시오.

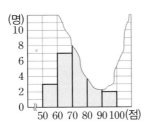

1030 중

오른쪽은 어느 걷기 대회에 참가한 사람 50명의 기록을 조사하여 나타낸 도수분포다각형인데 일부가 찢어져 보이지 않는다. 이때 기록이 90분 이상 100분 미만인 사람은 전체의 몇 %인지 구하시오.

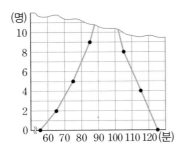

1031 중

서술형

오른쪽은 재희네 반 학생 40명의 일주일 동안의 컴퓨터 사용 시간을 조사하여 나타낸 히스토그램인데 잉크를 쏟아 일부가 보이지 않는다. 컴퓨터 사용 시간이 11시간 미만인 학생이 전체의 40 %일 때, 다음을 구하시오.

(1) 컴퓨터 사용 시간이 7시간 이상 11시간 미만인 학생 수
(2) 컴퓨터 사용 시간이 11시간 이상 15시간 미만인 학생 수

1032 중

오른쪽은 과학의 날 행사에 참가한 학생 200명이 물 로켓을 쏘았을 때 물 로켓이 날아간 거리를 조사하여 나타낸 도수분포다각형인데 일부가 얼룩져 보이지 않는다. 8 m 이상 10 m 미만인 계급의 도수가 10 m 이상 12 m 미만인 계급의 도수보다 5명이 적다고 할 때, 물 로켓이 날아간 거리가 10 m 이상 12 m 미만인 학생 수를 구하시오.

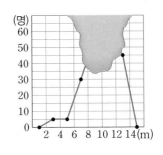

1033 중

오른쪽은 어느 반 학생들의 하루 동안의 스마트폰 사용 시간을 조사하여 나타낸 도수분포다각형인데 일부가 찢어져 보이지 않는다. 사용 시간이 4시간 미만인 학생이 전체의 40 %일 때, 사용 시간이 6시간 이상 7시간 미만인 학생 수를 구하시오.

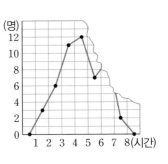

1034 중

오른쪽은 선아네 반 학생 42명이 받은 칭찬 점수를 조사하여 나타낸 히스토그램인데 일부가 찢어져 보이지 않는다. 칭찬 점수가 15점 이상 20점 미만인 학생 수와 20점 이상 25점 미만인 학생 수의 비가 5 : 4일 때, 칭찬 점수가 20점 이상 25점 미만인 학생 수는?

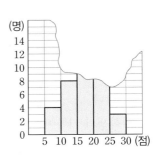

① 12   ② 13   ③ 14
④ 15   ⑤ 16

도수분포다각형은 도수의 총합이 같은 두 개 이상의 자료의 분포 상태를 동시에 나타내어 비교할 때 편리하다.

➡ 그래프가 오른쪽으로 치우쳐 있으면 변량이 큰 자료가 많다.

1035 대표 문제

오른쪽 도수분포다각형은 어느 동아리 남학생과 여학생의 수면 시간을 조사하여 함께 나타낸 것이다. 다음 보기 중 옳은 것을 모두 고른 것은?

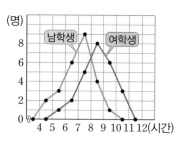

보기
ㄱ. 남학생 수와 여학생 수는 서로 같다.
ㄴ. 수면 시간이 가장 짧은 학생은 남학생이다.
ㄷ. 남학생이 여학생보다 수면 시간이 긴 편이다.
ㄹ. 수면 시간이 가장 긴 여학생이 속하는 계급은 11시간 이상 12시간 미만이다.

① ㄱ, ㄴ   ② ㄱ, ㄷ   ③ ㄴ, ㄹ
④ ㄷ, ㄹ   ⑤ ㄱ, ㄴ, ㄷ

1036 중

오른쪽 도수분포다각형은 민아네 반 남학생과 여학생의 100 m 달리기 기록을 조사하여 함께 나타낸 것이다. 다음 중 옳은 것은?

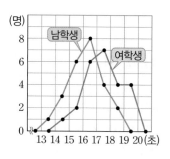

① 여학생 수가 남학생 수보다 많다.
② 여학생의 기록이 남학생의 기록보다 좋은 편이다.
③ 각각의 그래프와 가로축으로 둘러싸인 부분의 넓이는 남학생에 대한 그래프가 더 크다.
④ 여학생 중에서 기록이 7번째로 좋은 학생이 속하는 계급의 도수는 6명이다.
⑤ 기록이 가장 좋은 남학생의 기록은 13초 미만이다.

1037 상

오른쪽 도수분포다각형은 어느 회사의 A 팀과 B 팀 팀원들의 직업에 대한 만족도를 조사하여 함께 나타낸 것이다. 다음 물음에 답하시오.

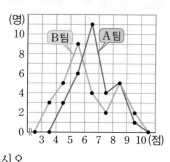

(1) A 팀과 B 팀의 전체 팀원은 몇 명인지 각각 구하시오.

(2) A 팀에서 8번째로 만족도가 높은 팀원과 같은 만족도의 B 팀 팀원은 B 팀에서 적어도 상위 몇 % 이내에 드는지 구하시오.

$$(어떤 계급의 상대도수) = \frac{(그 계급의 도수)}{(도수의 총합)}$$

1038 대표 문제

오른쪽 히스토그램은 어느 반 학생들의 음악 성적을 조사하여 나타낸 것이다. 이때 도수가 가장 큰 계급의 상대도수를 구하시오.

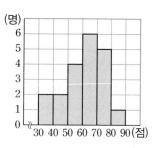

1039 하

다음 중 상대도수에 대한 설명으로 옳지 <u>않은</u> 것을 모두 고르면? (정답 2개)

① 상대도수는 전체 도수에 대한 각 계급의 도수의 비율이다.
② 상대도수는 항상 1보다 작거나 같다.
③ 각 계급의 상대도수는 그 계급의 도수에 반비례한다.
④ 도수의 총합은 어떤 계급의 도수와 그 계급의 상대도수를 곱한 값이다.
⑤ 상대도수는 도수의 총합이 다른 두 집단의 분포 상태를 비교할 때 편리하다.

1040 ⑧

오른쪽 도수분포표는 어느 재래시장의 상인 80명의 상업에 종사한 기간을 조사하여 나타낸 것이다. 이때 30년 이상 40년 미만인 계급의 상대도수를 구하시오.

종사 기간(년)	도수(명)
$10^{이상} \sim 20^{미만}$	8
20 ~ 30	12
30 ~ 40	
40 ~ 50	18
50 ~ 60	14
합계	80

1041 ⑧

오른쪽 도수분포다각형은 어느 반 학생들이 하루 동안 받은 메일의 개수를 조사하여 나타낸 것이다. 이때 받은 메일의 개수가 9번째로 많은 학생이 속하는 계급의 상대도수를 구하시오.

서술형 🔎

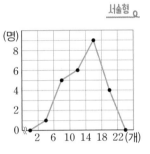

1042 ⑧

오른쪽은 상인이네 반 학생 40명의 지난 1년 동안 자란 키를 조사하여 나타낸 히스토그램인데 일부가 찢어져 보이지 않는다. 이때 키가 10 cm 자란 학생이 속하는 계급의 상대도수는?

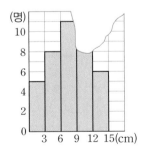

① 0.2　　② 0.25　　③ 0.3

④ 0.35　　⑤ 0.4

유형 16　상대도수, 도수, 도수의 총합 사이의 관계

$(상대도수) = \dfrac{(도수)}{(도수의 총합)}$

➡ $(도수) = (도수의 총합) \times (상대도수)$

➡ $(도수의 총합) = \dfrac{(도수)}{(상대도수)}$

1043 (대표 문제)

어느 중학교 학생들의 허리둘레를 조사하였더니 상대도수가 0.2인 계급의 도수가 80명이었다. 이때 전체 학생 수를 구하시오.

1044 ⑨

어느 봉사 동아리 회원 30명이 한 학기 동안 받은 칭찬 스티커의 개수를 조사하였더니 20개 이상 30개 미만인 계급의 상대도수가 0.3이었다. 이때 칭찬 스티커의 개수가 20개 이상 30개 미만인 회원 수를 구하시오.

1045 ⑧

어떤 도수분포표에서 도수가 20인 계급의 상대도수는 0.25이다. 이 도수분포표에서 상대도수가 0.125인 계급의 도수는?

① 6　　　　　② 8　　　　　③ 10

④ 12　　　　⑤ 14

유형 17 상대도수의 분포표

(1) 상대도수의 분포표: 각 계급의 상대도수를 나타낸 표
(2) 상대도수의 분포표에서 도수의 총합, 계급의 도수, 상대도수 중 어느 두 가지가 주어지면 나머지 한 가지를 구할 수 있다.

1046 대표 문제

아래 상대도수의 분포표는 미소네 반 학생들이 각자 집에서 소풍 장소까지 가는 데 걸리는 시간을 조사하여 나타낸 것이다. 다음 물음에 답하시오.

시간(분)	도수(명)	상대도수
$0^{이상} \sim 10^{미만}$	A	0.3
10 ~ 20	9	0.18
20 ~ 30	B	C
30 ~ 40	4	
40 ~ 50	1	
합계	D	E

(1) $A \sim E$의 값을 각각 구하시오.
(2) 집에서 소풍 장소까지 가는 데 걸리는 시간이 30분 이상 50분 미만인 학생은 전체의 몇 %인지 구하시오.

1047 ⑧

오른쪽 상대도수의 분포표는 어느 산부인과에서 한 달 동안 태어난 신생아 50명의 몸무게를 조사하여 나타낸 것이다. 이때 몸무게가 4.0 kg 이상 4.5 kg 미만인 신생아는 몇 명인가?

몸무게(kg)	상대도수
$2.0^{이상} \sim 2.5^{미만}$	0.08
2.5 ~ 3.0	0.28
3.0 ~ 3.5	0.4
3.5 ~ 4.0	0.2
4.0 ~ 4.5	
합계	1

① 1명 ② 2명 ③ 3명
④ 4명 ⑤ 5명

1048 ⑧

오른쪽 상대도수의 분포표는 어느 날 정오에 도로변 지역 100곳의 환경 소음도를 조사하여 나타낸 것이다. 소음도가 50 dB 이상 60 dB 미만인 지역의 수와 60 dB 이상 70 dB 미만인 지역의 수의 비가 1 : 2일 때, 소음도가 60 dB 이상 70 dB 미만인 지역의 수를 구하시오.

소음도(dB)	상대도수
$40^{이상} \sim 50^{미만}$	0.15
50 ~ 60	
60 ~ 70	
70 ~ 80	0.25
합계	1

유형 18 상대도수의 분포표가 찢어진 경우

도수와 상대도수가 모두 주어진 계급을 이용하여 도수의 총합을 먼저 구한다.

➡ (도수의 총합) $= \dfrac{(계급의 도수)}{(계급의 상대도수)}$

1049 대표 문제

다음은 혜민이네 반 학생들의 방과 후 자습 시간을 조사하여 나타낸 상대도수의 분포표인데 일부가 찢어져 보이지 않는다. 이때 0시간 이상 1시간 미만인 계급의 상대도수를 구하시오.

자습 시간(시간)	도수(명)	상대도수
$0^{이상} \sim 1^{미만}$	10	
1 ~ 2		0.1
2 ~ 3	12	0.3

1050 ⑧

서술형

다음은 어느 농장에서 수확한 호박의 무게를 조사하여 나타낸 상대도수의 분포표인데 일부가 찢어져 보이지 않는다. 이때 $A + 100B$의 값을 구하시오.

무게(g)	도수(개)	상대도수
$100^{이상} \sim 200^{미만}$	27	0.18
200 ~ 300	A	0.28
300 ~ 400	36	B
400 ~ 500	30	
500 ~ 600		

1051 ⓢ

다음은 어느 중학교 1학년 학생들의 어깨너비를 조사하여 나타낸 상대도수의 분포표인데 일부가 찢어져 보이지 않는다. 어깨너비가 45 cm 이상인 학생이 전체의 72 %일 때, 어깨너비가 42 cm 이상 45 cm 미만인 학생 수를 구하시오.

어깨너비(cm)	도수(명)	상대도수
39^{이상} ~ 42^{미만}	60	0.16
42 ~ 45		
45 ~ 48		

유형 19 도수의 총합이 다른 두 집단의 상대도수

도수의 총합이 다른 두 자료의 분포 상태를 비교할 때는 상대도수를 이용하면 편리하다.

주의 도수의 총합이 다르므로 각 계급의 도수를 비교하는 것은 의미가 없다.

1052 대표 문제

아래 도수분포표는 A, B 두 학교 1학년 학생들의 사회 성적을 조사하여 함께 나타낸 것이다. 다음 중 옳은 것은?

사회 성적(점)	도수(명)	
	A 학교	B 학교
50^{이상} ~ 60^{미만}	6	8
60 ~ 70	11	16
70 ~ 80	17	26
80 ~ 90	11	22
90 ~ 100	5	8
합계	50	80

① 이 자료만으로는 두 집단을 비교할 수 없다.

② 사회 성적이 90점 이상인 학생은 두 학교 전체의 15 %이다.

③ 사회 성적이 70점 미만인 학생의 비율은 B 학교가 더 높다.

④ 사회 성적이 80점 이상 90점 미만인 학생의 비율은 A 학교가 더 높다.

⑤ B 학교가 A 학교보다 상대도수가 더 큰 계급은 1개이다.

1053 ⓜ

아래 상대도수의 분포표는 A 지역과 B 지역의 관광객의 나이를 조사하여 함께 나타낸 것이다. A 지역의 관광객은 1800명, B 지역의 관광객은 2200명일 때, 다음 물음에 답하시오.

나이(세)	상대도수	
	A 지역	B 지역
10^{이상} ~ 20^{미만}	0.1	0.16
20 ~ 30	0.18	0.17
30 ~ 40	0.22	0.18
40 ~ 50	0.3	0.26
50 ~ 60	0.2	0.23
합계	1	1

⑴ A, B 두 지역 중 20대 관광객 수가 더 많은 지역을 구하시오.

⑵ A, B 두 지역의 관광객 수가 같은 계급을 구하시오.

유형 20 도수의 총합이 다른 두 집단의 상대도수의 비

A, B 두 집단의 도수의 총합의 비는 1 : 3이고 어떤 계급의 도수의 비는 2 : 3일 때, 이 계급의 상대도수의 비는

➡ A, B 두 집단의 도수의 총합을 각각 a, $3a$라 하고 어떤 계급의 도수를 각각 $2b$, $3b$라 하면

$$\frac{2b}{a} : \frac{3b}{3a} = 2 : 1$$

1054 대표 문제

어느 중학교 1학년 1반과 2반의 전체 학생 수의 비는 5 : 7이고 혈액형이 A형인 학생 수의 비는 4 : 5일 때, 1반과 2반에서 혈액형이 A형인 학생의 상대도수의 비는?

① 4 : 7   ② 5 : 7   ③ 7 : 4

④ 25 : 28   ⑤ 28 : 25

1055 ⑤

A 회사와 B 회사의 전체 직원 수의 비는 7 : 6이고 걸어서 출근하는 직원의 상대도수의 비는 2 : 3일 때, A 회사와 B 회사에서 걸어서 출근하는 직원 수의 비는?

① 2 : 3   ② 3 : 2   ③ 4 : 7
④ 7 : 4   ⑤ 7 : 9

1056 ⑤

어느 중학교의 남학생과 여학생은 각각 300명, 400명이다. 이 학생들의 키를 조사하여 도수분포표를 만들었더니 키가 140 cm 이상 150 cm 미만인 남학생 수와 여학생 수가 같았을 때, 이 계급의 남학생과 여학생의 상대도수의 비를 가장 간단한 자연수의 비로 나타내시오.

유형 21 상대도수의 분포를 나타낸 그래프

상대도수의 분포를 나타낸 그래프에서
① 가로축 ➡ 계급의 양 끝 값
② 세로축 ➡ 상대도수
③ (그래프와 가로축으로 둘러싸인 부분의 넓이)
　=(계급의 크기)×(상대도수의 총합)
　=(계급의 크기)　ᵉ¹

1057 　대표 문제

오른쪽은 어느 학교 학생 50명의 면담 시간에 대한 상대도수의 분포를 나타낸 그래프이다. 다음 중 옳지 <u>않은</u> 것은?

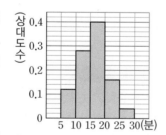

① 계급의 크기는 5분이다.
② 도수가 가장 큰 계급은 15분 이상 20분 미만이다.
③ 면담 시간이 10분 이상 20분 미만인 학생은 전체의 68 % 이다.
④ 면담 시간이 20분 이상인 학생은 10명이다.
⑤ 면담 시간이 8번째로 짧은 학생이 속하는 계급은 15분 이상 20분 미만이다.

1058 ⑲

오른쪽은 지혜네 학교 학생 200명의 한 달 동안의 학교 매점 이용 횟수에 대한 상대도수의 분포를 나타낸 그래프이다. 매점 이용 횟수가 10회 이상 20회 미만인 학생 수를 a, 25회 이상 30회 미만인 학생 수를 b라 할 때, $a+b$ 의 값을 구하시오.

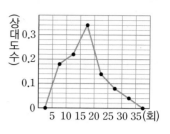

1059 ⑤

오른쪽은 나리네 학교 1학년 학생들의 체육 성적에 대한 상대도수의 분포를 나타낸 그래프이다. 상대도수가 가장 낮은 계급의 도수가 20명일 때, 다음 물음에 답하시오.

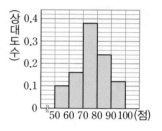

(1) 전체 학생 수를 구하시오.
(2) 체육 성적이 70점 이상 90점 미만인 학생 수를 구하시오.

1060 ⑤

오른쪽은 어느 지방의 지역별 습도에 대한 상대도수의 분포를 나타낸 그래프이다. 습도가 50 % 이상 60 % 미만인 지역이 24곳일 때, 다음 중 옳은 것은?

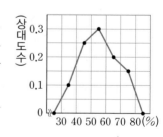

① 계급의 개수는 7이다.
② 도수의 총합은 50곳이다.
③ 습도가 70 % 이상 80 % 미만인 지역은 9곳이다.
④ 습도가 60 % 이상인 지역은 전체의 30 %이다.
⑤ 습도가 12번째로 낮은 지역이 속하는 계급의 도수는 20곳이다.

유형 22 상대도수의 분포를 나타낸 그래프가 찢어진 경우

(1) 도수와 상대도수가 모두 주어진 계급을 이용하여 도수의 총합을 구한다.
(2) 상대도수의 총합은 1임을 이용하여 찢어진 부분에 속하는 계급의 상대도수를 구한다.

1061 대표 문제

오른쪽은 어느 중학교 학생 100명이 가지고 있는 필기구 수에 대한 상대도수의 분포를 나타낸 그래프인데 일부가 찢어져 보이지 않는다. 이때 필기구를 8자루 이상 10자루 미만 가지고 있는 학생 수를 구하시오.

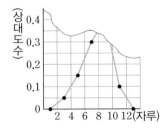

1062 중

오른쪽은 어느 환경 동아리 학생들의 에코 마일리지 점수에 대한 상대도수의 분포를 나타낸 그래프인데 일부가 찢어져 보이지 않는다. 에코 마일리지 점수가 50점 이상 60점 미만인 학생이 10명일 때, 30점 이상 40점 미만인 학생 수를 구하시오.

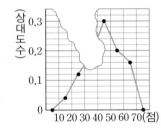

1063 중

서술형

다음은 어떤 상자 안에 들어 있는 감자 300개의 무게에 대한 상대도수의 분포를 나타낸 그래프인데 일부가 찢어져 보이지 않는다. 무게가 100 g 이상인 감자가 전체의 14 % 일 때, 무게가 90 g 이상 100 g 미만인 감자의 개수를 구하시오.

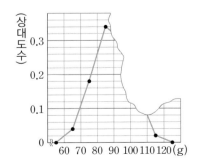

유형 23 도수의 총합이 다른 두 집단의 분포 비교

도수의 총합이 다른 두 집단의 상대도수의 분포를 한 그래프에 함께 나타내면 두 자료의 분포 상태를 한눈에 비교할 수 있어 편리하다.

1064 대표 문제

오른쪽은 명수네 학교 남학생과 여학생이 여름방학 동안 도서관에서 대출한 책의 수에 대한 상대도수의 분포를 함께 나타낸 그래프이다. 다음 보기 중 옳은 것을 모두 고르시오.

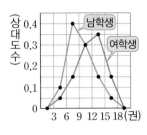

보기
ㄱ. 여학생이 남학생보다 책을 많이 대출한 편이다.
ㄴ. 책을 6권 이상 9권 미만 대출한 학생 수는 남학생이 더 많다.
ㄷ. 남학생인 명수가 책을 13권 대출했다면 명수는 남학생 중 책을 많이 대출한 쪽에서 15 % 이내에 든다.
ㄹ. 각각의 그래프와 가로축으로 둘러싸인 부분의 넓이는 서로 같다.

1065 중

아래는 어느 중학교 축구부 학생 50명과 농구부 학생 25명의 줄넘기 2단 뛰기 기록에 대한 상대도수의 분포를 함께 나타낸 그래프이다. 다음 물음에 답하시오.

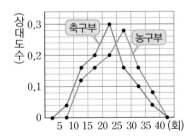

(1) 기록이 20회 이상 25회 미만인 학생의 비율이 높은 것은 어느 부인지 구하시오.
(2) 농구부에서 기록이 15회 이상 20회 미만인 학생 수를 구하시오.
(3) 축구부에서 기록이 15회 미만인 학생은 축구부 학생 전체의 몇 %인지 구하시오.

1066
유형 01

5개의 변량 a, b, c, d, e의 평균이 5일 때, $a+8$, $b-2$, $c-3$, $d+6$, $e+1$의 평균을 구하시오.

1067
유형 02 + 03

다음 자료 중 중앙값과 최빈값이 서로 같은 것은?

① 1, 2, 2, 3, 3, 3

② 2, 6, 2, 7, 2, 6

③ 3, 5, 7, 5, 6, 2

④ 6, 2, 5, 2, 4, 2, 3

⑤ 8, 9, 6, 3, 4, 8, 4

1068
유형 01 + 02 + 03 + 04

다음 중 대푯값에 대한 설명으로 옳지 <u>않은</u> 것은?

① 최빈값은 자료에 따라 2개 이상일 수도 있다.

② 중앙값은 주어진 자료에 있는 값이 아닐 수도 있다.

③ 최빈값은 자료의 변량 중에서 가장 많이 나타난 값이다.

④ 대푯값은 자료 전체의 중심 경향이나 특징을 대표적으로 나타내는 값이다.

⑤ 자료의 변량 중에서 매우 크거나 매우 작은 값이 있는 경우에는 중앙값보다 평균이 그 자료의 중심 경향을 더 잘 나타낸다.

1069
유형 04

다음 자료는 학생 8명이 낸 불우 이웃 돕기 성금이다. 평균과 중앙값 중에서 이 자료의 중심 경향을 더 잘 나타내는 것은 어느 것인지 말하고, 그 값을 구하시오.

(단위: 천 원)

2, 9, 5, 3, 4, 70, 8, 7

1070
유형 05

어느 봉사 동아리 학생 16명의 한 달 동안의 봉사 활동 시간을 작은 값부터 크기순으로 나열할 때, 9번째 변량은 41시간이고 중앙값은 39시간이다. 이 봉사 동아리에 한 달 동안의 봉사 활동 시간이 38시간인 학생이 한 명 더 가입했을 때, 봉사 동아리 학생 17명의 중앙값을 구하시오.

1071
유형 06

오른쪽 줄기와 잎 그림은 어느 해 프로 야구에서 투수들의 자책점을 조사하여 나타낸 것이다. 다음 보기 중 옳은 것을 모두 고르시오.

자책점 (3|2는 32점)

줄기	잎
3	2 3 4 5 9 9
4	0 1 2 4 5 6 7 7
5	2 5 6 8
6	0 1

보기

ㄱ. 자책점이 50점 이상인 선수는 4명이다.

ㄴ. 자책점이 가장 적은 선수의 자책점과 가장 많은 선수의 자책점의 차는 28점이다.

ㄷ. 자책점이 46점인 선수보다 자책점이 많은 선수는 8명이다.

1072

유형 07

오른쪽 도수분포표는 성호네 반 학생 40명의 배구공 토스 기록을 조사하여 나타낸 것이다. 다음 중 옳지 <u>않은</u> 것은?

기록(개)	도수(명)
$0^{이상} \sim 10^{미만}$	5
10 ~ 20	A
20 ~ 30	13
30 ~ 40	7
40 ~ 50	4
합계	40

① 계급의 크기는 10개이다.

② A의 값은 11이다.

③ 도수가 가장 작은 계급은 40개 이상 50개 미만이다.

④ 배구공 토스 기록이 30개 미만인 학생은 29명이다.

⑤ 배구공 토스 기록이 10번째로 많은 학생이 속하는 계급의 도수는 11명이다.

1073

유형 08

오른쪽 도수분포표는 다해네 반 학생 50명의 하루 동안의 TV 시청 시간을 조사하여 나타낸 것이다. TV 시청 시간이 60분 이상인 학생이 전체의 70 %일 때, $2A+B$의 값을 구하시오.

시청 시간(분)	도수(명)
$30^{이상} \sim 60^{미만}$	A
60 ~ 90	19
90 ~ 120	B
120 ~ 150	7
합계	50

1074

유형 09

오른쪽 히스토그램은 소리네 반 학생들의 몸무게를 조사하여 나타낸 것이다. 다음 중 옳지 <u>않은</u> 것은?

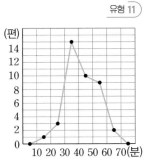

① 계급의 개수는 6이다.

② 전체 학생은 50명이다.

③ 도수가 가장 큰 계급의 도수는 16명이다.

④ 몸무게가 55 kg 이상인 학생은 전체의 24 %이다.

⑤ 몸무게가 7번째로 가벼운 학생이 속하는 계급은 40 kg 이상 45 kg 미만이다.

1075

유형 10

오른쪽 히스토그램은 서현이네 반 학생들의 식사 시간을 조사하여 나타낸 것이다. 도수가 가장 큰 계급의 직사각형의 넓이를 A, 모든 직사각형의 넓이의 합을 B라 할 때, $B-A$의 값을 구하시오.

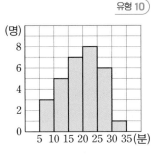

1076

유형 11

오른쪽 도수분포다각형은 어느 청소년 영화제에 출품된 영화의 상영 시간을 조사하여 나타낸 것이다. 상영 시간이 40분 이상인 영화가 a편, 상영 시간이 10번째로 긴 영화가 속하는 계급의 도수가 b편일 때, $a+b$의 값을 구하시오.

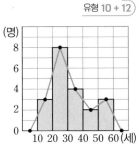

1077

유형 10 + 12

오른쪽은 어느 노래 교실에 참가한 사람들의 나이를 조사하여 나타낸 히스토그램과 도수분포다각형이다. 히스토그램의 모든 직사각형의 넓이의 합을 A, 도수분포다각형과 가로축으로 둘러싸인 부분의 넓이를 B라 할 때, $A+B$의 값을 구하시오.

1078

유형 14

오른쪽 도수분포다각형은 어느 중학교의 1학년 여학생과 남학생의 몸무게를 조사하여 함께 나타낸 것이다. 다음 중 옳지 <u>않은</u> 것은?

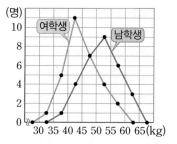

① 남학생이 여학생보다 무거운 편이다.

② 가장 가벼운 학생은 여학생이다.

③ 각각의 그래프와 가로축으로 둘러싸인 부분의 넓이는 서로 같다.

④ 여학생 중에서 6번째로 무거운 학생이 속하는 계급은 50 kg 이상 55 kg 미만이다.

⑤ 남학생 수와 여학생 수의 합이 가장 큰 계급은 45 kg 이상 50 kg 미만이다.

1079

유형 15

오른쪽 도수분포표는 서준이네 반 학생 30명의 하루 동안의 라디오 청취 시간을 조사하여 나타낸 것이다. 이때 40분 이상 50분 미만인 계급의 상대도수를 구하시오.

청취 시간(분)	도수(명)
10^{이상} ~ 20^{미만}	4
20 ~ 30	8
30 ~ 40	10
40 ~ 50	
50 ~ 60	5
합계	30

1080

유형 16

어떤 도수분포표에서 도수가 10인 계급의 상대도수는 0.25이다. 이 도수분포표에서 상대도수가 0.325인 계급의 도수를 구하시오.

1081

유형 18

다음은 인희네 반 학생들의 미술 성적을 조사하여 나타낸 상대도수의 분포표인데 일부가 찢어져 보이지 않는다. 이때 60점 이상 70점 미만인 계급의 상대도수를 구하시오.

미술 성적(점)	도수(명)	상대도수
50^{이상}~ 60^{미만}	4	0.1
60 ~ 70	8	
70 ~ 80		

1082

유형 19

오른쪽 도수분포표는 A, B 두 학교 1학년 학생들의 100 m 달리기 기록을 조사하여 함께 나타낸 것이다. 다음 보기 중 옳은 것을 모두 고르시오.

기록(초)	도수(명)	
	A 학교	B 학교
14^{이상} ~ 16^{미만}	5	6
16 ~ 18	12	14
18 ~ 20	8	10
20 ~ 22	3	6
22 ~ 24	2	4
합계	30	40

보기

ㄱ. 기록이 18초 미만인 학생은 두 학교 전체의 60 %이다.

ㄴ. 두 학교 전체 학생 중에서 기록이 40번째로 좋은 학생이 속하는 계급은 16초 이상 18초 미만이다.

ㄷ. 기록이 16초 이상 18초 미만인 학생의 비율은 A 학교가 B 학교보다 높다.

1083

유형 20

A 동아리의 학생 수는 B 동아리의 학생 수의 5배이고, A 동아리에서 안경을 쓴 학생 수는 B 동아리에서 안경을 쓴 학생 수의 3배이다. 이때 A 동아리와 B 동아리에서 안경을 쓴 학생의 상대도수의 비를 가장 간단한 자연수의 비로 나타내시오.

1084
유형 22

아래는 어느 중학교 학생들의 팔 굽혀 펴기 기록에 대한 상대도수의 분포를 나타낸 그래프인데 일부가 얼룩져 보이지 않는다. 기록이 25회 미만인 학생이 80명일 때, 다음 물음에 답하시오.

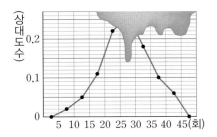

(1) 전체 학생 수를 구하시오.
(2) 기록이 25회 이상 30회 미만인 학생 수를 구하시오.

1085
유형 23

오른쪽은 어느 중학교 1학년과 2학년 학생들의 일주일 동안의 독서 시간에 대한 상대도수의 분포를 함께 나타낸 그래프이다. 다음 중 옳지 <u>않은</u> 것을 모두 고르면? (정답 2개)

① 각각의 그래프와 가로축으로 둘러싸인 부분의 넓이는 1학년에 대한 그래프가 더 크다.
② 독서 시간이 3시간 미만인 학생의 비율은 1학년이 2학년보다 높다.
③ 독서 시간이 3시간 이상 4시간 미만인 학생 수는 1학년과 2학년이 같다.
④ 2학년에서 독서 시간이 5시간 이상 6시간 미만인 학생은 2학년 전체의 28 %이다.
⑤ 2학년이 1학년보다 독서 시간이 긴 편이다.

서술형

1086
유형 13

오른쪽은 어느 중학교 1학년 학생들이 일주일 동안 대중가요를 듣는 시간을 조사하여 나타낸 도수분포다각형인데 일부가 찢어져 보이지 않는다. 듣는 시간이 3시간 미만인 학생이 전체의 30 %일 때, 듣는 시간이 4시간 이상 6시간 미만인 학생 수를 구하시오.

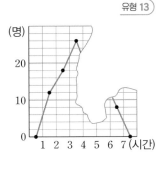

1087
유형 17

다음 상대도수의 분포표는 어느 학교 1학년 학생들의 제자리멀리뛰기 기록을 조사하여 나타낸 것이다. 이때 기록이 좋은 쪽에서 15번째인 학생이 속하는 계급의 상대도수를 구하시오.

기록(cm)	도수(명)	상대도수
130^{이상} ~ 150^{미만}	3	
150 ~ 170	12	0.2
170 ~ 190		0.25
190 ~ 210	18	
210 ~ 230		
230 ~ 250	6	
합계		1

1088
유형 21

오른쪽은 윤경이네 반 학생들의 하루 동안의 운동 시간에 대한 상대도수의 분포를 나타낸 그래프이다. 상대도수가 가장 높은 계급의 도수가 14명일 때, 운동 시간이 20분 이상 40분 미만인 학생 수를 구하시오.

실력 향상

1089

준형이네 반 학생 10명의 수학 성적의 평균을 구하는데 75점인 한 학생의 점수를 잘못 보아 실제보다 평균이 1점 더 높게 나왔다. 이 학생의 점수를 몇 점으로 잘못 보았는가?

① 81점   ② 82점   ③ 83점

④ 84점   ⑤ 85점

1090

오른쪽은 어느 중학교의 역사 동아리 학생들의 1년 동안의 박물관 방문 횟수를 조사하여 나타낸 도수분포다각형인데 일부가 찢어져 보이지 않는다. 다음 조건을 모두 만족시킬 때, 박물관 방문 횟수가 6회 이상 8회 미만인 학생 수를 구하시오.

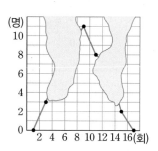

┌ **조건** ────────────────────────────┐
㉮ 박물관 방문 횟수가 4회 이상 6회 미만인 학생 수는 2회 이상 4회 미만인 학생 수의 2배이다.
㉯ 박물관 방문 횟수가 6회 이상인 학생 수는 6회 미만인 학생 수의 4배이다.
㉰ 박물관 방문 횟수가 12회 이상인 학생은 전체의 20 %이다.
└──────────────────────────────────┘

1091

오른쪽 상대도수의 분포표는 규리네 중학교 1학년 1반과 1학년 전체 학생들의 50 m 달리기 기록을 조사하여 함께 나타낸 것이다. 기록이 7초 이상 8초 미만인 학생이 1반에서 12명, 1학년 전체에서 153명일 때, 1반에서 6번째로 빠른 학생은 1학년 전체에서 적어도 몇 번째로 빠른지 구하시오.

기록(초)	상대도수	
	1반	전체
5이상 ~ 6미만	0.2	0.07
6 ~ 7	0.3	0.18
7 ~ 8	0.4	0.51
8 ~ 9	0.1	0.24
합계	1	1

1092

아래는 A, B 두 과수원에서 수확한 토마토의 무게에 대한 상대도수의 분포를 함께 나타낸 그래프인데 세로축은 찢어지고 가운데 부분은 얼룩져 보이지 않는다. 다음 물음에 답하시오.

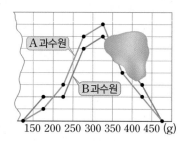

⑴ B 과수원에서 350 g 이상 400 g 미만인 계급의 상대도수를 구하시오.
⑵ A 과수원에서 수확한 토마토의 총개수가 450이고 B 과수원에서 수확한 토마토의 총개수가 400일 때, 무게가 350 g 이상인 토마토는 어느 과수원이 몇 개 더 많은지 구하시오.

◑ 기출 BOOK 30쪽

2022 개정 교육과정

유형 만렙 기출 BOOK

200문항 수록

중학 수학 1/2

visang

우리는 남다른 상상과 혁신으로
교육 문화의 새로운 전형을 만들어
모든 이의 행복한 경험과 성장에 기여한다

ABOVE IMAGINATION

우리는 남다른 상상과 혁신으로
교육 문화의 새로운 전형을 만들어
모든 이의 행복한 경험과 성장에 기여한다

유형
만렙

기출 BOOK

중학 수학
1/2

01 / 기본 도형

1 오른쪽 그림과 같은 육각뿔에서 교점의 개수를 a, 교선의 개수를 b, 면의 개수를 c라 할 때, $a+b+c$의 값을 구하시오.

2 오른쪽 그림과 같이 직선 l 위에 세 점 A, B, C가 있을 때, 다음 중 $\overrightarrow{AC}$와 같은 것은?

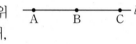

① $\overleftarrow{AC}$　　② $\overrightarrow{AB}$　　③ $\overrightarrow{BA}$
④ $\overrightarrow{BC}$　　⑤ $\overline{AC}$

3 아래 그림과 같이 직선 l 위에 세 점 A, B, C가 있을 때, 다음 중 옳은 것을 모두 고르면? (정답 2개)

① $\overrightarrow{AB}=\overrightarrow{BC}$　　② $\overleftrightarrow{AC}=\overleftrightarrow{CA}$
③ $\overrightarrow{BA}=\overrightarrow{BC}$　　④ $\overrightarrow{CB}=\overrightarrow{CA}$
⑤ $\overline{AC}=\overline{CB}$

4 오른쪽 그림과 같이 네 점 A, B, C, D는 한 직선 위에 있고 점 E는 그 직선 위에 있지 않다. 이 중 두 점을 지나는 서로 다른 직선의 개수를 a, 반직선의 개수를 b라 할 때, $a+b$의 값을 구하시오.

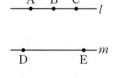

5 오른쪽 그림과 같이 두 직선 l, m 위에 5개의 점 A, B, C, D, E가 있다. 이 중 두 점을 지나는 서로 다른 직선의 개수는?

① 6　　② 7　　③ 8
④ 9　　⑤ 10

6 오른쪽 그림에서 점 M은 $\overline{AB}$의 중점이고, 점 N은 $\overline{MB}$의 중점일 때, 다음 중 옳지 않은 것은?

① $\overline{AB}=2\overline{MB}$　　② $\overline{MN}=\dfrac{1}{4}\overline{AB}$
③ $\overline{NB}=\dfrac{1}{2}\overline{AM}$　　④ $\overline{AN}=4\overline{NB}$
⑤ $\overline{AB}=\dfrac{4}{3}\overline{AN}$

7 다음 그림에서 점 M은 $\overline{AB}$의 중점이고, 점 N은 $\overline{AM}$의 중점이다. $\overline{AB}=24\,cm$일 때, $\overline{NB}$의 길이를 구하시오.

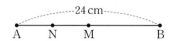

8 다음 그림에서 두 점 B, C는 $\overline{AD}$의 삼등분점이고, 점 M은 $\overline{CD}$의 중점이다. $\overline{CM}=4\,cm$일 때, $\overline{AM}$의 길이는?

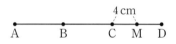

① 16 cm   ② 18 cm   ③ 20 cm
④ 22 cm   ⑤ 24 cm

9 다음 그림에서 점 M은 $\overline{BC}$의 중점이고 $5\overline{AB}=3\overline{BC}$이다. $\overline{MC}=5\,cm$일 때, $\overline{AC}$의 길이를 구하시오.

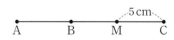

10 다음 그림에서 점 Q는 $\overline{BC}$의 중점이고 $\overline{AB}:\overline{BC}=3:1$, $\overline{AP}:\overline{PB}=1:2$이다. $\overline{AC}=16\,cm$일 때, $\overline{PQ}$의 길이는?

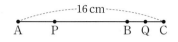

① 9 cm   ② 10 cm   ③ 11 cm
④ 12 cm   ⑤ 13 cm

11 다음 중 오른쪽 그림에서 둔각인 것을 모두 고르면?

(정답 2개)

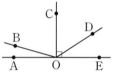

① ∠AOC   ② ∠AOD   ③ ∠AOE
④ ∠BOC   ⑤ ∠BOE

12 오른쪽 그림에서 x의 값을 구하시오.

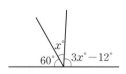

13 오른쪽 그림에서
∠AOC=90°, ∠BOD=90°,
∠COD=60°일 때, ∠x, ∠y
의 크기를 각각 구하시오.

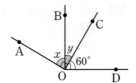

14 오른쪽 그림에서
∠DOE=90°, ∠AOB=25°,
∠COE=120°일 때,
∠a+2∠b의 크기를 구하시
오.

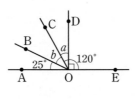

15 오른쪽 그림에서
∠a : ∠b : ∠c=3 : 4 : 5일 때,
∠a의 크기를 구하시오.

16 오른쪽 그림에서
∠BOC=$\frac{1}{5}$∠AOC,

∠COD=$\frac{1}{5}$∠COE일 때,
∠BOD의 크기를 구하시오.

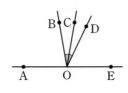

17 오른쪽 그림에서
∠AOB=90°이고
∠AOC=6∠BOC,
∠COE=3∠COD일 때,
∠BOD의 크기는?

① 40°   ② 42°   ③ 44°

④ 46°   ⑤ 48°

18 오른쪽 그림과 같이 시계가 8시 23분
을 가리킬 때, 시침과 분침이 이루
는 각 중에서 작은 쪽의 각의 크기
를 구하시오. (단, 시침과 분침의 두
께는 생각하지 않는다.)

19 오른쪽 그림에서 x의 값은?

① 18   ② 20

③ 22   ④ 24

⑤ 26

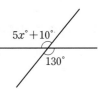

20 오른쪽 그림에서 x의 값은?

① 35 ② 38

③ 42 ④ 44

⑤ 45

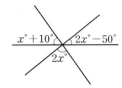

21 오른쪽 그림에서
$$\angle a + \angle b + \angle c + \angle d$$
$$+ \angle e + \angle f + \angle g$$
의 크기를 구하시오.

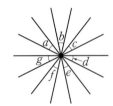

22 오른쪽 그림에서 $x-y$의 값은?

① 130 ② 135

③ 140 ④ 145

⑤ 150

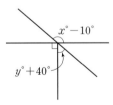

23 오른쪽 그림에서 $y-x$의 값은?

① 15 ② 20

③ 25 ④ 30

⑤ 35

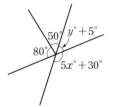

24 다음 중 오른쪽 그림과 같은 사다리꼴 ABCD에 대한 설명으로 옳지 <u>않은</u> 것은?

① $\overline{BC}$와 직교하는 선분은 $\overline{AB}$이다.

② $\overline{AB}$와 수직으로 만나는 선분은 $\overline{AD}$, $\overline{BC}$이다.

③ 점 D에서 $\overleftrightarrow{AB}$에 내린 수선의 발은 점 A이다.

④ 점 C와 $\overline{AB}$ 사이의 거리는 9 cm이다.

⑤ 점 D와 $\overline{BC}$ 사이의 거리는 10 cm이다.

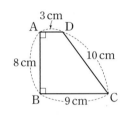

25 오른쪽 그림과 같은 직각삼각형 ABC에서 점 A와 $\overline{BC}$ 사이의 거리를 a cm, 점 C와 $\overline{AB}$ 사이의 거리를 b cm라 할 때, $a+b$의 값을 구하시오.

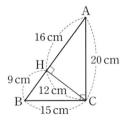

1 다음 중 오른쪽 그림에 대한 설명으로 옳지 <u>않은</u> 것은?

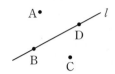

① 점 A는 직선 l 위에 있지 않다.
② 점 D는 직선 l 위에 있다.
③ 직선 l은 점 B를 지난다.
④ 점 C는 직선 l 위에 있다.
⑤ 두 점 B, D는 한 직선 위에 있다.

2 오른쪽 그림과 같은 삼각뿔에서 모서리 CD 위에 있지 않은 꼭짓점의 개수를 a, 면 ABD 위에 있지 않은 꼭짓점의 개수를 b라 할 때, $a+b$의 값은?

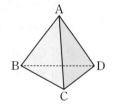

① 1 　　　 ② 2 　　　 ③ 3
④ 4 　　　 ⑤ 5

3 오른쪽 그림과 같은 정육각형의 변의 연장선 중에서 $\overleftrightarrow{AF}$와 한 점에서 만나는 직선의 개수를 a, 평행한 직선의 개수를 b라 할 때, $a-b$의 값을 구하시오.

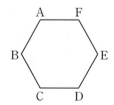

4 다음 중 오른쪽 그림과 같이 밑면이 정오각형인 오각기둥에 대한 설명으로 옳지 <u>않은</u> 것은?

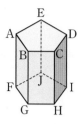

① 모서리 AB와 모서리 BG는 한 점에서 만난다.
② 모서리 CH와 모서리 EJ는 평행하다.
③ 모서리 DE와 모서리 AF는 꼬인 위치에 있다.
④ 모서리 CD와 모서리 DI는 수직으로 만난다.
⑤ 모서리 BC와 평행한 모서리는 3개이다.

5 오른쪽 그림과 같은 직육면체에서 $\overline{AC}$, $\overline{AD}$와 동시에 꼬인 위치에 있는 모서리를 모두 구하시오.

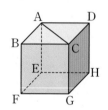

6 오른쪽 그림과 같이 밑면이 직각삼각형인 삼각기둥에서 면 ABC와 평행한 모서리의 개수를 a, 면 BEFC와 수직인 모서리의 개수를 b라 할 때, $a+b$의 값을 구하시오.

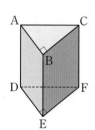

7 다음 중 오른쪽 그림과 같이 밑면이 정육각형인 육각기둥에 대한 설명으로 옳지 <u>않은</u> 것은?

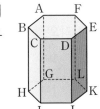

① $\overline{CI}$와 수직인 면은 2개이다.

② $\overleftrightarrow{GH}$와 $\overleftrightarrow{IJ}$는 만나지 않는다.

③ 면 CIJD와 $\overline{AF}$는 평행하다.

④ 면 ABCDEF와 수직인 모서리는 6개이다.

⑤ 면 GHIJKL에 포함된 모서리는 6개이다.

8 오른쪽 그림과 같은 직육면체에서 점 B와 면 CGHD 사이의 거리를 구하시오.

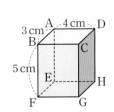

9 오른쪽 그림은 모든 모서리의 길이가 같은 사각뿔 두 개를 붙여 놓은 입체도형이다. 다음 보기 중 옳은 것을 모두 고르시오.

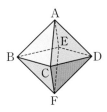

보기
ㄱ. 모서리 BC와 꼬인 위치에 있는 모서리는 4개이다.
ㄴ. 면 ACD와 면 CFD는 평행하다.
ㄷ. 면 BFC와 평면 BCDE의 교선은 $\overline{BC}$이다.

10 오른쪽 그림은 직육면체를 $\overline{PE}=\overline{QF}$가 되도록 잘라 낸 입체도형이다. 다음 중 $\overleftrightarrow{AQ}$와 꼬인 위치에 있는 직선이 아닌 것은?

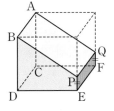

① $\overleftrightarrow{BD}$ ② $\overleftrightarrow{CF}$

③ $\overleftrightarrow{DE}$ ④ $\overleftrightarrow{EF}$

⑤ $\overleftrightarrow{PE}$

11 오른쪽 그림과 같은 전개도로 정육면체를 만들었을 때, 다음을 모두 구하시오.

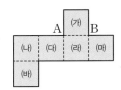

(1) 모서리 AB와 평행한 면

(2) 모서리 AB와 수직인 면

12 다음 보기 중 공간에서 서로 다른 두 직선 l, m과 서로 다른 두 평면 P, Q의 위치 관계에 대한 설명으로 옳은 것을 모두 고르시오.

보기
ㄱ. $l \, /\!/ \, P$, $m \, /\!/ \, P$이면 $l \, /\!/ \, m$이다.
ㄴ. $l \perp P$, $P \, /\!/ \, Q$이면 $l \perp Q$이다.
ㄷ. $l \perp P$, $l \perp Q$이면 $P \, /\!/ \, Q$이다.
ㄹ. $l \perp P$, $m \perp P$이면 $l \, /\!/ \, m$이다.

13 오른쪽 그림과 같이 세 직선이 만날 때, ∠a의 동위각과 ∠b의 엇각의 크기의 합을 구하시오.

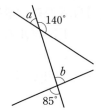

14 오른쪽 그림에서 $l /\!/ m$일 때, ∠y − ∠x의 크기를 구하시오.

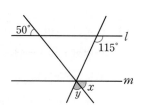

15 오른쪽 그림에서 $l /\!/ m$, $p /\!/ q$일 때, $x+y$의 값은?

① 60   ② 65
③ 70   ④ 75
⑤ 80

16 다음 보기 중 두 직선 l, m이 평행한 것을 모두 고르시오.

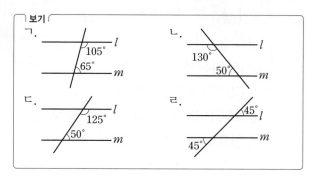

17 오른쪽 그림에서 $l /\!/ m$일 때, ∠x의 크기는?

① 17°   ② 18°
③ 19°   ④ 20°
⑤ 21°

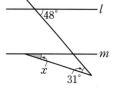

18 오른쪽 그림에서 $l /\!/ m$일 때, ∠x의 크기를 구하시오.

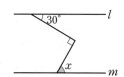

19 오른쪽 그림에서 $l /\!/ m$일 때, $\angle x$의 크기를 구하시오.

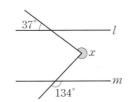

20 오른쪽 그림에서 $l /\!/ m$이고 사각형 ABCD가 정사각형일 때, x의 값을 구하시오.

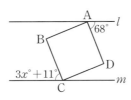

21 오른쪽 그림에서 $l /\!/ m$일 때, $\angle x$의 크기를 구하시오.

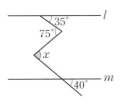

22 오른쪽 그림에서 $l /\!/ m$일 때, $\angle x - \angle y$의 크기는?

① 45°   ② 50°
③ 55°   ④ 60°
⑤ 65°

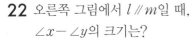

23 오른쪽 그림에서 $l /\!/ m$일 때, $\angle x$의 크기는?

① 28°   ② 29°
③ 30°   ④ 31°
⑤ 32°

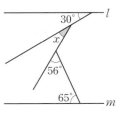

24 오른쪽 그림에서 $l /\!/ m$이고 $\angle PQR = \dfrac{1}{2}\angle BQR$, $\angle QPR = \dfrac{1}{2}\angle APR$, $\angle RPS = \angle SPA$, $\angle RQS = \angle SQB$일 때, $\angle x + \angle y$의 크기는?

① 120°   ② 140°   ③ 160°
④ 180°   ⑤ 190°

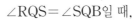

25 오른쪽 그림과 같이 직사각형 모양의 종이를 접었을 때, $\angle x$의 크기는?

① 45°   ② 50°   ③ 55°
④ 60°   ⑤ 65°

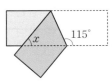

1 다음 보기 중 작도에 대한 설명으로 옳은 것을 모두 고르시오.

보기
ㄱ. 각도기를 사용하지 않는다.
ㄴ. 선분을 연장할 때에는 컴퍼스를 사용한다.
ㄷ. 두 점을 연결할 때에는 눈금 없는 자를 사용한다.
ㄹ. 선분의 길이를 재어 다른 직선으로 옮길 때에는 컴퍼스를 사용한다.

2 다음 그림은 $\overline{AB}$와 길이가 같은 $\overline{CD}$를 작도한 것이다. 작도 순서를 바르게 나열한 것은?

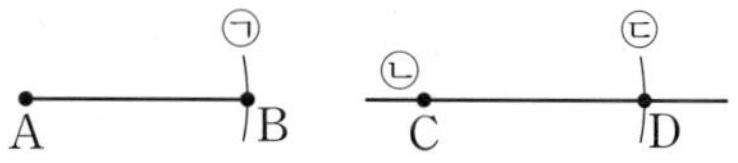

① ㉠ → ㉡ → ㉢ ② ㉠ → ㉢ → ㉡
③ ㉡ → ㉠ → ㉢ ④ ㉡ → ㉢ → ㉠
⑤ ㉢ → ㉠ → ㉡

3 아래 그림은 ∠XOY와 크기가 같은 각을 $\overrightarrow{PQ}$를 한 변으로 하여 작도한 것이다. 다음 중 길이가 나머지 넷과 다른 하나는?

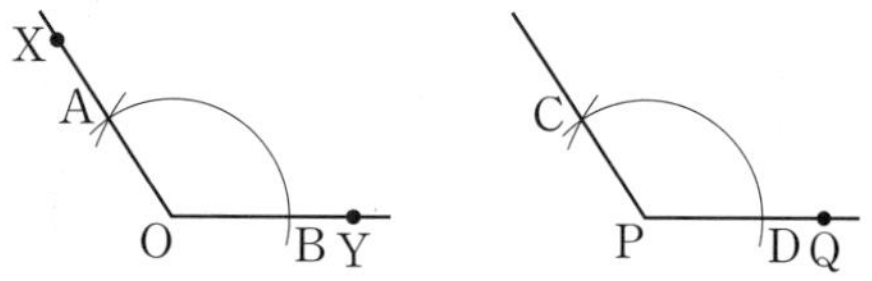

① $\overline{OA}$ ② $\overline{OB}$ ③ $\overline{AB}$
④ $\overline{PC}$ ⑤ $\overline{PD}$

4 오른쪽 그림은 직선 l 위에 있지 않은 한 점 P를 지나고 직선 l에 평행한 직선을 작도한 것이다. 작도 순서를 바르게 나열한 것은?

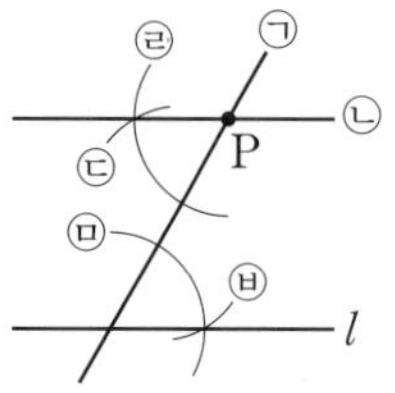

① ㉠ → ㉣ → ㉤ → ㉥ → ㉢ → ㉡
② ㉠ → ㉣ → ㉥ → ㉤ → ㉢ → ㉡
③ ㉠ → ㉤ → ㉣ → ㉢ → ㉥ → ㉡
④ ㉠ → ㉤ → ㉣ → ㉥ → ㉢ → ㉡
⑤ ㉠ → ㉤ → ㉥ → ㉣ → ㉡ → ㉢

5 오른쪽 그림은 직선 l 위에 있지 않은 한 점 P를 지나고 직선 l에 평행한 직선을 작도한 것이다. 다음 보기 중 옳지 않은 것을 모두 고르시오.

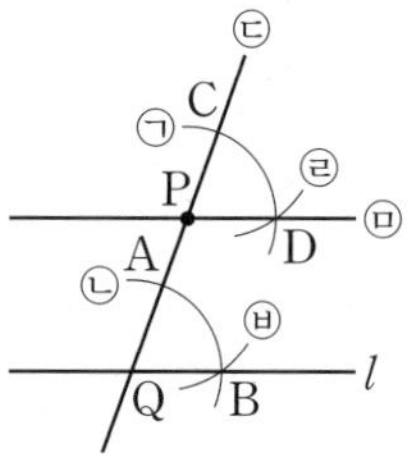

보기
ㄱ. 작도 순서는 ㉢ → ㉡ → ㉥ → ㉠ → ㉣ → ㉤이다.
ㄴ. '서로 다른 두 직선이 다른 한 직선과 만날 때, 동위각 크기가 서로 같으면 두 직선은 평행하다.'는 성질을 이용한 것이다.
ㄷ. $\overline{AQ}=\overline{CD}$
ㄹ. $\angle AQB=\angle CPD$

6 다음 중 삼각형의 세 변의 길이가 될 수 없는 것은?

① 3 cm, 3 cm, 5 cm ② 3 cm, 4 cm, 5 cm
③ 4 cm, 6 cm, 7 cm ④ 5 cm, 5 cm, 8 cm
⑤ 6 cm, 7 cm, 13 cm

7 삼각형의 세 변의 길이가 10.7 cm, a cm, 6 cm일 때, a의 값이 될 수 있는 자연수의 개수를 구하시오. (단, 삼각형의 세 변 중 가장 긴 변의 길이는 a cm이다.)

8 오른쪽 그림과 같이 $\overline{AB}$, $\overline{AC}$의 길이와 $\angle A$의 크기가 주어졌을 때, 다음 중 $\triangle ABC$의 작도 순서로 옳지 <u>않은</u> 것은?

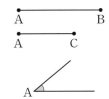

① $\angle A \to \overline{AB} \to \overline{AC}$
② $\angle A \to \overline{AC} \to \overline{AB}$
③ $\overline{AB} \to \angle A \to \overline{AC}$
④ $\overline{AC} \to \angle A \to \overline{AB}$
⑤ $\overline{AB} \to \overline{AC} \to \angle A$

9 $\triangle ABC$에서 $\overline{BC}$의 길이와 다음 조건이 주어질 때, $\triangle ABC$가 하나로 정해지지 <u>않는</u> 것은?

① $\angle B$, $\angle C$ ② $\overline{AB}$, $\overline{AC}$ ③ $\angle B$, $\overline{AB}$
④ $\angle C$, $\overline{AB}$ ⑤ $\angle C$, $\overline{AC}$

10 다음 보기 중 $\triangle ABC$가 하나로 정해지는 것을 모두 고른 것은?

┌ 보기 ┐
ㄱ. $\overline{AC}=5$ cm, $\angle A=80°$, $\angle C=60°$
ㄴ. $\overline{BC}=8$ cm, $\overline{CA}=10$ cm, $\angle A=50°$
ㄷ. $\overline{AB}=6$ cm, $\angle B=40°$, $\angle C=65°$
ㄹ. $\overline{AB}=9$ cm, $\overline{BC}=6$ cm, $\overline{CA}=2$ cm

① ㄱ, ㄴ ② ㄱ, ㄷ ③ ㄴ, ㄷ
④ ㄴ, ㄹ ⑤ ㄷ, ㄹ

11 다음 중 도형의 합동에 대한 설명으로 옳지 <u>않은</u> 것은?

① 반지름의 길이가 같은 두 원은 합동이다.
② 둘레의 길이가 같은 두 정삼각형은 합동이다.
③ 넓이가 같은 두 도형은 합동이다.
④ 합동인 두 도형의 대응변의 길이는 같다.
⑤ 합동인 두 도형의 대응각의 크기는 같다.

12 다음 그림에서 사각형 ABCD와 사각형 EFGH가 서로 합동일 때, $a+b$의 값을 구하시오.

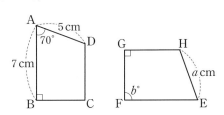

13 다음 보기 중 오른쪽 그림과 같은 삼각형과 합동인 삼각형을 모두 고르시오.

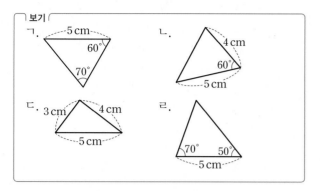

보기
ㄱ.

ㄴ.

ㄷ.

ㄹ.

14 오른쪽 그림에서 $\overline{AC}=\overline{DF}$, $\overline{BC}=\overline{EF}$일 때, 다음 중 $\triangle ABC \equiv \triangle DEF$가 되기 위해 필요한 나머지 한 조건과 합동 조건을 짝 지은 것으로 옳은 것은?

① $\overline{AB}=\overline{DE}$, SSS 합동

② $\overline{AB}=\overline{DF}$, SSS 합동

③ $\angle A=\angle D$, SAS 합동

④ $\angle B=\angle E$, SAS 합동

⑤ $\angle C=\angle F$, ASA 합동

15 다음은 오른쪽 그림에서 $\overline{AB}=\overline{AD}$, $\overline{BC}=\overline{DC}$일 때, $\triangle ABC \equiv \triangle ADC$임을 설명하는 과정이다. ㈎~㈐에 알맞은 것을 구하시오.

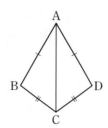

$\triangle ABC$와 $\triangle ADC$에서

$\overline{AB}=\boxed{㈎}$, $\overline{BC}=\boxed{㈏}$, $\boxed{㈐}$는 공통

$\therefore \triangle ABC \equiv \triangle ADC$ ($\boxed{㈑}$ 합동)

16 다음은 오른쪽 그림에서 $\overline{OA}=\overline{OC}$, $\overline{AB}=\overline{CD}$일 때, $\triangle AOD \equiv \triangle COB$임을 설명하는 과정이다. ㈎~㈑에 알맞은 것을 구하시오.

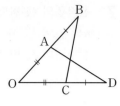

$\triangle AOD$와 $\triangle COB$에서

$\overline{OA}=\boxed{㈎}$, $\boxed{㈏}=\overline{OB}$, $\boxed{㈐}$는 공통

$\therefore \triangle AOD \equiv \triangle COB$ ($\boxed{㈑}$ 합동)

17 오른쪽 그림과 같이 $\overline{AB}=\overline{AC}$인 이등변삼각형 ABC에서 $\overline{AD}=\overline{AE}$이고 $\angle A=40°$, $\angle ABE=30°$일 때, $\angle x$의 크기를 구하시오.

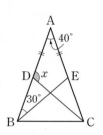

18 오른쪽 그림과 같이 정육각형 ABCDEF의 세 꼭짓점 A, C, E를 연결하였을 때, $\triangle ABC$와 합동인 삼각형을 모두 찾고, $\triangle ACE$는 어떤 삼각형인지 말하시오.

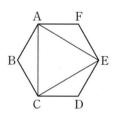

19 오른쪽 그림과 같이 $\triangle ABC$에서 $\overline{BC}$의 중점을 M이라 하고 점 B를 지나고 $\overline{AC}$에 평행한 직선이 $\overline{AM}$의 연장선과 만나는 점을 D라 하자. 이때 $\triangle AMC$와 합동인 삼각형을 찾고, 합동 조건을 말하시오.

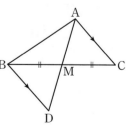

20 오른쪽 그림에서 $\overline{OA}=\overline{OC}$, ∠OAD＝∠OCB일 때, 다음 중 옳지 <u>않은</u> 것은?

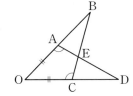

① $\overline{OB}=\overline{OD}$

② $\overline{BC}=\overline{DA}$

③ $\overline{OC}=\overline{CD}$

④ ∠OBC＝∠ODA

⑤ △AOD≡△COB

21 오른쪽 그림에서 △ABC와 △ADE는 정삼각형이고 $\overline{AB}=7$ cm, $\overline{DC}=2$ cm일 때, $\overline{CE}$의 길이를 구하시오.

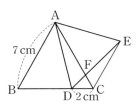

22 오른쪽 그림은 정삼각형 ABC 에서 $\overline{BC}$의 연장선 위에 점 P 를 잡아 정삼각형 APQ를 그린 것이다. $\overline{BC}=6$ cm, $\overline{CP}=8$ cm일 때, $\overline{CQ}$의 길이를 구하시오.

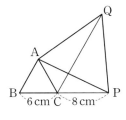

23 오른쪽 그림에서 사각형 ABCD 는 정사각형이고 $\overline{AP}=\overline{CQ}$, ∠BPQ＝75°일 때, ∠PBQ의 크기를 구하시오.

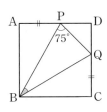

24 오른쪽 그림에서 사각형 ABCG와 사각형 FCDE가 정사각형일 때, 다음 중 옳지 <u>않은</u> 것은?

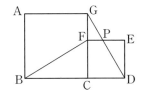

① $\overline{BF}=\overline{GD}$

② $\overline{GF}=\overline{FP}$

③ ∠BFC＝∠GDC

④ ∠FBC＝∠PDE

⑤ △BCF≡△GCD

25 오른쪽 그림에서 사각형 ABCD와 사각형 GCEF는 정사각형이고 $\overline{AB}=8$ cm일 때, △DCE의 넓이는?

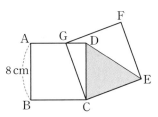

① 24 cm^2 ② 32 cm^2 ③ 43 cm^2

④ 56 cm^2 ⑤ 64 cm^2

1 다음 중 다각형인 것을 모두 고르면? (정답 2개)

① 원기둥   ② 부채꼴   ③ 사다리꼴

④ 직육면체   ⑤ 직사각형

2 오른쪽 그림과 같은 사각형 ABCD에서 ∠A의 외각의 크기와 ∠B의 외각의 크기의 합을 구하시오.

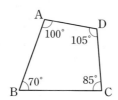

3 다음 중 정팔각형에 대한 설명으로 옳지 <u>않은</u> 것은?

① 내각의 크기가 모두 같다.

② 외각의 크기가 모두 같다.

③ 변의 길이가 모두 같다.

④ 변의 개수는 8, 꼭짓점의 개수는 9이다.

⑤ 한 꼭짓점에서 내각의 크기와 외각의 크기의 합은 180°이다.

4 십각형의 한 꼭짓점에서 그을 수 있는 대각선의 개수를 a, 이때 생기는 삼각형의 개수를 b라 할 때, $a+b$의 값은?

① 12   ② 13   ③ 14

④ 15   ⑤ 16

5 다음 표는 각 다각형의 한 꼭짓점에서 그을 수 있는 대각선의 개수와 한 꼭짓점에서 대각선을 모두 그었을 때 생기는 삼각형의 개수를 나타낸 것이다. ㈎ ~ ㈐에 알맞은 것을 구하시오.

다각형	한 꼭짓점에서 그을 수 있는 대각선의 개수	삼각형의 개수
㈎	11	㈏
㈐	㈑	9

6 대각선의 개수가 44인 다각형을 구하시오.

7 오른쪽 그림과 같이 학교 8곳이 있다. 이웃하는 학교 사이에는 자전거 도로를 만들고, 이웃하지 않는 학교 사이에는 자동차 도로를 하나씩 만들려고 한다. 이때 만들어야 하는 자전거 도로와 자동차 도로의 개수를 차례로 구하시오. (단, 어느 세 학교도 일직선 위에 있지 않고, 도로는 직선 모양이다.)

8 오른쪽 그림과 같은 △ABC에서 x의 값은?

① 26　　② 27
③ 28　　④ 29
⑤ 30

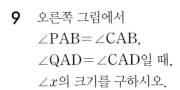

9 오른쪽 그림에서 ∠PAB=∠CAB, ∠QAD=∠CAD일 때, ∠x의 크기를 구하시오.

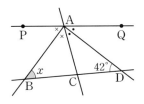

10 오른쪽 그림과 같은 △ABC에서 x의 값은?

① 15　　② 20
③ 25　　④ 30
⑤ 35

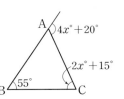

11 오른쪽 그림과 같은 △ABC에서 ∠x의 크기를 구하시오.

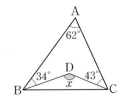

12 오른쪽 그림과 같은 △ABC에서 ∠B의 이등분선과 ∠C의 이등분선의 교점을 D라 할 때, ∠x의 크기는?

① 70°　　② 75°　　③ 80°
④ 85°　　⑤ 90°

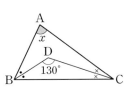

13 오른쪽 그림과 같이 △ABC 에서 ∠B의 이등분선과 ∠C의 외각의 이등분선의 교점을 D 라 하자. ∠A=68°일 때, ∠x 의 크기를 구하시오.

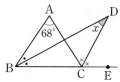

14 오른쪽 그림과 같은 △BCD 에서 $\overline{AB}=\overline{AC}=\overline{CD}$이고 ∠DCE=126°일 때, ∠x의 크기를 구하시오.

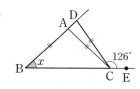

15 오른쪽 그림과 같은 △ADC에서 $\overline{AB}=\overline{BC}=\overline{BD}$이고 ∠PAC=130°일 때, ∠x의 크기는?

① 34°　　② 36°　　③ 38°

④ 40°　　⑤ 42°

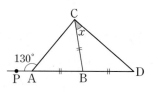

16 오른쪽 그림에서 ∠x의 크기는?

① 33°　　② 35°

③ 38°　　④ 40°

⑤ 43°

17 내각의 크기의 합이 1440°인 다각형의 대각선의 개수 를 구하시오.

18 오른쪽 그림에서 x의 값을 구하 시오.

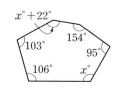

19 오른쪽 그림에서 ∠x의 크기를 구 하시오.

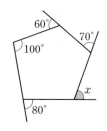

20 오른쪽 그림에서 ∠x의 크기는?

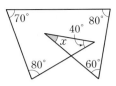

① 25° ② 28°

③ 30° ④ 32°

⑤ 35°

21 오른쪽 그림에서 ∠F＝50°일 때, ∠A＋∠B＋∠C＋∠D＋∠E의 크기는?

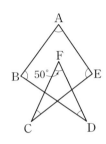

① 305° ② 310°

③ 315° ④ 320°

⑤ 325°

22 오른쪽 그림에서 ∠a＋∠b＋∠c＋∠d＋∠e의 크기는?

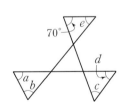

① 230° ② 250°

③ 270° ④ 290°

⑤ 310°

23 다음 보기 중 대각선의 개수가 54인 정다각형에 대한 설명으로 옳지 <u>않은</u> 것을 모두 고른 것은?

> **보기**
> ㄱ. 주어진 다각형은 정이십각형이다.
> ㄴ. 한 내각의 크기는 150°이다.
> ㄷ. 한 외각의 크기는 30°이다.

① ㄱ ② ㄴ ③ ㄷ

④ ㄱ, ㄴ ⑤ ㄴ, ㄷ

24 오른쪽 그림과 같은 정오각형 ABCDE에서 ∠x의 크기를 구하시오.

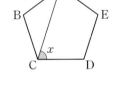

25 오른쪽 그림은 한 변의 길이가 같은 정육각형과 정팔각형을 붙여 놓은 것이다. 이때 ∠a＋∠b의 크기는?

① 75° ② 80° ③ 85°

④ 90° ⑤ 95°

1 반지름의 길이가 10 cm인 원에서 가장 긴 현의 길이를 구하시오.

2 다음 보기 중 원에 대한 설명으로 옳은 것을 모두 고른 것은?

보기
ㄱ. 현은 원 위의 두 점을 이은 선분이다.
ㄴ. 원에서 지름은 길이가 가장 긴 현이다.
ㄷ. 부채꼴은 지름과 호로 이루어진 도형이다.
ㄹ. 원 위의 두 점을 양 끝 점으로 하는 원의 일부분을 활꼴이라 한다.

① ㄱ, ㄴ   ② ㄱ, ㄷ   ③ ㄱ, ㄹ
④ ㄴ, ㄷ   ⑤ ㄷ, ㄹ

3 오른쪽 그림과 같은 원 O에서 x, y의 값을 각각 구하시오.

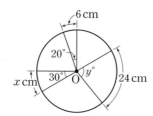

4 어느 놀이공원에 오른쪽 그림과 같이 16개의 관람차가 일정한 간격으로 매달려 시계 방향으로 움직이는 원 모양의 대관람차가 있다. 선호가 탄 관람차가 A 지점에서 B 지점으로 가는 동안 이동한 거리가 12 m일 때, B 지점에서 C 지점으로 가는 동안 이동한 거리는?

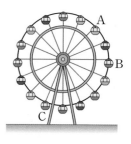

① 18 m   ② 24 m   ③ 30 m
④ 36 m   ⑤ 42 m

5 다음 그림에서 x의 값이 가장 작은 것은?

①   ②
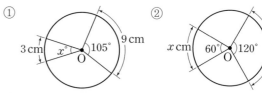

③   ④
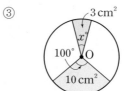   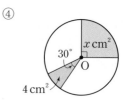

⑤
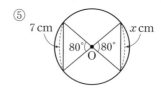

• 정답과 해설 86쪽

6 오른쪽 그림과 같은 원 O에서 $\overset{\frown}{AB} : \overset{\frown}{BC} : \overset{\frown}{CA} = 5 : 4 : 3$일 때, ∠AOB의 크기를 구하시오.

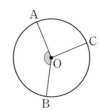

7 오른쪽 그림과 같이 $\overline{AB}$가 지름인 원 O에서 $\overline{AB} /\!/ \overline{CD}$이고 ∠AOC=40°, $\overset{\frown}{AC}$=4 cm일 때, $\overset{\frown}{CD}$의 길이는?

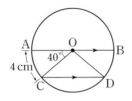

① 7 cm ② 8 cm ③ 9 cm

④ 10 cm ⑤ 11 cm

8 오른쪽 그림과 같은 반원 O 에서 $\overline{AD} /\!/ \overline{OC}$이고 ∠BOC=30°, $\overset{\frown}{BC}$=2 cm일 때, $\overset{\frown}{AD}$의 길이를 구하시오.

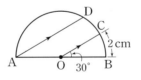

9 오른쪽 그림과 같이 원 O의 지름 AB의 연장선 과 현 CD의 연장선의 교 점을 P라 하자. $\overline{CO}=\overline{CP}$, ∠P=25°, $\overset{\frown}{BD}$=18 cm일 때, $\overset{\frown}{AC}$의 길이를 구하시오.

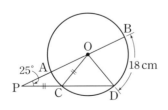

10 오른쪽 그림과 같은 원 O에서 부채 꼴 AOB의 넓이가 30 cm²일 때, 부채꼴 COD의 넓이를 구하시오.

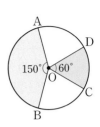

11 오른쪽 그림과 같은 원 O에서 $\overline{AB}=\overline{CD}=\overline{DE}$이고 ∠AOB=52°일 때, ∠COE의 크기를 구하시오.

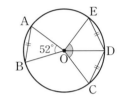

12 오른쪽 그림과 같은 원 O에서 ∠AOB=∠COD=∠DOE일 때, 다음 보기 중 옳은 것을 모두 고른 것은?

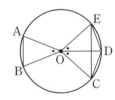

> **보기**
> ㄱ. $\overline{AB}=\overline{CD}=\overline{DE}$
> ㄴ. $\overline{AB}=\dfrac{1}{2}\overline{CE}$
> ㄷ. $\overset{\frown}{AB}=\dfrac{1}{2}\overset{\frown}{CE}$
> ㄹ. (△COE의 넓이)=2×(△AOB의 넓이)

① ㄱ, ㄴ ② ㄱ, ㄷ ③ ㄱ, ㄹ

④ ㄴ, ㄷ ⑤ ㄷ, ㄹ

13 오른쪽 그림과 같은 부채꼴 AOB에서 ∠AOC=75°, ∠BOC=15°일 때, 다음 중 옳은 것을 모두 고르면? (정답 2개)

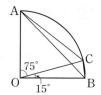

① $\overline{AB}=6\overline{BC}$

② $\widehat{AC}=5\widehat{BC}$

③ $\widehat{BC}=\dfrac{1}{5}\widehat{AB}$

④ $5\widehat{AB}=6\widehat{AC}$

⑤ (△AOB의 넓이)=6×(△BOC의 넓이)

14 오른쪽 그림과 같은 반원에서 색칠한 부분의 둘레의 길이는?

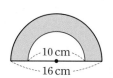

① $(13\pi+6)$ cm

② $(13\pi+12)$ cm

③ $(26\pi+6)$ cm

④ $(26\pi+12)$ cm

⑤ $(26\pi+18)$ cm

15 오른쪽 그림과 같은 원 O에서 색칠한 부분의 둘레의 길이와 넓이를 차례로 구하시오.

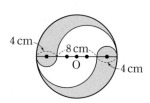

16 반지름의 길이가 8 cm이고 중심각의 크기가 135°인 부채꼴의 호의 길이와 넓이를 차례로 구하시오.

17 반지름의 길이가 5 cm이고 호의 길이가 2π cm인 부채꼴의 넓이를 구하시오.

18 오른쪽 그림과 같은 부채꼴에서 색칠한 부분의 둘레의 길이는?

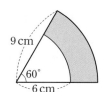

① $(5\pi+3)$ cm

② $(5\pi+6)$ cm

③ $(10\pi+3)$ cm

④ $(10\pi+6)$ cm

⑤ $(15\pi+12)$ cm

19 오른쪽 그림과 같이 한 변의 길이가 4 cm인 정사각형에서 색칠한 부분의 넓이는?

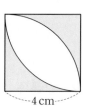

① $(16-2\pi)$ cm²

② $(16-4\pi)$ cm²

③ $(32-4\pi)$ cm²

④ $(32-8\pi)$ cm²

⑤ $(48-8\pi)$ cm²

20 오른쪽 그림과 같이 한 변의 길이가
10 cm인 정사각형에서 색칠한 부분
의 넓이를 구하시오.

―10 cm―

23 오른쪽 그림과 같이 밑면의 반지
름의 길이가 5 cm인 원기둥 3개
를 끈으로 묶으려고 할 때, 끈의
최소 길이를 구하시오. (단, 끈의
두께와 매듭의 길이는 생각하지
않는다.)

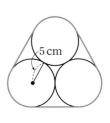

5 cm

21 오른쪽 그림과 같이 $\overline{\text{AB}}=6$ cm
인 직사각형 ABCD와 부채꼴
ABE가 있다. 색칠한 두 부분
의 넓이가 같을 때, $\overline{\text{AD}}$의 길
이를 구하시오.

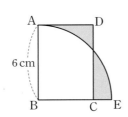

A   D
6 cm
B   C E

24 오른쪽 그림과 같이 반지름의 길이
가 3 cm인 원이 한 변의 길이가
20 cm인 정삼각형의 변을 따라 한
바퀴 돌았을 때, 원이 지나간 자리
의 넓이는?

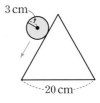

3 cm

―20 cm―

① $(9\pi+180)\,\text{cm}^2$ ② $(9\pi+360)\,\text{cm}^2$

③ $(36\pi+120)\,\text{cm}^2$ ④ $(36\pi+180)\,\text{cm}^2$

⑤ $(36\pi+360)\,\text{cm}^2$

22 오른쪽 그림은 반지름의 길이가
6 cm인 반원을 점 A를 중심으
로 45°만큼 회전시킨 것이다. 이
때 색칠한 부분의 넓이는?

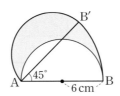

B′
45°
A   6 cm   B

① $12\pi\,\text{cm}^2$ ② $15\pi\,\text{cm}^2$ ③ $18\pi\,\text{cm}^2$

④ $21\pi\,\text{cm}^2$ ⑤ $24\pi\,\text{cm}^2$

25 오른쪽 그림과 같이 직각삼
각형 ABC를 직선 l 위에서
점 C를 중심으로 점 A가 점
A′에 오도록 회전시켰다.
∠C=60°이고 $\overline{\text{AC}}=4$ cm일 때, 점 A가 움직인 거리
를 구하시오.

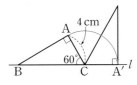

4 cm
A
60°
B   C   A′ l

1 다음 중 다각형인 면으로만 둘러싸인 입체도형을 모두 고르면? (정답 2개)

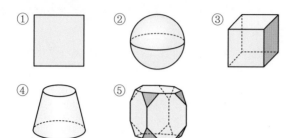

2 다음 중 면의 개수가 나머지 넷과 <u>다른</u> 하나는?

① 팔면체   ② 칠각뿔   ③ 칠각기둥

④ 육각뿔대   ⑤ 육각기둥

3 육각기둥의 꼭짓점의 개수를 a, 칠각뿔의 모서리의 개수를 b, 팔각뿔대의 면의 개수를 c라 할 때, $a+b+c$ 의 값을 구하시오.

4 모서리의 개수와 면의 개수의 합이 30인 각뿔대의 꼭짓점의 개수를 구하시오.

5 다음 중 다면체와 그 옆면의 모양을 바르게 짝 지은 것을 모두 고르면? (정답 2개)

① 오각뿔 – 오각형   ② 사각기둥 – 직사각형

③ 칠각뿔 – 사다리꼴   ④ 오각뿔대 – 삼각형

⑤ 사각뿔대 – 사다리꼴

6 다음 중 아래 그림과 같은 세 다면체 ㈎, ㈏, ㈐에 대한 설명으로 옳지 <u>않은</u> 것을 모두 고르면? (정답 2개)

㈎   ㈏   ㈐

① 세 다면체는 모두 육면체이다.

② ㈏는 오각뿔이다.

③ ㈎, ㈐는 각각 두 밑면이 서로 평행하고 합동이다.

④ ㈐는 ㈏를 밑면에 평행한 평면으로 잘라서 생긴 입체도형이다.

⑤ ㈎의 꼭짓점의 개수는 ㈐의 꼭짓점의 개수와 같다.

7 다음 조건을 모두 만족시키는 다면체를 구하시오.

┌ 조건 ┐
㈎ 칠면체이다.
㈏ 두 밑면은 서로 평행하다.
㈐ 옆면의 모양은 직사각형이 아닌 사다리꼴이다.

8 다음 중 정다면체가 <u>아닌</u> 것은?

① 정사면체　　② 정육면체　　③ 정십면체
④ 정십이면체　　⑤ 정이십면체

9 다음 조건을 모두 만족시키는 정다면체를 구하시오.

┌ 조건 ┐
㈎ 모든 면은 합동인 정삼각형이다.
㈏ 각 꼭짓점에 모인 면의 개수는 5이다.

10 다음 보기 중 정다면체에 대한 설명으로 옳은 것을 모두 고르시오.

┌ 보기 ┐
ㄱ. 각 꼭짓점에 모인 면의 개수가 같다.
ㄴ. 정다면체의 면의 모양은 5가지이다.
ㄷ. 정삼각형인 면으로 이루어진 정다면체는 3가지이다.
ㄹ. 정육각형인 면으로 이루어진 정다면체는 1가지이다.
ㅁ. 한 꼭짓점에 모인 면의 개수가 가장 많은 정다면체는 정십이면체이다.

11 정사면체의 꼭짓점의 개수를 a, 정십이면체의 모서리의 개수를 b라 할 때, $a+b$의 값은?

① 16　　② 22　　③ 24
④ 32　　⑤ 34

12 다음 그림과 같이 정이십면체의 각 모서리를 삼등분한 점을 이어서 잘라 내면 축구공 모양을 만들 수 있다. 이때 축구공 모양의 다면체에서 정육각형 모양인 면의 개수를 a, 정오각형 모양인 면의 개수를 b라 할 때, $a-b$의 값을 구하시오.

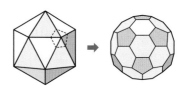

13 오른쪽 그림과 같은 전개도로 정사면체를 만들 때, $\overline{AC}$와 꼬인 위치에 있는 모서리를 구하시오.

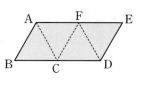

14 오른쪽 그림과 같은 전개도로 만든 정다면체의 꼭짓점의 개수를 구하시오.

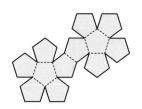

15 정팔면체의 각 면의 한가운데 점을 꼭짓점으로 하여 만든 정다면체를 구하시오.

16 다음 중 정사면체를 한 평면으로 자를 때 생기는 단면의 모양이 될 수 <u>없는</u> 것은?

① 정삼각형　　　　② 이등변삼각형
③ 직각삼각형　　　④ 직사각형
⑤ 사다리꼴

17 오른쪽 그림과 같은 전개도로 만든 정육면체를 세 점 A, B, C를 지나는 평면으로 자를 때 생기는 단면의 모양은?

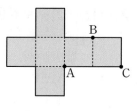

① 정삼각형　　　　② 직각삼각형
③ 정사각형　　　　④ 직사각형
⑤ 마름모

18 다음 보기 중 회전체를 모두 고른 것은?

> **보기**
> ㄱ. 오각기둥　　ㄴ. 원기둥　　ㄷ. 사각뿔
> ㄹ. 직육면체　　ㅁ. 삼각뿔대　　ㅂ. 원뿔대

① ㄱ, ㄴ　　　② ㄱ, ㅂ　　　③ ㄴ, ㅂ
④ ㄷ, ㄹ　　　⑤ ㄹ, ㅁ

19 오른쪽 그림과 같은 평면도형을 직선 l을 회전축으로 하여 1회전 시킬 때 생기는 입체도형은?

① 　　②

③ 　　④

⑤

20 오른쪽 그림과 같은 회전체는 다음 중 어느 평면도형을 1회전 시킨 것인가?

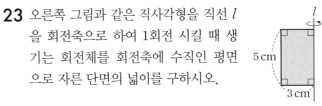

①

②

③

④

⑤

23 오른쪽 그림과 같은 직사각형을 직선 l 을 회전축으로 하여 1회전 시킬 때 생기는 회전체를 회전축에 수직인 평면으로 자른 단면의 넓이를 구하시오.

24 다음 그림은 원뿔대와 그 전개도이다. 이때 a, b, c의 값을 각각 구하시오.

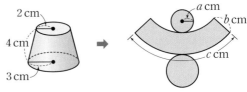

21 오른쪽 그림과 같은 사각형 ABCD를 한 변을 회전축으로 하여 1회전 시켜 원뿔대를 만들려고 할 때, 회전축이 될 수 있는 변을 구하시오.

22 다음 중 회전축에 수직인 평면으로 자른 단면이 모두 합동인 회전체는?

① 구   ② 반구   ③ 원뿔

④ 원기둥   ⑤ 원뿔대

25 다음 중 오른쪽 그림과 같은 사다리꼴을 직선 l을 회전축으로 하여 1회전 시킬 때 생기는 회전체에 대한 설명으로 옳은 것은?

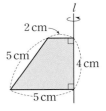

① 회전체는 사각뿔대이다.

② 회전체의 높이는 5 cm이다.

③ 회전축에 수직인 평면으로 자른 단면은 모두 합동이다.

④ 회전축을 포함하는 평면으로 자른 단면은 원이다.

⑤ 회전축을 포함하는 평면으로 자른 단면의 넓이는 28 cm²이다.

1 오른쪽 그림과 같은 원기둥의 겉넓이를 구하시오.

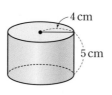

2 오른쪽 그림과 같은 삼각기둥의 겉넓이와 부피를 차례로 구하시오.

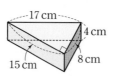

3 겉넓이가 $78\pi\,cm^2$이고, 밑면의 반지름의 길이가 $3\,cm$인 원기둥의 부피는?

① $80\pi\,cm^3$ ② $85\pi\,cm^3$ ③ $90\pi\,cm^3$

④ $95\pi\,cm^3$ ⑤ $100\pi\,cm^3$

4 오른쪽 그림과 같이 밑면이 부채꼴인 기둥의 겉넓이와 부피를 차례로 구하시오.

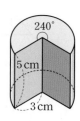

5 오른쪽 그림과 같이 구멍이 뚫린 입체도형의 겉넓이와 부피를 차례로 구하시오.

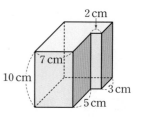

6 오른쪽 그림은 직육면체에서 작은 직육면체를 잘라 내고 남은 입체도형이다. 이 입체도형의 겉넓이를 $a\,cm^2$, 부피를 $b\,cm^3$라 할 때, $b-a$의 값은?

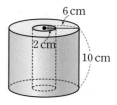

① 150   ② 152   ③ 154

④ 156   ⑤ 158

7 오른쪽 그림과 같은 직사각형을 직선 l
을 회전축으로 하여 120°만큼 회전시킬
때 생기는 입체도형의 부피는?

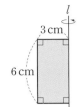

① $18\pi\,\mathrm{cm}^3$ ② $27\pi\,\mathrm{cm}^3$

③ $36\pi\,\mathrm{cm}^3$ ④ $45\pi\,\mathrm{cm}^3$

⑤ $54\pi\,\mathrm{cm}^3$

8 오른쪽 그림과 같이 밑면은 정오각
형이고, 옆면은 모두 합동인 오각
뿔의 옆넓이는?

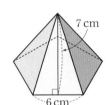

① $21\,\mathrm{cm}^2$ ② $63\,\mathrm{cm}^2$

③ $105\,\mathrm{cm}^2$ ④ $126\,\mathrm{cm}^2$

⑤ $210\,\mathrm{cm}^2$

9 오른쪽 그림과 같이 밑면의 지름의 길
이가 10 cm이고, 모선의 길이가
13 cm인 원뿔의 겉넓이를 구하시오.

10 밑면의 반지름의 길이가 4 cm인 원뿔의 겉넓이가
$64\pi\,\mathrm{cm}^2$일 때, 이 원뿔의 모선의 길이를 구하시오.

11 오른쪽 그림과 같은 원뿔대의 겉
넓이는?

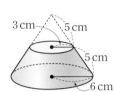

① $85\pi\,\mathrm{cm}^2$ ② $90\pi\,\mathrm{cm}^2$

③ $95\pi\,\mathrm{cm}^2$ ④ $100\pi\,\mathrm{cm}^2$

⑤ $105\pi\,\mathrm{cm}^2$

12 오른쪽 그림과 같은 사각뿔의 부
피를 구하시오.

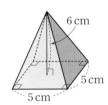

13 오른쪽 그림과 같은 원뿔의 부피는?

① $75\pi\,\mathrm{cm}^3$ ② $80\pi\,\mathrm{cm}^3$

③ $85\pi\,\mathrm{cm}^3$ ④ $90\pi\,\mathrm{cm}^3$

⑤ $95\pi\,\mathrm{cm}^3$

14 오른쪽 그림과 같은 원뿔대의 부피는?

① $152\pi\,\mathrm{cm}^3$ ② $156\pi\,\mathrm{cm}^3$

③ $160\pi\,\mathrm{cm}^3$ ④ $164\pi\,\mathrm{cm}^3$

⑤ $168\pi\,\mathrm{cm}^3$

15 오른쪽 그림과 같이 한 모서리의 길이가 $3\,\mathrm{cm}$인 정육면체를 세 꼭짓점 B, G, D를 지나는 평면으로 자를 때 생기는 삼각뿔 C−BGD의 부피를 구하시오.

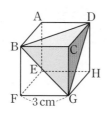

16 오른쪽 그림과 같이 직육면체 모양의 그릇에 물을 가득 채운 후 그릇을 기울여 물을 흘려보냈다. 이때 남아 있는 물의 부피를 구하시오. (단, 그릇의 두께는 생각하지 않는다.)

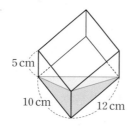

17 오른쪽 그림과 같은 원뿔 모양의 그릇에 1분에 $4\pi\,\mathrm{cm}^3$씩 물을 넣을 때, 빈 그릇을 가득 채우려면 몇 분 동안 물을 넣어야 하는지 구하시오. (단, 그릇의 두께는 생각하지 않는다.)

18 오른쪽 그림과 같은 원뿔의 겉넓이가 $220\pi\,\mathrm{cm}^2$일 때, 이 원뿔의 전개도에서 부채꼴의 중심각의 크기를 구하시오.

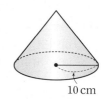

19 오른쪽 그림과 같은 평면도형을 직선 l을 회전축으로 하여 1회전 시킬 때 생기는 회전체의 부피는?

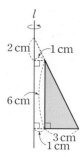

① $24\pi\,\mathrm{cm}^3$ ② $28\pi\,\mathrm{cm}^3$

③ $32\pi\,\mathrm{cm}^3$ ④ $36\pi\,\mathrm{cm}^3$

⑤ $40\pi\,\mathrm{cm}^3$

20 오른쪽 그림과 같이 반지름의 길이가 8 cm인 반구의 겉넓이는?

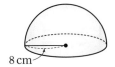

① $64\pi \, \text{cm}^2$ ② $128\pi \, \text{cm}^2$

③ $192\pi \, \text{cm}^2$ ④ $256\pi \, \text{cm}^2$

⑤ $320\pi \, \text{cm}^2$

21 다음 그림에서 구의 부피가 원뿔의 부피의 $\dfrac{9}{2}$배일 때, 원뿔의 높이를 구하시오.

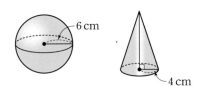

22 다음 그림과 같이 밑면의 반지름의 길이가 6 cm인 원뿔 모양의 그릇 B에 그릇 높이의 반만큼 물이 들어 있다. 반지름의 길이가 3 cm인 구 모양의 그릇 A에 물을 가득 채워 그릇 B에 2번 부으면 그릇 B가 가득 찬다고 할 때, 그릇 B의 높이를 구하시오.

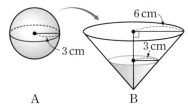

A   B

23 오른쪽 그림과 같은 평면도형을 직선 l을 회전축으로 하여 1회전 시킬 때 생기는 회전체의 부피는?

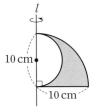

① $125\pi \, \text{cm}^3$ ② $200\pi \, \text{cm}^3$

③ $450\pi \, \text{cm}^3$ ④ $500\pi \, \text{cm}^3$

⑤ $625\pi \, \text{cm}^3$

24 오른쪽 그림과 같이 한 모서리의 길이가 8 cm인 정육면체 모양의 상자에 반지름의 길이가 2 cm인 유리공 8개를 꼭 맞게 넣어 운반하려고 한다. 상자의 빈 공간에 모래를 채우려고 할 때, 필요한 모래의 양을 구하시오. (단, 상자의 두께는 생각하지 않는다.)

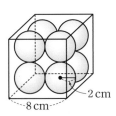

25 오른쪽 그림과 같이 반지름의 길이가 3 cm인 구에 정팔면체가 꼭 맞게 들어 있다. 구의 부피를 $V_1 \, \text{cm}^3$, 정팔면체의 부피를 $V_2 \, \text{cm}^3$라 할 때, $\dfrac{V_1}{V_2}$의 값을 구하시오.

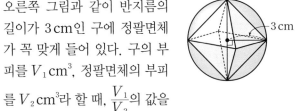

08 / 자료의 정리와 해석

맞힌 개수 / 25

1 다음 자료는 어느 운동선수가 일주일 동안 운동을 한 시간을 조사하여 나타낸 것이다. 이 자료의 평균을 구하시오.

(단위: 시간)

4.5, 3.6, 4, 4.4, 3, 5.2, 3.3

2 다음 자료는 학생 9명이 학교에서 하루 동안 발표한 횟수를 조사하여 나타낸 것이다. 이 자료의 중앙값을 구하시오.

(단위: 회)

8, 7, 10, 11, 7, 7, 4, 5, 4

3 다음 자료는 주사위 한 개를 10번 던져서 나온 눈의 수를 나타낸 것이다. 이 자료의 최빈값을 구하시오.

6, 3, 4, 1, 1, 2, 4, 4, 5, 2

4 다음 자료는 어느 꽃 가게의 1년 동안 월 순이익을 조사하여 나타낸 것이다. 평균과 중앙값 중에서 이 자료의 중심 경향을 더 잘 나타내는 것은 어느 것인지 말하고, 그 이유를 말하시오.

(단위: 만 원)

185, 200, 210, 230, 1000, 195,
205, 220, 240, 190, 225, 235

5 다음 자료는 재경이네 모둠 학생 6명의 제기차기 기록을 조사하여 나타낸 것이다. 이 자료의 평균이 11개일 때, x의 값을 구하시오.

(단위: 개)

14, 2, 8, 12, x, 16

6 아래 줄기와 잎 그림은 어느 벼룩시장을 방문한 사람들의 나이를 조사하여 나타낸 것이다. 다음 중 옳은 것을 모두 고르면? (정답 2개)

나이 (0|9는 9세)

줄기	잎
0	9
1	0 1 5 6 8
2	1 3 4 5 6 9
3	0 0 4 7

① 잎이 가장 적은 줄기는 0이다.
② 줄기가 1인 잎은 4개이다.
③ 조사한 전체 사람은 15명이다.
④ 나이가 24세 미만인 사람은 8명이다.
⑤ 나이가 가장 적은 사람과 가장 많은 사람의 나이의 합은 44세이다.

7 아래 도수분포표는 서현이네 반 학생들의 공 던지기 기록을 조사하여 나타낸 것이다. 다음 중 옳지 <u>않은</u> 것은?

(단위: m)

13	19	7	16	17
26	2	15	21	12
17	12	20	4	11
24	8	14	15	29
13	22	18	9	17
19	3	15	16	10

기록(m)	도수(명)
$0^{이상}$ ~ $5^{미만}$	3
5 ~ 10	A
10 ~ 15	7
15 ~ 20	B
20 ~ 25	4
25 ~ 30	2
합계	C

① 계급의 개수는 6이다.

② $A+B+C$의 값은 44이다.

③ 도수가 가장 큰 계급의 도수는 7명이다.

④ 기록이 10 m 미만인 학생은 6명이다.

⑤ 기록이 좋은 쪽에서 7번째인 학생이 속하는 계급은 15 m 이상 20 m 미만이다.

8 오른쪽 도수분포표는 독서 동아리 학생 60명이 1년 동안 구입한 책의 수를 조사하여 나타낸 것이다. 구입한 책이 7권 이상 9권 미만인 학생이 전체의 10 % 일 때, 구입한 책이 5권 이상 7권 미만인 학생은 전체의 몇 %인가?

책의 수(권)	도수(명)
$1^{이상}$ ~ $3^{미만}$	11
3 ~ 5	10
5 ~ 7	
7 ~ 9	
9 ~ 11	7
11 ~ 13	11
합계	60

① 20 % ② 25 % ③ 30 %

④ 35 % ⑤ 40 %

9 오른쪽 히스토그램은 어느 반 학생들이 가지고 있는 필기구 개수를 조사하여 나타낸 것이다. 다음 보기 중 옳은 것을 모두 고르시오.

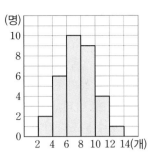

보기

ㄱ. 계급의 크기는 3개이다.

ㄴ. 전체 학생은 32명이다.

ㄷ. 필기구 개수가 많은 쪽에서 5번째인 학생이 속하는 계급의 도수는 4명이다.

ㄹ. 필기구 개수가 6개 미만인 학생은 전체의 20 %이다.

10 오른쪽 히스토그램은 수학적 구조물 만들기 예선 대회에 참가한 팀의 성적을 조사하여 나타낸 것이다. 이 히스토그램에서 모든 직사각형의 넓이의 합을 구하시오.

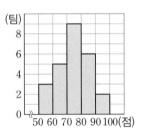

11 어느 귤 농장에서 귤의 당도를 측정하여 아래 왼쪽 표와 같이 상품 등급을 정한다고 한다. 아래 오른쪽 도수분포다각형은 이 농장에서 재배한 귤의 당도를 조사하여 나타낸 것이다. 다음 중 옳은 것을 모두 고르면? (정답 2개)

등급	당도(Brix)
최상	22 이상
상	18 이상 22 미만
중상	14 이상 18 미만
중	10 이상 14 미만
하	10 미만

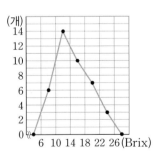

① 계급의 크기는 6 Brix이다.

② 조사한 전체 귤은 50개이다.

③ 등급이 중상인 귤은 전체의 25 %이다.

④ 당도가 가장 낮은 귤의 당도는 6 Brix이다.

⑤ 등급이 최상인 귤의 개수가 가장 적다.

12 오른쪽 도수분포다각형은 수연이네 반 학생들의 일주일 동안의 휴대폰 통화 시간을 조사하여 나타낸 것이다. 도수분포다각형과 가로축으로 둘러싸인 부분의 넓이를 구하시오.

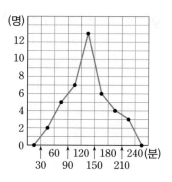

13 오른쪽은 어느 반 학생 40명의 1년 동안 자란 키를 조사하여 나타낸 히스토그램인데 일부가 찢어져 보이지 않는다. 이때 1년 동안 자란 키가 6 cm 이상 8 cm 미만인 학생은 전체의 몇 %인지 구하시오.

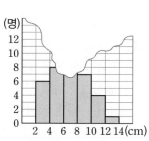

14 오른쪽은 진주네 반 학생 40명의 미술 수행평가 점수를 조사하여 나타낸 도수분포다각형인데 일부가 찢어져 보이지 않는다. 미술 수행평가 점수가 7점 이상 8점 미만인 학생이 전체의 25 %일 때, 점수가 6점 이상 7점 미만인 학생 수를 구하시오.

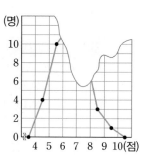

15 오른쪽 도수분포다각형은 어느 중학교 1학년 A 반과 B 반 학생들의 영어 성적을 조사하여 함께 나타낸 것이다. 다음 보기 중 옳은 것을 모두 고르시오.

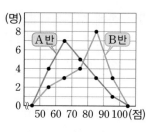

> 보기
> ㄱ. 영어 성적이 70점 이상 80점 미만인 학생은 B반이 A반보다 더 많다.
> ㄴ. 영어 성적이 가장 높은 학생은 B반 학생이다.
> ㄷ. B반이 A반보다 영어 성적이 높은 편이다.

16 오른쪽 히스토그램은 어느 연주 동아리 회원들의 일주일 동안의 연습 시간을 조사하여 나타낸 것이다. 이때 연습 시간이 8시간인 학생이 속하는 계급의 상대도수를 구하시오.

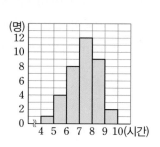

17 오른쪽 도수분포다각형은 어느 과학 체험전을 견학한 과학 동아리 학생들의 관람 시간을 조사하여 나타낸 것이다. 이때 도수가 가장 큰 계급의 상대도수는?

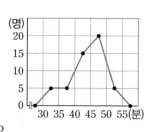

① 0.1　　　　② 0.2　　　　③ 0.3
④ 0.4　　　　⑤ 0.5

18 어떤 계급의 상대도수가 0.35이고 도수의 총합이 20일 때, 이 계급의 도수를 구하시오.

19 아래 상대도수의 분포표는 민주네 반 학생들의 일주일 동안의 TV 시청 시간을 조사하여 나타낸 것이다. 다음 물음에 답하시오.

TV 시청 시간(시간)	도수(명)	상대도수
0^{이상} ~ 5^{미만}	2	0.05
5 ~ 10	A	0.2
10 ~ 15	14	0.35
15 ~ 20	B	0.25
20 ~ 25	6	C
합계	D	E

(1) A~E의 값을 각각 구하시오.

(2) TV 시청 시간이 15시간 이상 25시간 미만인 학생은 전체의 몇 %인지 구하시오.

20 다음은 어느 태권도 동호회 회원들의 일주일 동안의 훈련 시간을 조사하여 나타낸 상대도수의 분포표인데 일부가 찢어져 보이지 않는다. 이때 14시간 이상 15시간 미만인 계급의 상대도수를 구하시오.

훈련 시간(시간)	도수(명)	상대도수
13^{이상} ~ 14^{미만}	1	0.04
14 ~ 15	3	

21 다음 도수분포표는 광현이네 학교 남학생과 여학생의 1분 동안의 줄넘기 횟수를 조사하여 함께 나타낸 것이다. 이때 줄넘기 횟수가 10회 이상 20회 미만인 학생의 비율은 남학생과 여학생 중 어느 쪽이 더 높은지 구하시오.

횟수(회)	도수(명)	
	남학생	여학생
0^{이상} ~ 10^{미만}	2	8
10 ~ 20	6	6
20 ~ 30	7	12
30 ~ 40	15	14
합계	30	40

22 A, B 두 집단의 도수의 총합의 비가 2 : 3이고 어떤 계급의 도수의 비가 5 : 4일 때, 이 계급의 상대도수의 비를 가장 간단한 자연수의 비로 나타내시오.

23 오른쪽은 어느 사이트의 웹툰 서비스를 이용하는 회원의 나이에 대한 상대도수의 분포를 나타낸 그래프이다. 나이가 20세 이상 30세 미만인 회원이 15명일 때, 나이가 많은 쪽에서 10번째인 회원이 속하는 계급의 도수를 구하시오.

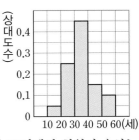

24 오른쪽은 승아네 반 학생 40명의 하루 평균 수면 시간에 대한 상대도수의 분포를 나타낸 그래프인데 일부가 찢어져 보이지 않는다. 수면 시간이 8시간 이상 9시간 미만인 학생 수를 구하시오.

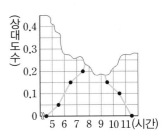

25 오른쪽은 어느 중학교의 1학년 200명과 2학년 150명의 일주일 동안의 운동 시간에 대한 상대도수의 분포를 함께 나타낸 그래프이다. 1학년보다 2학년의 비율이 더 높은 계급의 개수와 운동 시간이 더 긴 편인 학년은 1학년인지 2학년인지 차례로 구하시오.

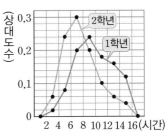

MEMO

MEMO

MEMO

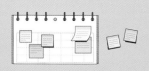

			기초	기본	응용	심화
단기 완성 개념서	2015개정 2022개정	**교과서 개념잡기**	← 기초 문제로 빠르게 교과서 개념 이해 →			
연산서	2015개정 2022개정	**개념+연산**	← 연산 문제의 반복 학습을 통해 개념 완성 →			
기본서 + 수준별 문제	2015개정 2022개정	**개념+유형 라이트**	← 이해하기 쉬운 개념 정리와 수준별 문제로 기초 완성 →			
	2015개정 2022개정	**개념+유형 파워**	← 이해하기 쉬운 개념 정리와 유형별 기출 문제로 내신 완벽 대비 →			
	2015개정	**개념+유형 탑**			← 다양한 고난도 문제로 문제 해결력 향상 →	
유형서	2015개정	**만렙**	← 다양한 유형의 빈출 문제로 내신 완성 →			
	[신간] 2022개정	**유형 만렙**	← 기출 중심의 필수 유형 문제로 실력 완성 →			
심화서	2015개정	**최고득점 수학**		← 까다로운 내신 문제, 고난도 문제를 통한 문제 해결력 완성 →		
	[신간] 2022개정	**수학의 신**		← 다양한 고난도 문제와 종합 사고력 문제로 최고 수준 달성 →		
시험 대비	2015개정	**내공의 힘**	← 효율적인 학습이 가능하도록 핵심 위주로 단기간 내신 완벽 대비 →			
	[신간] 2022개정	**기출PICK**	← 상, 최상 수준의 문제까지 내신 기출 최다 수록 →			
	2015개정 2022개정	**수학만 기출문제집**	← 유형별, 난도별 기출 문제로 중간, 기말 시험 대비 →			

유형**만렙** 다양한 유형 문제가 가득 찬(滿) 만렙으로 수학 실력 Level up

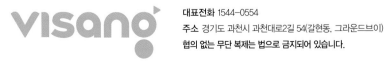

대표전화 1544-0554
주소 경기도 과천시 과천대로2길 54(갈현동, 그라운드브이)
협의 없는 무단 복제는 법으로 금지되어 있습니다.

유형
만랩

정답과
해설

중학 수학

1 / 2

visang

우리는 남다른 상상과 혁신으로
교육 문화의 새로운 전형을 만들어
모든 이의 행복한 경험과 성장에 기여한다

ABOVE IMAGINATION

우리는 남다른 상상과 혁신으로
교육 문화의 새로운 전형을 만들어
모든 이의 행복한 경험과 성장에 기여한다

정답과 해설

중학 수학 1/2

01 / 기본 도형

A 개념 확인

0001 답 ○

0002 답 ×
점이 움직인 자리는 선이 된다.

0003 답 ×
원기둥은 입체도형이다.

0004 답 ○

0005 답 5

0006 답 6, 9

0007 답 $\overleftrightarrow{MN}$

0008 답 $\overline{MN}$

0009 답 $\overrightarrow{MN}$

0010 답 $\overrightarrow{NM}$

0011 답 =

0012 답 =

0013 답 ≠
$\overrightarrow{AB}$와 $\overrightarrow{BC}$는 뻗어 나가는 방향은 같지만 시작점이 같지 않으므로 서로 다른 반직선이다.

0014 답 =
$\overrightarrow{CA}$와 $\overrightarrow{CB}$는 시작점과 뻗어 나가는 방향이 모두 같으므로 서로 같은 반직선이다.

0015 답 5 cm

0016 답 6 cm

0017 답 3 cm
$\overline{AM}=\overline{MB}=3$ cm

0018 답 6 cm
$\overline{AB}=\overline{AM}+\overline{MB}=3+3=6$(cm)

0019 답 $\dfrac{1}{2}$

0020 답 4
$\overline{AB}=2\overline{MB}=2\times2\overline{NB}=\boxed{4}\ \overline{NB}$

0021 답 3
$\overline{AN}=\overline{AM}+\overline{MN}=\overline{MB}+\overline{MN}$
$\quad=2\overline{MN}+\overline{MN}=\boxed{3}\ \overline{MN}$

0022 답 ㄱ, ㅁ
$0°<$(예각)$<90°$이므로 ㄱ, ㅁ이다.

0023 답 ㄷ
(직각)$=90°$이므로 ㄷ이다.

0024 답 ㄹ, ㅂ
$90°<$(둔각)$<180°$이므로 ㄹ, ㅂ이다.

0025 답 ㄴ
(평각)$=180°$이므로 ㄴ이다.

0026 답 100°
$80°+\angle x=180°$이므로 $\angle x=100°$

0027 답 60°
$\angle x+2\angle x=180°$이므로
$3\angle x=180°$ ∴ $\angle x=60°$

0028 답 30°
$\angle x+60°=90°$이므로 $\angle x=30°$

0029 답 47°
$43°+90°+\angle x=180°$이므로 $\angle x=47°$

0030 답 $\angle DOE$

0031 답 $\angle EOF$

0032 답 $\angle DOB$

0033 답 $\angle FOB$

0034 답 $\angle x=70°$, $\angle y=110°$
맞꼭지각의 크기는 서로 같으므로 $\angle x=70°$
$\angle y+70°=180°$이므로 $\angle y=110°$

0035 답 $\angle x=35°$, $\angle y=100°$
맞꼭지각의 크기는 서로 같으므로 $\angle x=35°$
이때 $45°+\angle x+\angle y=180°$이므로
$45°+35°+\angle y=180°$ ∴ $\angle y=100°$

0036 답 $\angle x=27°$, $\angle y=63°$
맞꼭지각의 크기는 서로 같으므로 $\angle x=27°$
이때 $\angle y+\angle x+90°=180°$이므로
$\angle y+27°+90°=180°$ ∴ $\angle y=63°$

0037 답 3 cm
$\overline{AM}=\dfrac{1}{2}\overline{AB}=\dfrac{1}{2}\times6=3$(cm)

0038 답 90°

0039 답 $\overline{CD}$

0040 답 점 D

0041 답 4 cm

B 유형 완성

0042 답 13
교점의 개수는 5이므로 $a=5$
교선의 개수는 8이므로 $b=8$
∴ $a+b=5+8=13$

0043 답 ④, ⑤
④ 교점은 선과 선 또는 선과 면이 만나는 경우에 생긴다.
⑤ 정육면체에서 교점의 개수와 교선의 개수는 각각 8, 12이므로 같지 않다.

0044 답 ⑤

교점의 개수는 12이므로 $a=12$

교선의 개수는 18이므로 $b=18$

면의 개수는 8이므로 $c=8$

$\therefore a+b-c=12+18-8=22$

0045 답 ④

④ $\overrightarrow{CD}$와 $\overrightarrow{CE}$는 시작점과 뻗어 나가는 방향이 모두 같으므로

$\overrightarrow{CD}=\overrightarrow{CE}$

0046 답 ③, ④

③ $\overrightarrow{AC}$와 $\overrightarrow{BC}$는 뻗어 나가는 방향은 같지만 시작점이 같지 않으므로 서로 다른 반직선이다.

④ $\overrightarrow{AC}$와 $\overrightarrow{CA}$는 시작점과 뻗어 나가는 방향이 모두 같지 않으므로 서로 다른 반직선이다.

0047 답 ②, ④

① 한 점을 지나는 직선은 무수히 많다.

③ 두 반직선이 같으려면 시작점과 뻗어 나가는 방향이 모두 같아야 한다.

⑤ 반직선은 한쪽 방향으로 뻗어 나가는 모양이고, 직선은 양쪽 방향으로 뻗어 나가는 모양이므로 반직선과 직선은 길이를 생각할 수 없다.

따라서 옳은 것은 ②, ④이다.

0048 답 3, 6, 3

직선은 $\overleftrightarrow{AB}$, $\overleftrightarrow{AC}$, $\overleftrightarrow{BC}$의 3개이다.

반직선은 $\overrightarrow{AB}$, $\overrightarrow{AC}$, $\overrightarrow{BA}$, $\overrightarrow{BC}$, $\overrightarrow{CA}$, $\overrightarrow{CB}$의 6개이다.

선분은 $\overline{AB}$, $\overline{AC}$, $\overline{BC}$의 3개이다.

다른 풀이

(반직선의 개수)=(직선의 개수)$\times 2=3\times 2=6$

(선분의 개수)=(직선의 개수)$=3$

만렙 Note

어느 세 점도 한 직선 위에 있지 않은 n개의 점에 대하여 두 점을 이어서 만들 수 있는 서로 다른 직선, 반직선, 선분의 개수는 다음과 같다.

(1) (직선의 개수)$=\dfrac{n(n-1)}{2}$

(2) (반직선의 개수)=(직선의 개수)$\times 2=n(n-1)$

(3) (선분의 개수)=(직선의 개수)$=\dfrac{n(n-1)}{2}$

0049 답 ④

직선은 $\overleftrightarrow{AB}$, $\overleftrightarrow{AC}$, $\overleftrightarrow{AD}$, $\overleftrightarrow{AE}$, $\overleftrightarrow{BC}$, $\overleftrightarrow{BD}$, $\overleftrightarrow{BE}$, $\overleftrightarrow{CD}$, $\overleftrightarrow{CE}$, $\overleftrightarrow{DE}$의 10개이다.

반직선은 $\overrightarrow{AB}$, $\overrightarrow{AC}$, $\overrightarrow{AD}$, $\overrightarrow{AE}$, $\overrightarrow{BA}$, $\overrightarrow{BC}$, $\overrightarrow{BD}$, $\overrightarrow{BE}$, $\overrightarrow{CA}$, $\overrightarrow{CB}$, $\overrightarrow{CD}$, $\overrightarrow{CE}$, $\overrightarrow{DA}$, $\overrightarrow{DB}$, $\overrightarrow{DC}$, $\overrightarrow{DE}$, $\overrightarrow{EA}$, $\overrightarrow{EB}$, $\overrightarrow{EC}$, $\overrightarrow{ED}$의 20개이다.

0050 답 13

직선은 직선 l의 1개이므로 $x=1$ ······ ❶

반직선은 $\overrightarrow{AB}$, $\overrightarrow{BA}$, $\overrightarrow{BC}$, $\overrightarrow{CB}$, $\overrightarrow{CD}$, $\overrightarrow{DC}$의 6개이므로

$y=6$ ······ ❷

선분은 $\overline{AB}$, $\overline{AC}$, $\overline{AD}$, $\overline{BC}$, $\overline{BD}$, $\overline{CD}$의 6개이므로

$z=6$ ······ ❸

$\therefore x+y+z=1+6+6=13$ ······ ❹

채점 기준

❶	x의 값 구하기	30 %
❷	y의 값 구하기	30 %
❸	z의 값 구하기	30 %
❹	$x+y+z$의 값 구하기	10 %

0051 답 (1) 4 (2) 10

(1) 세 점 A, B, C가 한 직선 위에 있으므로 세 점 A, B, C로 만들 수 있는 직선은 $\overleftrightarrow{AB}$의 1개이다.

따라서 서로 다른 직선은 $\overleftrightarrow{AB}$, $\overleftrightarrow{AD}$, $\overleftrightarrow{BD}$, $\overleftrightarrow{CD}$의 4개이다.

(2) $\overrightarrow{AB}$, $\overrightarrow{AD}$, $\overrightarrow{BA}$, $\overrightarrow{BC}$, $\overrightarrow{BD}$, $\overrightarrow{CB}$, $\overrightarrow{CD}$, $\overrightarrow{DA}$, $\overrightarrow{DB}$, $\overrightarrow{DC}$의 10개이다.

주의 한 직선 위에 세 점 이상이 있는 경우 반직선의 개수는 직선의 개수의 2배가 아니다. 이 문제에서 $\overleftrightarrow{AB}$에는 $\overrightarrow{AB}$, $\overrightarrow{BA}$뿐 아니라 $\overrightarrow{BC}$, $\overrightarrow{CB}$도 포함되어 있으므로 반직선의 개수를 직선의 개수 4의 2배인 8로 생각하지 않도록 주의한다.

0052 답 ③

$\overline{AC}=\overline{CM}=\overline{MD}=\overline{DB}$이므로

① $\overline{AB}=\overline{AM}+\overline{MB}$

$=2\overline{CM}+2\overline{MD}$

$=2(\overline{CM}+\overline{MD})=2\overline{CD}$

② $\overline{AD}=\overline{AC}+\overline{CD}=\overline{DB}+\overline{CD}=\overline{BC}$

③ $\overline{CM}=\dfrac{1}{2}\overline{AM}=\dfrac{1}{2}\times\dfrac{1}{2}\overline{AB}=\dfrac{1}{4}\overline{AB}$

④ $\overline{AM}=2\overline{CM}=2\times\dfrac{1}{3}\overline{BC}=\dfrac{2}{3}\overline{BC}$

⑤ $\overline{AB}=\overline{AC}+\overline{BC}=\dfrac{1}{3}\overline{BC}+\overline{BC}=\dfrac{4}{3}\overline{BC}$

따라서 옳지 않은 것은 ③이다.

0053 답 ㄱ, ㄹ

$\overline{AB}=\overline{BC}=\overline{CD}$이므로

ㄴ. $\overline{BD}=\overline{BC}+\overline{CD}=\overline{BC}+\overline{AB}=\overline{AC}$

ㄷ. $\overline{BD}=\overline{BC}+\overline{CD}=\dfrac{1}{3}\overline{AD}+\dfrac{1}{3}\overline{AD}=\dfrac{2}{3}\overline{AD}$

ㄹ. $\overline{CD}=\dfrac{1}{2}\overline{BD}=\dfrac{1}{2}\overline{AC}$

따라서 옳은 것은 ㄱ, ㄹ이다.

0054 답 ④

① $\overline{AP}=\overline{PQ}=\overline{QB}$이므로 $\overline{PQ}=\dfrac{1}{3}\overline{AB}$

② $\overline{AB}=3\overline{AP}=3\times2\overline{MP}=6\overline{MP}$

③ $\overline{AM}=\dfrac{1}{2}\overline{AP}=\dfrac{1}{2}\overline{PQ}=\dfrac{1}{2}\times\dfrac{1}{2}\overline{PB}=\dfrac{1}{4}\overline{PB}$

④ $\overline{MQ}=\overline{MP}+\overline{PQ}=\overline{MP}+\overline{AP}$

$=\overline{MP}+2\overline{MP}=3\overline{MP}$

⑤ $\overline{MB}=\overline{MP}+\overline{PQ}+\overline{QB}=\overline{AM}+\overline{AP}+\overline{AP}$

$=\overline{AM}+2\overline{AM}+2\overline{AM}=5\overline{AM}$

따라서 옳지 않은 것은 ④이다.

0055 답 **9 cm**

$\overline{AM}=\overline{MB}=\dfrac{1}{2}\overline{AB}=\dfrac{1}{2}\times12=6(\text{cm})$이므로

$\overline{MN}=\dfrac{1}{2}\overline{MB}=\dfrac{1}{2}\times6=3(\text{cm})$

$\therefore \overline{AN}=\overline{AM}+\overline{MN}=6+3=9(\text{cm})$

0056 답 **10 cm**

$\overline{AB}=2\overline{MB}$, $\overline{BC}=2\overline{BN}$이므로

$\begin{aligned}\overline{AC}&=\overline{AB}+\overline{BC}=2\overline{MB}+2\overline{BN}\\&=2(\overline{MB}+\overline{BN})=2\overline{MN}=2\times5=10(\text{cm})\end{aligned}$

0057 답 **12 cm**

$\overline{AB}=\overline{BC}=\overline{CD}-\dfrac{1}{3}\overline{AD}=\dfrac{1}{3}\times18=6(\text{cm})$이므로

$\overline{MB}=\dfrac{1}{2}\overline{AB}=\dfrac{1}{2}\times6=3(\text{cm})$,

$\overline{CN}=\dfrac{1}{2}\overline{CD}=\dfrac{1}{2}\times6=3(\text{cm})$

$\therefore \overline{MN}=\overline{MB}+\overline{BC}+\overline{CN}=3+6+3=12(\text{cm})$

0058 답 ①

$\overline{AB}=2\overline{MB}$, $\overline{BC}=2\overline{BN}$이므로

$\begin{aligned}\overline{AC}&=\overline{AB}+\overline{BC}=2\overline{MB}+2\overline{BN}\\&=2(\overline{MB}+\overline{BN})=2\overline{MN}=2\times20=40(\text{cm})\end{aligned}$

이때 $\overline{AC}=\overline{AB}+\overline{BC}=\overline{AB}+3\overline{AB}=4\overline{AB}$이므로

$\overline{AB}=\dfrac{1}{4}\overline{AC}=\dfrac{1}{4}\times40=10(\text{cm})$

0059 답 ③

$\overline{BC}=2\overline{BM}=2\times9=18(\text{cm})$

$\overline{AB}:\overline{BC}=2:3$에서 $2\overline{BC}=3\overline{AB}$

$\therefore \overline{AB}=\dfrac{2}{3}\overline{BC}=\dfrac{2}{3}\times18=12(\text{cm})$

$\therefore \overline{AC}=\overline{AB}+\overline{BC}=12+18=30(\text{cm})$

다른 풀이

$\overline{BC}=2\overline{BM}=2\times9=18(\text{cm})$

$\overline{AB}:\overline{BC}=2:3$에서

$\overline{BC}=\dfrac{3}{2+3}\times\overline{AC}=\dfrac{3}{5}\overline{AC}$

$\therefore \overline{AC}=\dfrac{5}{3}\overline{BC}=\dfrac{5}{3}\times18=30(\text{cm})$

0060 답 **6 cm**

$\overline{AC}=2\overline{CD}$에서 $\overline{CD}=\dfrac{1}{2}\overline{AC}$이므로

$\overline{AD}=\overline{AC}+\overline{CD}=\overline{AC}+\dfrac{1}{2}\overline{AC}=\dfrac{3}{2}\overline{AC}$

$\therefore \overline{AC}=\dfrac{2}{3}\overline{AD}=\dfrac{2}{3}\times27=18(\text{cm})$ ······ ❶

$\overline{AC}=\overline{AB}+\overline{BC}=2\overline{BC}+\overline{BC}=3\overline{BC}$이므로

$\overline{BC}=\dfrac{1}{3}\overline{AC}=\dfrac{1}{3}\times18=6(\text{cm})$ ······ ❷

채점 기준

❶	$\overline{AC}$의 길이 구하기	50 %
❷	$\overline{BC}$의 길이 구하기	50 %

0061 답 **31**

$x+(4x-20)+45=180$이므로

$5x=155$ $\therefore x=31$

0062 답 **55°**

$(3x+20)+5x+(7x-5)=180$이므로

$15x=165$ $\therefore x=11$

$\therefore \angle BOC=5x°=5\times11°=55°$

0063 답 ②

$(x+y)+(2x-y)=180$이므로

$3x=180$ $\therefore x=60$

$(x+y)+55=180$이므로

$60+y+55=180$ $\therefore y=65$

$\therefore y-x=65-60=5$

0064 답 ④

$x+(3x-18)=90$이므로

$4x=108$ $\therefore x=27$

0065 답 **35°**

$35°+\angle BOC=90°$ $\therefore \angle BOC=55°$

$\angle BOC+\angle x=90°$이므로

$55°+\angle x=90°$ $\therefore \angle x=35°$

다른 풀이

$\angle AOC=\angle BOD$이므로

$35°+\angle BOC=\angle BOC+\angle x$ $\therefore \angle x=35°$

0066 답 **100°**

$25°+\angle x=90°$ $\therefore \angle x=65°$ ······ ❶

$60°+90°+\angle y=180°$ $\therefore \angle y=30°$ ······ ❷

$\therefore 2\angle x-\angle y=2\times65°-30°=100°$ ······ ❸

채점 기준

❶	$\angle x$의 크기 구하기	40 %
❷	$\angle y$의 크기 구하기	40 %
❸	$2\angle x-\angle y$의 크기 구하기	20 %

0067 답 **65°**

$\angle AOB+\angle BOC=90°$, $\angle BOC+\angle COD=90°$이므로

$(\angle AOB+\angle BOC)+(\angle BOC+\angle COD)=180°$

$\angle AOB+\angle COD+2\angle BOC=180°$

$50°+2\angle BOC=180°$

$2\angle BOC=130°$

$\therefore \angle BOC=65°$

다른 풀이

$\angle AOB+\angle BOC=\angle BOC+\angle COD=90°$에서

$\angle AOB=\angle COD$

$\angle AOB+\angle COD=50°$이므로

$\angle AOB=\angle COD=\dfrac{1}{2}\times50°=25°$

$\therefore \angle BOC=90°-25°=65°$

0068 답 60°

$$\angle b = 180° \times \frac{5}{4+5+6} = 180° \times \frac{1}{3} = 60°$$

0069 답 ②

$\angle BOD = 90°$이므로

$$\angle COD = \angle BOD \times \frac{4}{1+4} = 90° \times \frac{4}{5} = 72°$$

0070 답 ④

$\angle a : \angle b = 2 : 3$에서 $2\angle b = 3\angle a$ $\therefore \angle b = \frac{3}{2}\angle a$

$\angle a : \angle c = 1 : 2$에서 $\angle c = 2\angle a$

$\angle a + \angle b + \angle c = 180°$이므로

$$\angle a + \frac{3}{2}\angle a + 2\angle a = 180°,\ \frac{9}{2}\angle a = 180° \therefore \angle a = 40°$$

$$\therefore \angle c = 2\angle a = 2 \times 40° = 80°$$

만렙 Note

$\angle b$, $\angle c$의 크기를 $\angle a$를 사용하여 나타내고 $\angle a + \angle b + \angle c = 180°$임을 이용한다.

0071 답 45°

$\angle AOC + \angle COE = 180°$이므로

$$\angle AOC + \angle COE = \angle AOB + \angle BOC + \angle COE$$
$$= 3\angle BOC + \angle BOC + 4\angle COD$$
$$= 4(\angle BOC + \angle COD) = 180°$$

즉, $\angle BOC + \angle COD = 45°$이므로

$\angle BOD = 45°$

0072 답 ②

$\angle AOC + \angle COE = 180°$이므로

$$\angle AOC + \angle COE = \angle AOB + \angle BOC + \angle COD + \angle DOE$$
$$= \angle BOC + \angle BOC + \angle COD + \angle COD$$
$$= 2(\angle BOC + \angle COD) = 180°$$

즉, $\angle BOC + \angle COD = 90°$이므로

$\angle BOD = 90°$

0073 답 ③

$\angle COD = \frac{2}{5}\angle AOB$이고 $\angle AOB + \angle BOC + \angle COD = 180°$이므로

$$\angle AOB + \angle BOC + \angle COD = \angle AOB + \angle AOB + \frac{2}{5}\angle AOB$$
$$= \frac{12}{5}\angle AOB = 180°$$

$$\therefore \angle AOB = 180° \times \frac{5}{12} = 75°$$

0074 답 40°

$\angle AOC = 4\angle BOC$이고 $\angle AOB = 90°$이므로

$$\angle AOB = \angle AOC - \angle BOC$$
$$= 4\angle BOC - \angle BOC$$
$$= 3\angle BOC = 90°$$

$\therefore \angle BOC = 30°$ ······ ❶

$$\therefore \angle COE = \angle BOE - \angle BOC$$
$$= 90° - 30° = 60°$$ ······ ❷

$\angle DOE = 5\angle COD$이므로

$$\angle COE = \angle COD + \angle DOE$$
$$= \angle COD + 5\angle COD$$
$$= 6\angle COD = 60°$$

$\therefore \angle COD = 10°$ ······ ❸

$$\therefore \angle BOD = \angle BOC + \angle COD$$
$$= 30° + 10° = 40°$$ ······ ❹

채점 기준

❶	$\angle BOC$의 크기 구하기	40 %
❷	$\angle COE$의 크기 구하기	10 %
❸	$\angle COD$의 크기 구하기	40 %
❹	$\angle BOD$의 크기 구하기	10 %

0075 답 105°

시침이 시계의 12를 가리킬 때부터 2시간 30분 동안 움직인 각도는

$30° \times 2 + 0.5° \times 30 = 60° + 15° = 75°$

또 분침이 시계의 12를 가리킬 때부터 30분 동안 움직인 각도는

$6° \times 30 = 180°$

따라서 구하는 각의 크기는

$180° - 75° = 105°$

0076 답 7시 $\frac{60}{11}$분

7시와 8시 사이에 시침과 분침이 서로 반대 방향을 가리키며 평각을 이루는 시각을 7시 x분이라 하자.

시침이 시계의 12를 가리킬 때부터 7시간 x분 동안 움직인 각도는

$30° \times 7 + 0.5° \times x$

또 분침이 시계의 12를 가리킬 때부터 x분 동안 움직인 각도는

$6° \times x$

즉, $(30 \times 7 + 0.5 \times x) - 6 \times x = 180$이므로

$5.5x = 30$ $\therefore x = \frac{30}{5.5} = \frac{60}{11}$

따라서 구하는 시각은 7시 $\frac{60}{11}$분이다.

0077 답 ③

맞꼭지각의 크기는 서로 같으므로

$(4x-5) + (x-5) + (2x+15) = 180$

$7x = 175$ $\therefore x = 25$

0078 답 140°

맞꼭지각의 크기는 서로 같으므로

$9x-40 = 6x+20,\ 3x = 60$ $\therefore x = 20$

$\therefore \angle AOC = 9x° - 40° = 9 \times 20° - 40° = 140°$

0079 답 125

맞꼭지각의 크기는 서로 같으므로

$2x+30=3x+15$ ∴ $x=15$

이때 $(2x+30)+(y+10)=180$이므로

$60+(y+10)=180$ ∴ $y=110$

∴ $x+y=15+110=125$

0080 답 80°

$\angle b+\angle c=200°$이고, 맞꼭지각의 크기는 서로 같으므로

$\angle b=\angle c=\dfrac{1}{2}\times200°=100°$

이때 $\angle a+\angle b=180°$이므로

$\angle a=180°-\angle b=180°-100°=80°$

0081 답 ③

맞꼭지각의 크기는 서로 같으므로

$\angle x+50°=90°$ ∴ $\angle x=40°$

$60°+\angle y=90°$ ∴ $\angle y=30°$

∴ $\angle x-\angle y=40°-30°=10°$

0082 답 111°

$\angle a+\angle b=180°-65°=115°$이므로

$\angle b=115°\times\dfrac{2}{3+2}=115°\times\dfrac{2}{5}=46°$ ‥‥‥ ❶

맞꼭지각의 크기는 서로 같으므로

$\angle COE=\angle b=46°$ ‥‥‥ ❷

∴ $\angle AOE=\angle AOC+\angle COE$

$\qquad=65°+46°=111°$ ‥‥‥ ❸

채점 기준		
❶ $\angle b$의 크기 구하기		60 %
❷ $\angle COE$의 크기 구하기		20 %
❸ $\angle AOE$의 크기 구하기		20 %

0083 답 ④

맞꼭지각의 크기는 서로 같으므로

$x+30=100+(y+20)$

∴ $x-y=120-30=90$

0084 답 20

맞꼭지각의 크기는 서로 같으므로

$x+40=35+90$ ∴ $x=85$

$35+90+(y-10)=180$이므로 $y=65$

∴ $x-y=85-65=20$

0085 답 ④

맞꼭지각의 크기는 서로 같으므로

$\angle x=90°-38°=52°$

$\angle y=\angle x+42°=52°+42°=94°$

∴ $\angle x+\angle y=52°+94°=146°$

0086 답 6쌍

$\overleftrightarrow{AB}$와 $\overleftrightarrow{CD}$, $\overleftrightarrow{AB}$와 $\overleftrightarrow{EF}$, $\overleftrightarrow{CD}$와 $\overleftrightarrow{EF}$가 만날 때 생기는 맞꼭지각이 각각 2쌍이므로

$2\times3=6$(쌍)

다른 풀이

서로 다른 3개의 직선이 한 점에서 만날 때 생기는 맞꼭지각의 쌍의 개수는

$3\times(3-1)=3\times2=6$

0087 답 ④

오른쪽 그림에서 두 직선 a와 b, a와 c, b와 c가 만날 때 생기는 맞꼭지각이 각각 2쌍이므로

$2\times3=6$(쌍)

0088 답 12쌍

오른쪽 그림에서 두 직선 a와 b, a와 c, a와 d, b와 c, b와 d, c와 d가 만날 때 생기는 맞꼭지각이 각각 2쌍이므로

$2\times6=12$(쌍)

0089 답 ②, ④

② 점 C에서 $\overline{AB}$에 내린 수선의 발은 점 B이다.

④ 점 A와 $\overleftrightarrow{CD}$ 사이의 거리는 $\overline{AD}$의 길이와 같으므로 12 cm이다.

0090 답 17

점 A와 직선 BC 사이의 거리는 $\overline{DE}$의 길이와 같으므로 8 cm이다.

∴ $x=8$ ‥‥‥ ❶

점 A와 직선 CD 사이의 거리는 $\overline{CF}$의 길이와 같으므로 9 cm이다.

∴ $y=9$ ‥‥‥ ❷

∴ $x+y=8+9=17$ ‥‥‥ ❸

채점 기준		
❶ x의 값 구하기		40 %
❷ y의 값 구하기		40 %
❸ $x+y$의 값 구하기		20 %

0091 답 ④

④ 점 A와 $\overleftrightarrow{PQ}$ 사이의 거리는 $\overline{AH}$의 길이와 같다.

AB 유형 점검

20~22쪽

0092 답 5

교점의 개수는 10이므로 $a=10$

교선의 개수는 15이므로 $b=15$

∴ $b-a=15-10=5$

0093 답 3

$\overline{AC}$, $\overline{BE}$, $\overline{CE}$의 3개이다.

0094 답 18

반직선은 $\overrightarrow{AB}$, $\overrightarrow{AC}$, $\overrightarrow{AD}$, $\overrightarrow{BA}$, $\overrightarrow{BC}$, $\overrightarrow{BD}$, $\overrightarrow{CA}$, $\overrightarrow{CB}$, $\overrightarrow{CD}$, $\overrightarrow{DA}$, $\overrightarrow{DB}$, $\overrightarrow{DC}$의 12개이므로 $a=12$

선분은 $\overline{AB}$, $\overline{AC}$, $\overline{AD}$, $\overline{BC}$, $\overline{BD}$, $\overline{CD}$의 6개이므로 $b=6$

$\therefore a+b=12+6=18$

0095 답 ⑤

$\overline{AM}=\overline{MN}=\overline{NB}$, $\overline{AO}=\overline{OB}$이므로

$\overline{MO}=\overline{AO}-\overline{AM}=\overline{OB}-\overline{NB}=\overline{ON}$

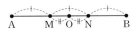

$\therefore \overline{MO}=\overline{ON}=\dfrac{1}{2}\overline{MN}$

① $\overline{AB}=3\overline{AM}$

② $\overline{AN}=\overline{AM}+\overline{MN}=\overline{NB}+\overline{MN}=\overline{MB}$

③ $\overline{AO}=\overline{AM}+\overline{MO}=\overline{NB}+\dfrac{1}{2}\overline{MN}=\overline{NB}+\dfrac{1}{2}\overline{NB}=\dfrac{3}{2}\overline{NB}$

④ $\overline{MN}=\dfrac{1}{2}\overline{AN}$

⑤ $\overline{OB}=\overline{ON}+\overline{NB}=\overline{MO}+\overline{MN}=\overline{MO}+2\overline{MO}=3\overline{MO}$

$\therefore \overline{MO}=\dfrac{1}{3}\overline{OB}$

따라서 옳은 것은 ⑤이다.

0096 답 6 cm

$\overline{NB}=\overline{NM}+\overline{MB}=\dfrac{1}{2}\overline{AM}+\overline{AM}=\dfrac{3}{2}\overline{AM}$

$\therefore \overline{AM}=\dfrac{2}{3}\overline{NB}=\dfrac{2}{3}\times 9=6\,(cm)$

0097 답 11 cm

$\overline{MN}=\overline{MB}+\overline{BN}=\dfrac{1}{2}\overline{AB}+\dfrac{1}{2}\overline{BC}$

$\qquad =\dfrac{1}{2}(\overline{AB}+\overline{BC})=\dfrac{1}{2}\overline{AC}$

$\qquad =\dfrac{1}{2}\times 22=11\,(cm)$

0098 답 10 cm

$\overline{BC}=\dfrac{1}{4}\overline{AB}=\dfrac{1}{4}\times 2\overline{AM}=\dfrac{1}{2}\overline{AM}=\dfrac{1}{2}\times 8=4\,(cm)$

$\therefore \overline{MN}=\overline{MB}+\overline{BN}=\overline{AM}+\dfrac{1}{2}\overline{BC}$

$\qquad =8+\dfrac{1}{2}\times 4=8+2=10\,(cm)$

0099 답 ②

$2x+(x+65)+(2x-35)=180$이므로

$5x=150$ $\therefore x=30$

$\therefore \angle COD=2x°-35°=2\times 30°-35°=25°$

0100 답 ⑤

$(2x+40)+(3x-20)=90$이므로

$5x=70$ $\therefore x=14$

0101 답 40°

$\angle AOB+\angle BOC+\angle DOE=90°$이므로

$\angle BOC=90°\times\dfrac{4}{2+4+3}=90°\times\dfrac{4}{9}=40°$

0102 답 ③

$\angle AOC+\angle COE=180°$이므로

$\angle AOC+\angle COE=2\angle BOC+2\angle COD$

$\qquad\qquad\qquad =2(\angle BOC+\angle COD)=180°$

즉, $\angle BOC+\angle COD=90°$이므로

$\angle BOD=90°$

0103 답 ④

$\angle BOD+\angle DOE=180°-60°=120°$이므로

$\angle BOD+\angle DOE=3\angle DOE+\angle DOE=4\angle DOE=120°$

$\therefore \angle DOE=30°$

따라서 $\angle BOD=120°-30°=90°$,

$\angle COD=\dfrac{1}{2}\angle DOE=\dfrac{1}{2}\times 30°=15°$이므로

$\angle BOC=\angle BOD-\angle COD=90°-15°=75°$

0104 답 ③

맞꼭지각의 크기는 서로 같으므로

$(x+15)+x+(3x-50)+(x-25)=180$

$6x=240$ $\therefore x=40$

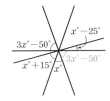

0105 답 ③

맞꼭지각의 크기는 서로 같으므로

$(2x-20)+90=3x+30$ $\therefore x=40$

0106 답 20쌍

5개의 직선을 각각 a, b, c, d, e라 하면 두 직선 a와 b, a와 c, a와 d, a와 e, b와 c, b와 d, b와 e, c와 d, c와 e, d와 e가 만날 때 생기는 맞꼭지각이 각각 2쌍이므로

$2\times 10=20$(쌍)

0107 답 ㄱ, ㄹ

ㄴ. $\overline{CH}$의 길이와 $\overline{DH}$의 길이가 같은지 알 수 없으므로 $\overrightarrow{AB}$는 $\overline{CD}$의 수직이등분선인지 알 수 없다.

ㄷ. 점 C와 $\overline{AB}$ 사이의 거리는 $\overline{CH}$의 길이와 같다. 그런데 $\overline{CH}$의 길이는 알 수 없다.

따라서 옳은 것은 ㄱ, ㄹ이다.

0108 답 12 cm

$\overline{AD}:\overline{DE}=2:1$에서 $2\overline{DE}=\overline{AD}$이므로

$\overline{DE}=\dfrac{1}{2}\overline{AD}$

$\overline{AE}=\overline{AD}+\overline{DE}=\overline{AD}+\dfrac{1}{2}\overline{AD}=\dfrac{3}{2}\overline{AD}$이므로

$\overline{AD}=\dfrac{2}{3}\overline{AE}=\dfrac{2}{3}\times 27=18\,(cm)$ ······ ❶

$\therefore \overline{AB}=\dfrac{1}{2}\overline{AD}=\dfrac{1}{2}\times 18=9\,(cm)$ ······ ❷

$\overline{AB}:\overline{BC}=3:1$에서 $3\overline{BC}=\overline{AB}$이므로

$\overline{BC}=\dfrac{1}{3}\overline{AB}=\dfrac{1}{3}\times 9=3\,(cm)$ ······ ❸

$\therefore \overline{AC}=\overline{AB}+\overline{BC}=9+3=12\,(cm)$ ······ ❹

채점 기준	
ⓘ $\overline{AD}$의 길이 구하기	40%
ⓘⓘ $\overline{AB}$의 길이 구하기	20%
ⓘⓘⓘ $\overline{BC}$의 길이 구하기	30%
ⓘⱽ $\overline{AC}$의 길이 구하기	10%

0109 답 120

맞꼭지각의 크기는 서로 같으므로

$4x=5x-20$ $\therefore x=20$ ...... ⓘ

이때 $4x+y=180$이므로

$80+y=180$ $\therefore y=100$ ...... ⓘⓘ

$\therefore x+y=20+100=120$ ...... ⓘⓘⓘ

채점 기준	
ⓘ x의 값 구하기	40%
ⓘⓘ y의 값 구하기	40%
ⓘⓘⓘ $x+y$의 값 구하기	20%

0110 답 19

점 A와 $\overline{BC}$ 사이의 거리는 $\overline{AB}$의 길이와 같으므로 3 cm이다.

$\therefore x=3$ ...... ⓘ

점 C와 $\overline{AB}$ 사이의 거리는 $\overline{BC}$의 길이와 같으므로 8 cm이다.

$\therefore y=8$ ...... ⓘⓘ

점 D와 $\overleftrightarrow{AB}$ 사이의 거리는 $\overline{BC}$의 길이와 같으므로 8 cm이다.

$\therefore z=8$ ...... ⓘⓘⓘ

$\therefore x+y+z=3+8+8=19$ ...... ⓘⱽ

채점 기준	
ⓘ x의 값 구하기	30%
ⓘⓘ y의 값 구하기	30%
ⓘⓘⓘ z의 값 구하기	30%
ⓘⱽ $x+y+z$의 값 구하기	10%

Ⓒ 실력 향상   23쪽

0111 답 13

세 점 A, B, C가 한 직선 위에 있으므로 세 점 A, B, C로 만들 수 있는 직선은 $\overleftrightarrow{AB}$의 1개이다.

따라서 6개의 점 A, B, C, D, E, F 중 두 점을 이어서 만들 수 있는 서로 다른 직선은 $\overleftrightarrow{AB}$, $\overleftrightarrow{AD}$, $\overleftrightarrow{AE}$, $\overleftrightarrow{AF}$, $\overleftrightarrow{BD}$, $\overleftrightarrow{BE}$, $\overleftrightarrow{BF}$, $\overleftrightarrow{CD}$, $\overleftrightarrow{CE}$, $\overleftrightarrow{CF}$, $\overleftrightarrow{DE}$, $\overleftrightarrow{DF}$, $\overleftrightarrow{EF}$의 13개이다.

0112 답 ④

$\overline{AM}:\overline{MB}=2:3$에서 $2\overline{MB}=3\overline{AM}$이므로

$\overline{MB}=\dfrac{3}{2}\overline{AM}$

$\overline{AB}=\overline{AM}+\overline{MB}=\overline{AM}+\dfrac{3}{2}\overline{AM}=\dfrac{5}{2}\overline{AM}$

$\therefore \overline{AM}=\dfrac{2}{5}\overline{AB}$

$\overline{AN}:\overline{NB}=5:2$에서 $5\overline{NB}=2\overline{AN}$이므로

$\overline{NB}=\dfrac{2}{5}\overline{AN}$

$\overline{AB}=\overline{AN}+\overline{NB}=\overline{AN}+\dfrac{2}{5}\overline{AN}=\dfrac{7}{5}\overline{AN}$

$\therefore \overline{AN}=\dfrac{5}{7}\overline{AB}$

이때 $\overline{MN}=\overline{AN}-\overline{AM}=\dfrac{5}{7}\overline{AB}-\dfrac{2}{5}\overline{AB}=\dfrac{11}{35}\overline{AB}$이므로

$\overline{AB}=\dfrac{35}{11}\overline{MN}=\dfrac{35}{11}\times 22=70\,(\text{cm})$

0113 답 ②

6시와 7시 사이에 시침과 분침이 완전히 포개어질 때의 시각을 6시 x분이라 하자.

시침이 시계의 12를 가리킬 때부터 6시간 x분 동안 움직인 각도는

$30°\times 6+0.5°\times x$

또 분침이 시계의 12를 가리킬 때부터 x분 동안 움직인 각도는

$6°\times x$

시침과 분침이 완전히 포개어지므로

$30\times 6+0.5\times x=6\times x$, $5.5x=180$

$\therefore x=\dfrac{180}{5.5}=\dfrac{360}{11}$

따라서 구하는 시각은 6시 $\dfrac{360}{11}$분이다.

0114 답 144°

$\angle AOC=\dfrac{1}{4}\angle AOG$에서 $\angle AOG=4\angle AOC$

$\angle GOD=5\angle FOD$에서 $\angle GOF+\angle FOD=5\angle FOD$이므로

$\angle GOF=4\angle FOD$

$\angle AOC+\angle AOG+\angle GOF+\angle FOD=180°$이므로

$\angle AOC+4\angle AOC+4\angle FOD+\angle FOD=180°$

$5(\angle AOC+\angle FOD)=180°$

$\therefore \angle AOC+\angle FOD=36°$

따라서 맞꼭지각의 크기는 서로 같으므로

$\angle BOE=\angle AOF$

$\qquad =180°-(\angle AOC+\angle FOD)$

$\qquad =180°-36°=144°$

다른 풀이

$\angle GOD=5\angle FOD$에서 $\angle GOF+\angle FOD=5\angle FOD$이므로

$\angle GOF=4\angle FOD$

$\therefore \angle FOD=\dfrac{1}{4}\angle GOF$

$\angle AOC+\angle AOG+\angle GOF+\angle FOD=180°$이므로

$\dfrac{1}{4}\angle AOG+\angle AOG+\angle GOF+\dfrac{1}{4}\angle GOF=180°$

$\dfrac{5}{4}(\angle AOG+\angle GOF)=180°$

$\dfrac{5}{4}\angle AOF=180°$

$\therefore \angle AOF=180°\times\dfrac{4}{5}=144°$

따라서 맞꼭지각의 크기는 서로 같으므로

$\angle BOE=\angle AOF=144°$

02 / 위치 관계

A 개념 확인

24~27쪽

0115 답 점 A, 점 C, 점 F

0116 답 점 B, 점 D, 점 E

0117 답 점 A, 점 E

0118 답 점 B, 점 C, 점 D

0119 답 $\overline{AD}$

0120 답 $\overline{AB}$, $\overline{DC}$

0121 답 ○

0122 답 ×

0123 답 ×

0124 답 ○

0125 답 평행하다.

0126 답 한 점에서 만난다.

0127 답 꼬인 위치에 있다.

0128 답 꼬인 위치에 있다.

0129 답 $\overline{AB}$, $\overline{BC}$, $\overline{EF}$, $\overline{FG}$

0130 답 $\overline{AE}$, $\overline{CG}$, $\overline{DH}$

0131 답 $\overline{AD}$, $\overline{CD}$, $\overline{EH}$, $\overline{GH}$

0132 답 $\overline{AB}$, $\overline{BC}$, $\overline{CD}$, $\overline{DA}$

0133 답 $\overline{AB}$, $\overline{EF}$, $\overline{HG}$, $\overline{DC}$

0134 답 $\overline{AB}$, $\overline{BF}$, $\overline{FE}$, $\overline{EA}$

0135 답 면 ABCD, 면 EFGH

0136 답 면 BFGC, 면 CGHD

0137 답 면 ABCD, 면 BFGC

0138 답 면 EFGH

0139 답 면 ABCD, 면 BFGC, 면 EFGH, 면 AEHD

0140 답 면 ABCD, 면 ABFE, 면 EFGH, 면 CGHD

0141 답 면 ABCD, 면 CGHD

0142 답 1
면 ABCDE와 평행한 면은 면 FGHIJ의 1개이다.

0143 답 2
면 AFGB와 수직인 면은 면 ABCDE, 면 FGHIJ의 2개이다.

0144 답 5
면 FGHIJ와 한 모서리에서 만나는 면은 면 AFGB, 면 BGHC, 면 CHID, 면 EJID, 면 AFJE의 5개이다.

0145 답 $\angle e$

0146 답 $\angle c$

0147 답 $\angle h$

0148 답 $\angle c$

0149 답 $86°$

0150 답 $86°$

0151 답 $105°$
$\angle e$의 동위각은 $\angle c$이고 $\angle c + 75° = 180°$이므로
$\angle c = 180° - 75° = 105°$

0152 답 $75°$
$\angle f$의 엇각은 $\angle b$이고 맞꼭지각의 크기는 서로 같으므로
$\angle b = 75°$

0153 답 $\angle a = 70°$, $\angle b = 110°$
$l /\!/ m$이므로 $\angle a = 70°$ (엇각)
$\angle a + \angle b = 180°$이므로 $70° + \angle b = 180°$
$\therefore \angle b = 180° - 70° = 110°$

0154 답 $\angle a = 65°$, $\angle b = 65°$
$\angle b + 115° = 180°$이므로 $\angle b = 180° - 115° = 65°$
$l /\!/ m$이므로 $\angle a = \angle b = 65°$ (동위각)

0155 답 ○
엇각의 크기가 80°로 같으므로 두 직선 l, m은 평행하다.

0156 답 ○
동위각의 크기가 150°로 같으므로 두 직선 l, m은 평행하다.

0157 답 ○
오른쪽 그림에서
$\angle a = 180° - 115° = 65°$
따라서 동위각의 크기가 같으므로 두 직선 l, m은 평행하다.

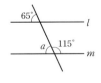

0158 답 ×
오른쪽 그림에서
$\angle a = 180° - 107° = 73°$
따라서 엇각의 크기가 다르므로 두 직선 l, m은 평행하지 않다.

0159 답 ①, ④

② 직선 m은 점 B를 지난다.

③ 두 점 A, C는 같은 직선 위에 있다.

⑤ 점 A는 두 점 B, E를 지나는 직선 l 위에 있지 않다.

따라서 옳은 것은 ①, ④이다.

0160 답 ㄴ, ㄷ

ㄱ. 직선 l 위에 있지 않은 점은 점 C, 점 D, 점 E의 3개이다.

따라서 옳은 것은 ㄴ, ㄷ이다.

0161 답 6

모서리 AB 위에 있지 않은 꼭짓점은 점 C, 점 D, 점 E의 3개이므로

$a=3$

면 ABC 위에 있는 꼭짓점은 점 A, 점 B, 점 C의 3개이므로 $b=3$

∴ $a+b=3+3=6$

0162 답 5

오른쪽 그림과 같은 정팔각형에서 $\overleftrightarrow{BC}$와 한 점에서 만나는 직선은 $\overleftrightarrow{AB}$, $\overleftrightarrow{AH}$, $\overleftrightarrow{HG}$, $\overleftrightarrow{CD}$, $\overleftrightarrow{DE}$, $\overleftrightarrow{EF}$의 6개이므로

$a=6$

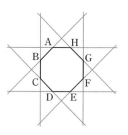

$\overleftrightarrow{BC}$와 만나지 않는 직선은 $\overleftrightarrow{GF}$의 1개이므로

$b=1$

∴ $a-b=6-1=5$

만렙 Note

평면에서 두 직선의 위치 관계는 한 점에서 만나거나 일치하거나 평행하므로 $\overleftrightarrow{BC}$와 한 점에서 만나는 직선의 개수는 전체 직선의 개수에서 일치하는 직선($\overleftrightarrow{BC}$)과 평행한 직선($\overleftrightarrow{GF}$)의 개수를 뺀 $8-2=6$이다.

0163 답 ②, ③

② $\overleftrightarrow{AB}$와 $\overleftrightarrow{BC}$는 수직으로 만나지 않는다.

③ $\overleftrightarrow{AB}$와 $\overleftrightarrow{CD}$는 오른쪽 그림과 같이 한 점에서 만난다.

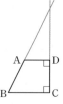

0164 답 ④

①, ②, ③, ⑤ 한 점에서 만난다.

④ 평행하다.

따라서 나머지 넷과 위치 관계가 다른 하나는 ④이다.

0165 답 ㄱ

ㄴ. $l \perp m$, $l \perp n$이면 오른쪽 그림에서 $m /\!/ n$이다.

ㄷ. $l \perp m$, $m /\!/ n$이면 오른쪽 그림에서 $l \perp n$이다.

따라서 옳은 것은 ㄱ이다.

0166 답 ③

③ 일치하는 두 직선이 주어지면 평면이 하나로 정해지지 않는다.

0167 답 1

한 직선과 그 직선 위에 있지 않은 한 점이 주어지면 평면이 하나로 정해진다.

따라서 평면은 1개이다.

0168 답 3

평면 ABD, 평면 ACD, 평면 BCD의 3개이다.

0169 답 ①, ②

① 모서리 AB와 모서리 CD는 평행하므로 만나지 않는다.

② 모서리 AB와 모서리 GH는 평행하다.

0170 답 ③

①, ②, ④, ⑤ 한 점에서 만난다.

③ 꼬인 위치에 있다.

따라서 나머지 넷과 위치 관계가 다른 하나는 ③이다.

0171 답 ①, ④

① 공간에서 서로 만나지 않는 두 직선은 평행하거나 꼬인 위치에 있다.

④ 꼬인 위치에 있는 두 직선은 한 평면 위에 있지 않다.

0172 답 5

$\overline{AD}$와 평행한 모서리는 $\overline{BC}$, $\overline{EH}$, $\overline{FG}$의 3개이므로

$a=3$ ...... ❶

$\overline{BE}$와 수직으로 만나는 모서리는 $\overline{BC}$, $\overline{EH}$의 2개이므로

$b=2$ ...... ❷

∴ $a+b=3+2=5$ ...... ❸

채점 기준

❶ a의 값 구하기		40 %
❷ b의 값 구하기		40 %
❸ $a+b$의 값 구하기		20 %

0173 답 ⑤

0174 답 ①, ④

①, ④ 꼬인 위치에 있다.

②, ③ 한 점에서 만난다.

⑤ 평행하다.

따라서 모서리 CD와 만나지도 않고 평행하지도 않은 모서리는 ①, ④이다.

0175 답 6

$\overline{BH}$와 꼬인 위치에 있는 모서리는 $\overline{AD}$, $\overline{AE}$, $\overline{CD}$, $\overline{CG}$, $\overline{EF}$, $\overline{FG}$의 6개이다.

0176 답 ③, ⑤
①, ④ 한 점에서 만난다.
② 평행하다.
따라서 꼬인 위치에 있는 모서리끼리 짝 지은 것은 ③, ⑤이다.

0177 답 8
모서리 AD와 평행한 면은 면 BFGC, 면 EFGH의 2개이므로
$x=2$
모서리 CG와 수직인 면은 면 ABCD, 면 EFGH의 2개이므로
$y=2$
모서리 BF와 꼬인 위치에 있는 모서리는 $\overline{AD}, \overline{CD}, \overline{EH}, \overline{GH}$의 4개
이므로 $z=4$
$\therefore x+y+z=2+2+4=8$

0178 답 ③
③ 꼬인 위치는 공간에서 두 직선의 위치 관계에서만 존재한다.

0179 답 ④, ⑤
② $\overline{BC}$와 수직인 면은 면 ABFE, 면 CGHD의 2개이다.
④ $\overline{BF}$와 평행한 모서리는 $\overline{AE}, \overline{CG}, \overline{DH}$의 3개이다.
⑤ 평면 AEGC와 평행한 모서리는 $\overline{BF}, \overline{DH}$의 2개이다.
따라서 옳지 않은 것은 ④, ⑤이다.

0180 답 ⑤
① $\overline{AE}$와 수직인 모서리는 $\overline{AF}, \overline{EJ}$의 2개이다.
② $\overleftrightarrow{AB}$와 $\overleftrightarrow{CD}$는 한 점에서 만난다.
③ $\overline{AF}$와 평행한 면은 면 BGHC, 면 CHID, 면 EJID의 3개이다.
④ 면 BGHC에 포함된 모서리는 $\overline{BC}, \overline{BG}, \overline{CH}, \overline{GH}$의 4개이다.
따라서 옳은 것은 ⑤이다.

0181 답 17
점 A와 면 EFGH 사이의 거리는 $\overline{AE}$의 길이와 같고
$\overline{AE}=\overline{BF}=7$ cm이므로 $a=7$
점 B와 면 AEHD 사이의 거리는 $\overline{AB}$의 길이와 같으므로 4 cm이다.
$\therefore b=4$
점 C와 면 ABFE 사이의 거리는 $\overline{BC}$의 길이와 같으므로 6 cm이다.
$\therefore c=6$
$\therefore a+b+c=7+4+6=17$

0182 답 $\overline{AC}, \overline{DF}$

0183 답 ④
④ 두 직선 m, n은 한 점에서 만나지만 수직인지는 알 수 없다.

0184 답 ①, ⑤

0185 답 3
면 AEHD와 만나지 않는 면, 즉 평행한 면은 면 BFGC의 1개이므로
$a=1$ ⋯⋯⋯ ❶
면 AEHD와 수직인 면은 면 ABCD, 면 ABFE, 면 EFGH, 면 CGHD의 4개이므로 $b=4$ ⋯⋯⋯ ❷

$\therefore b-a=4-1=3$ ⋯⋯⋯ ❸

채점 기준

❶ a의 값 구하기		40 %
❷ b의 값 구하기		40 %
❸ $b-a$의 값 구하기		20 %

만렙 Note

직육면체에서 한 면과 만나지 않는 면, 즉 평행한 면을 제외한 면은 그 면과 수직인 면이다.

0186 답 ②
ㄷ. 면 ADEB와 만나는 면은 면 ABC, 면 DEF, 면 ADFC, 면 BEFC의 4개이다.
따라서 옳은 것은 ㄱ, ㄴ이다.

0187 답 4쌍
서로 평행한 두 면은 면 ABCDEF와 면 GHIJKL, 면 ABHG와 면 EDJK, 면 BHIC와 면 FLKE, 면 CIJD와 면 AGLF의 4쌍이다.

0188 답 ③
③ 면 ADGC와 수직인 면은 면 ABC, 면 AED, 면 DEFG, 면 BFGC의 4개이다.
④ 면 BEF와 평행한 모서리는 $\overline{AC}, \overline{AD}, \overline{CG}, \overline{DG}$의 4개이다.
따라서 옳지 않은 것은 ③이다.

0189 답 (1) 면 ABCD, 면 AEHD (2) $\overline{CD}, \overline{GH}$

0190 답 2
모서리 BE와 꼬인 위치에 있는 모서리는 $\overline{AC}, \overline{DF}$의 2개이다.

0191 답 10
$\overleftrightarrow{FI}$와 꼬인 위치에 있는 직선은 $\overleftrightarrow{AB}, \overleftrightarrow{AE}, \overleftrightarrow{CD}, \overleftrightarrow{GH}, \overleftrightarrow{GJ}$의 5개이므로
$a=5$
평면 GHIJ와 평행한 직선은 $\overleftrightarrow{AB}, \overleftrightarrow{BC}, \overleftrightarrow{CD}, \overleftrightarrow{DE}, \overleftrightarrow{AE}$의 5개이므로
$b=5$
$\therefore a+b=5+5=10$

0192 답 ①, ④
주어진 전개도로 정육면체를 만들면 오른쪽 그림과 같다.
②, ⑤ 모서리 AB와 한 점에서 만난다.
③ 모서리 AB와 평행하다.
따라서 모서리 AB와 꼬인 위치에 있는 모서리는 ①, ④이다.

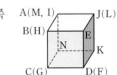

0193 답 ②
주어진 전개도로 삼각뿔을 만들면 오른쪽 그림과 같다.
①, ③, ④ 모서리 AF와 한 점에서 만난다.
⑤ 모서리 AF와 일치한다.
따라서 모서리 AF와 만나지 않는 모서리는 ②이다.

만렙 Note

삼각뿔에서 한 모서리와 만나지 않는 모서리는 그 모서리와 꼬인 위치에 있는 모서리이다.

0194 답 ⑤

주어진 전개도로 정육면체를 만들면 오른쪽 그림과 같다.

따라서 면 B와 평행한 면은 면 F이다.

0195 답 ③

주어진 전개도로 삼각기둥을 만들면 오른쪽 그림과 같다.

③ 모서리 AB는 면 HEFG에 포함된다.

0196 답 ②

주어진 전개도로 정육면체 모양의 주사위를 만들면 오른쪽 그림과 같다.

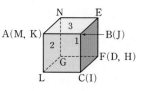

a가 적힌 면과 평행한 면은 3이 적힌 면 ABEN이므로
$a=7-3=4$

b가 적힌 면과 평행한 면은 2가 적힌 면 MLGN이므로
$b=7-2=5$

c가 적힌 면과 평행한 면은 1이 적힌 면 NGFE이므로
$c=7-1=6$

$\therefore a+b-c=4+5-6=3$

0197 답 ①, ④

① $l /\!/ m$, $l \perp P$이면 오른쪽 그림과 같이 $m \perp P$이다.

② $l \perp m$, $l \perp P$이면 오른쪽 그림과 같이 직선 m이 평면 P에 포함되거나 $m /\!/ P$이다.

③ $l \perp m$, $m /\!/ P$이면 직선 l과 평면 P는 오른쪽 그림과 같이 평행하거나 한 점에서 만난다.

④ $l \perp P$, $m \perp P$이면 오른쪽 그림과 같이 $l /\!/ m$이다.

⑤ $l \perp P$, $m /\!/ P$이면 두 직선 l, m은 오른쪽 그림과 같이 한 점에서 만나거나 꼬인 위치에 있다.

따라서 옳은 것은 ①, ④이다.

0198 답 ㄱ, ㄷ

ㄱ. 한 직선에 수직인 서로 다른 두 평면은 오른쪽 그림과 같이 평행하다.

ㄴ. 한 직선에 평행한 서로 다른 두 평면은 오른쪽 그림과 같이 평행하거나 한 직선에서 만난다.

평행하다. 한 직선에서 만난다.

ㄷ. 한 평면에 수직인 서로 다른 두 직선은 오른쪽 그림과 같이 평행하다.

ㄹ. 한 평면에 평행한 서로 다른 두 직선은 다음 그림과 같이 평행하거나 한 점에서 만나거나 꼬인 위치에 있다.

평행하다. 한 점에서 만난다. 꼬인 위치에 있다.

따라서 항상 평행한 것은 ㄱ, ㄷ이다.

만렙 Note

항상 평행한 위치 관계

(1) 한 직선에 평행한 서로 다른 두 직선
(2) 한 평면에 수직인 서로 다른 두 직선
(3) 한 평면에 평행한 서로 다른 두 평면
(4) 한 직선에 수직인 서로 다른 두 평면

0199 답 ③, ④

① $l /\!/ m$, $l /\!/ n$이면 오른쪽 그림과 같이 $m /\!/ n$이다.

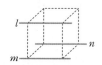

② $l \perp m$, $m \perp n$이면 두 직선 l, n은 다음 그림과 같이 평행하거나 한 점에서 만나거나 꼬인 위치에 있다.

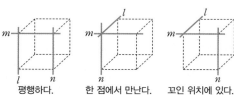

평행하다. 한 점에서 만난다. 꼬인 위치에 있다.

③ $P /\!/ Q$, $Q /\!/ R$이면 오른쪽 그림과 같이 $P /\!/ R$이다.

④ $P /\!/ Q$, $P \perp R$이면 오른쪽 그림과 같이 $Q \perp R$이다.

⑤ $P \perp Q$, $P \perp R$이면 두 평면 Q, R는 오른쪽 그림과 같이 평행하거나 한 직선에서 만난다.

평행하다. 한 직선에서 만난다.

따라서 옳은 것은 ③, ④이다.

0200 답 ②, ③

① $\angle a$의 동위각은 $\angle e$와 $\angle g$이다.
④ $\angle e$와 $\angle h$는 동위각이다.
⑤ $\angle a$의 크기와 $\angle f$의 크기가 같은지는 알 수 없다.

따라서 옳은 것은 ②, ③이다.

0201 답 ④

① $80° + \angle a = 180°$이므로 $\angle a = 180° - 80° = 100°$

② $\angle b$의 동위각의 크기는 $120°$이다.

③ $\angle c$의 엇각은 $\angle d$이고 $\angle d + 120° = 180°$이므로
$\angle d = 180° - 120° = 60°$

④ $\angle e$의 엇각은 $\angle b$이고 $80° + \angle b = 180°$이므로
$\angle b = 180° - 80° = 100°$

⑤ $\angle f$의 맞꼭지각은 $\angle d$이므로 $\angle d = 60°$

따라서 옳은 것은 ④이다.

0202 답 235°

오른쪽 그림에서 $\angle x$의 엇각은 $\angle a$, $\angle b$이고

$\angle a = 180° - 75° = 105°$

$\angle b = 180° - 50° = 130°$

$\therefore \angle a + \angle b = 105° + 130° = 235°$

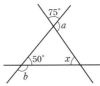

0203 답 ②

$l /\!/ m$이므로

$\angle y = 36°$ (동위각)

$\angle x + \angle y = 100°$ (동위각)이므로

$\angle x + 36° = 100°$ $\therefore \angle x = 64°$

$\therefore \angle x - \angle y = 64° - 36° = 28°$

0204 답 $\angle d$, $\angle f$, $\angle h$

$\angle d = \angle b$ (맞꼭지각)

$l /\!/ m$이므로 $\angle f = \angle b$ (동위각), $\angle h = \angle b$ (엇각)

따라서 $\angle b$와 크기가 같은 각은 $\angle d$, $\angle f$, $\angle h$이다.

0205 답 159°

오른쪽 그림에서 $l /\!/ m$이므로

$\angle x = 180° - 98° = 82°$ ······ ❶

$\angle y = 77°$ (엇각) ······ ❷

$\therefore \angle x + \angle y = 82° + 77° = 159°$ ······ ❸

채점 기준

❶ $\angle x$의 크기 구하기	40 %
❷ $\angle y$의 크기 구하기	40 %
❸ $\angle x + \angle y$의 크기 구하기	20 %

0206 답 ②

오른쪽 그림에서 $l /\!/ m$이므로

$\angle x = 180° - 115° = 65°$

$m /\!/ n$이므로 $\angle y = 115°$ (동위각)

$\therefore \angle y - \angle x = 115° - 65° = 50°$

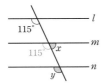

0207 답 $x = 48$, $y = 76$

오른쪽 그림에서 $l /\!/ m$이므로

$(x + 28) + (3x - 40) = 180$

$4x = 192$ $\therefore x = 48$

또 맞꼭지각의 크기는 서로 같으므로

$y = x + 28 = 48 + 28 = 76$

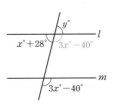

0208 답 $\angle x = 110°$, $\angle y = 70°$

오른쪽 그림에서

$\overline{AD} /\!/ \overline{BC}$이므로 $\angle x = 110°$ (동위각)

$\overline{EH} /\!/ \overline{FG}$이므로 $\angle y = 180° - 110° = 70°$

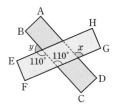

0209 답 76°

오른쪽 그림에서 $l /\!/ m$이고, 정삼각형의 한 각의 크기는 $60°$이므로

$\angle x = 38° + 60° = 98°$ (엇각) ······ ❶

또 $\angle y + 60° + \angle x = 180°$이므로

$\angle y + 60° + 98° = 180$

$\therefore \angle y = 22°$ ······ ❷

$\therefore \angle x - \angle y = 98° - 22° = 76°$ ······ ❸

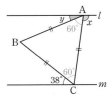

채점 기준

❶ $\angle x$의 크기 구하기	40 %
❷ $\angle y$의 크기 구하기	40 %
❸ $\angle x - \angle y$의 크기 구하기	20 %

0210 답 ②

①, ④ 동위각의 크기가 서로 같으므로 $l /\!/ m$이다.

② 오른쪽 그림에서
$\angle a = 180° - 110° = 70°$
즉, 동위각의 크기가 다르므로 두 직선 l, m은 평행하지 않다.

③ 오른쪽 그림에서
$\angle a = 180° - 100° = 80°$
즉, 엇각의 크기가 서로 같으므로 $l /\!/ m$이다.

⑤ 오른쪽 그림에서
$\angle a = 65°$ (맞꼭지각)
즉, 동위각의 크기가 서로 같으므로 $l /\!/ m$이다.

따라서 두 직선 l, m이 평행하지 않은 것은 ②이다.

0211 답 $m /\!/ n$, $p /\!/ q$

오른쪽 그림에서

$\angle a = 180° - 120° = 60°$

$\angle b = 180° - 115° = 65°$

따라서 두 직선 m, n이 직선 q와 만날 때, 동위각의 크기가 서로 같으므로 $m /\!/ n$이다.

또 두 직선 p, q가 직선 m과 만날 때, 엇각의 크기가 서로 같으므로 $p /\!/ q$이다.

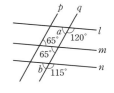

참고 • 두 직선 l, m이 직선 q와 만날 때, 동위각의 크기가 다르므로 두 직선 l, m은 평행하지 않다.

• 두 직선 l, n이 직선 q와 만날 때, 동위각의 크기가 다르므로 두 직선 l, n은 평행하지 않다.

0212 답 ③, ⑤

① 두 직선 l, m이 평행하지 않아도 맞꼭지각의 크기는 서로 같다.

② 엇각의 크기가 다르므로 두 직선 l, m은 평행하지 않다.

③ $\angle b = 180° - \angle c = 180° - 110° = 70°$

따라서 엇각의 크기가 서로 같으므로 $l \parallel m$이다.

④ 두 직선 l, m이 평행하지 않아도 $\angle e = 180° - 70° = 110°$이다.

⑤ $\angle e = 180° - 70° = 110°$이므로 $\angle d + \angle e = 180°$이면

$\angle d = 180° - \angle e = 180° - 110° = 70°$

따라서 동위각의 크기가 서로 같으므로 $l \parallel m$이다.

따라서 두 직선 l, m이 평행할 조건은 ③, ⑤이다.

0213 답 ③

③ $\angle c \neq 90°$이면 두 직선 l, m은 평행하지 않다.

④ $\angle b = \angle d$ (맞꼭지각)이므로 $\angle d = \angle f$이면

$\angle b = \angle f$

따라서 동위각의 크기가 서로 같으므로 $l \parallel m$이다.

⑤ $l \parallel m$이면 $\angle b = \angle f$ (동위각)

이때 $\angle f + \angle g = 180°$이므로 $\angle b + \angle g = 180°$

따라서 옳지 않은 것은 ③이다.

0214 답 60°

오른쪽 그림에서 삼각형의 세 각의 크기의 합은 $180°$이므로

$45° + 75° + \angle x = 180°$

$\therefore \angle x = 60°$

0215 답 35

오른쪽 그림에서 삼각형의 세 각의 크기의 합은 $180°$이므로

$50 + (2x + 15) + (x + 10) = 180$

$3x = 105 \quad \therefore x = 35$

0216 답 ④

오른쪽 그림에서 삼각형의 세 각의 크기의 합은 $180°$이므로

$\angle x + 42° + 105° = 180°$

$\therefore \angle x = 33°$

0217 답 ⑤

오른쪽 그림에서 삼각형의 세 각의 크기의 합은 $180°$이므로

$(180° - \angle y) + (180° - \angle x) + 60° = 180°$

$\therefore \angle x + \angle y = 240°$

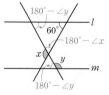

0218 답 70°

오른쪽 그림과 같이 두 직선 l, m에 평행한 직선 n을 그으면

$\angle x = 45° + 25° = 70°$

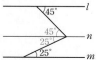

0219 답 ③

오른쪽 그림과 같이 두 직선 l, m에 평행한 직선 n을 그으면

$(2x + 10) + 30 = 130$

$2x = 90 \quad \therefore x = 45$

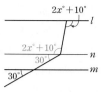

0220 답 75°

오른쪽 그림과 같이 두 직선 l, m에 평행한 직선 n을 그으면

$\angle x + 55° + 50° = 180°$

$\therefore \angle x = 75°$

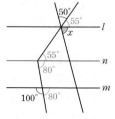

0221 답 18°

오른쪽 그림과 같이 점 B를 지나고 두 직선 l, m에 평행한 직선 n을 긋자.

$\angle CBD = \angle a$라 하면 $\angle ABC = 4\angle a$

따라서 $\angle ABD = 5\angle a$이므로

$5\angle a = 15° + 75° = 90° \quad \therefore \angle a = 18°$

$\therefore \angle CBD = 18°$

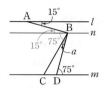

0222 답 80°

오른쪽 그림과 같이 두 직선 l, m에 평행한 직선 p, q를 그으면

$\angle x = 55° + 25° = 80°$

0223 답 ③

오른쪽 그림과 같이 두 직선 l, m에 평행한 직선 p, q를 그으면

$\angle x = 45°$ (동위각)

0224 답 ③

오른쪽 그림과 같이 두 직선 l, m에 평행한 직선 p, q를 그으면

$2\angle x + 150° = 180°$

$2\angle x = 30° \quad \therefore \angle x = 15°$

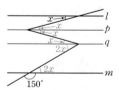

0225 답 85°

오른쪽 그림과 같이 두 직선 l, m에 평행한 직선 p, q를 그으면 …… ❶

$(\angle x - 23°) + \angle y = 62°$ …… ❷

$\therefore \angle x + \angle y = 85°$ …… ❸

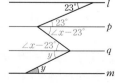

채점 기준

❶ 두 직선 l, m에 평행한 직선 긋기		20 %
❷ $\angle x$, $\angle y$에 대한 식 세우기		60 %
❸ $\angle x + \angle y$의 크기 구하기		20 %

0226 답 ②
오른쪽 그림과 같이 두 직선 l, m에 평행한
직선 p, q를 그으면
$(2x+5)+(x-14)=180$
$3x=189$ ∴ $x=63$

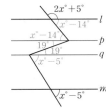

0227 답 115°
오른쪽 그림과 같이 두 직선 l, m에 평행한
직선 p, q를 그으면
$(\angle x-30°)+95°=180°$
∴ $\angle x=115°$

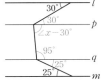

0228 답 ④
오른쪽 그림과 같이 두 직선 l, m에 평행한
직선 p, q를 그으면
$120°+(\angle x-30°)=180°$
∴ $\angle x=90°$

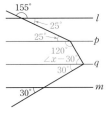

0229 답 ⑤
오른쪽 그림과 같이 두 직선 l, m에 평행한
직선 p, q를 그으면
$(\angle x-25°)+(\angle y-40°)=180°$
∴ $\angle x+\angle y=245°$

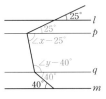

0230 답 24°
오른쪽 그림과 같이 두 직선 l, m에 평행
한 직선 p, q를 그으면
$(\angle x+20°)+86°+50°=180°$
∴ $\angle x=24°$

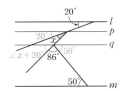

0231 답 90°
오른쪽 그림과 같이 두 직선 l, m에 평행한
직선 p, q를 그으면
$\angle x=(25°+30°)+35°=90°$

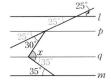

0232 답 ③
오른쪽 그림과 같이 두 직선 l, m에 평
행한 직선 p, q를 그으면
$\angle a+\angle b+\angle c+\angle d=180°$

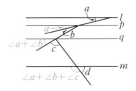

0233 답 147°
오른쪽 그림과 같이 두 직선 l, m에 평행
한 직선 p, q, r를 그으면
$\angle a+(\angle b+\angle c+\angle d+33°)=180°$
∴ $\angle a+\angle b+\angle c+\angle d=147°$

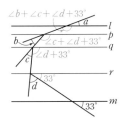

0234 답 80°
오른쪽 그림과 같이 점 C를 지나고 $\overline{BA}$,
$\overline{DE}$에 평행한 직선 l을 그으면
$45°+\angle x+55°=180°$
∴ $\angle x=80°$

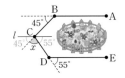

0235 답 45°
오른쪽 그림과 같이 점 C를 지나고 두 직
선 l, m에 평행한 직선 n을 긋자.
$\angle DAC=\angle a$, $\angle CBE=\angle b$라 하면
$\angle CAB=3\angle a$, $\angle ABC=3\angle b$이므로
삼각형 ACB에서
$4\angle a+4\angle b=180°$ ∴ $\angle a+\angle b=45°$
∴ $\angle ACB=\angle a+\angle b=45°$

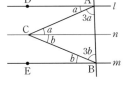

0236 답 ②
오른쪽 그림과 같이 점 C를 지나고 두 직
선 l, m에 평행한 직선 n을 긋자.
$\angle CAD=\angle a$, $\angle CBE=\angle b$라 하면
$\angle BAC=2\angle a$, $\angle ABC=2\angle b$이므로
삼각형 ABC에서
$3\angle a+3\angle b=180°$ ∴ $\angle a+\angle b=60°$
∴ $\angle ACB=\angle a+\angle b=60°$

0237 답 90°
오른쪽 그림과 같이 두 직선 l, m에 평
행한 직선 n을 긋자.
$\angle ABC=\angle a$, $\angle ADC=\angle b$라 하면
삼각형의 세 각의 크기의 합이 180°이므로
$2\angle a+2\angle b=180°$ ∴ $\angle a+\angle b=90°$
∴ $\angle x=\angle a+\angle b=90°$ (맞꼭지각)

0238 답 $\angle x=52°$, $\angle y=76°$
오른쪽 그림에서 $\angle x=180°-128°=52°$
삼각형의 세 각의 크기의 합은 180°이므로
$\angle y+2\angle x=180°$
$\angle y+104°=180°$ ∴ $\angle y=76°$

0239 답 30°
오른쪽 그림과 같이 접힌 종이의 꼭짓점 E를
지나고 $\overline{AD}$, $\overline{BF}$에 평행한 직선 l을 그으면
$\angle x+60°=90°$
∴ $\angle x=30°$

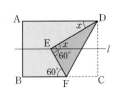

∠DFE＝∠DFC (접은 각)

$=\dfrac{1}{2}\angle EFC$

$=\dfrac{1}{2}\times(180°-60°)$

$=\dfrac{1}{2}\times120°=60°$

따라서 삼각형 DFC에서

∠FDC＝180°－(90°＋60°)＝30°이므로

∠FDE＝∠FDC＝30° (접은 각)

∴ ∠x＝90°－(30°＋30°)＝30°

0240 답 86°

∠BDC′＝∠BDC

＝47° (접은 각) ······ ❶

$\overline{AB}/\!/\overline{DC}$이므로

∠PBD＝∠BDC

＝47° (엇각) ······ ❷

따라서 삼각형 PBD에서

∠BPD＝180°－(47°＋47°)＝86° ······ ❸

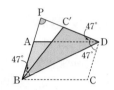

채점 기준	
❶ ∠BDC′의 크기 구하기	40 %
❷ ∠PBD의 크기 구하기	40 %
❸ ∠BPD의 크기 구하기	20 %

0241 답 ②

오른쪽 그림에서

2∠y＝72° (동위각)

∴ ∠y＝36°

2∠x＝2∠y＋64° (엇각)이므로

2∠x＝72°＋64°＝136°

∴ ∠x＝68°

∴ ∠x＋∠y＝68°＋36°＝104°

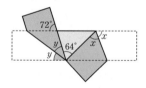

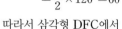 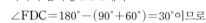

AB 유형 점검 42~44쪽

0242 답 ②

② 점 C는 직선 l 위에 있다.

0243 답 ②

$l/\!/m$, $m\perp n$이면 오른쪽 그림에서 $l\perp n$이다.

0244 답 ④

① 모서리 AB와 모서리 BC는 한 점 B에서 만나지만 수직으로 만나지는 않는다.

② 모서리 AC와 모서리 EF는 꼬인 위치에 있다.

③ 모서리 BC와 평행한 모서리는 $\overline{EF}$의 1개이다.

⑤ 모서리 BE와 모서리 DE는 한 점 E에서 만난다.

따라서 옳은 것은 ④이다.

0245 답 ③

①, ⑤ 평행하다.

②, ④ 한 점에서 만난다.

따라서 모서리 CD와 만나지도 않고 평행하지도 않은 모서리는 ③이다.

0246 답 2

면 ABCDEF에 포함된 모서리는 $\overline{AB}$, $\overline{BC}$, $\overline{CD}$, $\overline{DE}$, $\overline{EF}$, $\overline{FA}$의 6개이므로 $a=6$

모서리 DJ와 한 점에서 만나는 면은 면 ABCDEF, 면 GHIJKL의 2개이므로 $b=2$

모서리 HI와 평행한 면은 면 ABCDEF, 면 FLKE의 2개이므로 $c=2$

∴ $a-b-c=6-2-2=2$

0247 답 1

점 C와 면 ADEB 사이의 거리는 $\overline{BC}$의 길이와 같으므로 3cm이다.

∴ $a=3$

점 D와 면 BEFC 사이의 거리는 $\overline{DE}$의 길이와 같고

$\overline{DE}=\overline{AB}=4\,cm$이므로 $b=4$

∴ $b-a=4-3=1$

0248 답 면 AEHD, 면 BFGC

0249 답 15

모서리 FG와 평행한 면은 면 ABC, 면 ABED의 2개이므로 $a=2$

모서리 BC와 한 점에서 만나는 면은 면 BEF, 면 CFG, 면 ABED, 면 ADGC의 4개이므로 $b=4$

면 ADGC와 수직인 면은 면 ABC, 면 ABED, 면 DEFG, 면 CFG의 4개이므로 $c=4$

모서리 CF와 꼬인 위치에 있는 모서리는 $\overline{AB}$, $\overline{AD}$, $\overline{BE}$, $\overline{DE}$, $\overline{DG}$의 5개이므로 $d=5$

∴ $a+b+c+d=2+4+4+5=15$

0250 답 (1) $\overline{NC}$, $\overline{MD}$, $\overline{JG}$
(2) $\overline{CD}(\overline{ED})$, $\overline{NM}(\overline{LM})$, $\overline{MJ}$, $\overline{DG}$

주어진 전개도로 정육면체를 만들면 오른쪽 그림과 같다.

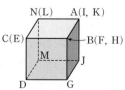

(1) 모서리 AB와 평행한 모서리는 $\overline{NC}$, $\overline{MD}$, $\overline{JG}$이다.

(2) 모서리 AB와 꼬인 위치에 있는 모서리는 $\overline{CD}(\overline{ED})$, $\overline{NM}(\overline{LM})$, $\overline{MJ}$, $\overline{DG}$이다.

0251 답 ③

ㄱ. $l/\!/P$, $m\perp P$이면 두 직선 l, m은 오른쪽 그림과 같이 한 점에서 만나거나 꼬인 위치에 있다.

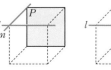
한 점에서 만난다.　꼬인 위치에 있다.

ㄴ. $l\perp P$, $l/\!/Q$이면 오른쪽 그림과 같이 $P\perp Q$이다.

ㄷ. $P/\!/Q$, $l\perp P$이면 오른쪽 그림과 같이 $l\perp Q$이다.

ㄹ. $P\perp Q$, $P/\!/R$이면 오른쪽 그림과 같이 $Q\perp R$이다.

따라서 옳은 것은 ㄴ, ㄷ이다.

0252 답 ⑤

동위각은 $\angle a$와 $\angle e$, $\angle b$와 $\angle f$, $\angle c$와 $\angle g$, $\angle d$와 $\angle h$
엇각은 $\angle c$와 $\angle e$, $\angle d$와 $\angle f$
따라서 바르게 찾은 것은 ⑤이다.

0253 답 195°

오른쪽 그림에서
$\angle x=180°-50°=130°$ (동위각)
$\angle y=180°-(65°+50°)=65°$ (엇각)
$\therefore \angle x+\angle y=130°+65°=195°$

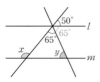

0254 답 ③

두 직선 l, n이 직선 p와 만날 때, 동위각의 크기가 93°로 같으므로 $l/\!/n$이다.
두 직선 p, q가 직선 n과 만날 때, 엇각의 크기가 87°로 같으므로 $p/\!/q$이다.

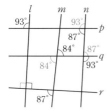

참고 · 두 직선 l, m이 직선 r와 만날 때, 엇각의 크기가 다르므로 두 직선 l, m은 평행하지 않다.
· 두 직선 m, n이 직선 q와 만날 때, 동위각의 크기가 다르므로 두 직선 m, n은 평행하지 않다.
· 두 직선 p, r가 직선 l과 만날 때, 동위각의 크기가 다르므로 두 직선 p, r는 평행하지 않다.
· 두 직선 q, r가 직선 m과 만날 때, 동위각의 크기가 다르므로 두 직선 q, r는 평행하지 않다.

0255 답 132°

오른쪽 그림과 같이 두 직선 l, m에 평행한 직선 p, q를 그으면
$(\angle x-26°)+\angle y=106°$
$\therefore \angle x+\angle y=132°$

0256 답 ③

오른쪽 그림과 같이 두 직선 l, m에 평행한 직선 p, q를 그으면
$(\angle x-20°)+60°=180°$
$\therefore \angle x=140°$

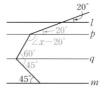

0257 답 50°

오른쪽 그림과 같이 두 직선 l, m에 평행한 직선 p, q를 그으면
$\angle x=50°$ (엇각)

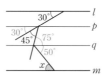

0258 답 120°

오른쪽 그림과 같이 점 C를 지나고 두 직선 l, m에 평행한 직선 n을 긋자.
$\angle BAC=\angle a$, $\angle ABC=\angle b$라 하면
$\angle DAC=2\angle a$, $\angle CBE=2\angle b$이므로
삼각형 ABC에서
$3\angle a+3\angle b=180°$　$\therefore \angle a+\angle b=60°$
$\therefore \angle x=2\angle a+2\angle b=120°$

0259 답 255°

오른쪽 그림에서 삼각형의 세 각의 크기의 합은 180°이므로
$75°+(180°-\angle x)+(180°-\angle y)=180°$ ‥‥‥ ❶
$\therefore \angle x+\angle y=255°$ ‥‥‥ ❷

채점 기준

❶ $\angle x$, $\angle y$에 대한 식 세우기	70 %
❷ $\angle x+\angle y$의 크기 구하기	30 %

0260 답 24

오른쪽 그림과 같이 두 직선 l, m에 평행한 직선 n을 그으면 ‥‥‥ ❶
$(x+15)+(4x+5)=140$ ‥‥‥ ❷
$5x=120$　$\therefore x=24$ ‥‥‥ ❸

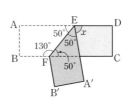

채점 기준

❶ 두 직선 l, m에 평행한 직선 긋기	20 %
❷ x에 대한 식 세우기	60 %
❸ x의 값 구하기	20 %

0261 답 80°

$\angle EFC=180°-130°=50°$
$\overline{AD}/\!/\overline{BC}$이므로
$\angle AEF=\angle EFC=50°$ (엇각) ‥‥‥ ❶
$\angle FEA'=\angle AEF$
　　$=50°$ (접은 각) ‥‥‥ ❷
따라서 $50°+50°+\angle x=180°$이므로
$\angle x=80°$ ‥‥‥ ❸

채점 기준	
❶ ∠AEF의 크기 구하기	40%
❷ ∠FEA′의 크기 구하기	30%
❸ ∠x의 크기 구하기	30%

⒞ 실력 향상
45쪽

0262 답 ②

평면 EJIMNF와 수직인 평면은 평면 AKNF, 평면 ABCDEF, 평면 DGJE, 평면 GHIJ, 평면 BLMIHC, 평면 KLMN의 6개이므로

$a=6$

평면 DGJE와 평행한 직선은 $\overleftrightarrow{AK}$, $\overleftrightarrow{KN}$, $\overleftrightarrow{FN}$, $\overleftrightarrow{AF}$, $\overleftrightarrow{BL}$, $\overleftrightarrow{LM}$, $\overleftrightarrow{IM}$, $\overleftrightarrow{HI}$, $\overleftrightarrow{CH}$, $\overleftrightarrow{BC}$의 10개이므로

$b=10$

$\therefore a+b=6+10=16$

0263 답 30°

$\angle FCD=180°-75°=105°$

$l /\!/ m$이므로

$\angle BFC=\angle x$ (엇각)

사각형 ABCD가 정사각형이므로

$\angle BDC=\dfrac{1}{2}\times 90°=45°$

따라서 삼각형 DFC에서

$45°+\angle x+105°=180°$

$\therefore \angle x=30°$

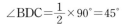

0264 답 ③

오른쪽 그림과 같이 세 직선 l, m, n에 평행한 직선 p, q를 그으면

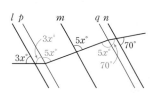

$3x+5x=160$

$8x=160$ ∴ $x=20$

$5x+70=y$이므로

$100+70=y$ ∴ $y=170$

$\therefore x+y=20+170=190$

0265 답 ③

오른쪽 그림과 같이 접힌 종이의 꼭짓점을 지나고 평행사변형의 마주 보는 두 변에 평행한 직선을 그으면

$\angle x+27°=63°$ ∴ $\angle x=36°$

$27°+2\angle y+63°=180°$이므로

$2\angle y=90°$ ∴ $\angle y=45°$

---

03 / 작도와 합동

Ⓐ 개념 확인
46~49쪽

0266 답 ㄱ, ㄹ

0267 답 ○

0268 답 ×

두 점을 이어 선분을 그릴 때에는 눈금 없는 자를 사용한다.

0269 답 ○

0270 답 ○

0271 답 ×

선분의 길이를 잴 때에는 컴퍼스를 사용한다.

0272 답 눈금 없는 자, $\overline{AB}$, C, D

0273 답 ㄹ, ㄴ, ㅁ

0274 답 $\overline{PC}$

0275 답 $\overline{CD}$

0276 답 ㄴ, ㅂ, ㄷ, ㄹ

0277 답 동위각

0278 답 ㄴ, ㅁ, ㄷ, ㅂ

㉠ 점 P를 지나는 적당한 직선을 그려 직선 l과의 교점을 Q라 한다.

㉣ 점 Q를 중심으로 적당한 원을 그려 $\overrightarrow{PQ}$, 직선 l과의 교점을 각각 A, B라 한다.

㉡ 점 P를 중심으로 반지름의 길이가 $\overline{QA}$인 원을 그려 $\overrightarrow{PQ}$와의 교점을 C라 한다.

㉤ 컴퍼스를 사용하여 $\overline{AB}$의 길이를 잰다.

㉢ 점 C를 중심으로 반지름의 길이가 $\overline{AB}$인 원을 그려 ㉡의 원과의 교점을 D라 한다.

㉥ $\overrightarrow{PD}$를 그리면 직선 l과 $\overrightarrow{PD}$는 평행하다.

따라서 작도 순서는 ㉠ → ㉣ → ㉡ → ㉤ → ㉢ → ㉥이다.

0279 답 엇각

0280 답 8 cm

0281 답 4 cm

0282 답 30°

0283 답 90°

0284 답 ○

$4<2+3$이므로 삼각형의 세 변의 길이가 될 수 있다.

0285 답 ×

$9=4+5$이므로 삼각형의 세 변의 길이가 될 수 없다.

0286 답 ×

$15>6+7$이므로 삼각형의 세 변의 길이가 될 수 없다.

0287 답 ○
9<9+9이므로 삼각형의 세 변의 길이가 될 수 있다.

0288 답 a, c, b, A

0289 답 ×
모양과 크기가 같은 두 도형이 서로 합동이다.

0290 답 ○   0291 답 ○

0292 답 ○
넓이가 같은 두 정사각형은 한 변의 길이가 같으므로 서로 합동이다.

0293 답 ○
대응하는 세 변의 길이가 각각 같으므로 합동이다. (SSS 합동)

0294 답 ×
주어진 두 변의 끼인각이 아닌 다른 각의 크기가 같으므로 합동인지 알 수 없다.

0295 답 ○
$\angle A = \angle D$, $\angle C = \angle F$이면 $\angle B = \angle E$
즉, 대응하는 한 변의 길이가 같고, 그 양 끝 각의 크기가 각각 같으므로 합동이다. (ASA 합동)

0296 답 △ABC≡△FED (SSS 합동)
△ABC와 △FED에서
$\overline{AB} = \overline{FE}$, $\overline{BC} = \overline{ED}$, $\overline{CA} = \overline{DF}$
∴ △ABC≡△FED (SSS 합동)

0297 답 △ABC≡△DFE (ASA 합동)
△ABC와 △DFE에서
$\angle A = \angle D$, $\angle C = \angle E$, $\overline{AC} = \overline{DE}$
∴ △ABC≡△DFE (ASA 합동)

0298 답 △ABC≡△EFD (SAS 합동)
△ABC와 △EFD에서
$\overline{AC} = \overline{ED}$, $\overline{BC} = \overline{FD}$, $\angle C = \angle D$
∴ △ABC≡△EFD (SAS 합동)

B 유형 완성   50~59쪽

0299 답 ②, ⑤
② 선분의 길이를 재어 다른 직선으로 옮길 때에는 컴퍼스를 사용한다.
⑤ 주어진 각과 크기가 같은 각을 작도할 때에는 눈금 없는 자와 컴퍼스를 사용한다.

0300 답 ④

0301 답 ②, ⑤

0302 답 ㄷ → ㄱ → ㄴ

0303 답 ①
$\overline{AB}$의 길이를 재어 옮길 때에는 컴퍼스를 사용한다.

0304 답 ⑺ $\overline{AB}$ ⑷ 정삼각형

만렙 Note
두 점 A, B를 중심으로 반지름의 길이가 $\overline{AB}$인 원을 각각 그리므로 $\overline{AB} = \overline{AC} = \overline{BC}$이다.
따라서 삼각형 ABC는 정삼각형이다.

0305 답 ④
① 점 C는 점 D를 중심으로 하고 반지름의 길이가 $\overline{AB}$인 원 위에 있으므로 $\overline{AB} = \overline{CD}$
② 두 점 A, B는 점 O를 중심으로 하는 같은 원 위에 있으므로 $\overline{OA} = \overline{OB}$
③ 점 D는 점 P를 중심으로 하고 반지름의 길이가 $\overline{OA}$인 원 위에 있으므로 $\overline{OA} = \overline{PD}$
⑤ $\angle XOY$와 크기가 같은 각을 작도한 것이 $\angle CPD$이므로 $\angle AOB = \angle CPD$
따라서 옳지 않은 것은 ④이다.

0306 답 ②

따라서 작도 순서는 ㄴ → ㄱ → ㄷ → ㄹ이다.

0307 답 ③
① 두 점 A, B는 점 O를 중심으로 하는 같은 원 위에 있으므로 $\overline{OA} = \overline{OB}$
② 두 점 C, D는 점 P를 중심으로 하고 반지름의 길이가 $\overline{OA}$인 원 위에 있으므로 $\overline{OA} = \overline{PC} = \overline{PD}$
④ $l // m$이므로 $\overrightarrow{OB} // \overrightarrow{PD}$
⑤ 크기가 같은 각을 작도하였으므로 $\angle AOB = \angle CPD$
따라서 옳지 않은 것은 ③이다.

0308 답 ④
ㄱ. 작도 순서는 ㄹ → ㅂ → ㄴ → ㄱ → ㅁ → ㄷ이다.
ㄷ. $\overline{PA} = \overline{CQ}$이지만 $\overline{AB} = \overline{CQ}$인지는 알 수 없다.
ㄹ. 크기가 같은 각을 작도하였으므로 $\angle APB = \angle CQD$이다.
따라서 옳은 것은 ㄴ, ㄹ이다.

0309 답 ②, ③
삼각형이 되려면 (가장 긴 변의 길이)<(다른 두 변의 길이의 합)이어야 한다.
① 8=2+6   ② 10<3+9   ③ 12<6+8
④ 18>7+9   ⑤ 19>8+10
따라서 삼각형의 세 변의 길이가 될 수 있는 것은 ②, ③이다.

0310 답 ①

x의 값을 대입하여 삼각형의 세 변의 길이를 구하면

① 1, 2, 3 ➡ 3=1+2

② 2, 3, 4 ➡ 4<2+3

③ 3, 4, 5 ➡ 5<3+4

④ 4, 5, 6 ➡ 6<4+5

⑤ 5, 6, 7 ➡ 7<5+6

따라서 x의 값이 될 수 없는 것은 ①이다.

0311 답 3

5<3+4, 7=3+4, 7<3+5, 7<4+5이므로 만들 수 있는 삼각형의 세 변의 길이의 쌍은

(3 cm, 4 cm, 5 cm), (3 cm, 5 cm, 7 cm), (4 cm, 5 cm, 7 cm)

따라서 만들 수 있는 삼각형은 3개이다.

0312 답 9

(i) 가장 긴 변의 길이가 x cm일 때, 즉 $x>10$일 때

$x<5+10$에서 $x<15$이므로

$x=11, 12, 13, 14$ ‧‧‧‧‧‧ ❶

(ii) 가장 긴 변의 길이가 10 cm일 때, 즉 $x\leq10$일 때

$10<5+x$이므로

$x=6, 7, 8, 9, 10$ ‧‧‧‧‧‧ ❷

따라서 (i), (ii)에서 자연수 x는 6, 7, 8, …, 14의 9개이다. ‧‧‧‧‧‧ ❸

채점 기준		
❶ 가장 긴 변의 길이가 x cm일 때 x의 값 구하기		40 %
❷ 가장 긴 변의 길이가 10 cm일 때 x의 값 구하기		40 %
❸ x의 값이 될 수 있는 자연수의 개수 구하기		20 %

0313 답 ②

② (나) A

0314 답 ㉢ → ㉠ → ㉡

㉢ 직선 l 위에 점 B를 잡고 점 B를 중심으로 반지름의 길이가 a인 원을 그려 직선 l과의 교점을 C라 한다.

㉠ 두 점 B, C를 중심으로 반지름의 길이가 각각 c, b인 원을 그려 두 원의 교점을 A라 한다.

㉡ $\overline{AB}$, $\overline{AC}$를 그리면 △ABC가 작도된다.

따라서 작도 순서는 ㉢ → ㉠ → ㉡이다.

0315 답 ③

한 변의 길이와 그 양 끝 각의 크기가 주어졌을 때, 다음의 두 가지 방법으로 삼각형을 작도할 수 있다.

(i) 선분을 먼저 작도한 후에 두 각을 작도한다. ➡ ④, ⑤

(ii) 한 각을 먼저 작도한 후에 선분을 작도하고 나서 다른 각을 작도한다. ➡ ①, ②

따라서 작도 순서로 옳지 않은 것은 ③이다.

0316 답 ①, ④

① 세 변의 길이가 주어졌고, 12<7+7이므로 △ABC가 하나로 정해진다.

② ∠A는 $\overline{AB}$와 $\overline{BC}$의 끼인각이 아니므로 △ABC가 하나로 정해지지 않는다.

③ ∠B는 $\overline{BC}$와 $\overline{CA}$의 끼인각이 아니므로 △ABC가 하나로 정해지지 않는다.

④ ∠C=180°−(30°+40°)=110°

즉, 한 변의 길이와 그 양 끝 각의 크기가 주어진 것과 같으므로 △ABC가 하나로 정해진다.

⑤ 세 각의 크기가 각각 같은 삼각형은 무수히 많으므로 △ABC가 하나로 정해지지 않는다.

따라서 △ABC가 하나로 정해지는 것은 ①, ④이다.

0317 답 ㄴ

ㄱ. 한 변의 길이와 그 양 끝 각의 크기가 주어졌으므로 △ABC가 하나로 정해진다.

ㄴ. ∠B는 $\overline{AB}$와 $\overline{AC}$의 끼인각이 아니므로 △ABC가 하나로 정해지지 않는다.

ㄷ. ∠B와 ∠C의 크기가 주어졌으므로 ∠A의 크기를 알 수 있다. 즉, 한 변의 길이와 그 양 끝 각의 크기가 주어진 것과 같으므로 △ABC가 하나로 정해진다.

ㄹ. 두 변의 길이와 그 끼인각의 크기가 주어졌으므로 △ABC가 하나로 정해진다.

따라서 필요한 나머지 한 조건이 아닌 것은 ㄴ이다.

0318 답 ③

① 두 변의 길이와 그 끼인각의 크기가 주어졌으므로 △ABC가 하나로 정해진다.

② 한 변의 길이와 그 양 끝 각의 크기가 주어졌으므로 △ABC가 하나로 정해진다.

③ 세 각의 크기가 각각 같은 삼각형은 무수히 많으므로 △ABC가 하나로 정해지지 않는다.

④ ∠B와 ∠C의 크기가 주어졌으므로 ∠A의 크기를 알 수 있다. 즉, 한 변의 길이와 그 양 끝 각의 크기가 주어진 것과 같으므로 △ABC가 하나로 정해진다.

⑤ 한 변의 길이와 그 양 끝 각의 크기가 주어졌으므로 △ABC가 하나로 정해진다.

따라서 필요한 조건이 아닌 것은 ③이다.

0319 답 ①, ⑤

① 세 변의 길이가 주어졌고, 8>2+5이므로 △ABC가 만들어지지 않는다.

② 세 변의 길이가 주어졌고, 5<3+5이므로 △ABC가 하나로 정해진다.

③ 두 변의 길이와 그 끼인각의 크기가 주어졌으므로 △ABC가 하나로 정해진다.

④ 한 변의 길이와 그 양 끝 각의 크기가 주어졌으므로 △ABC가 하나로 정해진다.

⑤ ∠B는 $\overline{AB}$와 $\overline{AC}$의 끼인각이 아니므로 △ABC가 하나로 정해지지 않는다.

따라서 △ABC가 하나로 정해지지 않는 것은 ①, ⑤이다.

0320 답 ③

① $\overline{AD}=\overline{EH}=2\,cm$ ② $\angle B=\angle F=80°$

③ $\angle H=\angle D=110°$ ④ $\overline{EF}=\overline{AB}=3\,cm$

⑤ $\overline{FG}=\overline{BC}=4\,cm$

따라서 옳지 않은 것은 ③이다.

0321 답 ③

③ $\overline{BC}$의 대응변은 $\overline{ED}$이므로 $\overline{BC}$의 길이는 $\overline{ED}$의 길이와 같다.

이때 $\overline{BC}$의 길이와 $\overline{EF}$의 길이가 같은지는 알 수 없다.

0322 답 ①, ⑤

① 넓이가 같은 두 원은 반지름의 길이가 같으므로 서로 합동이다.

② 오른쪽 그림과 같은 두 직사각
형은 넓이가 같지만 합동이 아
니다.

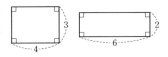

③ 오른쪽 그림과 같은 두 마름모
는 한 변의 길이가 같지만 합동
이 아니다.

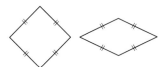

④ 오른쪽 그림과 같은 두 삼각형은 둘레
의 길이가 같지만 합동이 아니다.

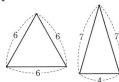

⑤ 둘레의 길이가 같은 두 정사각형은 한 변의 길이가 같으므로 서
로 합동이다.

따라서 항상 합동인 것은 ①, ⑤이다.

0323 답 78

$\overline{EF}=\overline{BC}=8\,cm$이므로 $x=8$ ······ ❶

$\angle E=\angle B=80°$이므로

$\angle D=180°-(30°+80°)=70°$ $\therefore y=70$ ······ ❷

$\therefore x+y=8+70=78$ ······ ❸

채점 기준		
❶ x의 값 구하기	40 %	
❷ y의 값 구하기	50 %	
❸ $x+y$의 값 구하기	10 %	

0324 답 ②

주어진 삼각형에서 나머지 한 각의 크기는

$180°-(40°+65°)=75°$

ㄴ. 대응하는 한 변의 길이가 같고, 그 양 끝 각의 크기가 각각 같으
므로 합동이다. (ASA 합동)

ㄷ. 대응하는 두 변의 길이가 각각 같고, 그 끼인각의 크기가 같으므
로 합동이다. (SAS 합동)

따라서 합동인 삼각형은 ㄴ, ㄷ이다.

0325 답 ③

ㄱ. 대응하는 두 변의 길이가 각각 같고, 그 끼인각의 크기가 같으므
로 합동이다. (SAS 합동)

ㄴ. $\angle A=\angle D$, $\angle B=\angle E$이면 $\angle C=\angle F$이다.

즉, 대응하는 한 변의 길이가 같고, 그 양 끝 각의 크기가 각각
같으므로 합동이다. (ASA 합동)

ㄷ. 대응하는 세 변의 길이가 각각 같으므로 합동이다. (SSS 합동)

따라서 $\triangle ABC \equiv \triangle DEF$인 것은 ㄱ, ㄴ, ㄷ이다.

0326 답 $\triangle ABC \equiv \triangle QPR$ (SSS 합동), $\triangle DEF \equiv \triangle KJL$ (SAS 합동), $\triangle GHI \equiv \triangle ONM$ (ASA 합동)

$\triangle ABC$와 $\triangle QPR$에서

$\overline{AB}=\overline{QP}$, $\overline{BC}=\overline{PR}$, $\overline{AC}=\overline{QR}$

$\therefore \triangle ABC \equiv \triangle QPR$ (SSS 합동)

$\triangle JKL$에서 $\angle J=180°-(35°+65°)=80°$

$\triangle DEF$와 $\triangle KJL$에서

$\overline{DE}=\overline{KJ}$, $\overline{EF}=\overline{JL}$, $\angle E=\angle J$

$\therefore \triangle DEF \equiv \triangle KJL$ (SAS 합동)

$\triangle GHI$에서 $\angle G=180°-(65°+80°)=35°$

$\triangle GHI$와 $\triangle ONM$에서

$\overline{GI}=\overline{OM}$, $\angle G=\angle O$, $\angle I=\angle M$

$\therefore \triangle GHI \equiv \triangle ONM$ (ASA 합동)

0327 답 ⑤

①에서 나머지 한 각의 크기는

$180°-(60°+77°)=43°$

①과 ③은 대응하는 두 변의 길이가 각각 같고, 그 끼인각의 크기가
같으므로 합동이다. (SAS 합동)

①과 ②, ①과 ④는 대응하는 한 변의 길이가 같고, 그 양 끝 각의 크
기가 각각 같으므로 합동이다. (ASA 합동)

따라서 나머지 넷과 합동이 아닌 것은 ⑤이다.

0328 답 ㄱ, ㅁ, ㅂ

ㄱ. $\overline{AC}=\overline{DF}$이면 대응하는 두 변의 길이가 각각 같고, 그 끼인각의
크기가 같으므로 합동이다. (SAS 합동)

ㅁ. $\angle B=\angle E$이면 대응하는 한 변의 길이가 같고, 그 양 끝 각의
크기가 각각 같으므로 합동이다. (ASA 합동)

ㅂ. $\angle C=\angle F$이면 $\angle B=\angle E$이다.

즉, 대응하는 한 변의 길이가 같고, 그 양 끝 각의 크기가 각각
같으므로 합동이다. (ASA 합동)

따라서 필요한 나머지 한 조건은 ㄱ, ㅁ, ㅂ이다.

0329 답 ③

$\triangle ABC$와 $\triangle DEF$에서

$\overline{AB}=\overline{DE}$, $\angle B=\angle E$, $\overline{BC}=\overline{EF}$이면

$\triangle ABC \equiv \triangle DEF$ (SAS 합동)

따라서 SAS 합동이 되기 위해 필요한 나머지 한 조건은 ③이다.

참고 ④ $\angle A=\angle D$이면 대응하는 한 변의 길이가 같고 그 양 끝 각의
크기가 같으므로 ASA 합동이 된다.

⑤ $\angle C=\angle F$이면 $\angle A=\angle D$이므로 ④의 경우와 마찬가지로 ASA
합동이 된다.

0330 답 ①, ③

① $\overline{AC}=\overline{DF}$이면 대응하는 세 변의 길이가 각각 같으므로 합동이다. (SSS 합동)

③ ∠B=∠E이면 대응하는 두 변의 길이가 각각 같고, 그 끼인각의 크기가 같으므로 합동이다. (SAS 합동)

0331 답 ①, ⑤

∠B=∠F, ∠C=∠E이면 ∠A=∠D이므로 두 삼각형에서 대응하는 한 변의 길이가 같으면 ASA 합동이 된다.

따라서 필요한 나머지 한 조건은 ①, ⑤이다.

참고 ②, ④는 대응변이 아니다.

0332 답 ④

① ∠A=∠D, ∠B=∠E이면 ∠C=∠F이다.
즉, 대응하는 한 변의 길이가 같고, 그 양 끝 각의 크기가 각각 같으므로 합동이다. (ASA 합동)

②, ⑤ 대응하는 두 변의 길이가 각각 같고, 그 끼인각의 크기가 같으므로 합동이다. (SAS 합동)

③ 대응하는 세 변의 길이가 각각 같으므로 합동이다. (SSS 합동)

따라서 필요한 조건이 아닌 것은 ④이다.

0333 답 ①

0334 답 △ABC≡△CDA (SSS 합동)

△ABC와 △CDA에서

$\overline{AB}=\overline{CD}$, $\overline{BC}=\overline{DA}$, $\overline{AC}$는 공통 ······ ❶

∴ △ABC≡△CDA (SSS 합동) ······ ❷

채점 기준	
❶ △ABC와 △CDA가 합동이 되기 위한 조건 찾기	70 %
❷ 기호 ≡를 사용하여 나타내고, 합동 조건 말하기	30 %

0335 답 ㈎ $\overline{PC}$ ㈏ $\overline{PD}$ ㈐ $\overline{CD}$ ㈑ SSS

0336 답 ㈎ $\overline{BO}$ ㈏ $\overline{DO}$ ㈐ ∠BOD ㈑ SAS

0337 답 ②

△AOD와 △COB에서

$\overline{OA}=\overline{OC}$, $\overline{OD}=\overline{OC}+\overline{CD}=\overline{OA}+\overline{AB}=\overline{OB}$ (①), ∠O는 공통

따라서 △AOD≡△COB (SAS 합동) (⑤)이므로

∠BCO=∠DAO (③), ∠OBC=∠ODA (④)

따라서 옳지 않은 것은 ②이다.

0338 답 ③

△ABM과 △DCM에서

사각형 ABCD가 직사각형이므로 $\overline{AB}=\overline{DC}$, ∠A=∠D=90°

또 $\overline{AM}=\overline{DM}$이므로

△ABM≡△DCM (SAS 합동)

∴ $\overline{BM}=\overline{CM}$ (ㄱ), ∠ABM=∠DCM (ㄹ)

따라서 옳지 않은 것은 ㄴ, ㄷ이다.

0339 답 ㈎ $\overline{BD}$ ㈏ ∠CDB ㈐ SAS ㈑ $\overline{BC}$

0340 답 ③, ⑤

① △OBC에서 $\overline{BO}=\overline{CO}$이므로

∠OBC=∠OCB

△ABC와 △DCB에서

∠ACB=∠DBC, $\overline{BC}$는 공통,

$\overline{AC}=\overline{AO}+\overline{CO}=\overline{DO}+\overline{BO}=\overline{DB}$

∴ △ABC≡△DCB (SAS 합동)

② △AOD에서 $\overline{AO}=\overline{DO}$이므로

∠OAD=∠ODA

△ABD와 △DCA에서

∠ADB=∠DAC, $\overline{AD}$는 공통, $\overline{BD}=\overline{CA}$

∴ △ABD≡△DCA (SAS 합동)

④ △ABO와 △DCO에서

∠AOB=∠DOC (맞꼭지각), $\overline{AO}=\overline{DO}$, $\overline{BO}=\overline{CO}$

∴ △ABO≡△DCO (SAS 합동)

따라서 옳지 않은 것은 ③, ⑤이다.

0341 답 ㈎ ∠DMC ㈏ 맞꼭지각 ㈐ ∠C ㈑ ASA

0342 답 ㈎ ∠AOP ㈏ ∠BPO ㈐ ASA

0343 답 250 m

△ABC와 △DEC에서

$\overline{BC}=\overline{EC}$, ∠ABC=∠DEC,

∠ACB=∠DCE (맞꼭지각)

∴ △ABC≡△DEC (ASA 합동) ······ ❶

따라서 두 지점 A, B 사이의 거리는

$\overline{AB}=\overline{DE}=250$ m ······ ❷

채점 기준	
❶ △ABC≡△DEC임을 설명하기	80 %
❷ 두 지점 A, B 사이의 거리 구하기	20 %

0344 답 ㈎ ∠CEF ㈏ ∠AED ㈐ 동위각 ㈑ ASA

0345 답 ㈎ $\overline{CE}$ ㈏ $\overline{EF}$ ㈐ ∠DEF ㈑ 엇각 ㈒ ASA

0346 답 ⑤

△ACE와 △DCB에서

△ACD와 △CBE가 정삼각형이므로

$\overline{AC}=\overline{DC}$, $\overline{CE}=\overline{CB}$ (②),

∠ACE=∠ACD+∠DCE

$=60°+∠DCE=∠DCB$ (④)

따라서 △ACE≡△DCB (SAS 합동)이므로

$\overline{AE}=\overline{DB}$ (①), ∠EAC=∠BDC (③)

따라서 옳지 않은 것은 ⑤이다.

0347 답 △CAE, SAS 합동

△ABD와 △CAE에서

$\overline{AD}=\overline{CE}$

△ABC가 정삼각형이므로

$\overline{AB}=\overline{CA}$, ∠BAD=∠ACE=60°

∴ △ABD≡△CAE (SAS 합동)

0348 답 ⑤

△ABD와 △ACE에서

△ABC와 △ADE가 정삼각형이므로

$\overline{AB}=\overline{AC}$, $\overline{AD}=\overline{AE}$,

∠BAD=∠BAC−∠DAC

    =60°−∠DAC=∠CAE (④)

따라서 △ABD≡△ACE(SAS 합동)이므로

$\overline{BD}=\overline{CE}$ (①), ∠ABD=∠ACE (②), ∠ADB=∠AEC (③)

따라서 옳지 않은 것은 ⑤이다.

0349 답 60°

△ADF, △BED, △CFE에서

$\overline{AF}=\overline{BD}=\overline{CE}$

△ABC가 정삼각형이므로

$\overline{AD}=\overline{BE}=\overline{CF}$,

∠A=∠B=∠C=60°

∴ △ADF≡△BED≡△CFE (SAS 합동) ······ ❶

따라서 $\overline{DF}=\overline{ED}=\overline{FE}$이므로 △DEF는 정삼각형이다. ······ ❷

∴ ∠DEF=60° ······ ❸

채점 기준

❶ △ADF≡△BED≡△CFE임을 설명하기	60 %
❷ △DEF가 정삼각형임을 알기	20 %
❸ ∠DEF의 크기 구하기	20 %

0350 답 ③

△BCE와 △DCF에서

사각형 ABCD와 사각형 ECFG가 정사각형이므로

$\overline{BC}=\overline{DC}$, $\overline{EC}=\overline{FC}$,

∠BCE=∠DCF=90°

따라서 △BCE≡△DCF (SAS 합동)이므로

$\overline{DF}=\overline{BE}=25$ cm

0351 답 ④

△EAB와 △EDC에서

사각형 ABCD가 정사각형이므로 $\overline{AB}=\overline{DC}$ (①)

△EBC가 정삼각형이므로 $\overline{EB}=\overline{EC}$ (②)

∠ABE=∠ABC−∠EBC=90°−60°=30°,

∠DCE=∠DCB−∠ECB=90°−60°=30°이므로

∠ABE=∠DCE=30° (③)

∴ △EAB≡△EDC (SAS 합동) (⑤)

한편 △ABE는 $\overline{AB}=\overline{EB}$인 이등변삼각형이므로

∠EAB=∠AEB

이때 ∠ABE=30°이므로

30°+2∠AEB=180°   ∴ ∠AEB=75°

∴ ∠AEB=∠DEC=75°

따라서 옳지 않은 것은 ④이다.

0352 답 90°

△ABE와 △BCF에서

$\overline{BE}=\overline{CF}$

사각형 ABCD가 정사각형이므로

$\overline{AB}=\overline{BC}$, ∠ABE=∠BCF=90°

∴ △ABE≡△BCF (SAS 합동)

△BEG에서

∠BGE=180°−(∠GBE+∠GEB)

    =180°−(∠GBE+∠BFC)=90°

∴ ∠AGF=∠BGE=90° (맞꼭지각)

0353 답 ④

컴퍼스를 사용하여 점 B를 중심으로 반지름의 길이가 $\overline{AB}$인 원을 그려 $\overline{AB}$의 연장선과의 교점을 C라 하면

$\overline{AB}=\overline{BC}$

∴ $\overline{AC}=2\overline{AB}$

0354 답 ②

㉠ 점 O를 중심으로 적당한 원을 그려 $\overrightarrow{OX}$, $\overrightarrow{OY}$와의 교점을 각각 A, B라 한다.

㉢ 점 P를 중심으로 반지름의 길이가 $\overline{OA}$인 원을 그려 $\overrightarrow{PQ}$와의 교점을 C라 한다.

㉡ 컴퍼스를 사용하여 $\overline{AB}$의 길이를 잰다.

㉣ 점 C를 중심으로 반지름의 길이가 $\overline{AB}$인 원을 그려 ㉢의 원과의 교점을 D라 한다.

㉤ $\overrightarrow{PD}$를 그리면 ∠DPQ=∠XOY이다.

따라서 작도 순서는 ㉠ → ㉢ → ㉡ → ㉣ → ㉤이다.

0355 답 ⑤

① 두 점 B, C는 점 A를 중심으로 하는 같은 원 위에 있으므로

$\overline{AB}=\overline{AC}$

② 두 점 Q, R는 점 P를 중심으로 하고 반지름의 길이가 $\overline{AB}$인 원 위에 있으므로

$\overline{AB}=\overline{PQ}=\overline{PR}$

③ 점 R는 점 Q를 중심으로 하고 반지름의 길이가 $\overline{BC}$인 원 위에 있으므로

$\overline{BC}=\overline{QR}$

④ 크기가 같은 각을 작도하였으므로

∠BAC=∠QPR

따라서 옳지 않은 것은 ⑤이다.

0356 답 ③, ④

삼각형이 되려면 (가장 긴 변의 길이)<(다른 두 변의 길이의 합)이 어야 한다.

① $7>2+3$ ② $7=3+4$ ③ $7<3+7$

④ $9<3+7$ ⑤ $12>3+7$

따라서 나머지 한 변의 길이가 될 수 있는 것은 ③, ④이다.

0357 답 ③

ⓒ → ⓔ → ⓡ 크기가 같은 각의 작도를 이용하여 ∠B를 작도한다.

ⓐ 길이가 같은 선분의 작도를 이용하여 $\overline{AB}$를 작도한다.

ⓜ 길이가 같은 선분의 작도를 이용하여 $\overline{BC}$를 작도한다.

ⓗ $\overline{AC}$를 그린다.

따라서 작도 순서는 ⓒ → ⓔ → ⓡ → ⓐ → ⓜ → ⓗ이다.

> **만렙 Note**
>
> 두 변의 길이와 그 끼인각의 크기가 주어졌을 때는 다음 두 가지 방법으로 삼각형을 작도할 수 있다.
>
> (i) 각을 먼저 작도한 후에 두 선분을 작도한다.
>   ➡ ⓒ → ⓔ → ⓡ → ⓐ → ⓜ → ⓗ
>   또는 ⓒ → ⓔ → ⓡ → ⓜ → ⓐ → ⓗ
>
> (ii) 한 선분을 먼저 작도한 후에 각을 작도하고 나서 다른 선분을 작도한다.
>   ➡ ⓜ → ⓒ → ⓔ → ⓡ → ⓐ → ⓗ

0358 답 ②, ⑤

① 세 변의 길이가 주어졌고, $10<6+6$이므로 △ABC가 하나로 정해진다.

② ∠A는 $\overline{AB}$와 $\overline{BC}$의 끼인각이 아니므로 △ABC가 하나로 정해지지 않는다.

③ 한 변의 길이와 그 양 끝 각의 크기가 주어졌으므로 △ABC가 하나로 정해진다.

④ $∠C=180°-(30°+50°)=100°$

  즉, 한 변의 길이와 그 양 끝 각의 크기가 주어진 것과 같으므로 △ABC가 하나로 정해진다.

⑤ 세 각의 크기가 각각 같은 삼각형은 무수히 많으므로 △ABC가 하나로 정해지지 않는다.

따라서 △ABC가 하나로 정해지지 않는 것은 ②, ⑤이다.

0359 답 ②, ④

① ∠A는 $\overline{AB}$와 $\overline{BC}$의 끼인각이 아니므로 △ABC가 하나로 정해지지 않는다.

② 두 변의 길이와 그 끼인각의 크기가 주어졌으므로 △ABC가 하나로 정해진다.

③ 세 변의 길이가 주어졌고, $7>4+2$이므로 △ABC가 만들어지지 않는다.

④ 세 변의 길이가 주어졌고, $7<4+4$이므로 △ABC가 하나로 정해진다.

⑤ 세 변의 길이가 주어졌고, $11=7+4$이므로 △ABC가 만들어지지 않는다.

따라서 필요한 나머지 한 조건은 ②, ④이다.

0360 답 ⑤

① $\overline{AD}=\overline{PS}=5cm$

③ $\overline{QR}=\overline{BC}=10cm$

④ $∠B=∠Q=55°$

⑤ $∠S=∠D=125°$

    ∴ $∠R=360°-(55°+100°+125°)=80°$

따라서 옳지 않은 것은 ⑤이다.

0361 답 ②, ④

ⓒ에서 나머지 한 각의 크기는

$180°-(55°+85°)=40°$

즉, ⓒ과 ⓜ은 대응하는 두 변의 길이가 각각 같고, 그 끼인각의 크기가 같으므로 합동이다. (SAS 합동)

ⓗ에서 나머지 한 각의 크기는

$180°-(65°+55°)=60°$

즉, ⓐ과 ⓗ은 대응하는 한 변의 길이가 같고, 그 양 끝 각의 크기가 각각 같으므로 합동이다. (ASA 합동)

따라서 서로 합동인 것끼리 짝 지은 것은 ②, ④이다.

0362 답 ①, ⑤

② 대응하는 한 변의 길이가 같고, 그 양 끝 각의 크기가 각각 같으므로 합동이다. (ASA 합동)

③ $∠A=∠D$, $∠B=∠E$이면 $∠C=∠F$이다.

  즉, 대응하는 한 변의 길이가 같고, 그 양 끝 각의 크기가 각각 같으므로 합동이다. (ASA 합동)

④ 대응하는 두 변의 길이가 각각 같고, 그 끼인각의 크기가 같으므로 합동이다. (SAS 합동)

따라서 필요한 조건이 아닌 것은 ①, ⑤이다.

0363 답 ④

△ABC와 △CDA에서

$\overline{AB}=\overline{CD}$, $\overline{BC}=\overline{DA}$, $\overline{AC}$는 공통

따라서 △ABC≡△CDA (SSS 합동)이므로

$∠ABC=∠CDA$ (ㄱ), $∠BAC=∠DCA$ (ㄷ),

$∠BCA=∠DAC$ (ㄹ)

따라서 옳은 것은 ㄱ, ㄷ, ㄹ이다.

0364 답 △ACD, SAS 합동

△ABE와 △ACD에서

$\overline{AB}=\overline{AC}$, $\overline{AE}=\overline{AD}$, ∠A는 공통

∴ △ABE≡△ACD (SAS 합동)

0365 답 ②

△AMB와 △DMC에서

$\overline{AM}=\overline{DM}$, $∠AMB=∠DMC$ (맞꼭지각)

$\overline{AB}/\!/\overline{CD}$이므로 $∠BAM=∠CDM$ (엇각) (⑤)

따라서 △AMB≡△DMC (ASA 합동)이므로

$\overline{AB}=\overline{DC}$ (①), $\overline{BM}=\overline{CM}$ (③),

$∠ABM=∠DCM$ (④)

따라서 옳지 않은 것은 ②이다.

0366 답 △DBA≡△ECA, △DBC≡△ECB

△DBA와 △ECA에서

∠DBA=∠ECA, $\overline{AB}=\overline{AC}$,

∠DAB=∠EAC (맞꼭지각)

∴ △DBA≡△ECA (ASA 합동) ······ ❶

△DBC와 △ECB에서

$\overline{AB}=\overline{AC}$이므로 ∠DCB=∠EBC

∠DBC=∠DBA+∠ABC

      =∠ECA+∠ACB

      =∠ECB

$\overline{BC}$는 공통

∴ △DBC≡△ECB (ASA 합동) ······ ❷

채점 기준	
❶ △DBA≡△ECA임을 설명하기	50 %
❷ △DBC≡△ECB임을 설명하기	50 %

다른 풀이

△DBC와 △ECB에서

△DBA≡△ECA이므로 $\overline{BD}=\overline{CE}$

$\overline{AB}=\overline{AC}$에서 ∠ABC=∠ACB이므로 ∠DBC=∠ECB

$\overline{BC}$는 공통

∴ △DBC≡△ECB (SAS 합동)

0367 답 120°

△ABD와 △BCE에서

$\overline{BD}=\overline{CE}$

△ABC가 정삼각형이므로

$\overline{AB}=\overline{BC}$, ∠ABD=∠BCE=60°

∴ △ABD≡△BCE (SAS 합동) ······ ❶

따라서 ∠BAD=∠CBE이므로 △ABD에서

∠PBD+∠PDB=∠BAD+∠ADB

          =180°−∠ABD

          =180°−60°

          =120° ······ ❷

채점 기준	
❶ △ABD≡△BCE임을 설명하기	50 %
❷ ∠PBD+∠PDB의 크기 구하기	50 %

0368 답 55°

△ABE와 △CBE에서

$\overline{BE}$는 공통

사각형 ABCD가 정사각형이므로

$\overline{AB}=\overline{CB}$, ∠ABE=∠CBE=45°

∴ △ABE≡△CBE (SAS 합동) ······ ❶

따라서 ∠BAE=∠BCE=∠x이므로 △ABF에서

∠x=180°−(90°+35°)=55° ······ ❷

채점 기준	
❶ △ABE≡△CBE임을 설명하기	50 %
❷ ∠x의 크기 구하기	50 %

0369 답 4

둘레의 길이가 17인 이등변삼각형에서 길이가 같은 변의 길이를
a라 하면 세 변의 길이는 각각 a, a, $17-2a$이다.

$a=1$ ➡ 1, 1, 15 ➡ 15>1+1

$a=2$ ➡ 2, 2, 13 ➡ 13>2+2

$a=3$ ➡ 3, 3, 11 ➡ 11>3+3

$a=4$ ➡ 4, 4, 9 ➡ 9>4+4

$a=5$ ➡ 5, 5, 7 ➡ 7<5+5

$a=6$ ➡ 6, 6, 5 ➡ 6<6+5

$a=7$ ➡ 7, 7, 3 ➡ 7<7+3

$a=8$ ➡ 8, 8, 1 ➡ 8<8+1

따라서 $a=5$, 6, 7, 8일 때 삼각형의 세 변의 길이가 될 수 있으므로
둘레의 길이가 17인 이등변삼각형은 4개이다.

0370 답 (1) △BAD, ASA 합동 (2) 8 cm

(1) △ACE와 △BAD에서

$\overline{AC}=\overline{BA}$

∠ACE=180°−(90°+∠EAC)=180°−∠BAE=∠BAD

∠AEC=∠BDA=90°이므로 ∠CAE=∠ABD

∴ △ACE≡△BAD (ASA 합동)

(2) (1)에서 △ACE≡△BAD이므로

$\overline{DE}=\overline{DA}+\overline{AE}=\overline{EC}+\overline{BD}=2+6=8(cm)$

0371 답 ③

△ACD와 △BCE에서

△ABC와 △ECD가 정삼각형이므로

$\overline{AC}=\overline{BC}$, $\overline{CD}=\overline{CE}$,

∠ACD=∠ACE+∠ECD=∠ACE+60°=∠BCE

∴ △ACD≡△BCE (SAS 합동)

이때 ∠ACD=180°−∠ACB=180°−60°=120°이므로

△ACD에서 ∠CAD+∠ADC=180°−120°=60°

따라서 △PBD에서

∠x=180°−(∠CBE+∠ADC)

    =180°−(∠CAD+∠ADC)

    =180°−60°=120°

0372 답 25 cm²

△OHB와 △OIC에서

사각형 ABCD가 정사각형이므로

$\overline{OB}=\overline{OC}$, ∠OBH=∠OCI=45°,

∠BOH=∠HOI−∠BOI=90°−∠BOI=∠COI

∴ △OHB≡△OIC (ASA 합동)

∴ (사각형 OHBI의 넓이)=△OHB+△OBI

                  =△OIC+△OBI=△OBC

                  =$\frac{1}{4}$×(사각형 ABCD의 넓이)

                  =$\frac{1}{4}$×10×10=25(cm²)

04 / 다각형

0373 답 ×

선분으로 둘러싸여 있지 않으므로 다각형이 아니다.

0374 답 ×

선분과 곡선으로 둘러싸여 있으므로 다각형이 아니다.

0375 답 ○

0376 답 ×

곡선으로 둘러싸여 있으므로 다각형이 아니다.

0377 답 $155°$

$180°-25°=155°$

0378 답 $120°$

$180°-60°=120°$

0379 답 ○

0380 답 ×

다각형의 한 내각에 대한 외각은 2개이다.

0381 답 ×

변이 6개인 다각형은 육각형이다.

0382 답 ×

네 내각의 크기가 같은 사각형은 직사각형이다.

0383 답 ○

삼각형의 세 변의 길이가 같으면 세 내각의 크기도 같으므로 정삼각형이다.

0384 답 ○

0385 답 **1, 2**

사각형의 한 꼭짓점에서 그을 수 있는 대각선의 개수는

$4-3=1$

사각형의 대각선의 개수는

$\dfrac{4\times(4-3)}{2}=2$

0386 답 **3, 9**

육각형의 한 꼭짓점에서 그을 수 있는 대각선의 개수는

$6-3=3$

육각형의 대각선의 개수는

$\dfrac{6\times(6-3)}{2}=9$

0387 답 **6, 27**

구각형의 한 꼭짓점에서 그을 수 있는 대각선의 개수는

$9-3=6$

구각형의 대각선의 개수는

$\dfrac{9\times(9-3)}{2}=27$

0388 답 **9, 54**

십이각형의 한 꼭짓점에서 그을 수 있는 대각선의 개수는

$12-3=9$

십이각형의 대각선의 개수는

$\dfrac{12\times(12-3)}{2}=54$

0389 답 **칠각형**

구하는 다각형을 n각형이라 하면

$\dfrac{n(n-3)}{2}=14,\ n(n-3)=28$

이때 $28=7\times4$이므로 $n=7$

따라서 칠각형이다.

0390 답 **십각형**

구하는 다각형을 n각형이라 하면

$\dfrac{n(n-3)}{2}=35,\ n(n-3)=70$

이때 $70=10\times7$이므로 $n=10$

따라서 십각형이다.

0391 답 $35°$

$\angle x=180°-(80°+65°)=35°$

0392 답 $60°$

$\angle x=180°-(30°+90°)=60°$

0393 답 $140°$

$\angle x=40°+100°=140°$

0394 답 $75°$

$30°+\angle x=105°$이므로 $\angle x=75°$

0395 답 $900°$

$180°\times(7-2)=900°$

0396 답 $1440°$

$180°\times(10-2)=1440°$

0397 답 **구각형**

구하는 다각형을 n각형이라 하면

$180°\times(n-2)=1260°,\ n-2=7$ $\therefore n=9$

따라서 구각형이다.

0398 답 **십이각형**

구하는 다각형을 n각형이라 하면

$180°\times(n-2)=1800°,\ n-2=10$ $\therefore n=12$

따라서 십이각형이다.

0399 답 (1) $540°$ (2) $145°$

(1) $180°\times(5-2)=540°$

(2) $110°+90°+100°+\angle x+95°=540°$이므로

$395°+\angle x=540°$ $\therefore \angle x=145°$

0400 답 (1) $720°$ (2) $140°$

(1) $180°\times(6-2)=720°$

(2) $\angle x+130°+110°+120°+120°+100°=720°$이므로

$\angle x+580°=720°$ $\therefore \angle x=140°$

0401 답 360°

0402 답 360°

0403 답 50°

사각형의 외각의 크기의 합은 360°이므로

$130° + 70° + \angle x + 110° = 360°$

$\angle x + 310° = 360°$ ∴ $\angle x = 50°$

0404 답 90°

오각형의 외각의 크기의 합은 360°이므로

$\angle x + 75° + 50° + 85° + 60° = 360°$

$\angle x + 270° = 360°$ ∴ $\angle x = 90°$

0405 답 135°

$\dfrac{180° \times (8-2)}{8} = 135°$

0406 답 144°

$\dfrac{180° \times (10-2)}{10} = 144°$

0407 답 정십이각형

구하는 정다각형을 정n각형이라 하면

$\dfrac{180° \times (n-2)}{n} = 150°$

$180° \times (n-2) = 150° \times n$

$30° \times n = 360°$ ∴ $n = 12$

따라서 정십이각형이다.

0408 답 정이십각형

구하는 정다각형을 정n각형이라 하면

$\dfrac{180° \times (n-2)}{n} = 162°$

$180° \times (n-2) = 162° \times n$

$18° \times n = 360°$ ∴ $n = 20$

따라서 정이십각형이다.

0409 답 40°

$\dfrac{360°}{9} = 40°$

0410 답 24°

$\dfrac{360°}{15} = 24°$

0411 답 정십팔각형

구하는 정다각형을 정n각형이라 하면

$\dfrac{360°}{n} = 20°$ ∴ $n = 18$

따라서 정십팔각형이다.

0412 답 정십이각형

구하는 정다각형을 정n각형이라 하면

$\dfrac{360°}{n} = 30°$ ∴ $n = 12$

따라서 정십이각형이다.

0413 답 ③, ④

① 곡선으로 둘러싸여 있으므로 다각형이 아니다.

②, ⑤ 평면도형이 아닌 입체도형이므로 다각형이 아니다.

따라서 다각형인 것은 ③, ④이다.

0414 답 ④

① 선분으로 둘러싸여 있지 않으므로 다각형이 아니다.

② 선분과 곡선으로 둘러싸여 있으므로 다각형이 아니다.

③ 평면도형이 아닌 입체도형이므로 다각형이 아니다.

⑤ 곡선으로 둘러싸여 있으므로 다각형이 아니다.

따라서 다각형인 것은 ④이다.

0415 답 ②

② 다각형을 이루는 각 선분을 변이라 한다.

0416 답 170°

$\angle x = 180° - 105° = 75°$

$\angle y = 180° - 85° = 95°$

∴ $\angle x + \angle y = 75° + 95° = 170°$

0417 답 ④

① $\angle x = 180° - 102° = 78°$

② $\angle x = 180° - 64° = 116°$

③ $\angle x = 180° - 82° = 98°$

④ $\angle x = 180° - 110° = 70°$

⑤ $\angle x = 180° - 47° = 133°$

따라서 $\angle x$의 크기가 가장 작은 것은 ④이다.

0418 답 $x=65$, $y=80$

$(2x-15) + x = 180$이므로

$3x = 195$ ∴ $x = 65$ ······ ❶

$(x+35) + y = 180$이므로

$100 + y = 180$ ∴ $y = 80$ ······ ❷

채점 기준	
❶ x의 값 구하기	50 %
❷ y의 값 구하기	50 %

0419 답 ①

ㄷ. 마름모는 변의 길이가 모두 같지만 정다각형은 아니다.

ㄹ. 한 꼭짓점에서 내각의 크기와 외각의 크기의 합은 180°이다.

따라서 옳은 것은 ㄱ, ㄴ이다.

0420 답 정십각형

(개)에서 10개의 선분으로 둘러싸여 있으므로 십각형이고,

(내), (대)에서 변의 길이가 모두 같고 내각의 크기가 모두 같으므로 정다각형이다.

따라서 구하는 다각형은 정십각형이다.

0421 답 ④, ⑤

④ 오른쪽 그림과 같이 정육각형에서 대각선의 길이는 다르다.

⑤ 정삼각형에서 내각의 크기는 $60°$, 외각의 크기는 $180°-60°=120°$로 서로 다르다.

참고 내각의 크기와 외각의 크기가 같은 정다각형은 정사각형뿐이다.

0422 답 ④

팔각형의 한 꼭짓점에서 그을 수 있는 대각선의 개수는
$8-3=5$ ∴ $a=5$
이때 생기는 삼각형의 개수는
$8-2=6$ ∴ $b=6$
∴ $a+b=5+6=11$

0423 답 ⑤

주어진 다각형을 n각형이라 하면
$n-3=10$ ∴ $n=13$
따라서 십삼각형의 변의 개수는 13이다.

0424 답 ②

주어진 다각형은 칠각형이므로 한 꼭짓점에서 그을 수 있는 대각선의 개수는
$7-3=4$

0425 답 ④

주어진 다각형을 n각형이라 하면
$\dfrac{n(n-3)}{2}=54$, $n(n-3)=108$
이때 $108=12\times 9$이므로 $n=12$
따라서 십이각형의 한 꼭짓점에서 대각선을 모두 그었을 때 생기는 삼각형의 개수는
$12-2=10$

0426 답 ⑤

① 오각형의 대각선의 개수는 $\dfrac{5\times(5-3)}{2}=5$

② 칠각형의 대각선의 개수는 $\dfrac{7\times(7-3)}{2}=14$

③ 팔각형의 대각선의 개수는 $\dfrac{8\times(8-3)}{2}=20$

④ 구각형의 대각선의 개수는 $\dfrac{9\times(9-3)}{2}=27$

⑤ 십삼각형의 대각선의 개수는 $\dfrac{13\times(13-3)}{2}=65$

따라서 옳지 않은 것은 ⑤이다.

0427 답 44

주어진 다각형은 십일각형이므로 대각선의 개수는
$\dfrac{11\times(11-3)}{2}=44$

0428 답 십이각형

육각형의 대각선의 개수는
$\dfrac{6\times(6-3)}{2}=\dfrac{6\times 3}{2}=9$ ······ ❶

구하는 다각형을 n각형이라 하면 한 꼭짓점에서 그을 수 있는 대각선의 개수는 $n-3$이므로
$n-3=9$ ∴ $n=12$
따라서 구하는 다각형은 십이각형이다. ······ ❷

채점 기준	
❶ 육각형의 대각선의 개수 구하기	50 %
❷ 조건을 만족시키는 다각형 구하기	50 %

0429 답 정십오각형

구하는 다각형을 n각형이라 하면 ㈎에서 대각선의 개수가 90이므로
$\dfrac{n(n-3)}{2}=90$, $n(n-3)=180$
이때 $180=15\times 12$이므로 $n=15$
㈏에서 정다각형이므로 구하는 다각형은 정십오각형이다.

0430 답 (1) 6번 (2) 9번 (3) 15번

(1) 6명의 사람이 이웃한 사람끼리만 서로 한 번씩 악수를 하는 횟수는 육각형의 변의 개수와 같으므로 6번이다.

(2) 6명의 사람이 서로 한 번씩 악수를 하되 이웃한 사람끼리는 하지 않는 횟수는 육각형의 대각선의 개수와 같으므로
$\dfrac{6\times(6-3)}{2}=9$(번)

(3) 6명의 사람이 모두 서로 한 번씩 악수를 하는 횟수는 육각형의 변의 개수와 대각선의 개수의 합과 같으므로
$6+9=15$(번)

0431 답 33

삼각형의 세 내각의 크기의 합은 $180°$이므로
$2x+40+(3x-25)=180$
$5x=165$ ∴ $x=33$

0432 답 35°

△CED에서 $\angle DCE=180°-(30°+60°)=90°$
∴ $\angle ACB=\angle DCE=90°$ (맞꼭지각)
따라서 △ABC에서
$\angle x=180°-(90°+55°)=35°$

다른 풀이

삼각형의 세 내각의 크기의 합은 $180°$이고
$\angle ACB=\angle DCE$ (맞꼭지각)이므로
$\angle x+55°=30°+60°$ ∴ $\angle x=35°$

0433 답 ②

$\overline{DE}/\!/\overline{BC}$이므로 $\angle C=\angle x$ (엇각)
따라서 △ABC에서
$\angle x=180°-(45°+75°)=60°$

다른 풀이

$\overline{DE}/\!/\overline{BC}$이므로 $\angle DAB=\angle B=75°$ (엇각)
평각의 크기는 $180°$이므로
$75°+45°+\angle x=180°$ ∴ $\angle x=60°$

0434 답 (1) 30° (2) 100°

(1) △ABC에서 $\angle ABC=180°-(50°+70°)=60°$

이때 $\overline{BD}$가 $\angle B$의 이등분선이므로

$$\angle ABD=\frac{1}{2}\angle ABC=\frac{1}{2}\times 60°=30°$$

(2) $\triangle ABD$에서 $\angle x=180°-(50°+30°)=100°$

0435 답 ②

삼각형의 세 내각의 크기의 합은 $180°$이므로

(가장 작은 내각의 크기)$=180°\times\dfrac{3}{3+4+5}$

$$=180°\times\frac{1}{4}=45°$$

0436 답 54°

$4\angle B=3\angle C$에서 $\angle C=\dfrac{4}{3}\angle B$ ...... ❶

이때 $\angle A+\angle B+\angle C=180°$이므로

$54°+\angle B+\dfrac{4}{3}\angle B=180°$

$\dfrac{7}{3}\angle B=126°$ $\therefore \angle B=54°$ ...... ❷

채점 기준	
❶ $\angle C$를 $\angle B$를 사용하여 나타내기	30 %
❷ $\angle B$의 크기 구하기	70 %

0437 답 15

$\triangle ABC$에서 $2x+50=(x+20)+3x$

$2x=30$ $\therefore x=15$

0438 답 ④

오른쪽 그림에서

$\angle x=45°+50°=95°$

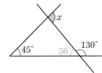

0439 답 105°

$\overleftrightarrow{AB}/\!/\overleftrightarrow{CD}$이므로 $\angle ABC=\angle BCD=40°$ (엇각) ...... ❶

따라서 $\triangle AEB$에서

$\angle x=\angle BAE+\angle ABE=65°+40°=105°$ ...... ❷

채점 기준	
❶ $\angle ABC$의 크기 구하기	40 %
❷ $\angle x$의 크기 구하기	60 %

참고 $\angle ADC=\angle BAD=65°$ (엇각)임을 이용하여 $\angle x$의 크기를 구할 수도 있다.

0440 답 118°

$\triangle DBC$에서 $\angle ADB=28°+52°=80°$

따라서 $\triangle AED$에서

$\angle x=38°+80°=118°$

0441 답 ⑤

$\triangle ABC$에서 $\angle ACE=35°+90°=125°$

따라서 $\triangle CEF$에서

$\angle x=125°+30°=155°$

참고 $\triangle DBE$에서 $\angle ADE=90°+30°=120°$임을 이용하여 $\angle x$의 크기를 구할 수도 있다.

0442 답 80°

$\angle ABD=180°-130°=50°$

$\angle BAD=\dfrac{1}{2}\angle BAC$

$=\dfrac{1}{2}\times(180°-120°)=30°$

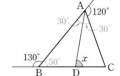

따라서 $\triangle ABD$에서

$\angle x=50°+30°=80°$

0443 답 ③

$\triangle ABG$에서 $\angle FBC=20°+45°=65°$

$\triangle FBC$에서 $\angle ECD=20°+65°=85°$

따라서 $\triangle ECD$에서

$\angle EDH=20°+85°=105°$

0444 답 125°

$\triangle ABC$에서

$\angle DAC+\angle DCA=180°-(53°+28°+44°)=55°$

따라서 $\triangle ADC$에서

$\angle x=180°-(\angle DAC+\angle DCA)$

$=180°-55°=125°$

다른 풀이

오른쪽 그림과 같이 $\overline{BD}$의 연장선을 그으면

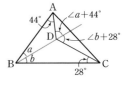

$\angle x=(\angle a+44°)+(\angle b+28°)$

$=(\angle a+\angle b)+72°$

$=53°+72°=125°$

0445 답 ⑤

오른쪽 그림과 같이 $\overline{BC}$를 그으면

$\triangle ABC$에서

$\angle DBC+\angle DCB$

$=180°-(75°+20°+35°)=50°$

따라서 $\triangle DBC$에서

$\angle x=180°-(\angle DBC+\angle DCB)$

$=180°-50°=130°$

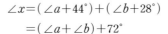

0446 답 60°

$\triangle DBC$에서 $\angle DBC+\angle DCB=180°-120°=60°$이므로

$\angle ABC+\angle ACB=2(\angle DBC+\angle DCB)$

$=2\times 60°=120°$

따라서 $\triangle ABC$에서

$\angle x=180°-(\angle ABC+\angle ACB)$

$=180°-120°=60°$

0447 답 122°

$\triangle ABC$에서 $\angle ABC+\angle ACB=180°-64°=116°$이므로

$\angle DBC+\angle DCB=\dfrac{1}{2}(\angle ABC+\angle ACB)$

$=\dfrac{1}{2}\times 116°=58°$ ...... ❶

따라서 △DBC에서
$\angle x = 180° - (\angle DBC + \angle DCB)$
$= 180° - 58° = 122°$ ...... ⓘ

0448 답 ③

△ABC에서 $\angle ABC + \angle ACB = 128°$이므로

$\angle DBC + \angle DCB = \dfrac{1}{2}(\angle ABC + \angle ACB)$

$= \dfrac{1}{2} \times 128° = 64°$

따라서 △DBC에서

$\angle x = 180° - (\angle DBC + \angle DCB)$

$= 180° - 64° = 116°$

0449 답 27°

$\angle ABD = \angle DBC = \angle a$, $\angle ACD = \angle DCE = \angle b$라 하면

△ABC에서 $2\angle b = 54° + 2\angle a$

$\therefore \angle b = 27° + \angle a$ ...... ㉠

△DBC에서 $\angle b = \angle x + \angle a$ ...... ㉡

㉠, ㉡에서 $\angle x = 27°$

0450 답 100°

$\angle ABD = \angle DBC = \angle a$, $\angle ACD = \angle DCE = \angle b$라 하면

△ABC에서 $2\angle b = \angle x + 2\angle a$

$\therefore \angle b = \dfrac{1}{2}\angle x + \angle a$ ...... ㉠

△DBC에서 $\angle b = 50° + \angle a$ ...... ㉡

㉠, ㉡에서 $\dfrac{1}{2}\angle x = 50°$ $\therefore \angle x = 100°$

0451 답 88°

$\angle ABD = \angle DBE = \angle EBP = \angle a$,

$\angle ACD = \angle DCE = \angle ECP = \angle b$라 하면

△ABC에서 $3\angle b = \angle x + 3\angle a$

$\therefore \angle b = \dfrac{1}{3}\angle x + \angle a$ ...... ㉠

△DBC에서 $2\angle b = 44° + 2\angle a$

$\angle b = 22° + \angle a$ ...... ㉡

㉠, ㉡에서 $\dfrac{1}{3}\angle x = 22°$ $\therefore \angle x = 66°$

△EBC에서 $\angle b = \angle y + \angle a$ ...... ㉢

㉡, ㉢에서 $\angle y = 22°$

$\therefore \angle x + \angle y = 66° + 22° = 88°$

0452 답 120°

△ABC에서 $\angle ACB = \angle B = 40°$

$\therefore \angle CAD = 40° + 40° = 80°$

△ACD에서 $\angle D = \angle CAD = 80°$

따라서 △BCD에서

$\angle x = 40° + 80° = 120°$

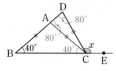

0453 답 ③

△BCD에서 $\angle BDC = \angle C = 70°$

△ABD에서 $\angle DBA = \angle A = \angle x$이므로

$\angle x + \angle x = 70°$, $2\angle x = 70°$ $\therefore \angle x = 35°$

0454 답 9°

△ABC에서 $\angle ABC = \angle C$이므로

$\angle C = \dfrac{1}{2} \times (180° - 54°) = 63°$ ...... ⓘ

△BCD에서 $\angle BDC = \angle C = 63°$ ...... ⓘ

따라서 △ABD에서

$\angle x + 54° = 63°$ $\therefore \angle x = 9°$ ...... ⓘ

0455 답 ②

△ABC에서 $\angle ACB = \angle B = \angle x$

$\therefore \angle CAD = \angle x + \angle x = 2\angle x$

△ACD에서 $\angle CDA = \angle CAD = 2\angle x$

△BCD에서 $\angle DCE = \angle x + 2\angle x = 3\angle x$

△DCE에서 $\angle DEC = \angle DCE = 3\angle x$

따라서 $3\angle x + 111° = 180°$이므로

$3\angle x = 69°$ $\therefore \angle x = 23°$

0456 답 ⑤

오른쪽 그림의 △BDF에서

$\angle ABG = 35° + 39° = 74°$

△GCE에서

$\angle AGB = 35° + 43° = 78°$

따라서 △ABG에서

$\angle x = 180° - (74° + 78°) = 28°$

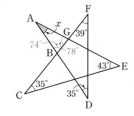

0457 답 10°

오른쪽 그림의 △ABD에서

$\angle x = 180° - (35° + 30°) = 115°$

△FBC에서

$\angle ECD = 40° + 35° = 75°$

따라서 △ECD에서

$\angle y = 75° + 30° = 105°$

$\therefore \angle x - \angle y = 115° - 105° = 10°$

0458 답 ③

오른쪽 그림의 △FCE에서

$\angle AFG = \angle b + \angle d$

△GBD에서

$\angle AGF = \angle a + \angle c$

따라서 △AFG에서

$30° + (\angle b + \angle d) + (\angle a + \angle c) = 180°$

$\therefore \angle a + \angle b + \angle c + \angle d = 150°$

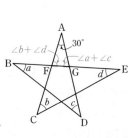

0459 답 ③

주어진 다각형을 n각형이라 하면

$\dfrac{n(n-3)}{2}=65$, $n(n-3)=130$

이때 $130=13 \times 10$이므로 $n=13$

따라서 십삼각형의 내각의 크기의 합은

$180° \times (13-2)=1980°$

0460 답 8

주어진 다각형을 n각형이라 하면

$180° \times (n-2)=1080°$, $n-2=6$ $\therefore n=8$

따라서 팔각형의 꼭짓점의 개수는 8이다.

0461 답 정십일각형

㈎에서 구하는 다각형은 정다각형이다.

구하는 다각형을 정n각형이라 하면 ㈏에서

$180° \times (n-2)=1620°$

$n-2=9$ $\therefore n=11$

따라서 구하는 다각형은 정십일각형이다.

0462 답 720°

육각형의 내부의 한 점에서 각 꼭짓점에 선분을 그으면 6개의 삼각형이 생긴다. ······ ❶

이때 내부의 한 점에 모인 각의 크기의 합은 360°이므로 육각형의 내각의 크기의 합은

$180° \times 6 - 360° = 720°$ ······ ❷

채점 기준

❶	내부의 한 점에서 각 꼭짓점에 선분을 그을 때 생기는 삼각형의 개수 구하기	30 %
❷	육각형의 내각의 크기의 합 구하기	70 %

0463 답 100

오각형의 내각의 크기의 합은 $180° \times (5-2)=540°$이므로

$(x+10)+130+100+x+100=540$

$2x=200$ $\therefore x=100$

0464 답 ②

육각형의 내각의 크기의 합은 $180° \times (6-2)=720°$이므로

$105°+120°+90°+(180°-20°)+\angle x+100°=720°$

$\therefore \angle x=145°$

0465 답 72°

오각형의 내각의 크기의 합은 $180° \times (5-2)=540°$이므로 ······ ❶

$100°+92°+70°+\angle FCD+\angle FDC+60°+110°=540°$

$\therefore \angle FCD+\angle FDC=108°$ ······ ❷

따라서 △FCD에서

$\angle x=180°-(\angle FCD+\angle FDC)$

$=180°-108°=72°$ ······ ❸

채점 기준

❶	오각형의 내각의 크기의 합 구하기	30 %
❷	$\angle FCD+\angle FDC$의 크기 구하기	40 %
❸	$\angle x$의 크기 구하기	30 %

0466 답 217°

△AGE에서 $\angle CGH=31°+29°=60°$

△FBH에서 $\angle DHG=46°+37°=83°$

사각형의 내각의 크기의 합은 360°이므로 사각형 GCDH에서

$\angle x+\angle y+83°+60°=360°$

$\therefore \angle x+\angle y=217°$

0467 답 ⑤

사각형의 내각의 크기의 합은 360°이므로 오른쪽 그림에서

$110°+55°+\angle a+60°=360°$

$\therefore \angle a=135°$

또 오각형의 내각의 크기의 합은

$180° \times (5-2)=540°$이므로

$\angle a+70°+\angle x+80°+130°=540°$

$135°+\angle x+280°=540°$ $\therefore \angle x=125°$

0468 답 96°

사각형의 내각의 크기의 합은 360°이므로 사각형 ABCD에서

$110°+82°+\angle BCD+\angle ADC=360°$

$\therefore \angle BCD+\angle ADC=168°$

$\therefore \angle ECD+\angle EDC=\dfrac{1}{2}(\angle BCD+\angle ADC)$

$=\dfrac{1}{2} \times 168°=84°$

따라서 △DEC에서

$\angle x=180°-(\angle ECD+\angle EDC)$

$=180°-84°=96°$

0469 답 ③

육각형의 외각의 크기의 합은 360°이므로

$x+50+52+(180-2x)+63+75=360$

$\therefore x=60$

0470 답 65°

사각형의 외각의 크기의 합은 360°이므로

$80°+(180°-\angle x)+95°+70°=360°$

$\therefore \angle x=65°$

0471 답 174°

오각형의 외각의 크기의 합은 360°이므로

$\angle a+(180°-127°)+83°+\angle b+50°=360°$

$\therefore \angle a+\angle b=174°$

0472 답 ③

오른쪽 그림과 같이 보조선을 그으면

$\angle a+\angle b=30°+35°=65°$

오각형의 내각의 크기의 합은

$180° \times (5-2)=540°$이므로

$105°+100°+\angle x+\angle a+\angle b+85°+110°$

$=540°$

$400°+\angle x+65°=540°$ $\therefore \angle x=75°$

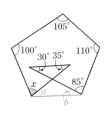

0473 답 ②

오른쪽 그림과 같이 보조선을 그으면

$\angle a + \angle b = 25° + 15° = 40°$

삼각형의 내각의 크기의 합은 $180°$이므로

$75° + 30° + \angle a + \angle b + \angle x = 180°$

$105° + 40° + \angle x = 180°$

$\therefore \angle x = 35°$

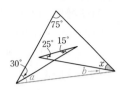

0474 답 230°

오른쪽 그림과 같이 보조선을 그으면

$\angle e + \angle f = \angle c + \angle d$

사각형의 내각의 크기의 합은 $360°$이므로

$75° + \angle a + \angle e + \angle f + \angle b + 55° = 360°$

$\angle a + \angle b + \angle e + \angle f = 230°$

$\therefore \angle a + \angle b + \angle c + \angle d = 230°$

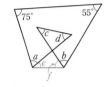

0475 답 360°

오른쪽 그림과 같이 보조선을 그으면

$\angle i + \angle j = \angle g + \angle h$,

$\angle k + \angle l = \angle c + \angle d$

$\therefore \angle a + \angle b + \angle c + \angle d + \angle e + \angle f$

$\quad + \angle g + \angle h$

$= \angle a + \angle b + \angle k + \angle l + \angle e + \angle f + \angle i + \angle j$

$= (\text{사각형의 내각의 크기의 합})$

$= 360°$

0476 답 ③

오른쪽 그림에서 사각형의 외각의 크기의

합은 $360°$이므로

$\angle a + \angle b + \angle c + \angle d + \angle e + \angle f$

$+ \angle g + 55°$

$= 360°$

$\therefore \angle a + \angle b + \angle c + \angle d + \angle e + \angle f + \angle g = 305°$

0477 답 360°

오른쪽 그림에서

$\angle x = \angle a + \angle b$, $\angle y = \angle c + \angle d$,

$\angle z = \angle e + \angle f$, $\angle v = \angle g + \angle h$,

$\angle w = \angle i + \angle j$

오각형의 외각의 크기의 합은 $360°$이므로

$\angle x + \angle y + \angle z + \angle v + \angle w = 360°$

$\therefore \angle a + \angle b + \angle c + \angle d + \angle e + \angle f + \angle g + \angle h + \angle i + \angle j$

$\quad = \angle x + \angle y + \angle z + \angle v + \angle w$

$\quad = 360°$

다른 풀이

오른쪽 그림의 $\triangle BDF$에서

$\angle EFG = \angle FBD + \angle FDB$

$\triangle ACG$에서

$\angle EGF = \angle GAC + \angle ACG$

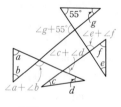

오각형의 내각의 크기의 합은 $180° \times (5-2) = 540°$이므로

$\angle a + \angle b + \angle c + \angle d + \angle e + \angle f + \angle g + \angle h + \angle i + \angle j$

$= 540° - (\angle GAC + \angle FBD + \angle ACG + \angle FDB + \angle FEG)$

$= 540° - (\angle GAC + \angle ACG + \angle FBD + \angle FDB + \angle FEG)$

$= 540° - (\angle EGF + \angle EFG + \angle FEG)$

$= 540° - 180° = 360°$

0478 답 ①, ④

① 정육각형의 한 꼭짓점에서 그을 수 있는 대각선의 개수는

$\quad 6 - 3 = 3$

② 정육각형의 대각선의 개수는 $\dfrac{6 \times (6-3)}{2} = 9$

③ 정육각형의 내각의 크기의 합은 $180° \times (6-2) = 720°$

④ 정육각형의 한 내각의 크기는 $\dfrac{180° \times (6-2)}{6} = 120°$

⑤ 정육각형의 한 외각의 크기는 $\dfrac{360°}{6} = 60°$

따라서 옳은 것은 ①, ④이다.

0479 답 186

정십각형의 한 외각의 크기는

$\dfrac{360°}{10} = 36°$ $\quad \therefore a = 36$

정십이각형의 한 내각의 크기는

$\dfrac{180° \times (12-2)}{12} = 150°$ $\quad \therefore b = 150$

$\therefore a + b = 36 + 150 = 186$

다른 풀이

정십이각형의 한 외각의 크기는 $\dfrac{360°}{12} = 30°$

따라서 정십이각형의 한 내각의 크기는 $180° - 30° = 150°$

0480 답 1080°

주어진 정다각형을 정n각형이라 하면

$\dfrac{360°}{n} = 45°$ $\quad \therefore n = 8$

따라서 정팔각형의 내각의 크기의 합은

$180° \times (8-2) = 1080°$

0481 답 정오각형

㈎에서 구하는 다각형은 정다각형이다.

한 내각의 크기와 한 외각의 크기의 합은 $180°$이므로

㈏에서 한 외각의 크기는

$180° \times \dfrac{2}{3+2} = 180° \times \dfrac{2}{5} = 72°$

구하는 정다각형을 정n각형이라 하면

$\dfrac{360°}{n} = 72°$ $\quad \therefore n = 5$

따라서 구하는 다각형은 정오각형이다.

만렙 Note

정다각형에서 한 내각의 크기와 한 외각의 크기의 비가 $a:b$이면

➡ $(\text{한 내각의 크기}) = 180° \times \dfrac{a}{a+b}$,

$(\text{한 외각의 크기}) = 180° \times \dfrac{b}{a+b}$

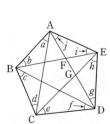

0482 답 ④

주어진 정다각형을 정n각형이라 하면

$180° \times (n-2) + 360° = 1080°$

$180° \times n = 1080°$ ∴ $n = 6$

따라서 정육각형의 한 내각의 크기는

$\dfrac{180° \times (6-2)}{6} = 120°$

0483 답 10

$\triangle BAC$는 $\overline{BA} = \overline{BC}$인 이등변삼각형이므로

$\angle BCA = \angle BAC = 18°$

∴ $\angle ABC = 180° - (18° + 18°) = 144°$

정n각형의 한 내각의 크기가 144°이므로 ...... ❶

$\dfrac{180° \times (n-2)}{n} = 144°$, $180° \times (n-2) = 144° \times n$

$36° \times n = 360°$ ∴ $n = 10$ ...... ❷

채점 기준

❶ 정n각형의 한 내각의 크기 구하기	50 %
❷ n의 값 구하기	50 %

0484 답 36°

정오각형의 한 내각의 크기는 $\dfrac{180° \times (5-2)}{5} = 108°$

$\triangle ABC$는 $\overline{BA} = \overline{BC}$인 이등변삼각형이고 $\angle ABC = 108°$이므로

$\angle BAC = \dfrac{1}{2} \times (180° - 108°) = 36°$

같은 방법으로 하면 $\triangle ADE$에서 $\angle EAD = 36°$

∴ $\angle x = \angle BAE - (\angle BAC + \angle EAD)$

$= 108° - (36° + 36°) = 36°$

0485 답 ④

정오각형의 한 내각의 크기는 $\dfrac{180° \times (5-2)}{5} = 108°$

$\triangle ABC$는 $\overline{BA} = \overline{BC}$인 이등변삼각형이고 $\angle ABC = 108°$이므로

$\angle BAC = \dfrac{1}{2} \times (180° - 108°) = 36°$

같은 방법으로 하면 $\triangle ABE$에서 $\angle ABE = 36°$

따라서 $\triangle ABF$에서

$\angle x = \angle BAF + \angle ABF = 36° + 36° = 72°$

0486 답 120°

$\triangle ABP$와 $\triangle BCQ$에서

$\overline{AB} = \overline{BC}$, $\overline{BP} = \overline{CQ}$, $\angle ABP = \angle BCQ$

따라서 $\triangle ABP \equiv \triangle BCQ$ (SAS 합동)이므로

$\angle PAB = \angle QBC$

오른쪽 그림과 같이 $\overline{AP}$와 $\overline{BQ}$의 교점을 R라 하면 $\triangle ABR$에서

$\angle x = \angle RAB + \angle ABR$

$= \angle QBC + \angle ABR = \angle ABC$

따라서 $\angle x$의 크기는 정육각형의 한 내각의 크기와 같으므로

$\angle x = \dfrac{180° \times (6-2)}{6} = 120°$

0487 답 105°

$\angle x$의 크기는 정육각형의 한 외각의 크기와 정팔각형의 한 외각의 크기의 합이므로

$\angle x = \dfrac{360°}{6} + \dfrac{360°}{8} = 60° + 45° = 105°$

다른 풀이

정육각형의 한 내각의 크기는 $\dfrac{180° \times (6-2)}{6} = 120°$

정팔각형의 한 내각의 크기는 $\dfrac{180° \times (8-2)}{8} = 135°$

∴ $\angle x = 360° - (120° + 135°) = 105°$

0488 답 36°

$\angle PED$와 $\angle PDE$는 정오각형의 한 외각이므로

$\angle PED = \angle PDE = \dfrac{360°}{5} = 72°$ ...... ❶

따라서 $\triangle EDP$에서

$\angle x = 180° - (72° + 72°) = 36°$ ...... ❷

채점 기준

❶ $\angle PED$, $\angle PDE$의 크기 구하기	50 %
❷ $\angle x$의 크기 구하기	50 %

0489 답 ③

오른쪽 그림에서 $\angle a$의 크기는 정육각형의 한 외각의 크기이므로

$\angle a = \dfrac{360°}{6} = 60°$

$\angle c$의 크기는 정오각형의 한 외각의 크기이므로

$\angle c = \dfrac{360°}{5} = 72°$

$\angle b$의 크기는 정육각형의 한 외각의 크기와 정오각형의 한 외각의 크기의 합이므로

$\angle b = 60° + 72° = 132°$

사각형의 내각의 크기의 합은 360°이므로

$\angle d = 360° - (\angle a + \angle b + \angle c)$

$= 360° - (60° + 132° + 72°) = 96°$

∴ $\angle x = 180° - \angle d = 180° - 96° = 84°$

AB 유형 점검

82~84쪽

0490 답 9

$(2x + 27) + x = 180$이므로

$3x = 153$ ∴ $x = 51$

$y = 180 - 120 = 60$

∴ $y - x = 60 - 51 = 9$

0491 답 ⑤

ㄱ. 직사각형은 내각의 크기가 모두 같지만 정다각형은 아니다.

ㄴ. 마름모는 변의 길이가 모두 같지만 내각의 크기가 모두 같은 것은 아니다.

따라서 옳은 것은 ㄷ, ㄹ이다.

0492 답 21

십이각형의 한 꼭짓점에서 그을 수 있는 대각선의 개수는

$12-3=9$ $\therefore a=9$

십이각형의 내부의 한 점에서 각 꼭짓점에 선분을 그었을 때 생기는 삼각형의 개수는 12이므로

$b=12$

$\therefore a+b=9+12=21$

0493 답 ③

주어진 다각형을 n각형이라 하면

$\dfrac{n(n-3)}{2}=20$, $n(n-3)=40$

이때 $40=8\times5$이므로 $n=8$

따라서 팔각형의 변의 개수는 8이다.

0494 답 30

$(3x-15)+(x+25)+50=180$

$4x=120$ $\therefore x=30$

0495 답 ⑤

$\triangle ABC$에서

$\angle ACD=25^\circ+40^\circ=65^\circ$

따라서 $\triangle ECD$에서

$\angle x=65^\circ+55^\circ=120^\circ$

0496 답 135°

$\angle ADB=180^\circ-85^\circ=95^\circ$

$\angle BAD=\dfrac{1}{2}\angle BAC$

$\qquad=\dfrac{1}{2}\times(180^\circ-100^\circ)=40^\circ$

따라서 $\triangle ABD$에서

$\angle x=40^\circ+95^\circ=135^\circ$

0497 답 ③

오른쪽 그림과 같이 $\overline{BC}$를 그으면

$\triangle DBC$에서

$\angle DBC+\angle DCB=180^\circ-120^\circ=60^\circ$

따라서 $\triangle ABC$에서

$55^\circ+\angle x+\angle DBC+\angle DCB+\angle y=180^\circ$

$55^\circ+\angle x+60^\circ+\angle y=180^\circ$

$\therefore \angle x+\angle y=65^\circ$

0498 답 ③

$\angle ABD=\angle DBC=\angle a$, $\angle ACD=\angle DCE=\angle b$라 하면

$\triangle ABC$에서 $2\angle b=\angle x+2\angle a$

$\therefore \angle b=\dfrac{1}{2}\angle x+\angle a$ $\cdots\cdots$ ㉠

$\triangle DBC$에서 $\angle b=36^\circ+\angle a$ $\cdots\cdots$ ㉡

㉠, ㉡에서 $\dfrac{1}{2}\angle x=36^\circ$ $\therefore \angle x=72^\circ$

0499 답 75°

$\triangle BAC$에서 $\angle BCA=\angle A=25^\circ$

$\therefore \angle CBD=25^\circ+25^\circ=50^\circ$

$\triangle DBC$에서 $\angle CDB=\angle CBD=50^\circ$

따라서 $\triangle ACD$에서

$\angle x=25^\circ+50^\circ=75^\circ$

0500 답 ④

① $\triangle ADG$에서 $\angle a=25^\circ+30^\circ=55^\circ$

② $\triangle ICF$에서 $\angle b=40^\circ+35^\circ=75^\circ$

③ $\triangle DEF$에서

$\quad\angle DFE=\angle b=75^\circ$(맞꼭지각)이므로

$\quad\angle c=180^\circ-(55^\circ+75^\circ)=50^\circ$

④ $\triangle IBE$에서 $\angle d=180^\circ-(40^\circ+50^\circ)=90^\circ$

⑤ $\triangle HFG$에서 $\angle e=75^\circ+30^\circ=105^\circ$

따라서 옳지 않은 것은 ④이다.

0501 답 1260°

주어진 다각형을 n각형이라 하면

$n-3=6$ $\therefore n=9$

따라서 구각형의 내각의 크기의 합은

$180^\circ\times(9-2)=1260^\circ$

0502 답 ②

육각형의 내각의 크기의 합은 $180^\circ\times(6-2)=720^\circ$이므로

$x+(180-40)+2x+(x+20)+(180-60)+(x+30)=720$

$5x=410$ $\therefore x=82$

0503 답 31

육각형의 외각의 크기의 합은 360°이므로

$51+(180-120)+(2x-40)+101+(180-105)+(x+20)=360$

$3x=93$ $\therefore x=31$

0504 답 540°

오른쪽 그림과 같이 보조선을 그으면

$\angle h+\angle i=\angle f+\angle g$

$\therefore \angle a+\angle b+\angle c+\angle d+\angle e+\angle f+\angle g$

$\quad=\angle a+\angle b+\angle c+\angle d+\angle e+\angle h+\angle i$

$\quad=$(오각형의 내각의 크기의 합)

$\quad=180^\circ\times(5-2)$

$\quad=540^\circ$

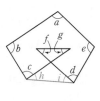

0505 답 360°

오른쪽 그림에서 $l /\!/ m$이므로

$\angle ABC=\angle b$(동위각)

$\triangle ABC$에서 $\angle ACD=\angle a+\angle b$

$\triangle EFG$에서 $\angle DEG=\angle c+\angle d$

삼각형의 외각의 크기의 합은 360°이므로

$\triangle CED$에서

$\angle a+\angle b+\angle c+\angle d+\angle e=360^\circ$

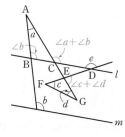

0506 답 22.5°

주어진 정다각형을 정n각형이라 하면

$180° \times (n-2) = 2520°$, $n-2 = 14$ $\therefore n = 16$

따라서 정십육각형의 한 외각의 크기는

$\dfrac{360°}{16} = 22.5°$

0507 답 90

주어진 다각형을 n각형이라 하면

$n-3 = 12$ $\therefore n = 15$

즉, 주어진 다각형은 십오각형이다. ..... ⓘ

따라서 십오각형의 대각선의 개수는

$\dfrac{15 \times (15-3)}{2} = 90$ ..... ⓘⓘ

채점 기준

ⓘ 조건을 만족시키는 다각형 구하기	50 %
ⓘⓘ 대각선의 개수 구하기	50 %

0508 답 106°

사각형의 내각의 크기의 합은 360°이므로

$112° + \angle ABC + \angle DCB + 100° = 360°$

$\therefore \angle ABC + \angle DCB = 148°$ ..... ⓘ

$\therefore \angle EBC + \angle ECB = \dfrac{1}{2}(\angle ABC + \angle DCB)$

$= \dfrac{1}{2} \times 148° = 74°$ ..... ⓘⓘ

따라서 △EBC에서

$\angle x = 180° - (\angle EBC + \angle ECB)$

$= 180° - 74° = 106°$ ..... ⓘⓘⓘ

채점 기준

ⓘ $\angle ABC + \angle DCB$의 크기 구하기	35 %
ⓘⓘ $\angle EBC + \angle ECB$의 크기 구하기	35 %
ⓘⓘⓘ $\angle x$의 크기 구하기	30 %

0509 답 1440

한 내각의 크기와 한 외각의 크기의 합은 180°이므로 한 외각의 크기는

$180° \times \dfrac{1}{5+1} = 180° \times \dfrac{1}{6} = 30°$ ..... ⓘ

주어진 정다각형을 정n각형이라 하면

$\dfrac{360°}{n} = 30°$ $\therefore n = 12$

즉, 주어진 정다각형은 정십이각형이다. ..... ⓘⓘ

정십이각형의 내각의 크기의 합은

$180° \times (12-2) = 1800°$ $\therefore a = 1800$

또 외각의 크기의 합은 360°이므로 $b = 360$ ..... ⓘⓘⓘ

$\therefore a - b = 1800 - 360 = 1440$ ..... ⓘⓥ

채점 기준

ⓘ 한 외각의 크기 구하기	30 %
ⓘⓘ 조건을 만족시키는 정다각형 구하기	20 %
ⓘⓘⓘ a, b의 값 구하기	30 %
ⓘⓥ $a-b$의 값 구하기	20 %

0510 답 44

주어진 다각형을 n각형이라 하면

$a = n-3$, $b = n-2$

이때 $a+b = 17$이므로

$(n-3) + (n-2) = 17$

$2n = 22$ $\therefore n = 11$

따라서 십일각형의 대각선의 개수는

$\dfrac{11 \times (11-3)}{2} = 44$

0511 답 53°

$\angle DBE = \angle CBE = \angle a$,

$\angle BCE = \angle FCE = \angle b$라 하면

$\angle ABC = 180° - 2 \angle a$,

$\angle ACB = 180° - 2 \angle b$

△ABC에서

$74° + (180° - 2\angle a) + (180° - 2\angle b)$

$= 180°$

$2(\angle a + \angle b) = 254°$

$\therefore \angle a + \angle b = 127°$

따라서 △BEC에서

$\angle x = 180° - (\angle a + \angle b)$

$= 180° - 127° = 53°$

0512 답 ③

$\angle ABC = 2\angle a$, $\angle CBF = \angle a$,

$\angle EDC = 2\angle b$, $\angle CDF = \angle b$라 하면

오각형의 내각의 크기의 합은

$180° \times (5-2) = 540°$이므로

오각형 ABFDE에서

$115° + 3\angle a + 45° + 3\angle b + 125° = 540°$

$3(\angle a + \angle b) = 255°$

$\therefore \angle a + \angle b = 85°$

오각형 ABCDE에서

$115° + 2\angle a + \angle x + 2\angle b + 125° = 540°$

$240° + 2(\angle a + \angle b) + \angle x = 540°$

$240° + 2 \times 85° + \angle x = 540°$

$\therefore \angle x = 130°$

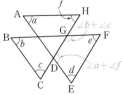

0513 답 360°

△ADH에서 $\angle GDE = \angle a + \angle f$

△BCG에서 $\angle DGF = \angle b + \angle c$

사각형의 내각의 크기의 합은 360°이므로 사각형 DEFG에서

$(\angle a + \angle f) + \angle d + \angle e + (\angle b + \angle c)$

$= 360°$

$\therefore \angle a + \angle b + \angle c + \angle d + \angle e + \angle f = 360°$

05 / 원과 부채꼴

 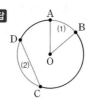

0514 답 (그림)

0515 답 (그림)

0516 답 $\overline{AB}$

0517 답 $\widehat{AD}$

0518 답 ∠COD

0519 답 ×
원의 중심을 지나는 현은 그 원의 지름이다.

0520 답 ○

0521 답 ×
원에서 현과 호로 이루어진 도형을 활꼴이라 한다.

0522 답 ×
반원은 중심각의 크기가 180°인 부채꼴이다.

0523 답 ○   **0524** 답 ○

0525 답 $\widehat{BC}$
∠AOB=∠BOC=∠COD이므로 $\widehat{AB}=\widehat{BC}=\widehat{CD}$

0526 답 2
∠BOD=2∠BOC이므로 $\widehat{BD}=2\widehat{BC}$

0527 답 2
∠AOC=2∠COD이므로
(부채꼴 AOC의 넓이)=2×(부채꼴 COD의 넓이)

0528 답 3
∠AOD=3∠BOC이므로
(부채꼴 AOD의 넓이)=3×(부채꼴 BOC의 넓이)

0529 답 2
크기가 같은 중심각에 대한 호의 길이는 같으므로 $x=2$

0530 답 80
부채꼴의 호의 길이는 중심각의 크기에 정비례하므로
$3:6=40:x$, $1:2=40:x$ ∴ $x=80$

0531 답 20
부채꼴의 넓이는 중심각의 크기에 정비례하므로
$x:10=90:45$, $x:10=2:1$ ∴ $x=20$

0532 답 25
부채꼴의 넓이는 중심각의 크기에 정비례하므로
$40:10=100:x$, $4:1=100:x$
$4x=100$ ∴ $x=25$

0533 답 9
크기가 같은 중심각에 대한 현의 길이는 같으므로
$x=9$

0534 답 120
길이가 같은 현에 대한 중심각의 크기는 같으므로
$x=120$

0535 답 8π cm, 16π cm²
(원의 둘레의 길이)=$2\pi \times 4=8\pi$(cm)
(원의 넓이)=$\pi \times 4^2=16\pi$(cm²)

0536 답 10π cm, 25π cm²
원의 반지름의 길이가 $\frac{1}{2} \times 10=5$(cm)이므로
(원의 둘레의 길이)=$2\pi \times 5=10\pi$(cm)
(원의 넓이)=$\pi \times 5^2=25\pi$(cm²)

0537 답 8 cm
원의 반지름의 길이를 r cm라 하면
$2\pi r=16\pi$ ∴ $r=8$
따라서 원의 반지름의 길이는 8 cm이다.

0538 답 10 cm
원의 반지름의 길이를 r cm라 하면
$2\pi r=20\pi$ ∴ $r=10$
따라서 원의 반지름의 길이는 10 cm이다.

0539 답 6 cm
원의 반지름의 길이를 r cm라 하면
$\pi r^2=36\pi$, $r^2=36$ ∴ $r=6$
따라서 원의 반지름의 길이는 6 cm이다.

0540 답 7 cm
원의 반지름의 길이를 r cm라 하면
$\pi r^2=49\pi$, $r^2=49$ ∴ $r=7$
따라서 원의 반지름의 길이는 7 cm이다.

0541 답 $(7\pi+14)$ cm
원의 반지름의 길이가 $\frac{1}{2} \times 14=7$(cm)이므로
(색칠한 부분의 둘레의 길이)=$2\pi \times 7 \times \frac{1}{2}+14$
$=7\pi+14$(cm)

0542 답 24π cm
(색칠한 부분의 둘레의 길이)=$2\pi \times 8+2\pi \times 4$
$=16\pi+8\pi=24\pi$(cm)

0543 답 $27\pi\,\mathrm{cm}^2$

작은 원의 반지름의 길이가 $\frac{1}{2}\times6=3(\mathrm{cm})$이므로

$$\begin{aligned}(\text{색칠한 부분의 넓이})&=\pi\times6^2-\pi\times3^2\\&=36\pi-9\pi=27\pi(\mathrm{cm}^2)\end{aligned}$$

0544 답 $14\pi\,\mathrm{cm}^2$

$$\begin{aligned}(\text{색칠한 부분의 넓이})&=\pi\times8^2\times\frac{1}{2}-\pi\times6^2\times\frac{1}{2}\\&=32\pi-18\pi=14\pi(\mathrm{cm}^2)\end{aligned}$$

0545 답 $\pi\,\mathrm{cm},\ \frac{3}{2}\pi\,\mathrm{cm}^2$

$$(\text{호의 길이})=2\pi\times3\times\frac{60}{360}=6\pi\times\frac{1}{6}=\pi(\mathrm{cm})$$

$$(\text{넓이})=\pi\times3^2\times\frac{60}{360}=9\pi\times\frac{1}{6}=\frac{3}{2}\pi(\mathrm{cm}^2)$$

0546 답 $5\pi\,\mathrm{cm},\ 15\pi\,\mathrm{cm}^2$

$$(\text{호의 길이})=2\pi\times6\times\frac{150}{360}=12\pi\times\frac{5}{12}=5\pi(\mathrm{cm})$$

$$(\text{넓이})=\pi\times6^2\times\frac{150}{360}=36\pi\times\frac{5}{12}=15\pi(\mathrm{cm}^2)$$

0547 답 $4\pi\,\mathrm{cm},\ 16\pi\,\mathrm{cm}^2$

$$(\text{호의 길이})=2\pi\times8\times\frac{90}{360}=16\pi\times\frac{1}{4}=4\pi(\mathrm{cm})$$

$$(\text{넓이})=\pi\times8^2\times\frac{90}{360}=64\pi\times\frac{1}{4}=16\pi(\mathrm{cm}^2)$$

0548 답 $12\pi\,\mathrm{cm},\ 54\pi\,\mathrm{cm}^2$

$$(\text{호의 길이})=2\pi\times9\times\frac{240}{360}=18\pi\times\frac{2}{3}=12\pi(\mathrm{cm})$$

$$(\text{넓이})=\pi\times9^2\times\frac{240}{360}=81\pi\times\frac{2}{3}=54\pi(\mathrm{cm}^2)$$

0549 답 $(\pi+8)\,\mathrm{cm}$

$$2\pi\times4\times\frac{45}{360}+4\times2=\pi+8(\mathrm{cm})$$

0550 답 $(14\pi+24)\,\mathrm{cm}$

$$2\pi\times12\times\frac{210}{360}+12\times2=14\pi+24(\mathrm{cm})$$

0551 답 $120°$

부채꼴의 중심각의 크기를 $x°$라 하면

$$2\pi\times6\times\frac{x}{360}=4\pi\qquad\therefore x=120$$

따라서 부채꼴의 중심각의 크기는 $120°$이다.

0552 답 $72°$

부채꼴의 중심각의 크기를 $x°$라 하면

$$\pi\times5^2\times\frac{x}{360}=5\pi\qquad\therefore x=72$$

따라서 부채꼴의 중심각의 크기는 $72°$이다.

0553 답 $6\pi\,\mathrm{cm}^2$

$$\frac{1}{2}\times6\times2\pi=6\pi(\mathrm{cm}^2)$$

0554 답 $27\pi\,\mathrm{cm}^2$

$$\frac{1}{2}\times9\times6\pi=27\pi(\mathrm{cm}^2)$$

0555 답 ④

③ $\overline{\mathrm{AC}}$는 원의 중심 O를 지나는 현으로 길이가 가장 긴 현이다.

④ $\overline{\mathrm{AB}}$와 $\overarc{\mathrm{AB}}$로 이루어진 도형은 활꼴이다.

따라서 옳지 않은 것은 ④이다.

0556 답 $180°$

한 원에서 부채꼴과 활꼴이 같아지는 경우는 반원일 때이므로 중심각의 크기는 $180°$이다.

0557 답 $60°$

오른쪽 그림에서 $\overline{\mathrm{OA}}=\overline{\mathrm{OB}}=\overline{\mathrm{AB}}$이므로

$\triangle\mathrm{OAB}$는 정삼각형이다.

따라서 $\overarc{\mathrm{AB}}$에 대한 중심각의 크기는

$\angle\mathrm{AOB}=60°$

0558 답 $x=45,\ y=12$

부채꼴의 호의 길이는 중심각의 크기에 정비례하므로

$4:6=30:x,\ 2:3=30:x$

$2x=90\qquad\therefore x=45$

$4:y=30:90,\ 4:y=1:3$

$\therefore y=12$

0559 답 8

부채꼴의 호의 길이는 중심각의 크기에 정비례하므로

$4:x=55:110,\ 4:x=1:2\qquad\therefore x=8$

0560 답 ②

부채꼴의 호의 길이는 중심각의 크기에 정비례하므로

$2:6=(x-10):(2x+10)$

$1:3=(x-10):(2x+10)$

$3(x-10)=2x+10$

$3x-30=2x+10\qquad\therefore x=40$

0561 답 ③

$2\angle\mathrm{AOC}=\angle\mathrm{BOC}$에서 $\angle\mathrm{AOC}:\angle\mathrm{BOC}=1:2$

부채꼴의 호의 길이는 중심각의 크기에 정비례하므로

$\overarc{\mathrm{AC}}:30=1:2$

$2\overarc{\mathrm{AC}}=30\qquad\therefore \overarc{\mathrm{AC}}=15(\mathrm{cm})$

0562 답 60 cm

원 O의 둘레의 길이를 $x\,\mathrm{cm}$라 하면 부채꼴의 호의 길이는 중심각의 크기에 정비례하므로

$5:x=30:360$ …… ❶

$5:x=1:12\qquad\therefore x=60$ …… ❷

따라서 원 O의 둘레의 길이는 60 cm이다.

채점 기준

❶ 부채꼴의 호의 길이가 중심각의 크기에 정비례함을 이용하여 비례식 세우기	60 %
❷ 원 O의 둘레의 길이 구하기	40 %

0563 답 ④

$\angle AOB : \angle BOC : \angle COA = \overset{\frown}{AB} : \overset{\frown}{BC} : \overset{\frown}{CA} = 2 : 3 : 4$

따라서 $\overset{\frown}{AB}$에 대한 중심각의 크기는

$\angle AOB = 360° \times \dfrac{2}{2+3+4} = 360° \times \dfrac{2}{9} = 80°$

0564 답 **135°**

$\overset{\frown}{AB} = 3\overset{\frown}{BC}$에서 $\overset{\frown}{AB} : \overset{\frown}{BC} = 3 : 1$이므로

$\angle AOB : \angle BOC = \overset{\frown}{AB} : \overset{\frown}{BC} = 3 : 1$

$\therefore \angle AOB = 180° \times \dfrac{3}{3+1} = 180° \times \dfrac{3}{4} = 135°$

0565 답 **27°**

$\angle AOC : \angle BOC = \overset{\frown}{AC} : \overset{\frown}{CB} = 3 : 7$이므로

$\angle BOC = 180° \times \dfrac{7}{3+7} = 180° \times \dfrac{7}{10} = 126°$

따라서 $\triangle OBC$에서 $\overline{OB} = \overline{OC}$이므로

$\angle BCO = \dfrac{1}{2} \times (180° - 126°) = 27°$

0566 답 ③

$\angle AOB + \angle COD = 180° - 92° = 88°$이고

$\angle AOB : \angle COD = \overset{\frown}{AB} : \overset{\frown}{CD} = 1 : 3$이므로

$\angle COD = 88° \times \dfrac{3}{1+3} = 88° \times \dfrac{3}{4} = 66°$

0567 답 **2 cm**

$\triangle AOB$에서 $\overline{OA} = \overline{OB}$이므로

$\angle OAB = \dfrac{1}{2} \times (180° - 120°) = 30°$

$\overline{AB} /\!/ \overline{CD}$이므로 $\angle AOC = \angle OAB = 30°$ (엇각)

따라서 $\overset{\frown}{AC} : \overset{\frown}{AB} = \angle AOC : \angle AOB$에서

$\overset{\frown}{AC} : 8 = 30 : 120$, $\overset{\frown}{AC} : 8 = 1 : 4$

$4\overset{\frown}{AC} = 8$ $\therefore \overset{\frown}{AC} = 2(\text{cm})$

0568 답 $\dfrac{1}{3}$**배**

$\triangle AOB$에서 $\overline{OA} = \overline{OB}$이므로

$\angle OAB = \dfrac{1}{2} \times (180° - 108°) = 36°$

$\overline{AB} /\!/ \overline{CD}$이므로 $\angle AOC = \angle OAB = 36°$ (엇각) ······ ❶

따라서 $\overset{\frown}{AC} : \overset{\frown}{AB} = \angle AOC : \angle AOB$에서

$\overset{\frown}{AC} : \overset{\frown}{AB} = 36 : 108$, $\overset{\frown}{AC} : \overset{\frown}{AB} = 1 : 3$

$3\overset{\frown}{AC} = \overset{\frown}{AB}$ $\therefore \overset{\frown}{AC} = \dfrac{1}{3}\overset{\frown}{AB}$

따라서 $\overset{\frown}{AC}$의 길이는 $\overset{\frown}{AB}$의 길이의 $\dfrac{1}{3}$배이다. ······ ❷

채점 기준	
❶ $\angle AOC$의 크기 구하기	50 %
❷ $\overset{\frown}{AC}$의 길이가 $\overset{\frown}{AB}$의 길이의 몇 배인지 구하기	50 %

0569 답 ⑤

$\angle BOC = \angle a$라 하면 $\overline{OC} /\!/ \overline{AB}$이므로

$\angle OBA = \angle BOC = \angle a$ (엇각)

$\triangle OAB$에서 $\overline{OA} = \overline{OB}$이므로

$\angle OAB = \angle OBA = \angle a$

$\angle AOB : \angle BOC = \overset{\frown}{AB} : \overset{\frown}{BC} = 2 : 1$이므로

$\angle AOB = 2\angle BOC = 2\angle a$

$\triangle OAB$에서 $2\angle a + \angle a + \angle a = 180°$

$4\angle a = 180°$ $\therefore \angle a = 45°$

$\therefore \angle AOB = 2\angle a = 2 \times 45° = 90°$

0570 답 ④

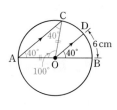

$\overline{AC} /\!/ \overline{OD}$이므로

$\angle OAC = \angle BOD = 40°$ (동위각)

오른쪽 그림과 같이 $\overline{OC}$를 그으면

$\triangle AOC$에서 $\overline{OA} = \overline{OC}$이므로

$\angle OCA = \angle OAC = 40°$

$\therefore \angle AOC = 180° - (40° + 40°) = 100°$

따라서 $\overset{\frown}{AC} : \overset{\frown}{BD} = \angle AOC : \angle BOD$에서

$\overset{\frown}{AC} : 6 = 100 : 40$, $\overset{\frown}{AC} : 6 = 5 : 2$

$2\overset{\frown}{AC} = 30$ $\therefore \overset{\frown}{AC} = 15(\text{cm})$

0571 답 **2 cm**

$\overline{OC} /\!/ \overline{BD}$이므로

$\angle OBD = \angle AOC = 20°$ (동위각)

오른쪽 그림과 같이 $\overline{OD}$를 그으면

$\triangle OBD$에서 $\overline{OB} = \overline{OD}$이므로

$\angle ODB = \angle OBD = 20°$

$\therefore \angle BOD = 180° - (20° + 20°) = 140°$

$\overline{OC} /\!/ \overline{BD}$이므로

$\angle COD = \angle ODB = 20°$ (엇각)

따라서 $\overset{\frown}{CD} : \overset{\frown}{BD} = \angle COD : \angle BOD$에서

$\overset{\frown}{CD} : 14 = 20 : 140$, $\overset{\frown}{CD} : 14 = 1 : 7$

$7\overset{\frown}{CD} = 14$ $\therefore \overset{\frown}{CD} = 2(\text{cm})$

0572 답 ①

오른쪽 그림과 같이 $\overline{OC}$를 그으면

$\triangle AOC$에서 $\overline{OA} = \overline{OC}$이므로

$\angle OCA = \angle OAC = 15°$

$\therefore \angle AOC = 180° - (15° + 15°) = 150°$

$\therefore \angle BOC = 180° - 150° = 30°$

따라서 $\overset{\frown}{AC} : \overset{\frown}{BC} = \angle AOC : \angle BOC$에서

$\overset{\frown}{AC} : 4 = 150 : 30$, $\overset{\frown}{AC} : 4 = 5 : 1$

$\therefore \overset{\frown}{AC} = 20(\text{cm})$

0573 답 **1 : 1 : 2**

$\overline{OD} /\!/ \overline{BC}$이므로

$\angle OBC = \angle AOD = 45°$ (동위각)

오른쪽 그림과 같이 $\overline{OC}$를 그으면

$\triangle OBC$에서 $\overline{OB} = \overline{OC}$이므로

$\angle OCB = \angle OBC = 45°$

$\therefore \angle BOC = 180° - (45° + 45°) = 90°$

$\overline{OD} /\!/ \overline{BC}$이므로 $\angle DOC = \angle OCB = 45°$ (엇각)

$\therefore \overset{\frown}{AD} : \overset{\frown}{DC} : \overset{\frown}{CB} = \angle AOD : \angle DOC : \angle COB$

$\qquad\qquad = 45 : 45 : 90 = 1 : 1 : 2$

0574 답 12 cm

$\overline{AE} /\!/ \overline{CD}$이므로

$\angle OAE = \angle BOD = 30°$ (동위각)

오른쪽 그림과 같이 $\overline{OE}$를 그으면

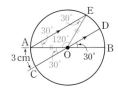

$\triangle AOE$에서 $\overline{OA} = \overline{OE}$이므로

$\angle OEA = \angle OAE = 30°$

$\therefore \angle AOE = 180° - (30° + 30°) = 120°$ ...... ➊

$\angle AOC = \angle BOD = 30°$ (맞꼭지각) ...... ➋

따라서 $\widehat{AE} : \widehat{AC} = \angle AOE : \angle AOC$에서

$\widehat{AE} : 3 = 120 : 30$, $\widehat{AE} : 3 = 4 : 1$

$\therefore \widehat{AE} = 12 \text{(cm)}$ ...... ➌

채점 기준	
➊ $\angle AOE$의 크기 구하기	40 %
➋ $\angle AOC$의 크기 구하기	20 %
➌ $\widehat{AE}$의 길이 구하기	40 %

0575 답 ③

$\angle BOC = \angle a$라 하면 $\overline{OC} /\!/ \overline{DB}$이므로

$\angle OBD = \angle BOC = \angle a$ (엇각)

오른쪽 그림과 같이 $\overline{OD}$를 그으면

$\triangle OBD$에서 $\overline{OB} = \overline{OD}$이므로

$\angle ODB = \angle OBD = \angle a$

$\therefore \angle AOD = \angle OBD + \angle ODB = \angle a + \angle a = 2\angle a$

따라서 $\widehat{AD} : \widehat{BC} = \angle AOD : \angle BOC$에서

$\widehat{AD} : 5 = 2\angle a : \angle a$, $\widehat{AD} : 5 = 2 : 1$

$\therefore \widehat{AD} = 10 \text{(cm)}$

0576 답 ⑤

① $\triangle OPC$에서 $\overline{CO} = \overline{CP}$이므로 $\angle COP = \angle P = 20°$

$\therefore \angle OCD = \angle CPO + \angle COP = 20° + 20° = 40°$

② $\triangle OCD$에서 $\overline{OC} = \overline{OD}$이므로 $\angle ODC = \angle OCD = 40°$

$\triangle OPD$에서 $\angle BOD = \angle OPD + \angle ODP = 20° + 40° = 60°$

③ $\triangle OCD$에서 $\angle COD = 180° - (40° + 40°) = 100°$

④ $\widehat{AC} : \widehat{BD} = \angle AOC : \angle BOD$에서

$\widehat{AC} : 15 = 20 : 60$, $\widehat{AC} : 15 = 1 : 3$

$3\widehat{AC} = 15$ $\therefore \widehat{AC} = 5 \text{(cm)}$

⑤ $\widehat{AC} : \widehat{CD} = \angle AOC : \angle COD$에서

$5 : \widehat{CD} = 20 : 100$, $5 : \widehat{CD} = 1 : 5$ $\therefore \widehat{CD} = 25 \text{(cm)}$

따라서 옳지 않은 것은 ⑤이다.

0577 답 12 cm

$\angle P = \angle a$라 하면 $\triangle CPO$에서 $\overline{CP} = \overline{CO}$이므로

$\angle COP = \angle P = \angle a$

$\therefore \angle OCD = \angle P + \angle COP = \angle a + \angle a = 2\angle a$

오른쪽 그림과 같이 $\overline{OD}$를 그으면

$\triangle ODC$에서 $\overline{OC} = \overline{OD}$이므로

$\angle ODC = \angle OCD = 2\angle a$

$\triangle DPO$에서

$\angle DOB = \angle P + \angle ODP = \angle a + 2\angle a = 3\angle a$

따라서 $\widehat{AC} : \widehat{BD} = \angle AOC : \angle BOD$에서

$4 : \widehat{BD} = \angle a : 3\angle a$, $4 : \widehat{BD} = 1 : 3$

$\therefore \widehat{BD} = 12 \text{(cm)}$

0578 답 32 cm

$\angle P = \angle a$라 하면 $\triangle ODP$에서 $\overline{DO} = \overline{DP}$이므로

$\angle DOP = \angle P = \angle a$

$\therefore \angle ODC = \angle P + \angle DOP = \angle a + \angle a = 2\angle a$

$\triangle OCD$에서 $\overline{OC} = \overline{OD}$이므로

$\angle OCD = \angle ODC = 2\angle a$

$\triangle OCP$에서

$\angle AOC = \angle OCP + \angle P = 2\angle a + \angle a = 3\angle a$

즉, $3\angle a = 45°$이므로 $\angle a = 15°$

따라서 $\angle BOD = 15°$이므로

$\angle COD = 180° - (45° + 15°) = 120°$

따라서 $\widehat{AC} : \widehat{CD} = \angle AOC : \angle COD$에서

$12 : \widehat{CD} = 45 : 120$

$12 : \widehat{CD} = 3 : 8$, $3\widehat{CD} = 96$

$\therefore \widehat{CD} = 32 \text{(cm)}$

0579 답 24°

부채꼴의 넓이는 중심각의 크기에 정비례하므로

$60 : 12 = 120° : \angle COD$

$5 : 1 = 120° : \angle COD$

$5\angle COD = 120°$ $\therefore \angle COD = 24°$

0580 답 ②

(부채꼴 COD의 넓이) = 4 × (부채꼴 AOB의 넓이)이므로

(부채꼴 AOB의 넓이) : (부채꼴 COD의 넓이) = 1 : 4

부채꼴의 넓이는 중심각의 크기에 정비례하므로

$1 : 4 = 2x : (4x + 40)$

$8x = 4x + 40$, $4x = 40$

$\therefore x = 10$

0581 답 120 cm²

원 O의 넓이를 $S \text{ cm}^2$라 하면 부채꼴의 넓이는 중심각의 크기에 정비례하므로

$S : 20 = 360 : 60$

$S : 20 = 6 : 1$ $\therefore S = 120$

따라서 원 O의 넓이는 120 cm^2이다.

0582 답 42 cm²

부채꼴의 넓이는 중심각의 크기에 정비례하므로 세 부채꼴 AOB, BOC, COA의 넓이의 비는 4 : 6 : 5이다. ...... ➊

따라서 부채꼴 BOC의 넓이는

$105 \times \dfrac{6}{4+6+5} = 105 \times \dfrac{2}{5} = 42 \text{(cm}^2\text{)}$ ...... ➋

채점 기준	
➊ 세 부채꼴의 넓이의 비 구하기	40 %
➋ 부채꼴 BOC의 넓이 구하기	60 %

0583 답 21 cm²

∠AOD : ∠BOE = $\overset{\frown}{AD}$: $\overset{\frown}{BE}$ = 2 : 3

부채꼴 BOE의 넓이를 S cm²라 하면 부채꼴의 넓이는 중심각의 크기에 정비례하므로

$14 : S = 2 : 3$, $2S = 42$ ∴ $S = 21$

따라서 부채꼴 BOE의 넓이는 21 cm²이다.

0584 답 108°

부채꼴의 넓이는 중심각의 크기에 정비례하므로

$5 : 25 = ∠AOB : 360°$, $1 : 5 = ∠AOB : 360°$

$5∠AOB = 360°$ ∴ $∠AOB = 72°$

따라서 △OPQ에서

$∠x + ∠y = 180° - ∠AOB = 180° - 72° = 108°$

0585 답 32°

$\overline{AB} = \overline{CD} = \overline{DE} = \overline{EF}$이므로

$∠x = ∠COD = ∠DOE = ∠EOF$

$\quad = \dfrac{1}{3}∠COF = \dfrac{1}{3} × 96° = 32°$

0586 답 26 cm

$\overset{\frown}{PQ} = \overset{\frown}{PR}$이므로 $∠POQ = ∠POR$

크기가 같은 중심각에 대한 현의 길이는 같으므로

$\overline{PR} = \overline{PQ} = 8$ cm

한 원에서 반지름의 길이는 같으므로

$\overline{OR} = \overline{OQ} = 5$ cm

따라서 색칠한 부분의 둘레의 길이는

$\overline{PQ} + \overline{PR} + \overline{OQ} + \overline{OR} = 8 + 8 + 5 + 5 = 26$ (cm)

0587 답 120°

△ABC가 정삼각형이므로 $\overline{AB} = \overline{BC} = \overline{CA}$

한 원에서 길이가 같은 현에 대한 중심각의 크기는 같으므로

$∠AOB = ∠BOC = ∠COA$

이때 $∠AOB + ∠BOC + ∠COA = 360°$이므로

$3∠AOB = 360°$ ∴ $∠AOB = 120°$

따라서 $\overset{\frown}{AB}$에 대한 중심각의 크기는 120°이다.

0588 답 5 cm

$\overline{AC} // \overline{OD}$이므로

$∠OAC = ∠BOD$ (동위각) ······ ㉠

오른쪽 그림과 같이 $\overline{OC}$를 그으면

△AOC에서 $\overline{OA} = \overline{OC}$이므로

$∠OCA = ∠OAC$ ······ ㉡

$\overline{AC} // \overline{OD}$이므로

$∠COD = ∠OCA$ (엇각) ······ ㉢

㉠, ㉡, ㉢에서 $∠COD = ∠BOD$ ······ ❶

크기가 같은 중심각에 대한 현의 길이는 같으므로

$\overline{BD} = \overline{CD} = 5$ cm ······ ❷

채점 기준

❶	$∠COD = ∠BOD$임을 보이기	70 %
❷	$\overline{BD}$의 길이 구하기	30 %

0589 답 ①, ⑤

① 부채꼴의 호의 길이는 중심각의 크기에 정비례하므로

$\overset{\frown}{AB} = 3\overset{\frown}{CD}$ ∴ $\overset{\frown}{CD} = \dfrac{1}{3}\overset{\frown}{AB}$

② 현의 길이는 중심각의 크기에 정비례하지 않으므로

$\overline{AB} \neq 3\overline{CD}$

이때 $\overline{AB} < 3\overline{CD}$이다.

③ $\overline{AB} // \overline{CD}$인지는 알 수 없다.

④ 삼각형의 넓이는 중심각의 크기에 정비례하지 않으므로

(△AOB의 넓이) ≠ 3 × (△COD의 넓이)

이때 (△AOB의 넓이) < 3 × (△COD의 넓이)이다.

⑤ 부채꼴의 넓이는 중심각의 크기에 정비례하므로

(부채꼴 AOB의 넓이) = 3 × (부채꼴 COD의 넓이)

따라서 옳은 것은 ①, ⑤이다.

0590 답 ②

② 현의 길이는 중심각의 크기에 정비례하지 않는다.

0591 답 ①, ⑤

① 부채꼴의 호의 길이는 중심각의 크기에 정비례하므로

$\overset{\frown}{AB} : \overset{\frown}{CD} = 80 : 40$

$\overset{\frown}{AB} : \overset{\frown}{CD} = 2 : 1$ ∴ $\overset{\frown}{AB} = 2\overset{\frown}{CD}$

②, ③, ⑤ 오른쪽 그림에서

$\overline{AB} < 2\overline{CD}$

(△AOB의 넓이) < 2 × (△COD의 넓이)

④ $\overline{AB} = 2\overline{OC}$인지는 알 수 없다.

따라서 옳은 것은 ①, ⑤이다.

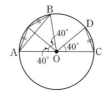

0592 답 18π cm, 27π cm²

(색칠한 부분의 둘레의 길이)

$= 2π × 9 × \dfrac{1}{2} + 2π × 6 × \dfrac{1}{2} + 2π × 3 × \dfrac{1}{2}$

$= 9π + 6π + 3π$

$= 18π$ (cm)

(색칠한 부분의 넓이) $= π × 9^2 × \dfrac{1}{2} + π × 3^2 × \dfrac{1}{2} - π × 6^2 × \dfrac{1}{2}$

$\qquad = \dfrac{81}{2}π + \dfrac{9}{2}π - 18π$

$\qquad = 27π$ (cm²)

0593 답 ②

(색칠한 부분의 넓이) $= π × 7^2 × \dfrac{1}{2} - π × 4^2 × \dfrac{1}{2} - π × 3^2 × \dfrac{1}{2}$

$\qquad = \dfrac{49}{2}π - 8π - \dfrac{9}{2}π$

$\qquad = 12π$ (cm²)

0594 답 $(88π + 240)$ m²

(트랙의 넓이)

= (지름의 길이가 26 m인 원의 넓이)

　 - (지름의 길이가 18 m인 원의 넓이) + (직사각형의 넓이) × 2

$= π × 13^2 - π × 9^2 + (30 × 4) × 2$

$= 169π - 81π + 240$

$= 88π + 240$ (m²)

0595 답 ②

작은 원의 반지름의 길이를 $r\,\mathrm{cm}$라 하면

$\pi r^2 = 9\pi$, $r^2 = 9$　　$\therefore r = 3$

즉, 작은 원의 반지름의 길이는 $3\,\mathrm{cm}$이므로 큰 원의 반지름의 길이는

$3 \times 3 = 9\,(\mathrm{cm})$

따라서 큰 원의 둘레의 길이는

$2\pi \times 9 = 18\pi\,(\mathrm{cm})$

0596 답 $7\pi\,\mathrm{cm}$, $21\pi\,\mathrm{cm}^2$

$(\text{부채꼴의 호의 길이}) = 2\pi \times 6 \times \dfrac{210}{360} = 7\pi\,(\mathrm{cm})$

$(\text{부채꼴의 넓이}) = \pi \times 6^2 \times \dfrac{210}{360} = 21\pi\,(\mathrm{cm}^2)$

0597 답 ③

부채꼴의 반지름의 길이를 $r\,\mathrm{cm}$라 하면

$2\pi r \times \dfrac{30}{360} = \pi$　　$\therefore r = 6$

즉, 부채꼴의 반지름의 길이는 $6\,\mathrm{cm}$이다.

따라서 부채꼴의 둘레의 길이는

$\pi + 6 \times 2 = \pi + 12\,(\mathrm{cm})$

0598 답 $\dfrac{15}{2}\pi\,\mathrm{cm}^2$

정오각형의 한 내각의 크기는

$\dfrac{180° \times (5-2)}{5} = 108°$　　　······ ❶

따라서 색칠한 부분의 넓이는

$\pi \times 5^2 \times \dfrac{108}{360} = \dfrac{15}{2}\pi\,(\mathrm{cm}^2)$　　　······ ❷

채점 기준	
❶ 정오각형의 한 내각의 크기 구하기	50 %
❷ 색칠한 부분의 넓이 구하기	50 %

참고 정n각형의 한 내각의 크기 ➡ $\dfrac{180° \times (n-2)}{n}$

0599 답 $\dfrac{8}{3}\pi\,\mathrm{cm}$

부채꼴의 호의 길이는 중심각의 크기에 정비례하므로

$\angle \mathrm{BOC} = 360° \times \dfrac{5}{3+5+7} = 360° \times \dfrac{1}{3} = 120°$

따라서 부채꼴 BOC의 호의 길이는

$2\pi \times 4 \times \dfrac{120}{360} = \dfrac{8}{3}\pi\,(\mathrm{cm})$

다른 풀이

원의 둘레의 길이는 $2\pi \times 4 = 8\pi\,(\mathrm{cm})$

따라서 부채꼴 BOC의 호의 길이는

$8\pi \times \dfrac{5}{3+5+7} = 8\pi \times \dfrac{1}{3} = \dfrac{8}{3}\pi\,(\mathrm{cm})$

0600 답 $90\pi\,\mathrm{cm}^2$

정삼각형의 한 내각의 크기는 $60°$이고 세 원의

반지름의 길이는 각각 $\dfrac{12}{2} = 6\,(\mathrm{cm})$이므로 색

칠한 부분의 넓이는

$\left(\pi \times 6^2 \times \dfrac{300}{360}\right) \times 3 = 30\pi \times 3 = 90\pi\,(\mathrm{cm}^2)$

6 cm

0601 답 ④

부채꼴의 호의 길이를 $l\,\mathrm{cm}$라 하면

$\dfrac{1}{2} \times 6 \times l = 24\pi$　　$\therefore l = 8\pi$

따라서 부채꼴의 호의 길이는 $8\pi\,\mathrm{cm}$이다.

다른 풀이

부채꼴의 중심각의 크기를 $x°$라 하면

$\pi \times 6^2 \times \dfrac{x}{360} = 24\pi$　　$\therefore x = 240$

즉, 부채꼴의 중심각의 크기는 $240°$이다.

따라서 부채꼴의 호의 길이는

$2\pi \times 6 \times \dfrac{240}{360} = 8\pi\,(\mathrm{cm})$

0602 답 ①

$(\text{부채꼴의 넓이}) = \dfrac{1}{2} \times 16 \times 4\pi = 32\pi\,(\mathrm{cm}^2)$

0603 답 (1) $3\,\mathrm{cm}$　(2) $120°$

(1) 부채꼴의 반지름의 길이를 $r\,\mathrm{cm}$라 하면

$\dfrac{1}{2} \times r \times 2\pi = 3\pi$　　$\therefore r = 3$

따라서 부채꼴의 반지름의 길이는 $3\,\mathrm{cm}$이다.　　　······ ❶

(2) 부채꼴의 중심각의 크기를 $x°$라 하면

$\pi \times 3^2 \times \dfrac{x}{360} = 3\pi$　　$\therefore x = 120$

따라서 부채꼴의 중심각의 크기는 $120°$이다.　　　······ ❷

채점 기준	
❶ 반지름의 길이 구하기	50 %
❷ 중심각의 크기 구하기	50 %

다른 풀이

(2) 부채꼴의 중심각의 크기를 $x°$라 하면

$2\pi \times 3 \times \dfrac{x}{360} = 2\pi$　　$\therefore x = 120$

따라서 부채꼴의 중심각의 크기는 $120°$이다.

0604 답 ③

(색칠한 부분의 둘레의 길이)

$= 2\pi \times 12 \times \dfrac{120}{360} + 2\pi \times 8 \times \dfrac{120}{360} + 4 \times 2$

$= 8\pi + \dfrac{16}{3}\pi + 8 = \dfrac{40}{3}\pi + 8\,(\mathrm{cm})$

0605 답 ③

$(\text{색칠한 부분의 둘레의 길이}) = \left(2\pi \times 8 \times \dfrac{1}{2}\right) \times 2 + 16 \times 2$

$= 16\pi + 32\,(\mathrm{cm})$

0606 답 $(8\pi + 8)\,\mathrm{cm}$

$(\text{색칠한 부분의 둘레의 길이}) = 2\pi \times 8 \times \dfrac{90}{360} + 2\pi \times 4 \times \dfrac{1}{2} + 8$

$= 4\pi + 4\pi + 8 = 8\pi + 8\,(\mathrm{cm})$

0607 답 $(8\pi + 12)\,\mathrm{cm}$

(색칠한 부분의 둘레의 길이)

$= 2\pi \times 6 \times \dfrac{1}{2} + 2\pi \times 12 \times \dfrac{30}{360} + 12$　　　······ ❶

$= 6\pi + 2\pi + 12 = 8\pi + 12\,(\mathrm{cm})$　　　······ ❷

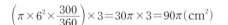

0608 답 8π cm

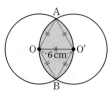

오른쪽 그림과 같이 두 원 O, O'의 교점을 각각 A, B라 하고 $\overline{OA}$, $\overline{OB}$, $\overline{O'A}$, $\overline{O'B}$를 그으면 두 원 O, O'의 반지름의 길이가 6 cm이므로

$\overline{OA}=\overline{OB}=\overline{OO'}=\overline{O'A}=\overline{O'B}=6$ cm

즉, △AOO', △BOO'은 정삼각형이므로

$\angle AOO'=\angle AO'O=60°$,

$\angle BOO'=\angle BO'O=60°$

$\therefore \angle AOB=\angle AO'B=60°+60°=120°$

따라서 색칠한 부분의 둘레의 길이는 부채꼴 AOB의 호의 길이의 2배와 같으므로

$$\left(2\pi\times6\times\frac{120}{360}\right)\times2=8\pi\,(\text{cm})$$

0609 답 $(8\pi-16)$ cm²

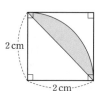

구하는 넓이는 오른쪽 그림의 색칠한 부분의 넓이의 8배와 같으므로

$$\left(\pi\times2^2\times\frac{90}{360}-\frac{1}{2}\times2\times2\right)\times8$$
$$=(\pi-2)\times8$$
$$=8\pi-16\,(\text{cm}^2)$$

0610 답 ③

$$(\text{색칠한 부분의 넓이})=\pi\times16^2\times\frac{45}{360}-\pi\times8^2\times\frac{45}{360}$$
$$=32\pi-8\pi$$
$$=24\pi\,(\text{cm}^2)$$

0611 답 $(54-9\pi)$ cm²

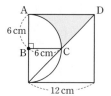

구하는 넓이는 오른쪽 그림의 사다리꼴 ABCD의 넓이에서 부채꼴 ABC의 넓이를 뺀 것과 같으므로

$$\frac{1}{2}\times(12+6)\times6-\pi\times6^2\times\frac{90}{360}$$
$$=54-9\pi\,(\text{cm}^2)$$

0612 답 ①

오른쪽 그림에서 $\overline{EB}=\overline{EC}=\overline{BC}=3$ cm이므로 △EBC는 정삼각형이다.

$\therefore \angle ABE=\angle DCE=90°-60°=30°$

따라서 색칠한 부분의 넓이는

(정사각형 ABCD의 넓이)

$-$(부채꼴 ABE의 넓이)$\times2$

$$=3\times3-\left(\pi\times3^2\times\frac{30}{360}\right)\times2$$
$$=9-\frac{3}{2}\pi\,(\text{cm}^2)$$

0613 답 8π cm, $(8\pi-16)$ cm²

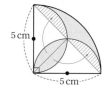

오른쪽 그림에서

(색칠한 부분의 둘레의 길이)

$=$(부채꼴 AOB의 호의 길이)

$\quad+$(부채꼴 AO'C의 호의 길이)$\times2$

$$=2\pi\times8\times\frac{90}{360}+\left(2\pi\times4\times\frac{90}{360}\right)\times2$$
$$=4\pi+4\pi$$
$$=8\pi\,(\text{cm}) \quad\cdots\cdots ❶$$

(색칠한 부분의 넓이)

$=$(부채꼴 AOB의 넓이)$-$(부채꼴 AO'C의 넓이)$\times2$

$\quad-$(정사각형 O'OO''C의 넓이)

$$=\pi\times8^2\times\frac{90}{360}-\left(\pi\times4^2\times\frac{90}{360}\right)\times2-4\times4$$
$$=16\pi-8\pi-16$$
$$=8\pi-16\,(\text{cm}^2) \quad\cdots\cdots ❷$$

채점 기준	
❶ 색칠한 부분의 둘레의 길이 구하기	50 %
❷ 색칠한 부분의 넓이 구하기	50 %

0614 답 $\left(\dfrac{25}{4}\pi-\dfrac{25}{2}\right)$ cm²

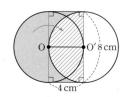

오른쪽 그림과 같이 이동시키면 구하는 넓이는

$$\pi\times5^2\times\frac{90}{360}-\frac{1}{2}\times5\times5$$
$$=\frac{25}{4}\pi-\frac{25}{2}\,(\text{cm}^2)$$

0615 답 32 cm²

오른쪽 그림과 같이 이동시키면 구하는 넓이는 가로의 길이가 4 cm, 세로의 길이가 8 cm인 직사각형의 넓이와 같으므로

$$4\times8=32\,(\text{cm}^2)$$

0616 답 ③

오른쪽 그림과 같이 이동시키면 구하는 넓이는 한 변의 길이가 5 cm인 정사각형 2개의 넓이와 같으므로

$$(5\times5)\times2=50\,(\text{cm}^2)$$

0617 답 $\dfrac{75}{2}\pi$ cm²

다트판의 색칠한 부분을 적당히 이동시키면 오른쪽 그림과 같으므로 구하는 넓이는

$$\pi\times10^2\times\frac{3}{8}=\frac{75}{2}\pi\,(\text{cm}^2)$$

0618 답 2π cm

색칠한 두 부분의 넓이가 같으므로 직사각형 ABCD의 넓이와 부채꼴 ABE의 넓이가 같다.

따라서 $8 \times \overline{BC} = \pi \times 8^2 \times \dfrac{90}{360}$ 이므로

$8\overline{BC} = 16\pi$ ∴ $\overline{BC} = 2\pi \,(\text{cm})$

0619 답 ④

색칠한 두 부분의 넓이가 같으므로 반원 O의 넓이와 부채꼴 ABC
의 넓이가 같다.

$\angle ABC = x°$라 하면

$\pi \times 10^2 \times \dfrac{1}{2} = \pi \times 20^2 \times \dfrac{x}{360}$

$50 = \dfrac{10}{9}x$ ∴ $x = 45$

∴ $\angle ABC = 45°$

0620 답 $\dfrac{16}{3}\pi \,\text{cm}^2$

(색칠한 부분의 넓이)

$=$ (부채꼴 B′AB의 넓이)$+$(지름이 $\overline{AB'}$인 반원의 넓이)

$\quad-$(지름이 $\overline{AB}$인 반원의 넓이) → 두 넓이가 같다.

$=$ (부채꼴 B′AB의 넓이)

$= \pi \times 8^2 \times \dfrac{30}{360}$

$= \dfrac{16}{3}\pi \,(\text{cm}^2)$

0621 답 ②

(색칠한 부분의 넓이)

$=$ (지름이 $\overline{AB}$인 반원의 넓이)$+$(지름이 $\overline{AC}$인 반원의 넓이)

$\quad+$(삼각형 ABC의 넓이)$-$(지름이 $\overline{BC}$인 반원의 넓이)

$= \pi \times 2^2 \times \dfrac{1}{2} + \pi \times \left(\dfrac{3}{2}\right)^2 \times \dfrac{1}{2} + \dfrac{1}{2} \times 4 \times 3 - \pi \times \left(\dfrac{5}{2}\right)^2 \times \dfrac{1}{2}$

$= 2\pi + \dfrac{9}{8}\pi + 6 - \dfrac{25}{8}\pi$

$= 6 \,(\text{cm}^2)$

0622 답 $(9\pi+18)\,\text{cm}^2$

(색칠한 부분의 넓이)

$=$ (부채꼴 AOM의 넓이)$+$(사각형 ABNO의 넓이)

$\quad-$(삼각형 MBN의 넓이)

$= \pi \times 6^2 \times \dfrac{90}{360} + 6 \times 12 - \dfrac{1}{2} \times 6 \times 18$

$= 9\pi + 72 - 54$

$= 9\pi + 18 \,(\text{cm}^2)$

0623 답 ④

오른쪽 그림에서 끈의 최소 길이는

$\left(2\pi \times 7 \times \dfrac{120}{360}\right) \times 3 + 14 \times 3$

$= 14\pi + 42 \,(\text{cm})$

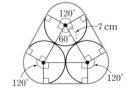

만렙 Note

세 원의 중심을 꼭짓점으로 하는 삼각형은 정삼각형이므로 곡선 부분인
한 호에 대한 중심각의 크기는

$360° - (90° + 60° + 90°) = 120°$

0624 답 ③

오른쪽 그림에서 접착 테이프의 최소 길이는

$\left(2\pi \times 6 \times \dfrac{90}{360}\right) \times 4 + 12 \times 2 + 24 \times 2$

$= 12\pi + 24 + 48$

$= 12\pi + 72 \,(\text{cm})$

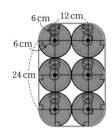

0625 답 8 cm

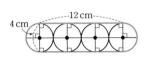

[방법 A] [방법 B]

(방법 A의 끈의 최소 길이)$= \left(2\pi \times 2 \times \dfrac{1}{2}\right) \times 2 + 12 \times 2$

$\qquad\qquad\qquad = 4\pi + 24 \,(\text{cm})$ ⋯⋯ ❶

(방법 B의 끈의 최소 길이)$= \left(2\pi \times 2 \times \dfrac{90}{360}\right) \times 4 + 4 \times 4$

$\qquad\qquad\qquad = 4\pi + 16 \,(\text{cm})$ ⋯⋯ ❷

따라서 방법 A와 방법 B의 끈의 길이의 차는

$(4\pi + 24) - (4\pi + 16) = 8 \,(\text{cm})$ ⋯⋯ ❸

채점 기준

❶	방법 A로 묶었을 때의 끈의 길이 구하기	40 %
❷	방법 B로 묶었을 때의 끈의 길이 구하기	40 %
❸	방법 A와 방법 B의 끈의 길이의 차 구하기	20 %

0626 답 $(64\pi+384)\,\text{cm}^2$

원이 지나간 자리는 오른쪽 그림과 같고 부채
꼴을 모두 합하면 하나의 원이 되므로

㉠$+$㉡$+$㉢$= \pi \times 8^2 = 64\pi \,(\text{cm}^2)$

따라서 원이 지나간 자리의 넓이는

$64\pi + (16 \times 8) \times 3 = 64\pi + 384 \,(\text{cm}^2)$

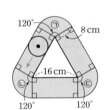

0627 답 $(16\pi+136)\,\text{cm}^2$

원이 지나간 자리는 오른쪽 그림과 같고 부
채꼴을 모두 합하면 하나의 원이 되므로

㉠$+$㉡$+$㉢$+$㉣$= \pi \times 4^2 = 16\pi \,(\text{cm}^2)$

따라서 원이 지나간 자리의 넓이는

$16\pi + (5 \times 4) \times 2 + (12 \times 4) \times 2$

$= 16\pi + 40 + 96$

$= 16\pi + 136 \,(\text{cm}^2)$

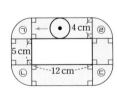

0628 답 5π cm

오른쪽 그림에서 점 A가 움직인 거리
는 중심각의 크기가 150°이고 반지름
의 길이가 6 cm인 부채꼴의 호의 길이
와 같으므로

$2\pi \times 6 \times \dfrac{150}{360} = 5\pi \,(\text{cm})$

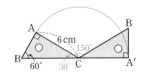

0629 답 12π cm

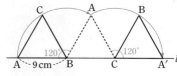

위의 그림에서 점 A가 움직인 거리는 중심각의 크기가 120°이고 반지름의 길이가 9 cm인 부채꼴의 호의 길이의 2배와 같으므로

$$\left(2\pi \times 9 \times \frac{120}{360}\right) \times 2 = 12\pi \,(\text{cm})$$

0630 답 6π cm

점 A는 다음 그림과 같이 움직인다.

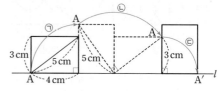

따라서 점 A가 움직인 거리는

$$\underbrace{2\pi \times 4 \times \frac{90}{360}}_{\text{㉠}} + \underbrace{2\pi \times 5 \times \frac{90}{360}}_{\text{㉡}} + \underbrace{2\pi \times 3 \times \frac{90}{360}}_{\text{㉢}}$$

$$=2\pi + \frac{5}{2}\pi + \frac{3}{2}\pi$$

$$=6\pi \,(\text{cm})$$

AB 유형 점검

102~104쪽

0631 답 ⑤

⑤ 반원일 때는 부채꼴과 활꼴이 같으므로 그 넓이가 같다.

0632 답 (1) 150° (2) 15 cm

(1) $2a + 90 + (3a + 15) = 180$이므로

$5a = 75$ ∴ $a = 15$

따라서 ∠AOB $= 2a° = 2 \times 15° = 30°$이므로

∠AOE $= 180° -$ ∠AOB

$= 180° - 30° = 150°$

(2) 부채꼴의 호의 길이는 중심각의 크기에 정비례하므로

$\widehat{AB} : \widehat{AE} =$ ∠AOB : ∠AOE에서

$3 : \widehat{AE} = 30 : 150$, $3 : \widehat{AE} = 1 : 5$

∴ $\widehat{AE} = 15 \,(\text{cm})$

다른 풀이

(1) $a = 15$이므로 ∠COD $= 3a° + 15° = 3 \times 15° + 15° = 60°$

∴ ∠AOE $=$ ∠BOD (맞꼭지각)

$= 90° + 60° = 150°$

0633 답 36°

∠AOC : ∠BOC $= \widehat{AC} : \widehat{BC} = 2 : 3$이므로

∠BOC $= 180° \times \dfrac{3}{2+3} = 180° \times \dfrac{3}{5} = 108°$

따라서 △OBC에서 $\overline{OB} = \overline{OC}$이므로

∠CBO $= \dfrac{1}{2} \times (180° - 108°) = 36°$

0634 답 8 cm

$\overline{OC} \,/\!/\, \overline{AB}$이므로 ∠OBA $=$ ∠BOC $= 45°$ (엇각)

△OAB에서 $\overline{OA} = \overline{OB}$이므로

∠OAB $=$ ∠OBA $= 45°$

∴ ∠AOB $= 180° - (45° + 45°) = 90°$

따라서 $\widehat{AB} : \widehat{BC} =$ ∠AOB : ∠BOC에서

$\widehat{AB} : 4 = 90 : 45$, $\widehat{AB} : 4 = 2 : 1$

∴ $\widehat{AB} = 8 \,(\text{cm})$

0635 답 ④

오른쪽 그림과 같이 $\overline{OC}$를 그으면

△AOC에서 $\overline{OA} = \overline{OC}$이므로

∠OCA $=$ ∠OAC $= 20°$

∴ ∠AOC $= 180° - (20° + 20°) = 140°$

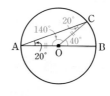

∴ ∠BOC $= 180° -$ ∠AOC

$= 180° - 140° = 40°$

∴ $\widehat{AC} : \widehat{BC} =$ ∠AOC : ∠BOC

$= 140 : 40$

$= 7 : 2$

0636 답 ④

△ODP에서 $\overline{DO} = \overline{DP}$이므로

∠DOP $=$ ∠P $= 22°$

∴ ∠ODC $=$ ∠DOP $+$ ∠P

$= 22° + 22° = 44°$

오른쪽 그림과 같이 $\overline{OC}$를 그으면

△OCD에서 $\overline{OC} = \overline{OD}$이므로

∠OCD $=$ ∠ODC $= 44°$

△OCP에서

∠AOC $=$ ∠P $+$ ∠OCP

$= 22° + 44° = 66°$

따라서 $\widehat{AC} : \widehat{BD} =$ ∠AOC : ∠BOD에서

$\widehat{AC} : 2 = 66 : 22$, $\widehat{AC} : 2 = 3 : 1$

∴ $\widehat{AC} = 6 \,(\text{cm})$

0637 답 120 cm²

∠AOB $+$ ∠COD $= 15° + 75° = 90°$이므로 두 부채꼴 AOB와 COD의 넓이의 합은 중심각의 크기가 90°인 부채꼴의 넓이와 같다.

원 O의 넓이를 S cm²라 하면 부채꼴의 넓이는 중심각의 크기에 정비례하므로

$30 : S = 90 : 360$

$30 : S = 1 : 4$ ∴ $S = 120$

따라서 원 O의 넓이는 120 cm²이다.

다른 풀이

원 O의 반지름의 길이를 r cm라 하면 두 부채꼴 AOB와 COD의 넓이의 합이 30 cm²이므로

$\pi r^2 \times \dfrac{15}{360} + \pi r^2 \times \dfrac{75}{360} = 30$

$\dfrac{1}{4}\pi r^2 = 30$ ∴ $\pi r^2 = 120$

따라서 원 O의 넓이는 120 cm²이다.

0638 답 30 cm

$\overset{\frown}{AB}=\overset{\frown}{BC}$이므로 $\angle AOB=\angle BOC$

크기가 같은 중심각에 대한 현의 길이는 같으므로

$\overline{BC}=\overline{AB}=6\,\text{cm}$

한 원에서 반지름의 길이는 같으므로

$\overline{OC}=\overline{OA}=9\,\text{cm}$

따라서 색칠한 부분의 둘레의 길이는

$\overline{OA}+\overline{AB}+\overline{BC}+\overline{OC}=9+6+6+9=30(\text{cm})$

0639 답 ②, ④

① 크기가 같은 중심각에 대한 현의 길이는 같으므로

$\overline{AB}=\overline{BC}=\overline{CD}$

② 부채꼴의 호의 길이는 중심각의 크기에 정비례하므로

$\overset{\frown}{AC}:\overset{\frown}{CD}=\angle AOC:\angle COD=2:1$

$\therefore \overset{\frown}{AC}=2\overset{\frown}{CD}$

③ $\angle AOB=\angle BOC=\angle COD=180°\times\dfrac{1}{3}=60°$

$\triangle BOC$에서 $\overline{OB}=\overline{OC}$이므로

$\angle OBC=\angle OCB=\dfrac{1}{2}\times(180°-60°)=60°$

이때 $\angle OBC=\angle AOB=60°$(엇각)이므로 $\overline{BC}/\!/\overline{AD}$이다.

④ 현의 길이는 중심각의 크기에 정비례하지 않으므로

$\overline{BD}\neq2\overline{AB}$

이때 $\overline{BD}<2\overline{AB}$이다.

⑤ $\triangle AOB$와 $\triangle COD$에서

$\overline{AO}=\overline{CO}$, $\overline{BO}=\overline{DO}$, $\angle AOB=\angle COD$

$\therefore \triangle AOB\equiv\triangle COD$ (SAS 합동)

따라서 옳지 않은 것은 ②, ④이다.

0640 답 40π cm, 48π cm²

(색칠한 부분의 둘레의 길이)$=2\pi\times10+2\pi\times6+2\pi\times4$

$\qquad\qquad\qquad\qquad\quad=20\pi+12\pi+8\pi$

$\qquad\qquad\qquad\qquad\quad=40\pi(\text{cm})$

(색칠한 부분의 넓이)$=\pi\times10^2-\pi\times6^2-\pi\times4^2$

$\qquad\qquad\qquad\qquad=100\pi-36\pi-16\pi$

$\qquad\qquad\qquad\qquad=48\pi(\text{cm}^2)$

0641 답 18π cm, 27π cm²

(색칠한 부분의 둘레의 길이)$=(\overset{\frown}{AC}+\overset{\frown}{BD})+(\overset{\frown}{AB}+\overset{\frown}{CD})$

$\qquad\qquad\qquad\qquad\quad=2\pi\times6+2\pi\times3$

$\qquad\qquad\qquad\qquad\quad=12\pi+6\pi$

$\qquad\qquad\qquad\qquad\quad=18\pi(\text{cm})$

(색칠한 부분의 넓이)$=\pi\times6^2-\pi\times3^2$

$\qquad\qquad\qquad\qquad=36\pi-9\pi$

$\qquad\qquad\qquad\qquad=27\pi(\text{cm}^2)$

0642 답 $\dfrac{74}{5}\pi$ cm²

정팔각형의 한 내각의 크기는 $\dfrac{180°\times(8-2)}{8}=135°$

정오각형의 한 내각의 크기는 $\dfrac{180°\times(5-2)}{5}=108°$

정사각형의 한 내각의 크기는 $90°$

따라서 색칠한 부분의 넓이는 반지름의 길이가 $4\,\text{cm}$이고 중심각의 크기가 $135°+108°+90°=333°$인 부채꼴의 넓이와 같으므로

$\pi\times4^2\times\dfrac{333}{360}=\dfrac{74}{5}\pi(\text{cm}^2)$

0643 답 10π cm

부채꼴의 호의 길이를 $l\,\text{cm}$라 하면

$\dfrac{1}{2}\times12\times l=60\pi$ $\therefore l=10\pi$

따라서 부채꼴의 호의 길이는 $10\pi\,\text{cm}$이다.

다른 풀이

부채꼴의 중심각의 크기를 $x°$라 하면

$\pi\times12^2\times\dfrac{x}{360}=60\pi$ $\therefore x=150$

즉, 부채꼴의 중심각의 크기는 $150°$이다.

따라서 부채꼴의 호의 길이는

$2\pi\times12\times\dfrac{150}{360}=10\pi(\text{cm})$

0644 답 ③

(색칠한 부분의 둘레의 길이)

$=2\pi\times12\times\dfrac{240}{360}+2\pi\times3\times\dfrac{240}{360}+(12-3)\times2$

$=16\pi+4\pi+18$

$=20\pi+18(\text{m})$

0645 답 ③

구하는 넓이는 오른쪽 그림의 색칠한 부분의 넓이의 8배와 같으므로

$\left(\pi\times3^2\times\dfrac{90}{360}-\dfrac{1}{2}\times3\times3\right)\times8$

$=\left(\dfrac{9}{4}\pi-\dfrac{9}{2}\right)\times8$

$=18\pi-36(\text{cm}^2)$

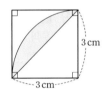

0646 답 ㄱ과 ㅂ, ㄴ과 ㄹ, ㄷ과 ㅁ

보기의 그림을 다음 그림과 같이 이동시켜 색칠한 부분의 넓이를 구한다.

ㄱ. 　ㄴ. 　ㄹ. 　ㅂ.

ㄱ. $8\times4=32(\text{cm}^2)$

ㄴ. $\pi\times4^2\times\dfrac{1}{2}=8\pi(\text{cm}^2)$

ㄷ. $8\times8-\pi\times4^2=64-16\pi(\text{cm}^2)$

ㄹ. $\left(\pi\times4^2\times\dfrac{90}{360}\right)\times2=8\pi(\text{cm}^2)$

ㅁ. $\left\{4\times4-\left(\pi\times4^2\times\dfrac{90}{360}\right)\right\}\times4=64-16\pi(\text{cm}^2)$

ㅂ. $\dfrac{1}{2}\times8\times8=32(\text{cm}^2)$

따라서 색칠한 부분의 넓이가 같은 것을 짝 지으면 ㄱ과 ㅂ, ㄴ과 ㄹ, ㄷ과 ㅁ이다.

원과 부채꼴

0647 답 $\pi-2$

색칠한 두 부분의 넓이가 같으므로 직각삼각형 ABC의 넓이와 부채꼴 ABD의 넓이가 같다.

따라서 $\dfrac{1}{2}\times(x+2)\times 2=\pi\times 2^2\times\dfrac{90}{360}$이므로

$x+2=\pi$

$\therefore x=\pi-2$

0648 답 $26\,\text{cm}^2$

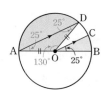

$\overline{AD}\,/\!/\,\overline{OC}$이므로

$\angle OAD=\angle BOC=25°$ (동위각)

$\triangle AOD$에서 $\overline{OA}=\overline{OD}$이므로

$\angle ODA=\angle OAD=25°$

$\therefore \angle AOD=180°-(25°+25°)$

$\qquad =130°$ ...... ❶

부채꼴 AOD의 넓이를 $S\,\text{cm}^2$라 하면 부채꼴의 넓이는 중심각의 크기에 정비례하므로

$S:5=130:25$

$S:5=26:5$

$\therefore S=26$

따라서 부채꼴 AOD의 넓이는 $26\,\text{cm}^2$이다. ...... ❷

채점 기준	
❶ $\angle AOD$의 크기 구하기	50 %
❷ 부채꼴 AOD의 넓이 구하기	50 %

0649 답 $(22\pi+16)\,\text{cm}$

(색칠한 부분의 둘레의 길이)

$=2\pi\times 8\times\dfrac{270}{360}+2\pi\times 5+8\times 2$ ...... ❶

$=12\pi+10\pi+16$

$=22\pi+16(\text{cm})$ ...... ❷

채점 기준	
❶ 색칠한 부분의 둘레의 길이를 구하는 식 세우기	50 %
❷ 색칠한 부분의 둘레의 길이 구하기	50 %

0650 답 $(16\pi+96)\,\text{cm}$

오른쪽 그림에서 끈의 곡선 부분의 길이의 합은

$\left(2\pi\times 8\times\dfrac{120}{360}\right)\times 3=16\pi(\text{cm})$

...... ❶

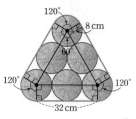

끈의 직선 부분의 길이의 합은

$32\times 3=96(\text{cm})$ ...... ❷

따라서 필요한 끈의 길이는 $(16\pi+96)\,\text{cm}$이다. ...... ❸

채점 기준	
❶ 끈의 곡선 부분의 길이의 합 구하기	40 %
❷ 끈의 직선 부분의 길이의 합 구하기	40 %
❸ 필요한 끈의 길이 구하기	20 %

0651 답 $84\pi\,\text{cm}^2$

정육각형의 한 외각의 크기는 $\dfrac{360°}{6}=60°$

$\overline{AF}=6\,\text{cm}$, $\overline{EG}=6+6=12(\text{cm})$, $\overline{DH}=6+12=18(\text{cm})$

$\therefore$ (색칠한 부분의 넓이)

$\quad=$(부채꼴 AFG의 넓이)$+$(부채꼴 GEH의 넓이)

$\qquad+$(부채꼴 HDI의 넓이)

$\quad=\pi\times 6^2\times\dfrac{60}{360}+\pi\times 12^2\times\dfrac{60}{360}+\pi\times 18^2\times\dfrac{60}{360}$

$\quad=6\pi+24\pi+54\pi$

$\quad=84\pi(\text{cm}^2)$

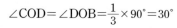

참고 정n각형의 한 외각의 크기 ➡ $\dfrac{360°}{n}$

0652 답 $12\pi\,\text{cm}^2$

오른쪽 그림과 같이 $\overline{OC}$, $\overline{OD}$를 그으면

$\overparen{AC}=\overparen{CD}=\overparen{DB}$이므로

$\angle COD=\angle DOB=\dfrac{1}{3}\times 90°=30°$

$\triangle COE$와 $\triangle ODF$에서

$\overline{OC}=\overline{DO}$, $\angle COE=\angle ODF=60°$,

$\angle OCE=\angle DOF=30°$이므로

$\triangle COE\equiv\triangle ODF$ (ASA 합동)

$\therefore$ (색칠한 부분의 넓이)

$\quad=$(부채꼴 COD의 넓이)$+$(삼각형 ODF의 넓이)

$\qquad-$(삼각형 COE의 넓이)　➡ 두 넓이가 같다.

$\quad=$(부채꼴 COD의 넓이)

$\quad=\pi\times 12^2\times\dfrac{30}{360}$

$\quad=12\pi(\text{cm}^2)$

0653 답 $(18\pi-36)\,\text{cm}^2$

(색칠한 부분의 넓이)$=$(직사각형 ABCD의 넓이)이므로

(직사각형 ABCD의 넓이)$+$(부채꼴 DCE의 넓이)

$-$(삼각형 ABE의 넓이)

$=$(직사각형 ABCD의 넓이)

$\therefore$ (부채꼴 DCE의 넓이)$=$(삼각형 ABE의 넓이)

이때 $\overline{BC}=x\,\text{cm}$라 하면

$\pi\times 6^2\times\dfrac{90}{360}=\dfrac{1}{2}\times(x+6)\times 6$, $9\pi=3(x+6)$

$3x=9\pi-18$　$\therefore x=3\pi-6$

$\therefore$ (색칠한 부분의 넓이)$=6\times(3\pi-6)$

$\qquad\qquad\qquad\qquad\qquad =18\pi-36(\text{cm}^2)$

0654 답 $29\pi\,\text{m}^2$

소가 최대한 움직일 수 있는 영역은 오른쪽 그림의 색칠한 부분과 같으므로 구하는 넓이는

$\pi\times 6^2\times\dfrac{270}{360}+\left(\pi\times 2^2\times\dfrac{90}{360}\right)\times 2$

$=27\pi+2\pi$

$=29\pi(\text{m}^2)$

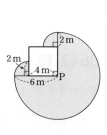

A 개념 확인

108~111쪽

0655 답 ×
곡면으로 둘러싸여 있으므로 다면체가 아니다.

0656 답 ○

0657 답 ×
원과 곡면으로 둘러싸여 있으므로 다면체가 아니다.

0658 답 ○

0659 답 ×
평면도형이므로 다면체가 아니다.

0660 답 ×
원과 곡면으로 둘러싸여 있으므로 다면체가 아니다.

0661 답 오면체

0662 답 팔면체

0663 답 6

0664 답 9

0665 답 5

0666 답 사다리꼴

0667 답

	사각기둥	사각뿔	사각뿔대
옆면의 모양	직사각형	삼각형	사다리꼴
면의 개수	6	5	6
모서리의 개수	12	8	12
꼭짓점의 개수	8	5	8

0668 답 ○

0669 답 ○

0670 답 ×
면의 모양은 정삼각형, 정사각형, 정오각형이다.

0671 답

	정사면체	정육면체	정팔면체	정십이면체	정이십면체
면의 모양	정삼각형	정사각형	정삼각형	정오각형	정삼각형
한 꼭짓점에 모인 면의 개수	3	3	4	3	5
모서리의 개수	6	12	12	30	30
꼭짓점의 개수	4	8	6	20	12

0672 답 정육면체
주어진 전개도로 만들어지는 정다면체는 오른쪽 그림과 같은 정육면체이다.

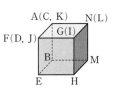

0673 답 점 I

0674 답 $\overline{KL}$

0675 답 ×
평면도형이므로 회전체가 아니다.

0676 답 ○

0677 답 ×
다면체이므로 회전체가 아니다.

0678 답 ○

0679 답 ○

0680 답 ○

0681 답

, 구

0682 답

, 원뿔

0683 답

, 원기둥

0684 답

, 원뿔대

0685 답 ×
구의 회전축은 무수히 많다.

0686 답 ○

0687 답 ×
회전체를 회전축에 수직인 평면으로 자른 단면은 항상 원이지만 모두 합동인 것은 아니다.

0688 답 ○

0689 답

	회전축을 포함한 평면으로 자른 단면의 모양	회전축에 수직인 평면으로 자른 단면의 모양
원기둥	직사각형	원
원뿔	이등변삼각형	원
원뿔대	사다리꼴	원
구	원	원

0690 답 $a=10$, $b=6$

0691 답 $a=3$, $b=6\pi$, $c=8$, $d=10\pi$, $e=5$

$a=3$이므로

$b=($작은 원의 둘레의 길이$)=2\pi \times 3=6\pi$

$e=5$이므로

$d=($큰 원의 둘레의 길이$)=2\pi \times 5=10\pi$

Ⓑ 유형 완성

112~125쪽

0692 답 ㄱ, ㄹ, ㅁ

ㄴ. 평면도형이므로 다면체가 아니다.

ㄷ, ㅂ. 원과 곡면으로 둘러싸여 있으므로 다면체가 아니다.

따라서 다면체는 ㄱ, ㄹ, ㅁ이다.

0693 답 칠면체

주어진 다면체는 면의 개수가 7이므로 칠면체이다.

0694 답 37

육각뿔대의 면의 개수는 $6+2=8$이므로

$a=8$

팔각기둥의 모서리의 개수는 $8\times 3=24$이므로

$b=24$

사각뿔의 꼭짓점의 개수는 $4+1=5$이므로

$c=5$

$\therefore a+b+c=8+24+5=37$

0695 답 ③

③ 삼각뿔대의 면의 개수는 $3+2=5$이므로 삼각뿔대는 오면체이다.

0696 답 ②, ③

주어진 다면체의 면의 개수는 7이다.

각 다면체의 면의 개수를 구하면

① 6　　　　② $5+2=7$　　　③ $6+1=7$

④ $6+2=8$　　⑤ $7+2=9$

따라서 주어진 다면체와 면의 개수가 같은 것은 ②, ③이다.

0697 답 ④

각 다면체의 꼭짓점의 개수를 구하면

① $5\times 2=10$　　② $6+1=7$　　③ $6\times 2=12$

④ $7\times 2=14$　　⑤ $10+1=11$

따라서 꼭짓점의 개수가 가장 많은 다면체는 ④이다.

0698 답 20

십이각뿔대의 모서리의 개수는 $12\times 3=36$이므로

$a=36$　　　　　　　　　　　　　　　…… ❶

팔각뿔의 모서리의 개수는 $8\times 2=16$이므로

$b=16$　　　　　　　　　　　　　　　…… ❷

$\therefore a-b=36-16=20$　　　　　　…… ❸

채점 기준

❶ a의 값 구하기		40%
❷ b의 값 구하기		40%
❸ $a-b$의 값 구하기		20%

0699 답 ③

각 다면체의 면의 개수와 모서리의 개수를 차례로 구하면

① $6+2=8$, $6\times 3=18$

② $8+2=10$, $8\times 3=24$

③ $9+1=10$, $9\times 2=18$

④ $9+2=11$, $9\times 3=27$

⑤ $10+2=12$, $10\times 3=30$

따라서 면의 개수가 10이고 모서리의 개수가 18인 다면체는 ③이다.

0700 답 ④

각 다면체의 꼭짓점의 개수와 면의 개수를 차례로 구하면

① $3\times 2=6$, $3+2=5$

② $4\times 2=8$, $4+2=6$ ← 직육면체는 사각기둥이다.

③ $5\times 2=10$, $5+2=7$

④ $6+1=7$, $6+1=7$

⑤ $4\times 2=8$, $4+2=6$

따라서 꼭짓점의 개수와 면의 개수가 같은 다면체는 ④이다.

다른 풀이

각기둥, 각뿔, 각뿔대 중 꼭짓점의 개수와 면의 개수가 같은 다면체는 각뿔이다.

따라서 구하는 다면체는 각뿔인 ④이다.

0701 답 8

구각뿔을 밑면에 평행한 평면으로 자를 때 생기는 두 입체도형은 구각뿔과 구각뿔대이다.

구각뿔의 꼭짓점의 개수는 $9+1=10$

구각뿔대의 꼭짓점의 개수는 $9\times 2=18$

따라서 두 입체도형의 꼭짓점의 개수의 차는

$18-10=8$

0702 답 ④

주어진 각기둥을 n각기둥이라 하면

$2n=14$　　$\therefore n=7$

즉, 주어진 각기둥은 칠각기둥이다.

칠각기둥의 면의 개수는 $7+2=9$이므로

$x=9$

칠각기둥의 모서리의 개수는 $7\times 3=21$이므로

$y=21$

$\therefore x+y=9+21=30$

0703 답 팔면체

주어진 각뿔대를 n각뿔대라 하면

$3n=18$　　$\therefore n=6$

따라서 주어진 각뿔대는 육각뿔대이고, 면의 개수는 $6+2=8$이므로 팔면체이다.

0704 답 ②

주어진 각뿔을 n각뿔이라 하면 모서리의 개수는 $2n$, 면의 개수는
$n+1$이므로
$2n-(n+1)=10$
$n-1=10$ ∴ $n=11$
따라서 주어진 각뿔은 십일각뿔이므로 꼭짓점의 개수는
$11+1=12$

0705 답 십이각뿔대

구하는 각뿔대를 n각뿔대라 하면 $x=n+2$, $y=2n$, $z=3n$이므로
$(n+2)+2n+3n=74$
$6n=72$ ∴ $n=12$
따라서 구하는 각뿔대는 십이각뿔대이다.

0706 답 ④

구각뿔의 모서리의 개수는
$9\times2=18$
주어진 각기둥을 n각기둥이라 하면
$3n=18$ ∴ $n=6$
따라서 주어진 각기둥은 육각기둥이므로 밑면의 모양은 육각형이다.

0707 답 ⑤

십면체인 각기둥을 a각기둥이라 하면
$a+2=10$ ∴ $a=8$
즉, 팔각기둥이므로 모서리의 개수는
$8\times3=24$
십면체인 각뿔을 b각뿔이라 하면
$b+1=10$ ∴ $b=9$
즉, 구각뿔이므로 모서리의 개수는
$9\times2=18$
십면체인 각뿔대를 c각뿔대라 하면
$c+2=10$ ∴ $c=8$
즉, 팔각뿔대이므로 모서리의 개수는
$8\times3=24$
따라서 모서리의 개수의 합은
$24+18+24=66$

0708 답 ③

③ 사각뿔 – 삼각형

0709 답 ②

각 다면체의 옆면의 모양은 다음과 같다.
① 사다리꼴   ② 삼각형   ③ 직사각형
④ 직사각형   ⑤ 사다리꼴
따라서 옆면의 모양이 사각형이 아닌 것은 ②이다.

0710 답 ㄷ, ㅂ, ㅇ

다면체는 ㄱ, ㄷ, ㄹ, ㅂ, ㅅ, ㅇ이고 각 다면체의 옆면의 모양은 다음과 같다.
ㄱ. 정사각형   ㄷ, ㅂ, ㅇ. 삼각형
ㄹ. 직사각형   ㅅ. 사다리꼴
따라서 옆면의 모양이 삼각형인 다면체는 ㄷ, ㅂ, ㅇ이다.

0711 답 ④

① 각기둥의 밑면의 개수는 2이다.
② 사각기둥의 면의 개수는 $4+2=6$이므로 사각기둥은 육면체이다.
③ 팔각뿔의 모서리의 개수는 $8\times2=16$이다.
④ n각뿔의 면의 개수와 꼭짓점의 개수는 모두 $n+1$로 같다.
⑤ 각뿔대를 밑면에 수직인 평면으로 자른 단면은 사다리꼴 또는 삼각형이다.
　 예를 들어 사각뿔대를 밑면에 수직
　 인 평면으로 자른 단면은 오른쪽
　 그림과 같다.
따라서 옳은 것은 ②이다.

0712 답 ④

④ 육각기둥의 옆면의 모양은 직사각형이지만 모두 합동인 것은 아니다.

0713 답 ①

① 밑면의 개수는 1이다.

0714 답 ②, ④

② 각뿔대의 두 밑면은 모양은 같지만 크기는 다르다.
④ n각뿔대의 모서리의 개수는 $3n$, 꼭짓점의 개수는 $2n$이므로 모서리의 개수와 꼭짓점의 개수는 다르다.

0715 답 ②

(개), (나)에서 구하는 다면체는 각뿔대이다.
구하는 다면체를 n각뿔대라 하면 (다)에서
$2n=14$ ∴ $n=7$
따라서 구하는 다면체는 칠각뿔대이다.

0716 답 구각뿔

밑면의 개수가 1이고 옆면의 모양은 삼각형이므로 구하는 다면체는 각뿔이다.
구하는 다면체를 n각뿔이라 하면 면의 개수가 10이므로
$n+1=10$ ∴ $n=9$
따라서 구하는 다면체는 구각뿔이다.

0717 답 16

(개), (나)에서 주어진 다면체는 각기둥이다.
주어진 다면체를 n각기둥이라 하면 (다)에서
$3n=24$ ∴ $n=8$
즉, 주어진 다면체는 팔각기둥이다.　　　⋯⋯⋯ ❶
따라서 팔각기둥의 꼭짓점의 개수는
$8\times2=16$　　　⋯⋯⋯ ❷

채점 기준

❶ 주어진 다면체 구하기	60 %
❷ 꼭짓점의 개수 구하기	40 %

0718 답 30

㈎, ㈏에서 주어진 다면체는 각뿔대이다.

주어진 다면체를 n각뿔대라 하면 면의 개수는 $n+2$, 꼭짓점의 개수는 $2n$이므로 ㈐에서

$(n+2)+2n=32$, $3n=30$ ∴ $n=10$

따라서 주어진 다면체는 십각뿔대이므로 모서리의 개수는

$10\times3=30$

0719 답 ②, ⑤

① 모든 면이 합동인 정다각형이고, 각 꼭짓점에 모인 면의 개수가 같은 다면체를 정다면체라 한다.

③ 정사면체는 평행한 면이 없다.

④ 면의 모양이 정오각형인 정다면체는 정십이면체이다.

따라서 옳은 것은 ②, ⑤이다.

0720 답 ㈎ 3 ㈏ 360°

0721 답 ⑤

① 정사면체 – 정삼각형 – 3

② 정육면체 – 정사각형 – 3

③ 정팔면체 – 정삼각형 – 4

④ 정십이면체 – 정오각형 – 3

따라서 정다면체와 그 면의 모양, 한 꼭짓점에 모인 면의 개수를 바르게 짝 지은 것은 ⑤이다.

0722 답 ④

면의 모양이 정삼각형인 정다면체는 정사면체, 정팔면체, 정이십면체의 3가지이므로

$a=3$

한 꼭짓점에 모인 면의 개수가 3인 정다면체는 정사면체, 정육면체, 정십이면체의 3가지이므로

$b=3$

∴ $a+b=3+3=6$

0723 답 정팔면체

㈎를 만족시키는 정다면체는 정사면체, 정팔면체, 정이십면체이고, 이 중 ㈏를 만족시키는 정다면체는 정팔면체이다.

0724 답 각 꼭짓점에 모인 면의 개수가 3 또는 4로 같지 않다.

0725 답 ④

① 정사면체의 모서리의 개수와 정육면체의 면의 개수는 6으로 같다.

② 정이십면체의 꼭짓점의 개수는 12, 정사면체의 꼭짓점의 개수는 4이므로 정이십면체의 꼭짓점의 개수는 정사면체의 꼭짓점의 개수의 3배이다.

③ 정육면체의 모서리의 개수와 정팔면체의 모서리의 개수는 12로 같다.

④ 정이십면체의 모서리의 개수와 정십이면체의 모서리의 개수는 30으로 같다.

⑤ 꼭짓점의 개수는 정십이면체가 20으로 가장 많다.

따라서 옳지 않은 것은 ④이다.

0726 답 ㄹ, ㄱ

ㄱ. 6   ㄴ. 8   ㄷ. 8   ㄹ. 30   ㅁ. 12

따라서 그 값이 가장 큰 것은 ㄹ, 가장 작은 것은 ㄱ이다.

0727 답 8

㈎, ㈏에서 주어진 다면체는 정이십면체이다. ······ ❶

정이십면체의 면의 개수는 20이므로

$a=20$

정이십면체의 꼭짓점의 개수는 12이므로

$b=12$ ······ ❷

∴ $a-b=20-12=8$ ······ ❸

채점 기준

❶ 조건을 만족시키는 다면체 구하기	40 %
❷ a, b의 값 구하기	40 %
❸ $a-b$의 값 구하기	20 %

0728 답 ③

꼭짓점의 개수가 가장 많은 정다면체는 정십이면체이고, 정십이면체의 모서리의 개수는 30이므로 $a=30$

모서리의 개수가 가장 적은 정다면체는 정사면체이고, 정사면체의 면의 개수는 4이므로 $b=4$

∴ $a+b=30+4=34$

0729 답 ③

주어진 전개도로 만든 정다면체는 정이십면체이다.

ㄴ. 정이십면체의 모서리의 개수는 30이다.

ㄷ. 정이십면체의 꼭짓점의 개수는 12이다.

ㄹ. 정이십면체의 모서리의 개수와 정십이면체의 모서리의 개수는 30으로 같다.

따라서 옳은 것은 ㄱ, ㄹ이다.

0730 답 ④

주어진 전개도로 만든 정사면체는 오른쪽 그림과 같으므로 $\overline{AB}$와 겹치는 모서리는 $\overline{ED}$이다.

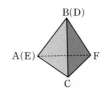

0731 답 ③, ④

다음 그림에서 • 표시한 두 면이 겹치므로 정육면체가 만들어지지 않는다.

③   ④

0732 답 ③, ⑤

주어진 전개도로 만든 정다면체는 오른쪽 그림과 같은 정육면체이다.

③ $\overline{FG}$와 겹치는 모서리는 $\overline{DC}$이다.

⑤ 면 ABEN과 면 GHIL은 한 직선에서 만난다.

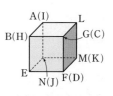

0733 답 (1) 점 H (2) $\overline{ID}$ (3) $\overline{JA}(\overline{JI})$, $\overline{JB}$, $\overline{EI}$, $\overline{EH}$

주어진 전개도로 만든 정팔면체는 오른쪽
그림과 같다.

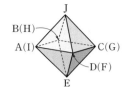

(1) 점 B와 겹치는 꼭짓점은 점 H이다.

(2) $\overline{BC}$와 평행한 모서리는 $\overline{ID}$이다.

(3) $\overline{CD}$와 꼬인 위치에 있는 모서리는
$\overline{JA}(\overline{JI})$, $\overline{JB}$, $\overline{EI}$, $\overline{EH}$이다.

0734 답 ②, ④

주어진 전개도로 만든 정다면체는 정십이면체이다.

② 정십이면체의 한 꼭짓점에 모인 면의 개수는 3이다.

④ 정십이면체의 꼭짓점의 개수는 20이다.

0735 답 ④

④ 정십이면체의 면의 개수는 12이므로 각 면의 한가운데 점을 연결
   하여 만든 다면체는 꼭짓점의 개수가 12인 정다면체, 즉 정이십
   면체이다.

0736 답 ④

주어진 다면체는 꼭짓점의 개수가 6인 정다면체이므로 정팔면체이다.

② 칠각뿔의 면의 개수는 7+1=8이므로 정팔면체와 면의 개수가
   같다.

③ 정육면체의 모서리의 개수는 12이므로 정팔면체와 모서리의 개
   수가 같다.

④ 정팔면체의 한 꼭짓점에 모인 면의 개수는 4이다.

따라서 옳지 않은 것은 ④이다.

0737 답 정팔면체

정사면체의 각 모서리의 중점을 연결하여 만든
다면체는 오른쪽 그림과 같이 모든 면이 합동인
정삼각형이고, 각 꼭짓점에 모인 면의 개수가 4로
같다.

따라서 구하는 다면체는 정팔면체이다.

만렙 Note

정사면체의 모서리의 개수는 6이므로 각 모서리의 중점을 연결하여 만든
다면체는 꼭짓점의 개수가 6인 정다면체, 즉 정팔면체이다.

0738 답 ③

오른쪽 그림과 같이 세 꼭짓점 A, B, G를 지나는
평면으로 자를 때 생기는 단면의 모양은 직사각형
이다.

0739 답 ②

따라서 정육면체를 한 평면으로 자를 때 생기는 단면의 모양이 될
수 없는 것은 ②이다.

0740 답 60°

정육면체의 모든 면은 합동인 정사각형이고, 이때 각 면의 대각선의
길이는 같으므로

$\overline{AC}=\overline{AF}=\overline{CF}$

따라서 △AFC는 정삼각형이므로

∠AFC=60°

0741 답 ①

정사면체의 모든 면은 합동인 정삼각형이고,
이때 각 모서리의 중점을 이은 선분의 길이는
같으므로

$\overline{EF}=\overline{FG}=\overline{GE}$

따라서 △EFG는 정삼각형이다.

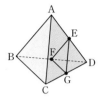

0742 답 ③

오른쪽 그림과 같이 세 점 D, M, F를 지나는 평
면은 $\overline{GH}$의 중점 N을 지난다.

이때 △DAM, △FBM, △FGN, △DHN이
모두 합동이므로

$\overline{DM}=\overline{FM}=\overline{FN}=\overline{DN}$

따라서 사각형 DMFN은 네 변의 길이가 같으므로 마름모이다.

만렙 Note

∠MFN≠90°이므로 사각형 DMFN은 정사각형이 아니다.

0743 답 ④

④ 다면체

0744 답 0

다면체는 ㄱ, ㄴ, ㄹ, ㅇ의 4개이므로 a=4

회전체는 ㄷ, ㅁ, ㅅ, ㅈ의 4개이므로 b=4

∴ a-b=4-4=0

0745 답 ⑤

① 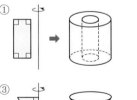 ②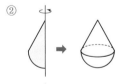

③ 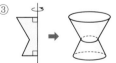 ④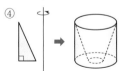

따라서 평면도형을 회전시켜 만든 입체도형으로 옳은 것은 ⑤이다.

0746 답 ④

0747 답 ③

③

0748 답 ⑤

직사각형 ABCD를 대각선 AC를 회전축으로 하여 1회전 시킬 때 생기는 입체도형은 오른쪽 그림과 같다.

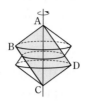

0749 답 ⑤

각각을 회전축으로 하는 회전체를 그리면

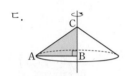 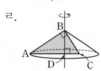

따라서 원뿔의 회전축이 될 수 있는 것은 ㄱ, ㄷ, ㄹ이다.

0750 답 ④

[그림 2]의 회전체는 오른쪽 그림과 같이 $\overline{CD}$를 회전축으로 하여 1회전 시킨 것이다.

0751 답 ②, ③

② 반구 – 반원   ③ 원뿔 – 이등변삼각형

0752 답 ①

① 구는 어떤 평면으로 잘라도 그 단면이 항상 원이다.

0753 답 원뿔대

원뿔대를 회전축에 수직인 평면으로 자를 때 생기는 단면은 원이고, 회전축을 포함하는 평면으로 자를 때 생기는 단면은 사다리꼴이다.

0754 답 ③

0755 답 ④

④

0756 답 ①

②, ③, ④, ⑤는 원뿔대를 오른쪽 그림과 같이 각각 자를 때 생기는 단면의 모양이다.

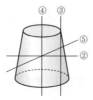

0757 답 50 cm²

회전체는 오른쪽 그림과 같은 원뿔대이고, 회전축을 포함하는 평면으로 자를 때 생기는 단면은 사다리꼴이므로 단면의 넓이는

$$\left\{\frac{1}{2}\times(4+6)\times5\right\}\times2=50(\text{cm}^2)$$

만렙 Note

회전체를 회전축을 포함하는 평면으로 자를 때 생기는 단면의 넓이는 회전시키기 전의 평면도형의 넓이의 2배와 같다.

0758 답 ⑤

회전축을 포함하는 평면으로 자를 때 생기는 단면은 오른쪽 그림과 같은 이등변삼각형이므로 단면의 넓이는

$$\frac{1}{2}\times8\times6=24(\text{cm}^2)$$

0759 답 40 cm

회전체는 오른쪽 그림과 같고, 회전축을 포함하는 평면으로 자를 때 생기는 단면은 마름모이므로 단면의 둘레의 길이는

$$10\times4=40(\text{cm})$$

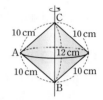

0760 답 64π cm²

구는 어떤 평면으로 잘라도 그 단면이 항상 원이다.
이때 가장 큰 단면은 구의 중심을 지나는 평면으로 자를 때 생기므로 가장 큰 단면의 넓이는

$$\pi\times8^2=64\pi(\text{cm}^2)$$

0761 답 ④

회전축을 포함하는 평면으로 자를 때 생기는 단면은 오른쪽 그림과 같으므로 단면의 넓이는

$$(3\times6)\times2=36(\text{cm}^2)$$

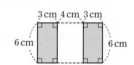

0762 답 $\frac{24}{5}\pi$ cm

회전체는 오른쪽 그림과 같고, 회전축에 수직인 평면으로 자를 때 생기는 단면은 모두 원이다.   ⋯⋯ ❶

이때 가장 큰 단면의 반지름의 길이를 r cm라 하면

$$\frac{1}{2}\times4\times3=\frac{1}{2}\times5\times r \qquad \therefore r=\frac{12}{5}$$

즉, 가장 큰 단면의 반지름의 길이는 $\frac{12}{5}$ cm이다.   ⋯⋯ ❷

따라서 가장 큰 단면의 둘레의 길이는

$$2\pi\times\frac{12}{5}=\frac{24}{5}\pi(\text{cm}) \qquad\qquad ⋯⋯ ❸$$

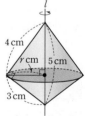

채점 기준

❶ 단면의 모양이 원임을 알기	30 %
❷ 가장 큰 단면의 반지름의 길이 구하기	40 %
❸ 가장 큰 단면의 둘레의 길이 구하기	30 %

0763 답 $a=3$, $b=6\pi$, $c=8$

회전체는 밑면의 반지름의 길이가 3 cm, 높이가 8 cm인 원기둥이므로 $a=3$, $c=8$
전개도에서 직사각형의 가로의 길이는 원의 둘레의 길이와 같으므로
$$b=2\pi\times3=6\pi$$

0764 답 ①

주어진 평면도형을 직선 l을 회전축으로 하여 1회전 시킬 때 생기는 입체도형은 원뿔대이고, 원뿔대의 전개도는 ①이다.

0765 답 ⑤

③ $2\pi \times 9 \times \dfrac{x}{360} = 2\pi \times 4$ ∴ $x = 160$

④ (부채꼴의 호의 길이) = (원의 둘레의 길이) = $2\pi \times 4 = 8\pi (\text{cm})$

⑤ (부채꼴의 넓이) = $\pi \times 9^2 \times \dfrac{160}{360} = 36\pi (\text{cm}^2)$

(원의 넓이) = $\pi \times 4^2 = 16\pi (\text{cm}^2)$

즉, 부채꼴의 넓이와 원의 넓이는 다르다.

따라서 옳지 않은 것은 ⑤이다.

0766 답 2 cm

원뿔대의 두 밑면 중 큰 원의 반지름의 길이를 r cm라 하면

$2\pi \times 6 \times \dfrac{120}{360} = 2\pi r$ ∴ $r = 2$

따라서 원뿔대의 두 밑면 중 큰 원의 반지름의 길이는 2 cm이다.

0767 답 $81\pi \, \text{cm}^2$

주어진 전개도로 만들어지는 입체도형은 원뿔이다.

밑면인 원의 반지름의 길이를 r cm라 하면

$2\pi \times 12 \times \dfrac{270}{360} = 2\pi r$ ∴ $r = 9$

따라서 밑면인 원의 넓이는

$\pi \times 9^2 = 81\pi (\text{cm}^2)$

0768 답 ②, ④

② 원뿔대의 전개도에서 옆면의 모양은 부채꼴의 일부이다.

④ 구의 전개도는 그릴 수 없다.

0769 답 ③

ㄴ. 구의 회전축은 무수히 많다.

ㄷ. 구는 어떤 평면으로 잘라도 그 단면은 원이지만 그 크기는 다를 수 있으므로 항상 합동인 것은 아니다.

따라서 옳은 것은 ㄱ, ㄹ이다.

(AB) 유형 점검

126~128쪽

0770 답 2

ㄱ. 평면도형이므로 다면체가 아니다.

ㄴ, ㄹ, ㅂ. 원 또는 곡면으로 둘러싸여 있으므로 다면체가 아니다.

따라서 다면체는 ㄷ, ㅁ의 2개이다.

0771 답 3

ㄱ. 육면체

ㄴ, ㄷ. 면의 개수는 $5 + 2 = 7$이므로 칠면체이다.

ㄹ. 면의 개수는 $6 + 1 = 7$이므로 칠면체이다.

ㅁ. 면의 개수는 $6 + 2 = 8$이므로 팔면체이다.

ㅂ. 면의 개수는 $7 + 1 = 8$이므로 팔면체이다.

따라서 칠면체는 ㄴ, ㄷ, ㄹ의 3개이다.

0772 답 ②

① $3 \times 2 = 6$ ② $4 \times 3 = 12$ ③ $7 + 2 = 9$

④ $8 + 1 = 9$ ⑤ $5 \times 2 = 10$

따라서 그 값이 가장 큰 것은 ②이다.

0773 답 10

주어진 각뿔을 n각뿔이라 하면

$n + 1 = 12$ ∴ $n = 11$

따라서 주어진 각뿔은 십일각뿔이다.

십일각뿔의 모서리의 개수는 $11 \times 2 = 22$이므로 $a = 22$

십일각뿔의 꼭짓점의 개수는 $11 + 1 = 12$이므로 $b = 12$

∴ $a - b = 22 - 12 = 10$

0774 답 ③

① 오각뿔 – 삼각형 ② 구각기둥 – 직사각형

④ 팔각뿔대 – 사다리꼴 ⑤ 십각뿔 – 삼각형

따라서 다면체와 그 옆면의 모양을 바르게 짝 지은 것은 ③이다.

0775 답 ㄴ, ㄷ

ㄱ. 칠각뿔의 밑면의 개수는 1이다.

ㄷ. 칠각뿔의 꼭짓점의 개수는 $7 + 1 = 8$이다.

육각뿔의 꼭짓점의 개수는 $6 + 1 = 7$이다.

따라서 칠각뿔의 꼭짓점은 육각뿔의 꼭짓점보다 1개 더 많다.

ㄹ. 칠각뿔의 모서리의 개수는 $7 \times 2 = 14$

오각뿔대의 모서리의 개수는 $5 \times 3 = 15$

따라서 칠각뿔의 모서리의 개수는 오각뿔대의 모서리의 개수와 다르다.

따라서 옳은 것은 ㄴ, ㄷ이다.

0776 답 ③

면의 모양이 정오각형인 정다면체는 정십이면체이고, 정십이면체의 한 꼭짓점에 모인 면의 개수는 3이므로 $a = 3$

한 꼭짓점에 모인 면이 가장 많은 정다면체는 정이십면체이고, 정이십면체의 면의 개수는 20이므로 $b = 20$

∴ $a + b = 3 + 20 = 23$

0777 답 ㄱ, ㄴ, ㄷ

ㄹ. 정삼각형이 한 꼭짓점에 3개씩 모인 정다면체는 정사면체이다.

따라서 옳은 것은 ㄱ, ㄴ, ㄷ이다.

0778 답 ④

한 꼭짓점에 모인 면의 개수가 4인 정다면체는 정팔면체이고, 정팔면체의 꼭짓점의 개수는 6이므로 $a = 6$

면의 개수가 가장 많은 정다면체는 정이십면체이고, 정이십면체의 모서리의 개수는 30이므로 $b = 30$

∴ $a + b = 6 + 30 = 36$

0779 답 ③

주어진 전개도로 만든 정다면체는 정팔면체이다.

정팔면체의 꼭짓점의 개수는 6이므로 $a = 6$

정팔면체의 모서리의 개수는 12이므로 $b = 12$

∴ $b - a = 12 - 6 = 6$

0780 답 정사면체

구하는 정다면체는 면의 개수와 꼭짓점의 개수가 같아야 하므로 정사면체이다.

0781 답 ①

오른쪽 그림과 같이 세 꼭짓점 B, D, G를 지나는 평면으로 자를 때 생기는 단면의 모양은 정삼각형이다.

0782 답 ③, ⑤

③, ⑤ 다면체

0783 답 ㄱ, ㄹ

따라서 옳은 것은 ㄱ, ㄹ이다.

0784 답 ④

따라서 단면의 모양이 삼각형이 될 수 없는 입체도형은 ④이다.

0785 답 ①, ④

② 팔면체는 ㄴ, ㅂ이다.
③ 정삼각형인 면으로만 이루어진 입체도형은 ㄱ, ㄴ이다.
⑤ 전개도를 그릴 수 없는 입체도형은 ㅈ이다.
따라서 옳은 것은 ①, ④이다.

0786 답 ㄴ, ㄷ, ㄹ

ㄱ. 반원의 지름을 회전축으로 하여 1회전 시키면 구가 된다.
따라서 옳은 것은 ㄴ, ㄷ, ㄹ이다.

0787 답 구각기둥

(개), (내)에서 구하는 다면체는 각기둥이다. ⋯⋯ ❶
구하는 다면체를 n각기둥이라 하면 (내)에서 면의 개수가 11이므로
$n+2=11$ ∴ $n=9$
따라서 구하는 다면체는 구각기둥이다. ⋯⋯ ❷

채점 기준

❶ 주어진 다면체가 각기둥임을 알기	40 %
❷ 다면체 구하기	60 %

0788 답 20 cm²

직선 l을 회전축으로 하여 1회전 시킬 때 생기는 회전체는 오른쪽 그림과 같다. ⋯⋯ ❶
따라서 구하는 단면의 넓이는
$$\left\{\frac{1}{2}\times(2+3)\times4\right\}\times2=20(\text{cm}^2)$$ ⋯⋯ ❷

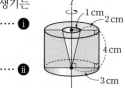

채점 기준

❶ 1회전 시킬 때 생기는 회전체의 모양 알기	40 %
❷ 단면의 넓이 구하기	60 %

0789 답 $(40\pi+40)$ cm

주어진 원뿔대의 전개도는 오른쪽 그림과 같고 옆면은 색칠한 부분이다.
⋯⋯ ❶

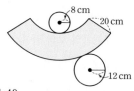

따라서 구하는 옆면의 둘레의 길이는
$2\pi\times8+2\pi\times12+20\times2=16\pi+24\pi+40$
$\qquad\qquad\qquad\qquad\quad=40\pi+40(\text{cm})$ ⋯⋯ ❷

채점 기준

❶ 원뿔대의 전개도에서 옆면 알기	40 %
❷ 옆면의 둘레의 길이 구하기	60 %

C 실력 향상

129쪽

0790 답 ③

오른쪽 그림과 같이 정사면체의 전개도에서 두 점 A, B와 겹치는 점을 각각 A′, B′이라 하면 구하는 최단 거리는 $\overline{MM'}$의 길이와 같다.

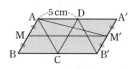

△AMM′과 △M′A′A에서
$\overline{AM'}$은 공통, $\overline{AM}=\overline{M'A'}$,
∠MAM′=∠A′M′A (엇각)
∴ △AMM′≡△M′A′A (SAS 합동)
∴ $\overline{MM'}=\overline{A'A}=2\times5=10(\text{cm})$
따라서 구하는 최단 거리는 10 cm이다.

0791 답 ③

주어진 평면도형을 직선 l을 회전축으로 하여 1회전 시킬 때 생기는 회전체는 오른쪽 그림과 같다.
이때 ①, ②, ④, ⑤는 회전체를 오른쪽 그림과 같이 각각 자를 때 생기는 단면의 모양이다.

0792 답 ②

회전체는 도넛 모양이고, 이 회전체를 원의 중심 O를 지나면서 회전축에 수직인 평면으로 자른 단면은 오른쪽 그림과 같다.
따라서 구하는 단면의 넓이는
$\pi\times8^2-\pi\times2^2=64\pi-4\pi=60\pi(\text{cm}^2)$

0793 답 ④

점 A에서 겉면을 따라 점 B까지 실로 연결할 때 실의 길이가 가장 짧게 되는 경로는 주어진 원기둥의 전개도에서 옆면인 직사각형의 대각선과 같다.

07 / 입체도형의 겉넓이와 부피

A 개념 **확인** 130~133쪽

0794 답 $a=3$, $b=14$, $c=7$
$b=3+4+3+4=14$

0795 답 $12\,\text{cm}^2$
$3\times4=12(\text{cm}^2)$

0796 답 $98\,\text{cm}^2$
$14\times7=98(\text{cm}^2)$

0797 답 $122\,\text{cm}^2$
(겉넓이)=(밑넓이)×2+(옆넓이)
$\qquad=12\times2+98=122(\text{cm}^2)$

0798 답 $a=3$, $b=6\pi$, $c=6$
$b=2\pi\times3=6\pi$

0799 답 $9\pi\,\text{cm}^2$
$\pi\times3^2=9\pi(\text{cm}^2)$

0800 답 $36\pi\,\text{cm}^2$
$6\pi\times6=36\pi(\text{cm}^2)$

0801 답 $54\pi\,\text{cm}^2$
(겉넓이)=(밑넓이)×2+(옆넓이)
$\qquad=9\pi\times2+36\pi=54\pi(\text{cm}^2)$

0802 답 $240\,\text{cm}^2$
(겉넓이)=(밑넓이)×2+(옆넓이)
$\qquad=\left(\dfrac{1}{2}\times6\times8\right)\times2+(6+8+10)\times8$
$\qquad=48+192=240(\text{cm}^2)$

0803 답 $192\pi\,\text{cm}^2$
(겉넓이)=(밑넓이)×2+(옆넓이)
$\qquad=(\pi\times6^2)\times2+2\pi\times6\times10$
$\qquad=72\pi+120\pi=192\pi(\text{cm}^2)$

0804 답 $240\,\text{cm}^3$
$(6\times5)\times8=240(\text{cm}^3)$

0805 답 $175\pi\,\text{cm}^3$
$(\pi\times5^2)\times7=175\pi(\text{cm}^3)$

0806 답 $36\,\text{cm}^2$
$6\times6=36(\text{cm}^2)$

0807 답 $84\,\text{cm}^2$
$\left(\dfrac{1}{2}\times6\times7\right)\times4=84(\text{cm}^2)$

0808 답 $120\,\text{cm}^2$
(겉넓이)=(밑넓이)+(옆넓이)
$\qquad=36+84=120(\text{cm}^2)$

0809 답 $a=6$, $b=2$, $c=4\pi$
$c=2\pi\times2=4\pi$

0810 답 $4\pi\,\text{cm}^2$
$\pi\times2^2=4\pi(\text{cm}^2)$

0811 답 $12\pi\,\text{cm}^2$
$\dfrac{1}{2}\times6\times4\pi=12\pi(\text{cm}^2)$

참고 반지름의 길이가 r, 호의 길이가 l인 부채꼴의
넓이를 S라 하면
$$S=\dfrac{1}{2}rl$$

0812 답 $16\pi\,\text{cm}^2$
(겉넓이)=(밑넓이)+(옆넓이)
$\qquad=4\pi+12\pi=16\pi(\text{cm}^2)$

0813 답 $33\,\text{cm}^2$
(겉넓이)=(밑넓이)+(옆넓이)
$\qquad=3\times3+\left(\dfrac{1}{2}\times3\times4\right)\times4$
$\qquad=9+24=33(\text{cm}^2)$

0814 답 $24\pi\,\text{cm}^2$
(겉넓이)=(밑넓이)+(옆넓이)
$\qquad=\pi\times3^2+\dfrac{1}{2}\times5\times(2\pi\times3)$
$\qquad=9\pi+15\pi=24\pi(\text{cm}^2)$

0815 답 $28\,\text{cm}^3$
$\dfrac{1}{3}\times\left(\dfrac{1}{2}\times7\times4\right)\times6=28(\text{cm}^3)$

0816 답 $66\,\text{cm}^3$
$\dfrac{1}{3}\times\left\{\dfrac{1}{2}\times(3+8)\times6\right\}\times6=66(\text{cm}^3)$

0817 답 $40\,\text{cm}^3$
$\dfrac{1}{3}\times(8\times3)\times5=40(\text{cm}^3)$

0818 답 $48\pi\,\text{cm}^3$
$\dfrac{1}{3}\times(\pi\times4^2)\times9=48\pi(\text{cm}^3)$

0819 답 $128\,\text{cm}^3$
$\dfrac{1}{3}\times(8\times8)\times(3+3)=\dfrac{1}{3}\times64\times6=128(\text{cm}^3)$

0820 답 $16\,\text{cm}^3$
$\dfrac{1}{3}\times(4\times4)\times3=16(\text{cm}^3)$

0821 답 $112\,\text{cm}^3$
(부피)=(큰 사각뿔의 부피)−(작은 사각뿔의 부피)
$\qquad=128-16=112(\text{cm}^3)$

07 입체도형의 겉넓이와 부피 **55**

0822 답 $256\pi\,cm^3$

$\dfrac{1}{3}\times(\pi\times8^2)\times(9+3)=\dfrac{1}{3}\times64\pi\times12=256\pi\,(cm^3)$

0823 답 $4\pi\,cm^3$

$\dfrac{1}{3}\times(\pi\times2^2)\times3=4\pi\,(cm^3)$

0824 답 $252\pi\,cm^3$

(부피)=(큰 원뿔의 부피)−(작은 원뿔의 부피)

$\qquad=256\pi-4\pi=252\pi\,(cm^3)$

0825 답 $36\pi\,cm^2$, $36\pi\,cm^3$

(겉넓이)$=4\pi\times3^2=36\pi\,(cm^2)$

(부피)$=\dfrac{4}{3}\pi\times3^3=36\pi\,(cm^3)$

0826 답 $100\pi\,cm^2$, $\dfrac{500}{3}\pi\,cm^3$

구의 반지름의 길이는 $\dfrac{10}{2}=5\,(cm)$이므로

(겉넓이)$=4\pi\times5^2=100\pi\,(cm^2)$

(부피)$=\dfrac{4}{3}\pi\times5^3=\dfrac{500}{3}\pi\,(cm^3)$

0827 답 $108\pi\,cm^2$, $144\pi\,cm^3$

(겉넓이)=(구의 겉넓이)$\times\dfrac{1}{2}$+(원의 넓이)

$\qquad=(4\pi\times6^2)\times\dfrac{1}{2}+\pi\times6^2$

$\qquad=72\pi+36\pi=108\pi\,(cm^2)$

(부피)$=\left(\dfrac{4}{3}\pi\times6^3\right)\times\dfrac{1}{2}=144\pi\,(cm^3)$

0828 답 $12\pi\,cm^2$, $\dfrac{16}{3}\pi\,cm^3$

구의 반지름의 길이는 $\dfrac{4}{2}=2\,(cm)$이므로

(겉넓이)=(구의 겉넓이)$\times\dfrac{1}{2}$+(원의 넓이)

$\qquad=(4\pi\times2^2)\times\dfrac{1}{2}+\pi\times2^2$

$\qquad=8\pi+4\pi=12\pi\,(cm^2)$

(부피)$=\left(\dfrac{4}{3}\pi\times2^3\right)\times\dfrac{1}{2}=\dfrac{16}{3}\pi\,(cm^3)$

0829 답 $54\pi\,cm^3$

$(\pi\times3^2)\times6=54\pi\,(cm^3)$

0830 답 $36\pi\,cm^3$

$\dfrac{4}{3}\pi\times3^3=36\pi\,(cm^3)$

0831 답 $18\pi\,cm^3$

$\dfrac{1}{3}\times(\pi\times3^2)\times6=18\pi\,(cm^3)$

0832 답 $3:2:1$

$54\pi:36\pi:18\pi=3:2:1$

0833 답 ④

$\left\{\dfrac{1}{2}\times(3+9)\times4\right\}\times2+(5+3+5+9)\times8=48+176$

$\qquad\qquad\qquad\qquad\qquad\qquad\qquad=224\,(cm^2)$

0834 답 $3\,cm$

정육면체의 한 모서리의 길이를 $a\,cm$라 하면 정육면체의 겉넓이는 정사각형인 면 6개의 넓이의 합과 같으므로

$(a\times a)\times6=54$, $a^2=9=3^2$ $\quad\therefore a=3$

따라서 정육면체의 한 모서리의 길이는 $3\,cm$이다.

0835 답 7

$\left(\dfrac{1}{2}\times5\times12\right)\times2+(13+12+5)\times h=270$이므로   ······ **ⓘ**

$60+30h=270$, $30h=210$ $\quad\therefore h=7$ ······ **ⓘⓘ**

채점 기준	
ⓘ h에 대한 식 세우기	60%
ⓘⓘ h의 값 구하기	40%

0836 답 $72\,cm^2$

주어진 입체도형의 겉넓이는 한 변의 길이가 $2\,cm$인 정사각형 18개의 넓이의 합과 같으므로

$(2\times2)\times18=72\,(cm^2)$

만렙 Note

각 면에서 보이는 정사각형의 개수를 세어 본다.

0837 답 ②

$(\pi\times4^2)\times2+2\pi\times4\times10=32\pi+80\pi=112\pi\,(cm^2)$

0838 답 $66\pi\,cm^2$

$(\pi\times3^2)\times2+2\pi\times3\times8=18\pi+48\pi=66\pi\,(cm^2)$

0839 답 ③

원기둥의 높이를 $h\,cm$라 하면

$(\pi\times6^2)\times2+2\pi\times6\times h=180\pi$

$72\pi+12\pi h=180\pi$, $12\pi h=108\pi$ $\quad\therefore h=9$

따라서 원기둥의 높이는 $9\,cm$이다.

0840 답 $700\pi\,cm^2$

롤러를 두 바퀴 굴릴 때, 페인트가 칠해지는 부분의 넓이는 원기둥 모양의 롤러의 옆넓이의 2배와 같다.

이때 롤러의 옆넓이는

$2\pi\times5\times35=350\pi\,(cm^2)$

따라서 페인트가 칠해지는 부분의 넓이는

$2\times350\pi=700\pi\,(cm^2)$

0841 답 ②

$\left\{\dfrac{1}{2}\times(4+8)\times3\right\}\times9=162\,(cm^3)$

0842 답 432 cm³

주어진 전개도로 만든 사각기둥은 오른쪽
그림과 같으므로 부피는

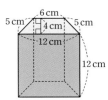

$$\left\{\frac{1}{2}\times(6+12)\times4\right\}\times12=432(\text{cm}^3)$$

0843 답 ③

삼각기둥의 높이를 h cm라 하면

$$\left(\frac{1}{2}\times15\times8\right)\times h=360$$

$$60h=360 \qquad \therefore h=6$$

따라서 삼각기둥의 높이는 6 cm이다.

0844 답 (1) 36 cm² (2) 9 cm

(1) 주어진 오각형을 오른쪽 그림과 같이
삼각형과 직사각형으로 나누면

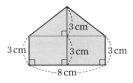

(밑넓이)=(삼각형의 넓이)
    +(직사각형의 넓이)

$$=\frac{1}{2}\times8\times3+8\times3$$

$$=12+24=36(\text{cm}^2) \quad\cdots\cdots\ \text{❶}$$

(2) 오각기둥의 높이를 h cm라 하면

$$36\times h=324 \qquad \therefore h=9$$

따라서 오각기둥의 높이는 9 cm이다. $\quad\cdots\cdots\ \text{❷}$

채점 기준	
❶ 밑넓이 구하기	50 %
❷ 높이 구하기	50 %

0845 답 288π cm³

원기둥의 밑면의 반지름의 길이를 r cm라 하면

$$2\pi\times r=12\pi \qquad \therefore r=6$$

따라서 원기둥의 밑면의 반지름의 길이는 6 cm이므로 부피는

$$(\pi\times6^2)\times8=288\pi(\text{cm}^3)$$

0846 답 108π cm³

(부피)=(작은 원기둥의 부피)+(큰 원기둥의 부피)

$$=(\pi\times2^2)\times3+(\pi\times4^2)\times6$$

$$=12\pi+96\pi=108\pi(\text{cm}^3)$$

0847 답 ②

원기둥의 밑면의 반지름의 길이를 r cm라 하면

$$(\pi\times r^2)\times5=180\pi$$

$$r^2=36=6^2 \qquad \therefore r=6$$

따라서 원기둥의 밑면의 반지름의 길이는 6 cm이다.

0848 답 ④

원기둥 B의 부피는 $(\pi\times4^2)\times9=144\pi(\text{cm}^3)$

원기둥 A의 높이를 h cm라 하면

$$(\pi\times6^2)\times h=144\pi \qquad \therefore h=4$$

따라서 원기둥 A의 옆넓이는

$$2\pi\times6\times4=48\pi(\text{cm}^2)$$

0849 답 $(40\pi+64)$ cm², $\frac{160}{3}\pi$ cm³

$$(\text{밑넓이})=\pi\times4^2\times\frac{150}{360}=\frac{20}{3}\pi(\text{cm}^2)$$

$$(\text{옆넓이})=\left(2\pi\times4\times\frac{150}{360}+4\times2\right)\times8$$

$$=\frac{80}{3}\pi+64(\text{cm}^2)$$

$$\therefore (\text{겉넓이})=\frac{20}{3}\pi\times2+\frac{80}{3}\pi+64=40\pi+64(\text{cm}^2),$$

$$(\text{부피})=\frac{20}{3}\pi\times8=\frac{160}{3}\pi(\text{cm}^3)$$

0850 답 ⑤

$$(\text{밑넓이})=\pi\times4^2\times\frac{1}{2}=8\pi(\text{cm}^2)$$

$$(\text{옆넓이})=\left(2\pi\times4\times\frac{1}{2}+8\right)\times12=48\pi+96(\text{cm}^2)$$

$$\therefore (\text{겉넓이})=8\pi\times2+48\pi+96=64\pi+96(\text{cm}^2)$$

0851 답 ②

기둥의 높이를 h cm라 하면

$$\left(\pi\times2^2\times\frac{270}{360}\right)\times h=36\pi$$

$$3\pi h=36\pi \qquad \therefore h=12$$

따라서 기둥의 높이는 12 cm이다.

0852 답 $(20\pi+48)$ cm², 24π cm³

밑면의 중심각의 크기는 $\frac{360°}{6}=60°$이므로

$$(\text{밑넓이})=\pi\times6^2\times\frac{60}{360}=6\pi(\text{cm}^2) \quad\cdots\cdots\ \text{❶}$$

$$(\text{옆넓이})=\left(2\pi\times6\times\frac{60}{360}+6\times2\right)\times4$$

$$=8\pi+48(\text{cm}^2) \quad\cdots\cdots\ \text{❷}$$

$$\therefore (\text{겉넓이})=6\pi\times2+8\pi+48=20\pi+48(\text{cm}^2),$$

$$(\text{부피})=6\pi\times4=24\pi(\text{cm}^3) \quad\cdots\cdots\ \text{❸}$$

채점 기준	
❶ 밑넓이 구하기	30 %
❷ 옆넓이 구하기	30 %
❸ 겉넓이와 부피 구하기	40 %

0853 답 64

$$(\text{밑넓이})=6\times6-2\times2=36-4=32(\text{cm}^2)$$

$$(\text{옆넓이})=(6+6+6+6)\times7+(2+2+2+2)\times7$$

$$=168+56=224(\text{cm}^2)$$

$$\therefore (\text{겉넓이})=32\times2+224=288(\text{cm}^2)$$

$$\therefore a=288$$

(부피)=(큰 사각기둥의 부피)-(작은 사각기둥의 부피)

$$=(6\times6)\times7-(2\times2)\times7$$

$$=252-28=224(\text{cm}^3)$$

$$\therefore b=224$$

$$\therefore a-b=288-224=64$$

다른 풀이

$$(\text{부피})=(\text{밑넓이})\times(\text{높이})=32\times7=224(\text{cm}^3)$$

0854 답 ④

$$(부피) = (사각기둥의 부피) - (원기둥의 부피)$$
$$= (8 \times 6) \times 8 - (\pi \times 2^2) \times 8$$
$$= 384 - 32\pi \, (cm^3)$$

0855 답 $(288\pi + 72) \, cm^2$

$(밑넓이) = \pi \times 8^2 - 2 \times 2 = 64\pi - 4 \, (cm^2)$

$(옆넓이) = 2\pi \times 8 \times 10 + (2+2+2+2) \times 10$
$$= 160\pi + 80 \, (cm^2)$$

$\therefore (겉넓이) = (64\pi - 4) \times 2 + 160\pi + 80$
$$= 288\pi + 72 \, (cm^2)$$

0856 답 $376 \, cm^2$

오른쪽 그림과 같이 잘린 부분의 면을 이동
하여 생각하면 주어진 입체도형의 겉넓이는
가로, 세로의 길이가 각각 $10 \, cm$, $6 \, cm$이
고, 높이가 $8 \, cm$인 직육면체의 겉넓이와 같
으므로

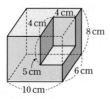

$(10 \times 6) \times 2 + (10+6+10+6) \times 8 = 120 + 256$
$$= 376 \, (cm^2)$$

0857 답 ⑤

오른쪽 그림과 같이 잘라 낸 부분은 밑면의 반
지름의 길이가 $5 \, cm$, 높이가 $4 \, cm$인 원기둥의
절반이므로 입체도형의 부피는

$(\pi \times 5^2) \times 12 - \{(\pi \times 5^2) \times 4\} \times \dfrac{1}{2} = 300\pi - 50\pi$
$$= 250\pi \, (cm^3)$$

다른 풀이

$(\pi \times 5^2) \times 8 + \{(\pi \times 5^2) \times 4\} \times \dfrac{1}{2} = 200\pi + 50\pi$
$$= 250\pi \, (cm^3)$$

0858 답 $384 \, cm^3$

잘라 낸 부분은 밑면이 직각삼각형인 삼각기둥이므로 입체도형의 부
피는

$(8 \times 8) \times 8 - \left(\dfrac{1}{2} \times 4 \times 8\right) \times 8 = 512 - 128 = 384 \, (cm^3)$

다른 풀이

$\left\{\dfrac{1}{2} \times (4+8) \times 8\right\} \times 8 = 384 \, (cm^3)$

0859 답 ④

$(밑넓이) = \pi \times 8^2 \times \dfrac{120}{360} - \pi \times 4^2 \times \dfrac{120}{360}$
$$= \dfrac{64}{3}\pi - \dfrac{16}{3}\pi$$
$$= 16\pi \, (cm^2)$$

$(옆넓이) = \left(2\pi \times 8 \times \dfrac{120}{360} + 2\pi \times 4 \times \dfrac{120}{360} + 4 \times 2\right) \times 6$
$$= 48\pi + 48 \, (cm^2)$$

$\therefore (겉넓이) = 16\pi \times 2 + 48\pi + 48$
$$= 80\pi + 48 \, (cm^2)$$

0860 답 ③

주어진 직사각형을 직선 l을 회전축으로 하여 1회
전 시킬 때 생기는 회전체는 오른쪽 그림과 같은 원
기둥이므로 겉넓이는

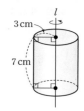

$(\pi \times 3^2) \times 2 + 2\pi \times 3 \times 7 = 18\pi + 42\pi$
$$= 60\pi \, (cm^2)$$

0861 답 ②

주어진 직사각형을 직선 l을 회전축으로 하여
1회전 시킬 때 생기는 회전체는 오른쪽 그림
과 같으므로

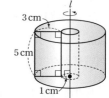

$(부피)$
$= (큰 원기둥의 부피) - (작은 원기둥의 부피)$
$= (\pi \times 4^2) \times 5 - (\pi \times 1^2) \times 5$
$= 80\pi - 5\pi$
$= 75\pi \, (cm^3)$

0862 답 $96\pi \, cm^2$, $128\pi \, cm^3$

회전체는 오른쪽 그림과 같은 원기둥이므로

$(겉넓이) = (\pi \times 4^2) \times 2 + 2\pi \times 4 \times 8$
$$= 32\pi + 64\pi$$
$$= 96\pi \, (cm^2)$$

$(부피) = (\pi \times 4^2) \times 8 = 128\pi \, (cm^3)$

0863 답 $340 \, cm^2$

$10 \times 10 + \left(\dfrac{1}{2} \times 10 \times 12\right) \times 4 = 100 + 240 = 340 \, (cm^2)$

0864 답 ④

$5 \times 5 + \left(\dfrac{1}{2} \times 5 \times 4\right) \times 4 = 25 + 40 = 65 \, (cm^2)$

0865 답 6

$7 \times 7 + \left(\dfrac{1}{2} \times 7 \times x\right) \times 4 = 133$이므로 ...... ❶

$49 + 14x = 133, \ 14x = 84$

$\therefore x = 6$ ...... ❷

채점 기준

❶ x에 대한 식 세우기	60 %
❷ x의 값 구하기	40 %

0866 답 ③

$\pi \times 3^2 + \pi \times 3 \times 7 = 9\pi + 21\pi = 30\pi \, (cm^2)$

0867 답 ③

원뿔의 모선의 길이를 $l \, cm$라 하면

$\pi \times 5^2 + \pi \times 5 \times l = 75\pi$

$25\pi + 5\pi l = 75\pi$

$5\pi l = 50\pi \quad \therefore l = 10$

따라서 원뿔의 모선의 길이는 $10 \, cm$이다.

0868 답 $70\pi\,\mathrm{cm}^2$

원뿔의 밑면의 반지름의 길이를 $r\,\mathrm{cm}$라 하면

$\pi\times r\times9=45\pi$ $\therefore r=5$

즉, 원뿔의 밑면의 반지름의 길이는 $5\,\mathrm{cm}$이다. ······ ❶

따라서 원뿔의 겉넓이는

$\pi\times5^2+45\pi=25\pi+45\pi$

$\qquad\qquad\qquad=70\pi\,(\mathrm{cm}^2)$ ······ ❷

채점 기준	
❶ 밑면의 반지름의 길이 구하기	60%
❷ 원뿔의 겉넓이 구하기	40%

0869 답 ③

원뿔의 밑면의 반지름의 길이를 $r\,\mathrm{cm}$라 하면 모선의 길이는 $2r\,\mathrm{cm}$
이므로

$\pi\times r^2+\pi\times r\times2r=48\pi$

$3\pi r^2=48\pi$, $r^2=16=4^2$

$\therefore r=4$

따라서 원뿔의 밑면의 반지름의 길이는 $4\,\mathrm{cm}$이다.

0870 답 $205\,\mathrm{cm}^2$

(두 밑면의 넓이의 합)$=3\times3+8\times8$

$\qquad\qquad\qquad\qquad=9+64=73\,(\mathrm{cm}^2)$

(옆넓이)$=\left\{\dfrac{1}{2}\times(3+8)\times6\right\}\times4=132\,(\mathrm{cm}^2)$

$\therefore$ (겉넓이)$=73+132=205\,(\mathrm{cm}^2)$

0871 답 9

$\pi\times x\times15-\pi\times3\times5=120\pi$이므로

$15\pi x-15\pi=120\pi$

$15\pi x=135\pi$ $\therefore x=9$

0872 답 ③

(두 밑면의 넓이의 합)$=\pi\times3^2+\pi\times6^2$

$\qquad\qquad\qquad\qquad=9\pi+36\pi=45\pi\,(\mathrm{cm}^2)$

(옆넓이)$=(\pi\times6\times8-\pi\times3\times4)+2\pi\times6\times9$

$\qquad\quad=36\pi+108\pi=144\pi\,(\mathrm{cm}^2)$

$\therefore$ (겉넓이)$=45\pi+144\pi=189\pi\,(\mathrm{cm}^2)$

0873 답 ①

$\dfrac{1}{3}\times\left(\dfrac{1}{2}\times5\times4\right)\times6=20\,(\mathrm{cm}^3)$

0874 답 $6\,\mathrm{cm}$

사각뿔의 높이를 $h\,\mathrm{cm}$라 하면

$\dfrac{1}{3}\times(9\times5)\times h=90$ ······ ❶

$15h=90$ $\therefore h=6$

따라서 사각뿔의 높이는 $6\,\mathrm{cm}$이다. ······ ❷

채점 기준	
❶ 사각뿔의 높이에 대한 식 세우기	60%
❷ 사각뿔의 높이 구하기	40%

0875 답 ②

사각뿔 O$-$PQRS의 밑면인 사각형 PQRS의 넓이는 정육면체의
한 면의 넓이의 $\dfrac{1}{2}$이고, 사각뿔 O$-$PQRS의 높이는 정육면체의 한
모서리의 길이와 같으므로 구하는 부피는

$\dfrac{1}{3}\times\left(\dfrac{1}{2}\times3\times3\right)\times3=\dfrac{9}{2}\,(\mathrm{cm}^3)$

0876 답 $72\,\mathrm{cm}^3$

주어진 정사각형 ABCD로 만들어지는 입체
도형은 오른쪽 그림과 같은 삼각뿔이므로 구
하는 부피는

$\dfrac{1}{3}\times\left(\dfrac{1}{2}\times6\times6\right)\times12=72\,(\mathrm{cm}^3)$

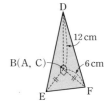

0877 답 ②

$\dfrac{1}{3}\times(\pi\times4^2)\times6=32\pi\,(\mathrm{cm}^3)$

0878 답 ②

(A의 부피)$=\dfrac{1}{3}\times(\pi\times5^2)\times12=100\pi\,(\mathrm{cm}^3)$

(B의 부피)$=(\pi\times4^2)\times8=128\pi\,(\mathrm{cm}^3)$

(C의 부피)$=\dfrac{1}{3}\times(\pi\times6^2)\times9=108\pi\,(\mathrm{cm}^3)$

따라서 부피가 작은 것부터 차례로 나열하면 A, C, B이다.

0879 답 ①

(부피)$=$(원뿔의 부피)$+$(원기둥의 부피)

$\qquad\ =\dfrac{1}{3}\times(\pi\times3^2)\times3+(\pi\times3^2)\times6$

$\qquad\ =9\pi+54\pi$

$\qquad\ =63\pi\,(\mathrm{cm}^3)$

0880 답 ⑤

원뿔의 높이를 $h\,\mathrm{cm}$라 하면

$\dfrac{1}{3}\times(\pi\times5^2)\times h=75\pi$

$\dfrac{25}{3}\pi h=75\pi$ $\therefore h=9$

따라서 원뿔의 높이는 $9\,\mathrm{cm}$이다.

0881 답 $125\pi\,\mathrm{cm}^3$

원뿔의 밑면의 반지름의 길이를 $r\,\mathrm{cm}$라 하면

$2\pi\times r=10\pi$ $\therefore r=5$

즉, 원뿔의 밑면의 반지름의 길이는 $5\,\mathrm{cm}$이다. ······ ❶

따라서 원뿔의 부피는

$\dfrac{1}{3}\times(\pi\times5^2)\times15=125\pi\,(\mathrm{cm}^3)$ ······ ❷

채점 기준	
❶ 밑면의 반지름의 길이 구하기	50%
❷ 원뿔의 부피 구하기	50%

0882 답 ④

(부피)=(큰 사각뿔의 부피)−(작은 사각뿔의 부피)

$$=\frac{1}{3}\times(6\times4)\times8-\frac{1}{3}\times(3\times2)\times4$$

$$=64-8$$

$$=56(\mathrm{cm}^3)$$

0883 답 $\frac{212}{3}\pi\,\mathrm{cm}^3$

(부피)=(원뿔대의 부피)+(원뿔의 부피)

$$=\left\{\frac{1}{3}\times(\pi\times4^2)\times6-\frac{1}{3}\times(\pi\times2^2)\times3\right\}+\frac{1}{3}\times(\pi\times4^2)\times8$$

$$=28\pi+\frac{128}{3}\pi$$

$$=\frac{212}{3}\pi(\mathrm{cm}^3)$$

0884 답 ③

(작은 원뿔의 부피)$=\frac{1}{3}\times(\pi\times4^2)\times6=32\pi(\mathrm{cm}^3)$

(큰 원뿔의 부피)$=\frac{1}{3}\times(\pi\times8^2)\times12=256\pi(\mathrm{cm}^3)$

(원뿔대의 부피)$=256\pi-32\pi=224\pi(\mathrm{cm}^3)$

따라서 위쪽 원뿔과 아래쪽 원뿔대의 부피의 비는

$32\pi:224\pi=1:7$

0885 답 $4\,\mathrm{cm}^3$

△BCD를 밑면으로 생각하면 높이는 $\overline{\mathrm{CG}}$의 길이이므로 삼각뿔 C−BGD의 부피는

$$\frac{1}{3}\times\left(\frac{1}{2}\times3\times2\right)\times4=4(\mathrm{cm}^3)$$

0886 답 ④

$\overline{\mathrm{AB}}=x\,\mathrm{cm}$라 하면 $\overline{\mathrm{CD}}=x\,\mathrm{cm}$
△MCD를 밑면으로 생각하면 높이는
$\overline{\mathrm{CG}}$의 길이이므로 삼각뿔 C−MGD의
부피는

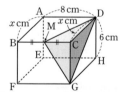

$$\frac{1}{3}\times\left(\frac{1}{2}\times\frac{8}{2}\times x\right)\times6=4x(\mathrm{cm}^3)$$

이때 삼각뿔의 부피가 $28\,\mathrm{cm}^3$이므로

$4x=28$ ∴ $x=7$

따라서 $\overline{\mathrm{AB}}$의 길이는 $7\,\mathrm{cm}$이다.

0887 답 $975\,\mathrm{cm}^3$

정육면체의 부피는

$10\times10\times10=1000(\mathrm{cm}^3)$ ⋯⋯ ❶

잘라 낸 삼각뿔의 부피는

$\frac{1}{3}\times\left(\frac{1}{2}\times5\times6\right)\times5=25(\mathrm{cm}^3)$ ⋯⋯ ❷

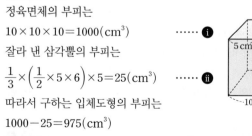

따라서 구하는 입체도형의 부피는

$1000-25=975(\mathrm{cm}^3)$ ⋯⋯ ❸

채점 기준

❶ 정육면체의 부피 구하기		30 %
❷ 잘라 낸 삼각뿔의 부피 구하기		40 %
❸ 입체도형의 부피 구하기		30 %

0888 답 $9\,\mathrm{cm}^3$

(삼각뿔 C−AFH의 부피)

=(정육면체의 부피)−(삼각뿔 C−FGH의 부피)$\times4$

$$=3\times3\times3-\left\{\frac{1}{3}\times\left(\frac{1}{2}\times3\times3\right)\times3\right\}\times4$$

$$=27-18$$

$$=9(\mathrm{cm}^3)$$

0889 답 ②

$\frac{1}{3}\times\left(\frac{1}{2}\times10\times8\right)\times3=40(\mathrm{cm}^3)$

0890 답 3

$\left(\frac{1}{2}\times6\times x\right)\times4=36$이므로

$12x=36$ ∴ $x=3$

0891 답 5

그릇 A의 부피는

$12\times20\times4=960(\mathrm{cm}^3)$

그릇 A에 남아 있는 물의 부피는

$\frac{1}{3}\times\left(\frac{1}{2}\times12\times20\right)\times4=160(\mathrm{cm}^3)$

따라서 그릇 B에 담긴 물의 부피는

$960-160=800(\mathrm{cm}^3)$

이때 그릇 B에 담긴 물의 높이가 $h\,\mathrm{cm}$이므로

$16\times10\times h=800$ ∴ $h=5$

0892 답 ⑤

원뿔 모양의 그릇의 부피는

$\frac{1}{3}\times(\pi\times6^2)\times10=120\pi(\mathrm{cm}^3)$

1분에 $3\pi\,\mathrm{cm}^3$씩 물을 넣으므로 빈 그릇을 가득 채우려면

$120\pi\div3\pi=40(분)$ 동안 물을 넣어야 한다.

0893 답 (1) $\frac{4}{3}\pi\,\mathrm{cm}^3$ (2) 189분

(1) 그릇에 담긴 물의 부피는

$\frac{1}{3}\times(\pi\times2^2)\times3=4\pi(\mathrm{cm}^3)$ ⋯⋯ ❶

$4\pi\,\mathrm{cm}^3$의 물을 채우는 데 3분이 걸렸으므로 1분 동안 채워지는

물의 부피는 $\frac{4}{3}\pi\,\mathrm{cm}^3$이다. ⋯⋯ ❷

(2) 그릇의 부피는

$\frac{1}{3}\times(\pi\times8^2)\times12=256\pi(\mathrm{cm}^3)$ ⋯⋯ ❸

따라서 $256\pi\div\frac{4}{3}\pi=256\pi\times\frac{3}{4\pi}=192(분)$이므로 앞으로

$192-3=189(분)$ 동안 물을 더 넣어야 한다. ⋯⋯ ❹

채점 기준

❶ 그릇에 담긴 물의 부피 구하기		20 %
❷ 1분 동안 채워지는 물의 부피 구하기		30 %
❸ 그릇의 부피 구하기		20 %
❹ 물을 더 넣어야 하는 시간 구하기		30 %

0894 답 ②

원뿔의 밑면의 반지름의 길이를 r cm라 하면

$$2\pi \times 9 \times \frac{120}{360} = 2\pi \times r$$

$$6\pi = 2\pi r \qquad \therefore r = 3$$

즉, 원뿔의 밑면의 반지름의 길이는 3 cm이다.

따라서 원뿔의 겉넓이는

$$\pi \times 3^2 + \pi \times 3 \times 9 = 9\pi + 27\pi = 36\pi \,(\text{cm}^2)$$

0895 답 ③

원뿔의 모선의 길이를 l cm라 하면

$$\pi \times 6 \times l = 96\pi \qquad \therefore l = 16$$

즉, 원뿔의 모선의 길이는 16 cm이다.

이때 원뿔의 전개도에서 부채꼴의 중심각의 크기를 $x°$라 하면

$$\pi \times 16^2 \times \frac{x}{360} = 96\pi \qquad \therefore x = 135$$

따라서 부채꼴의 중심각의 크기는 135°이다.

0896 답 6 cm

주어진 부채꼴을 옆면으로 하는 원뿔은 오른쪽 그림과 같다.

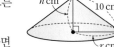

원뿔의 밑면의 반지름의 길이를 r cm라 하면

$$2\pi \times 10 \times \frac{288}{360} = 2\pi r \qquad \therefore r = 8$$

즉, 원뿔의 밑면의 반지름의 길이는 8 cm이다. ······ ❶

이때 원뿔의 높이를 h cm라 하면

$$\frac{1}{3} \times (\pi \times 8^2) \times h = 128\pi \qquad \therefore h = 6$$

따라서 원뿔의 높이는 6 cm이다. ······ ❷

채점 기준	
❶ 밑면의 반지름의 길이 구하기	50 %
❷ 원뿔의 높이 구하기	50 %

0897 답 58

오른쪽 그림과 같이 부채꼴의 중심각의 크기를 $x°$라 하면

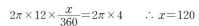

$$2\pi \times 12 \times \frac{x}{360} = 2\pi \times 4 \qquad \therefore x = 120$$

즉, 부채꼴의 중심각의 크기는 120°이므로

$$2\pi \times 6 \times \frac{120}{360} = 2\pi \times a \qquad \therefore a = 2$$

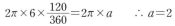

따라서 원뿔대의 겉넓이는

$$(\pi \times 2^2 + \pi \times 4^2) + (\pi \times 4 \times 12 - \pi \times 2 \times 6)$$
$$= 4\pi + 16\pi + 48\pi - 12\pi = 56\pi \,(\text{cm}^2)$$

$$\therefore b = 56$$

$$\therefore a + b = 2 + 56 = 58$$

0898 답 ①

주어진 직각삼각형을 직선 l을 회전축으로 하여 1회전 시킬 때 생기는 회전체는 오른쪽 그림과 같은 원뿔이므로 부피는

$$\frac{1}{3} \times (\pi \times 8^2) \times 15 = 320\pi \,(\text{cm}^3)$$

0899 답 ④

주어진 사다리꼴을 직선 l을 회전축으로 하여 1회전시킬 때 생기는 회전체는 오른쪽 그림과 같은 원뿔대이므로

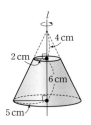

(부피) = (큰 원뿔의 부피) − (작은 원뿔의 부피)

$$= \frac{1}{3} \times (\pi \times 5^2) \times 10 - \frac{1}{3} \times (\pi \times 2^2) \times 4$$

$$= \frac{250}{3}\pi - \frac{16}{3}\pi$$

$$= 78\pi \,(\text{cm}^3)$$

0900 답 ③

주어진 직각삼각형을 직선 l을 회전축으로 하여 1회전 시킬 때 생기는 회전체는 오른쪽 그림과 같으므로

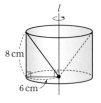

(부피) = (원기둥의 부피) − (원뿔의 부피)

$$= (\pi \times 6^2) \times 8 - \frac{1}{3} \times (\pi \times 6^2) \times 8$$

$$= 288\pi - 96\pi$$

$$= 192\pi \,(\text{cm}^3)$$

0901 답 ②

주어진 평면도형을 직선 l을 회전축으로 하여 1회전 시킬 때 생기는 회전체는 오른쪽 그림과 같으므로

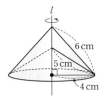

(겉넓이) = (큰 원뿔의 옆넓이)
$$\qquad + (작은 원뿔의 옆넓이)$$
$$= \pi \times 4 \times 6 + \pi \times 4 \times 5$$
$$= 24\pi + 20\pi$$
$$= 44\pi \,(\text{cm}^2)$$

0902 답 $\frac{48}{5}\pi$ cm³

주어진 직각삼각형 ABC를 $\overline{AC}$를 회전축으로 하여 1회전 시킬 때 생기는 회전체는 오른쪽 그림과 같다.

점 B에서 $\overline{AC}$에 내린 수선의 발을 H라 하고 $\overline{BH}$의 길이를 r cm라 하면 삼각형 ABC에서

$$\frac{1}{2} \times 3 \times 4 = \frac{1}{2} \times 5 \times r \qquad \therefore r = \frac{12}{5}$$

······ ❶

따라서 회전체의 부피는

$$\frac{1}{3} \times \pi \times \left(\frac{12}{5}\right)^2 \times \overline{AH} + \frac{1}{3} \times \pi \times \left(\frac{12}{5}\right)^2 \times \overline{CH}$$

$$= \frac{1}{3}\pi \times \left(\frac{12}{5}\right)^2 \times (\overline{AH} + \overline{CH})$$

$$= \frac{1}{3}\pi \times \left(\frac{12}{5}\right)^2 \times \overline{AC}$$

$$= \frac{1}{3}\pi \times \left(\frac{12}{5}\right)^2 \times 5$$

$$= \frac{48}{5}\pi \,(\text{cm}^3)$$

······ ❷

채점 기준	
❶ 점 B와 $\overline{AC}$ 사이의 거리 구하기	40 %
❷ 회전체의 부피 구하기	60 %

0903 답 $64\pi\,\mathrm{cm}^2$

잘라 낸 단면의 넓이의 합은 반지름의 길이가 $4\,\mathrm{cm}$인 원의 넓이와 같으므로

$$(\text{겉넓이})=(\text{구의 겉넓이})\times\frac{3}{4}+(\text{원의 넓이})$$
$$=(4\pi\times4^2)\times\frac{3}{4}+\pi\times4^2$$
$$=48\pi+16\pi$$
$$=64\pi\,(\mathrm{cm}^2)$$

0904 답 ⑤

구의 반지름의 길이를 $r\,\mathrm{cm}$라 하면 구의 중심을 지나는 평면으로 자른 단면의 넓이가 $144\pi\,\mathrm{cm}^2$이므로

$\pi\times r^2=144\pi,\ r^2=144=12^2\qquad\therefore r=12$

즉, 구의 반지름의 길이는 $12\,\mathrm{cm}$이다.

따라서 구의 겉넓이는

$4\pi\times12^2=576\pi\,(\mathrm{cm}^2)$

0905 답 $\dfrac{49}{2}\pi\,\mathrm{cm}^2$

$$(\text{가죽 한 조각의 넓이})=(\text{야구공의 겉넓이})\times\frac{1}{2}$$
$$=\left\{4\pi\times\left(\frac{7}{2}\right)^2\right\}\times\frac{1}{2}$$
$$=\frac{49}{2}\pi\,(\mathrm{cm}^2)$$

0906 답 $190\pi\,\mathrm{cm}^2$

$$(\text{겉넓이})=(\text{원뿔의 옆넓이})+(\text{원기둥의 옆넓이})+(\text{구의 겉넓이})\times\frac{1}{2}$$
$$=\pi\times5\times8+2\pi\times5\times10+(4\pi\times5^2)\times\frac{1}{2}$$
$$=40\pi+100\pi+50\pi$$
$$=190\pi\,(\mathrm{cm}^2)$$

0907 답 ③

$$(\text{부피})=(\text{반구의 부피})+(\text{원기둥의 부피})$$
$$=\left(\frac{4}{3}\pi\times3^3\right)\times\frac{1}{2}+(\pi\times3^2)\times5$$
$$=18\pi+45\pi$$
$$=63\pi\,(\mathrm{cm}^3)$$

0908 답 ②

구의 반지름의 길이를 $r\,\mathrm{cm}$라 하면

$\left(\dfrac{4}{3}\pi\times r^3\right)\times\dfrac{7}{8}=252\pi,\ r^3=216=6^3\qquad\therefore r=6$

따라서 구의 반지름의 길이는 $6\,\mathrm{cm}$이다.

0909 답 $\dfrac{500}{3}\pi\,\mathrm{cm}^3$

구의 반지름의 길이를 $r\,\mathrm{cm}$라 하면

$4\pi\times r^2=100\pi,\ r^2=25=5^2\qquad\therefore r=5$

즉, 구의 반지름의 길이는 $5\,\mathrm{cm}$이다. ⋯⋯ ❶

따라서 구의 부피는

$\dfrac{4}{3}\pi\times5^3=\dfrac{500}{3}\pi\,(\mathrm{cm}^3)$ ⋯⋯ ❷

채점 기준	
❶ 구의 반지름의 길이 구하기	50 %
❷ 구의 부피 구하기	50 %

0910 답 ④

지름의 길이가 $18\,\mathrm{cm}$인 쇠구슬 1개의 부피는

$\dfrac{4}{3}\pi\times9^3=972\pi\,(\mathrm{cm}^3)$

지름의 길이가 $2\,\mathrm{cm}$인 쇠구슬 1개의 부피는

$\dfrac{4}{3}\pi\times1^3=\dfrac{4}{3}\pi\,(\mathrm{cm}^3)$

$\therefore 972\pi\div\dfrac{4}{3}\pi=972\pi\times\dfrac{3}{4\pi}=729$

따라서 만들 수 있는 쇠구슬은 최대 729개이다.

0911 답 24

구의 부피는

$\dfrac{4}{3}\pi\times6^3=288\pi\,(\mathrm{cm}^3)$

원뿔의 부피는

$\dfrac{1}{3}\times(\pi\times6^2)\times x=12\pi x\,(\mathrm{cm}^3)$

이때 구의 부피와 원뿔의 부피가 서로 같으므로

$288\pi=12\pi x\qquad\therefore x=24$

0912 답 ③

반지름의 길이가 $4\,\mathrm{cm}$인 구의 부피는

$\dfrac{4}{3}\pi\times4^3=\dfrac{256}{3}\pi\,(\mathrm{cm}^3)$

더 올라간 물의 높이를 $x\,\mathrm{cm}$라 하면

$\pi\times8^2\times x=\dfrac{256}{3}\pi\qquad\therefore x=\dfrac{4}{3}$

따라서 더 올라간 물의 높이는 $\dfrac{4}{3}\,\mathrm{cm}$이다.

0913 답 $279\pi\,\mathrm{cm}^2,\ 630\pi\,\mathrm{cm}^3$

주어진 평면도형을 직선 l을 회전축으로 하여 1회전 시킬 때 생기는 회전체는 오른쪽 그림과 같으므로

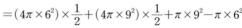

(겉넓이)
$=(\text{작은 반구의 곡면의 넓이})$
$\quad+(\text{큰 반구의 곡면의 넓이})$
$\quad+(\text{큰 원의 넓이})-(\text{작은 원의 넓이})$
$=(4\pi\times6^2)\times\dfrac{1}{2}+(4\pi\times9^2)\times\dfrac{1}{2}+\pi\times9^2-\pi\times6^2$
$=72\pi+162\pi+81\pi-36\pi$
$=279\pi\,(\mathrm{cm}^2)$

$(\text{부피})=(\text{작은 반구의 부피})+(\text{큰 반구의 부피})$
$=\left(\dfrac{4}{3}\pi\times6^3\right)\times\dfrac{1}{2}+\left(\dfrac{4}{3}\pi\times9^3\right)\times\dfrac{1}{2}$
$=144\pi+486\pi$
$=630\pi\,(\mathrm{cm}^3)$

0914 답 ①

주어진 평면도형을 직선 l을 회전축으로 하여
1회전 시킬 때 생기는 회전체는 오른쪽 그림과
같으므로

(부피)=(큰 반구의 부피)-(작은 반구의 부피)
$$=\left(\frac{4}{3}\pi\times6^3\right)\times\frac{1}{2}-\left(\frac{4}{3}\pi\times3^3\right)\times\frac{1}{2}$$
$$=144\pi-18\pi$$
$$=126\pi(\mathrm{cm}^3)$$

0915 답 $42\pi\,\mathrm{cm}^3$

주어진 평면도형을 직선 l을 회전축으로 하여
1회전 시킬 때 생기는 회전체는 오른쪽 그림과
같다.

원기둥의 부피는
$(\pi\times3^2)\times4=36\pi(\mathrm{cm}^3)$ ······ ❶

반구의 부피는
$\left(\frac{4}{3}\pi\times3^3\right)\times\frac{1}{2}=18\pi(\mathrm{cm}^3)$ ······ ❷

원뿔의 부피는
$\frac{1}{3}\times(\pi\times3^2)\times4=12\pi(\mathrm{cm}^3)$ ······ ❸

따라서 회전체의 부피는
$36\pi+18\pi-12\pi=42\pi(\mathrm{cm}^3)$ ······ ❹

채점 기준	
❶ 원기둥의 부피 구하기	30 %
❷ 반구의 부피 구하기	30 %
❸ 원뿔의 부피 구하기	30 %
❹ 회전체의 부피 구하기	10 %

0916 답 ②

주어진 평면도형을 직선 l을 회전축으로 하여
1회전 시킬 때 생기는 회전체는 오른쪽 그림
과 같으므로

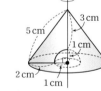

(겉넓이)
=(원뿔의 옆넓이)+(구의 겉넓이)$\times\frac{1}{2}$
　+(큰 원의 넓이)-(작은 원의 넓이)
$=\pi\times3\times5+(4\pi\times1^2)\times\frac{1}{2}+\pi\times3^2-\pi\times1^2$
$=15\pi+2\pi+9\pi-\pi$
$=25\pi(\mathrm{cm}^2)$

0917 답 $18\pi\,\mathrm{cm}^3$, $54\pi\,\mathrm{cm}^3$

구의 반지름의 길이를 $r\,\mathrm{cm}$라 하면
$\frac{4}{3}\pi\times r^3=36\pi$
$r^3=27=3^3$　∴ $r=3$
즉, 구의 반지름의 길이는 3 cm이다.
∴ (원뿔의 부피)$=\frac{1}{3}\times(\pi\times3^2)\times6=18\pi(\mathrm{cm}^3)$,
　 (원기둥의 부피)$=(\pi\times3^2)\times6=54\pi(\mathrm{cm}^3)$

다른 풀이

(원뿔의 부피):(구의 부피):(원기둥의 부피)=1:2:3이므로
(원뿔의 부피)$=\frac{1}{2}\times$(구의 부피)
$$=\frac{1}{2}\times36\pi=18\pi(\mathrm{cm}^3)$$
(원기둥의 부피)$=3\times$(원뿔의 부피)
$$=3\times18\pi=54\pi(\mathrm{cm}^3)$$

0918 답 ②

구의 반지름의 길이를 $r\,\mathrm{cm}$라 하면 원기둥의 높이
는 $6r\,\mathrm{cm}$이므로
$(\pi\times r^2)\times6r=384\pi$
$r^3=64=4^3$　∴ $r=4$
즉, 구의 반지름의 길이는 4 cm이다.
따라서 구 3개의 겉넓이의 총합은
$(4\pi\times4^2)\times3=192\pi(\mathrm{cm}^2)$

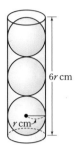

0919 답 2 cm

원기둥 모양의 그릇의 밑면의 반지름의 길이는 3 cm, 높이는
$3\times2=6(\mathrm{cm})$이므로
(남아 있는 물의 부피)
=(원기둥 모양의 그릇의 부피)-(쇠공의 부피)
$=(\pi\times3^2)\times6-\frac{4}{3}\pi\times3^3$
$=54\pi-36\pi=18\pi(\mathrm{cm}^3)$
이때 남아 있는 물의 높이를 $h\,\mathrm{cm}$라 하면
$(\pi\times3^2)\times h=18\pi$　∴ $h=2$
따라서 원기둥 모양의 그릇에 남아 있는 물의 높이는 2 cm이다.

다른 풀이

(구의 부피):(원기둥의 부피)=2:3이므로 쇠공의 부피는 원기둥
모양의 그릇의 부피의 $\frac{2}{3}$이다.

따라서 남아 있는 물의 부피는 원기둥 모양의 그릇의 부피의 $\frac{1}{3}$이므
로 남아 있는 물의 높이는
(원기둥 모양의 그릇의 높이)$\times\frac{1}{3}=6\times\frac{1}{3}=2(\mathrm{cm})$

0920 답 $\frac{32}{3}\,\mathrm{cm}^3$

정팔면체의 부피는 밑면인 정사각형의 대각선의 길이가 4 cm이고
높이가 2 cm인 사각뿔의 부피의 2배와 같으므로
$\left\{\frac{1}{3}\times\left(\frac{1}{2}\times4\times4\right)\times2\right\}\times2=\frac{32}{3}(\mathrm{cm}^3)$

0921 답 2

반구의 부피는
$\left(\frac{4}{3}\pi\times6^3\right)\times\frac{1}{2}=144\pi(\mathrm{cm}^3)$　∴ $V_1=144\pi$
원뿔의 부피는
$\frac{1}{3}\times(\pi\times6^2)\times6=72\pi(\mathrm{cm}^3)$　∴ $V_2=72\pi$
$\therefore \frac{V_1}{V_2}=\frac{144\pi}{72\pi}=2$

0922 답 ④

정육면체의 한 모서리의 길이를 a라 하면

(정육면체의 부피)$=a \times a \times a = a^3$

(사각뿔의 부피)$=\dfrac{1}{3} \times (a \times a) \times a = \dfrac{1}{3}a^3$

(구의 부피)$=\dfrac{4}{3}\pi \times \left(\dfrac{a}{2}\right)^3 = \dfrac{1}{6}\pi a^3$

따라서 정육면체, 사각뿔, 구의 부피의 비는

$a^3 : \dfrac{1}{3}a^3 : \dfrac{1}{6}\pi a^3 = 6 : 2 : \pi$

AB 유형 점검

150~152쪽

0923 답 ③

$\left\{\dfrac{1}{2} \times (10+20) \times 12\right\} \times 2 + (10+13+20+13) \times 8 = 360+448$
$$= 808(cm^2)$$

0924 답 $112\pi \, cm^2$

원기둥의 밑면의 반지름의 길이를 r cm라 하면

$2\pi \times r = 8\pi$ ∴ $r=4$

따라서 원기둥의 밑면의 반지름의 길이는 $4 \, cm$이므로 원기둥의 겉넓이는

$(\pi \times 4^2) \times 2 + 8\pi \times 10 = 32\pi + 80\pi = 112\pi(cm^2)$

0925 답 $72 \, cm^3$

$(10-6) \times (12-6) \times 3 = 4 \times 6 \times 3 = 72(cm^3)$

0926 답 ③

(밑넓이)$=\pi \times 6^2 \times \dfrac{120}{360} = 12\pi(cm^2)$

(옆넓이)$=\left(2\pi \times 6 \times \dfrac{120}{360} + 6 \times 2\right) \times 10 = 40\pi + 120(cm^2)$

∴ (겉넓이)$=12\pi \times 2 + 40\pi + 120 = 64\pi + 120(cm^2)$

0927 답 $105 \, cm^3$

(부피)$=$(사각기둥의 부피)$-$(삼각기둥의 부피)
$$= (6 \times 4) \times 5 - \left(\dfrac{1}{2} \times 3 \times 2\right) \times 5$$
$$= 120 - 15 = 105(cm^3)$$

0928 답 $46 \, cm^2$

(밑넓이)$=6 \times 1 + 1 \times 1 = 7(cm^2)$

(옆넓이)$=(6+1+1+1+1+1+4+1) \times 2$
$$= 16 \times 2 = 32(cm^2)$$

∴ (겉넓이)$=7 \times 2 + 32 = 46(cm^2)$

0929 답 성훈

변 AD를 회전축으로 하여 1회전 시킬 때 생기는 회전체는 오른쪽 그림과 같은 원기둥이므로 겉넓이는

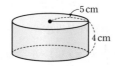

$(\pi \times 5^2) \times 2 + 2\pi \times 5 \times 4 = 50\pi + 40\pi$
$$= 90\pi(cm^2)$$

변 CD를 회전축으로 하여 1회전 시킬 때 생기는 회전체는 오른쪽 그림과 같은 원기둥이므로 겉넓이는

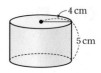

$(\pi \times 4^2) \times 2 + 2\pi \times 4 \times 5 = 32\pi + 40\pi$
$$= 72\pi(cm^2)$$

따라서 변 AD가 회전축인 회전체의 겉넓이가 더 크므로 바르게 말한 학생은 성훈이다.

0930 답 $9 \, cm$

원뿔의 모선의 길이를 l cm라 하면

$\pi \times 3^2 + \pi \times 3 \times l = 36\pi$

$9\pi + 3\pi l = 36\pi$, $3\pi l = 27\pi$ ∴ $l=9$

따라서 원뿔의 모선의 길이는 $9 \, cm$이다.

0931 답 ②

(두 밑면의 넓이의 합)$=6 \times 6 + 12 \times 12$
$$= 36 + 144 = 180(cm^2)$$

(옆넓이)$=\left\{\dfrac{1}{2} \times (6+12) \times 5\right\} \times 4 = 180(cm^2)$

∴ (겉넓이)$=180 + 180 = 360(cm^2)$

0932 답 $5 \, cm$

삼각뿔의 높이를 h cm라 하면

$\dfrac{1}{3} \times \left(\dfrac{1}{2} \times 6 \times 4\right) \times h = 20$, $4h=20$ ∴ $h=5$

따라서 삼각뿔의 높이는 $5 \, cm$이다.

0933 답 ④

$\dfrac{1}{3} \times (\pi \times 4^2) \times 8 + \dfrac{1}{3} \times (\pi \times 4^2) \times 6 = \dfrac{128}{3}\pi + 32\pi$
$$= \dfrac{224}{3}\pi(cm^3)$$

0934 답 $76\pi \, cm^3$

(부피)$=$(큰 원뿔의 부피)$-$(작은 원뿔의 부피)
$$= \dfrac{1}{3} \times (\pi \times 6^2) \times 9 - \dfrac{1}{3} \times (\pi \times 4^2) \times 6$$
$$= 108\pi - 32\pi = 76\pi(cm^3)$$

0935 답 6

$\dfrac{1}{3} \times \left(\dfrac{1}{2} \times 12 \times 9\right) \times x = 108$이므로

$18x = 108$ ∴ $x=6$

0936 답 $216°$

주어진 직각삼각형을 직선 l을 회전축으로 하여 1회전 시킬 때 생기는 회전체는 오른쪽 그림과 같은 원뿔이므로 모선의 길이를 l cm라 하면

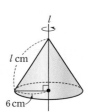

$\pi \times 6^2 + \pi \times 6 \times l = 96\pi$

$36\pi + 6\pi l = 96\pi$, $6\pi l = 60\pi$ ∴ $l=10$

즉, 원뿔의 모선의 길이는 $10 \, cm$이다.

원뿔의 전개도에서 부채꼴의 중심각의 크기를 $x°$라 하면

$2\pi \times 10 \times \dfrac{x}{360} = 2\pi \times 6$ ∴ $x=216$

따라서 부채꼴의 중심각의 크기는 $216°$이다.

0937 답 $66\pi\,\mathrm{cm^2}$

(겉넓이)=(구의 겉넓이)+(원기둥의 옆넓이)
$$=4\pi\times3^2+(2\pi\times3)\times5$$
$$=36\pi+30\pi$$
$$=66\pi\,(\mathrm{cm^2})$$

0938 답 $30\pi\,\mathrm{cm^3}$

(부피)=(반구의 부피)+(원뿔의 부피)
$$=\left(\frac{4}{3}\pi\times3^3\right)\times\frac{1}{2}+\frac{1}{3}\times(\pi\times3^2)\times4$$
$$=18\pi+12\pi$$
$$=30\pi\,(\mathrm{cm^3})$$

0939 답 $\dfrac{256}{3}\pi\,\mathrm{cm^3}$

원기둥 모양의 케이스의 밑면의 반지름의 길이는 $\dfrac{8}{2}=4(\mathrm{cm})$,

높이는 $8\times2=16(\mathrm{cm})$이므로

(케이스의 부피)$=(\pi\times4^2)\times16=256\pi\,(\mathrm{cm^3})$

(공 한 개의 부피)$=\dfrac{4}{3}\pi\times4^3=\dfrac{256}{3}\pi\,(\mathrm{cm^3})$

따라서 빈 공간의 부피는

$256\pi-\dfrac{256}{3}\pi\times2=\dfrac{256}{3}\pi\,(\mathrm{cm^3})$

0940 답 $\dfrac{27}{4}\,\mathrm{cm}$

캔에 가득 담긴 음료수의 부피는
$(\pi\times3^2)\times12=108\pi\,(\mathrm{cm^3})$ ...... ❶
컵에 담긴 음료수의 높이를 $h\,\mathrm{cm}$라 하면
$(\pi\times4^2)\times h=108\pi$ ∴ $h=\dfrac{27}{4}$
따라서 컵에 담긴 음료수의 높이는 $\dfrac{27}{4}\,\mathrm{cm}$이다. ...... ❷

채점 기준

❶ 캔에 담긴 음료수의 부피 구하기	40 %
❷ 컵에 담긴 음료수의 높이 구하기	60 %

0941 답 $1:5$

정육면체의 한 모서리의 길이를 a라 하면
(작은 입체도형의 부피)$=\dfrac{1}{3}\times\left(\dfrac{1}{2}\times a\times a\right)\times a$
$$=\dfrac{1}{6}a^3$$ ...... ❶
(정육면체의 부피)$=a\times a\times a=a^3$
∴ (큰 입체도형의 부피)$=a^3-\dfrac{1}{6}a^3=\dfrac{5}{6}a^3$ ...... ❷
따라서 작은 입체도형과 큰 입체도형의 부피의 비는
$\dfrac{1}{6}a^3:\dfrac{5}{6}a^3=1:5$ ...... ❸

채점 기준

❶ 작은 입체도형의 부피를 a를 사용하여 나타내기	30 %
❷ 큰 입체도형의 부피를 a를 사용하여 나타내기	50 %
❸ 작은 입체도형과 큰 입체도형의 부피의 비 구하기	20 %

0942 답 $36\,\mathrm{cm^3}$

정육면체의 각 면의 한가운데 점을 연결하여 만든 입체도형은 정팔면체이고, 정팔면체의 부피는 밑면인 정사각형의 대각선의 길이가 $6\,\mathrm{cm}$이고 높이가 $3\,\mathrm{cm}$인 사각뿔의 부피의 2배와 같다. ...... ❶
따라서 구하는 입체도형의 부피는
$\left\{\dfrac{1}{3}\times\left(\dfrac{1}{2}\times6\times6\right)\times3\right\}\times2=36(\mathrm{cm^3})$ ...... ❷

채점 기준

❶ 정팔면체와 사각뿔의 부피의 관계 알기	50 %
❷ 입체도형의 부피 구하기	50 %

C 실력 향상 153쪽

0943 답 $550\pi\,\mathrm{cm^3}$

높이가 $12\,\mathrm{cm}$가 되도록 넣은 물의 부피는
$(\pi\times5^2)\times12=300\pi\,(\mathrm{cm^3})$
거꾸로 한 병의 빈 공간의 부피는
$(\pi\times5^2)\times10=250\pi\,(\mathrm{cm^3})$
따라서 병에 물을 가득 채웠을 때 물의 부피는 높이가 $12\,\mathrm{cm}$가 되도록 넣은 물의 부피와 거꾸로 한 병의 빈 공간의 부피의 합과 같으므로
$300\pi+250\pi=550\pi\,(\mathrm{cm^3})$

0944 답 $96\pi\,\mathrm{cm^2}$

원뿔의 밑면의 둘레의 길이는
$2\pi\times4=8\pi(\mathrm{cm})$
원뿔의 모선의 길이를 $l\,\mathrm{cm}$라 하면 원뿔이 5바퀴를 돈 후에 제자리로 돌아오므로
$2\pi\times l=8\pi\times5$ ∴ $l=20$
따라서 원뿔의 겉넓이는
$\pi\times4^2+\pi\times4\times20=16\pi+80\pi$
$$=96\pi\,(\mathrm{cm^2})$$

0945 답 ①

(부피)=(원뿔의 부피)$\times\dfrac{3}{4}$+(삼각뿔 C$-$OAB의 부피)
$$=\left\{\dfrac{1}{3}\times(\pi\times3^2)\times8\right\}\times\dfrac{3}{4}+\dfrac{1}{3}\times\left(\dfrac{1}{2}\times3\times3\right)\times8$$
$$=18\pi+12\,(\mathrm{cm^3})$$

0946 답 ④

그릇을 밑면에 평행한 평면으로 자른 단면은 오른쪽 그림과 같으므로 색칠한 부분의 넓이는
$\pi\times6^2\times\dfrac{90}{360}-\dfrac{1}{2}\times6\times6=9\pi-18\,(\mathrm{cm^2})$
따라서 남아 있는 물의 부피는
$(9\pi-18)\times10=90\pi-180\,(\mathrm{cm^3})$

0947 답 평균: 6, 중앙값: 8, 최빈값: 8

$(평균)=\dfrac{2+8+4+8+8}{5}=\dfrac{30}{5}=6$

변량을 작은 값부터 크기순으로 나열하면

2, 4, ⑧, 8, 8

이므로 중앙값은 8이다.

8이 세 번으로 가장 많이 나타나므로 최빈값은 8이다.

0948 답 평균: 7, 중앙값: 7, 최빈값: 7, 10

$(평균)=\dfrac{10+7+6+7+2+10}{6}=\dfrac{42}{6}=7$

변량을 작은 값부터 크기순으로 나열하면

2, 6, ⑦, ⑦, 10, 10

이므로 중앙값은 $\dfrac{7+7}{2}=7$이다.

7, 10이 두 번으로 가장 많이 나타나므로 최빈값은 7, 10이다.

0949 답 평균: 20, 중앙값: 21, 최빈값: 21

$(평균)=\dfrac{21+15+21+30+17+13+23}{7}=\dfrac{140}{7}=20$

변량을 작은 값부터 크기순으로 나열하면

13, 15, 17, ㉑, 21, 23, 30

이므로 중앙값은 21이다.

21이 두 번으로 가장 많이 나타나므로 최빈값은 21이다.

0950 답 평균: 13, 중앙값: 9, 최빈값: 4

$(평균)=\dfrac{6+12+4+4+19+36+19+4}{8}=\dfrac{104}{8}=13$

변량을 작은 값부터 크기순으로 나열하면

4, 4, 4, ⑥, ⑫, 19, 19, 36

이므로 중앙값은 $\dfrac{6+12}{2}=9$이다.

4가 세 번으로 가장 많이 나타나므로 최빈값은 4이다.

0951 답

(1|5는 15회)

줄기	잎
1	5 7 9
2	0 1 5 9
3	1 3 3 6 6 9
4	0 2 4
5	2 9

0952 답 0, 1, 5, 9

0953 답 3

0954 답 59회

0955 답 5

윗몸 일으키기 횟수가 40회 이상인 학생 수는 줄기가 4인 잎의 수와 줄기가 5인 잎의 수의 합이므로

$3+2=5$

0956 답 69 kg, 46 kg

0957 답

몸무게(kg)	도수(명)
$45^{이상} \sim 50^{미만}$	2
50 ~ 55	3
55 ~ 60	**7**
60 ~ 65	**6**
65 ~ 70	2
합계	20

0958 답 55 kg 이상 60 kg 미만

0959 답 8

$6+2=8$

0960 답 10건

계급의 크기는 계급의 양 끝 값의 차이므로

$20-10=10$(건)

0961 답 5

0962 답 7

$A=24-(3+8+4+2)=7$

0963 답 40건 이상 50건 미만

0964 답

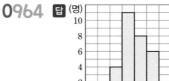

0965 답 15점

계급의 크기는 계급의 양 끝 값의 차이므로

$45-30=15$(점)

0966 답 6

0967 답 32

$3+4+7+10+6+2=32$

0968 답 105점 이상 120점 미만

0969 답 7

$3+4=7$

0970 답

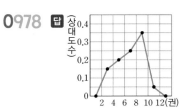

(명)
10
8
6
4
2
0
5 10 15 20 25 30 (회)

0971 답 5회

계급의 크기는 계급의 양 끝 값의 차이므로
$10-5=5$(회)

0972 답 5

0973 답 27

$2+4+8+7+6=27$

0974 답 15회 이상 20회 미만

0975 답 4명

영화 관람 횟수가 14회인 학생이 속하는 계급은 10회 이상 15회 미만이므로 이 계급의 도수는 4명이다.

0976 답

권수(권)	도수(명)	상대도수
2^{이상} ~ 4^{미만}	3	0.15
4 ~ 6	4	0.2
6 ~ 8	5	0.25
8 ~ 10	7	0.35
10 ~ 12	1	0.05
합계	20	1

0977 답 10권 이상 12권 미만

0978 답

(상대도수)
0.4
0.3
0.2
0.1
0
2 4 6 8 10 12 (권)

B 유형 완성

160~175쪽

0979 답 ②

$(평균)=\dfrac{15+13+14+11+7}{5}=\dfrac{60}{5}=12$(분)

0980 답 10

a, b, c, d의 평균이 10이므로

$\dfrac{a+b+c+d}{4}=10$ $\therefore a+b+c+d=40$

따라서 4, a, b, c, d, 16의 평균은

$\dfrac{4+a+b+c+d+16}{6}=\dfrac{20+40}{6}=\dfrac{60}{6}=10$

0981 답 ②

$(평균)=\dfrac{26\times15+24\times20}{26+24}$

$=\dfrac{390+480}{50}$

$=\dfrac{870}{50}=17.4$(분)

0982 답 13

A 모둠의 변량을 작은 값부터 크기순으로 나열하면
2, 3, 4, 4, 6, 7, 8, 9, 10
이므로 중앙값은 6시간이다.
$\therefore a=6$
B 모둠의 변량을 작은 값부터 크기순으로 나열하면
2, 3, 4, 5, 6, 8, 8, 9, 11, 12
이므로 중앙값은 $\dfrac{6+8}{2}=7$(시간)이다.
$\therefore b=7$
$\therefore a+b=6+7=13$

0983 답 21

$(평균)=\dfrac{1+5+10+21+13+1+18+13+14+3+12+9}{12}$

$=\dfrac{120}{12}=10$(회)

$\therefore a=10$ ······ ❶

변량을 작은 값부터 크기순으로 나열하면
1, 1, 3, 5, 9, 10, 12, 13, 13, 14, 18, 21
이므로 중앙값은 $\dfrac{10+12}{2}=11$(회)이다.

$\therefore b=11$ ······ ❷
$\therefore a+b=10+11=21$ ······ ❸

채점 기준

❶ a의 값 구하기	40 %
❷ b의 값 구하기	40 %
❸ $a+b$의 값 구하기	20 %

0984 답 7권

나머지 3명의 학생이 읽은 책을 각각 a권, b권, c권($a\le b\le c$)이라 하고 중앙값이 가장 큰 경우 9개의 변량을 작은 값부터 크기순으로 나열하면
1, 3, 3, 6, 7, 8, a, b, c
       └ $7\le a\le b\le c$이지만 8, a, b, c의 대소는 알 수 없다.
따라서 중앙값이 될 수 있는 가장 큰 값은 5번째 변량인 7권이다.

0985 답 2회

전체 학생이 15명이므로
$2+a+5+3+1=15$ $\therefore a=4$
따라서 2회가 5명으로 학생 수가 가장 많으므로 최빈값은 2회이다.

0986 답 미

미가 다섯 번으로 가장 많이 나타나므로 최빈값은 미이다.

0987 답 ⑤

$$(\text{평균})=\frac{3+5+1+2+3+3+9+6+4+8}{10}=\frac{44}{10}=4.4$$

$\therefore a=4.4$

변량을 작은 값부터 크기순으로 나열하면

1, 2, 3, 3, 3, 4, 5, 6, 8, 9

이므로 중앙값은 $\frac{3+4}{2}=3.5$이다.

$\therefore b=3.5$

3이 세 번으로 가장 많이 나타나므로 최빈값은 3이다.

$\therefore c=3$

$\therefore c<b<a$

0988 답 ㄴ, ㄷ

ㄱ. $(\text{평균})=\frac{0+1+3+4+4+4+4+6+9+10}{10}=\frac{45}{10}=4.5$

이때 a가 변량으로 추가되면 평균은 $\frac{45+a}{11}$

따라서 이 자료의 평균은 a의 값에 따라 변할 수도 있다.

ㄴ. 주어진 자료의 중앙값은 5번째와 6번째 변량의 평균인 $\frac{4+4}{2}=4$이다.

이때 추가된 한 개의 변량을 포함하여 변량을 작은 값부터 크기순으로 나열하면 6번째 변량은 항상 4이므로 중앙값은 4로 변하지 않는다.

ㄷ. 4는 4개이고, 다른 변량은 각각 1개이므로 한 개의 변량이 추가되어도 최빈값은 4로 변하지 않는다.

따라서 옳은 것은 ㄴ, ㄷ이다.

0989 답 10.5

중앙값은 변량을 작은 값부터 크기순으로 나열할 때 12번째와 13번째 변량의 평균이므로

$$\frac{3+4}{2}=3.5(\text{회}) \qquad \therefore a=3.5 \qquad \cdots\cdots \text{❶}$$

3회가 7명으로 학생 수가 가장 많으므로 최빈값은 3회이다.

$\therefore b=3$ $\qquad\qquad\qquad\qquad\qquad\qquad\quad \cdots\cdots \text{❷}$

$\therefore ab=3.5\times3=10.5$ $\qquad\qquad\qquad\quad \cdots\cdots \text{❸}$

채점 기준	
❶ a의 값 구하기	40 %
❷ b의 값 구하기	40 %
❸ ab의 값 구하기	20 %

0990 답 ④

④ 900이 다른 변량에 비해 매우 큰 값이므로 평균을 대푯값으로 하기에 적절하지 않다.

0991 답 최빈값, 95호

가게에서 가장 많이 판매된 티셔츠의 치수를 가장 많이 준비해야 하므로 대푯값으로 가장 적절한 것은 최빈값이다.

이때 95호의 티셔츠가 7장으로 가장 많이 판매되었으므로 최빈값은 95호이다.

0992 답 ③

ㄱ. $(\text{자료 A의 평균})=\frac{0+1+2+2+2+3+4}{7}=\frac{14}{7}=2$

이때 자료 A의 중앙값과 최빈값도 모두 2이므로 평균, 중앙값, 최빈값이 모두 같다.

ㄴ. 자료 B에서 500이 다른 변량에 비해 매우 큰 값이므로 평균보다 중앙값이 자료의 중심 경향을 더 잘 나타낸다.

ㄷ. 자료 C는 극단적인 값이 없고, 각 변량이 모두 한 번씩 나타나므로 평균이나 중앙값을 대푯값으로 정하는 것이 적절하다.

따라서 옳은 것은 ㄱ, ㄷ이다.

0993 답 5개

평균이 6개이므로

$$\frac{6+8+4+5+5+x+6+4+9+8}{10}=6$$

$55+x=60$ $\therefore x=5$

즉, 주어진 변량은

6, 8, 4, 5, 5, 5, 6, 4, 9, 8

따라서 5개가 세 번으로 가장 많이 나타나므로 최빈값은 5개이다.

0994 답 15

14, 17, 18, x의 중앙값이 16이므로 변량을 작은 값부터 크기순으로 나열하면

14, x, 17, 18

따라서 중앙값은 $\frac{x+17}{2}$이므로

$\frac{x+17}{2}=16$, $x+17=32$

$\therefore x=15$

0995 답 3.5

최빈값이 3이므로 $a=3$, $b=3$

변량을 작은 값부터 크기순으로 나열하면

2, 3, 3, 3, 4, 4, 5, 6

이므로 중앙값은

$$\frac{3+4}{2}=3.5$$

0996 답 14

8이 가장 많이 나타나므로 최빈값은 8이다. $\qquad \cdots\cdots \text{❶}$

7개의 변량의 평균은

$$\frac{8+7+5+8+x+6+8}{7}=\frac{x+42}{7} \qquad \cdots\cdots \text{❷}$$

이때 평균과 최빈값이 서로 같으므로

$\frac{x+42}{7}=8$, $x+42=56$

$\therefore x=14$ $\qquad\qquad\qquad\qquad\qquad\qquad\quad \cdots\cdots \text{❸}$

채점 기준	
❶ 최빈값 구하기	30 %
❷ 평균을 x를 사용하여 나타내기	30 %
❸ x의 값 구하기	40 %

0997 답 19세

최빈값이 21세이므로 멤버 5명의 나이를 15세, 19세, 21세, 21세, x세라 하자.

평균이 18.4세이므로

$$\frac{15+19+21+21+x}{5}=18.4$$

$76+x=92$ ∴ $x=16$

따라서 변량을 작은 값부터 크기순으로 나열하면

15, 16, 19, 21, 21

이므로 중앙값은 19세이다.

0998 답 ③

학생 8명의 몸무게에서 5번째 변량을 x kg이라 하면 중앙값이 60 kg 이므로

$$\frac{59+x}{2}=60,\ 59+x=120$$ ∴ $x=61$

따라서 몸무게가 62 kg인 학생을 포함하여 학생 9명의 몸무게를 작은 값부터 크기순으로 나열하면 중앙값은 5번째 변량인 61 kg이다.

0999 답 3

㈎에서 3, 9, 15, 17, a의 중앙값이 9이므로 $a \le 9$

㈏에서 b를 제외한 나머지 변량을 작은 값부터 크기순으로 나열하면

a, 5, 12, 14 또는 5, a, 12, 14 (∵ $a \le 9$)

중앙값이 11이므로 $b=11$

이때 5, 12, 14, a, 11의 평균이 10이므로

$$\frac{5+12+14+a+11}{5}=10,\ a+42=50$$ ∴ $a=8$

∴ $b-a=11-8=3$

1000 답 ⑤

① 전체 학생은 $3+5+6+3=17$(명)

④ 가장 좋은 기록은 48 m, 가장 좋지 않은 기록은 14 m이므로 두 기록의 차는

$48-14=34$(m)

⑤ 기록이 5번째로 좋은 학생의 기록은 37 m이다.

따라서 옳지 않은 것은 ⑤이다.

1001 답 12

최고 기온이 25 ℃ 이상인 지역의 수는 $3+4=7$이므로 $a=7$

최고 기온이 23.5 ℃ 이하인 지역의 수는 $2+3=5$이므로 $b=5$

∴ $a+b=7+5=12$

1002 답 83

43점이 세 번으로 가장 많이 나타나므로 최빈값은 43점이다.

∴ $a=43$

변량이 $2+5+7=14$(개)이므로 중앙값은 7번째와 8번째 점수의 평균이다.

따라서 중앙값은 $\frac{38+42}{2}=40$(점)이므로 $b=40$

∴ $a+b=43+40=83$

1003 답 60 %

미세 먼지 농도가 '보통'인 날은

$6+6+2+2+2=18$(일)

따라서 미세 먼지 농도가 '보통'인 날은 전체 30일 중 18일이므로 전체의 $\frac{18}{30} \times 100 = 60$(%)이다.

1004 답 ④

① (여학생)$=3+4+5+2=14$(명)

(남학생)$=1+4+6+5=16$(명)

따라서 전체 학생은 $14+16=30$(명)

③ 줄기가 4인 잎은 여학생이 2개, 남학생이 5개이므로 남학생이 여학생보다 많다.

④ 줄넘기 횟수가 여학생 중에서 5번째로 많은 학생의 횟수는 35회, 남학생 중에서 7번째로 많은 학생의 횟수는 34회이므로 같지 않다.

⑤ 줄넘기 횟수가 가장 많은 학생은 47회인 남학생이다.

따라서 옳지 않은 것은 ④이다.

1005 답 ③

① 계급의 크기는 $42-38=4$(kg)

② $A=25-(1+2+6+4+3)=9$

④ 몸무게가 46 kg 이상 58 kg 미만인 학생은

$9+6+4=19$(명)

⑤ 몸무게가 46 kg 미만인 학생은 $1+2=3$(명), 50 kg 미만인 학생은 $1+2+9=12$(명)이므로 몸무게가 10번째로 가벼운 학생이 속하는 계급은 46 kg 이상 50 kg 미만이다.

즉, 구하는 도수는 9명이다.

따라서 옳은 것은 ③이다.

1006 답 ⑤

③ 연착 시간이 2시간 미만인 비행기는 $12+20=32$(대)

④ 연착 시간이 1시간 미만인 비행기는 12대, 2시간 미만인 비행기는 32대이므로 연착 시간이 18번째로 짧은 비행기가 속하는 계급은 1시간 이상 2시간 미만이다.

⑤ 연착 시간이 가장 긴 비행기의 정확한 연착 시간은 알 수 없다.

따라서 옳지 않은 것은 ⑤이다.

1007 답 ⑤

50세 이상 60세 미만인 계급의 도수를 x명이라 하면 20세 이상 30세 미만인 계급의 도수는 $3x$명이므로

$8+3x+12+9+x+1=50$

$4x=20$ ∴ $x=5$

따라서 나이가 23세인 사람이 속하는 계급은 20세 이상 30세 미만이므로 구하는 도수는

$3 \times 5 = 15$(명)

1008 답 ㄴ, ㄷ

ㄱ. 이수의 도수분포표에서 계급의 크기는 $3-1=2$(시간)이고, 동훈이의 도수분포표에서 계급의 크기는 $4-1=3$(시간)이므로 같지 않다.

ㄴ. $A=30-(1+4+8+6+2)=9$

이때 대화 시간이 7시간 미만인 학생 수는 같으므로

$1+4+8=3+B$ ∴ $B=10$

∴ $C=30-(3+10+4)=13$

ㄷ. 이수의 도수분포표에서 대화 시간이 7시간 이상 9시간 미만인
학생은 6명이고, 동훈이의 도수분포표에서 대화 시간이 7시간
이상 10시간 미만인 학생은 13명이므로 대화 시간이 9시간 이상
10시간 미만인 학생은

$13-6=7$(명)

따라서 옳은 것은 ㄴ, ㄷ이다.

1009 답 30%

기록이 20초 이상 25초 미만인 학생은 전체의 20%이므로

$30 \times \dfrac{20}{100}=6$(명)

이때 기록이 15초 이상 20초 미만인 학생은

$30-(1+4+7+6+3)=9$(명)

따라서 기록이 15초 이상 20초 미만인 학생은 전체의

$\dfrac{9}{30} \times 100=30$(%)이다.

1010 답 4

나이가 30세 미만인 배우는 $(3+A)$명이고 전체의 35%이므로

$\dfrac{3+A}{40} \times 100=35$

$3+A=14$ ∴ $A=11$ ...... ❶

∴ $B=40-(3+11+15+4)=7$ ...... ❷

∴ $A-B=11-7=4$ ...... ❸

채점 기준

❶ A의 값 구하기	50%
❷ B의 값 구하기	30%
❸ $A-B$의 값 구하기	20%

1011 답 32

㈎에서 앉은키가 70 cm 이상 75 cm 미만인 학생 수는 $4 \times 2=8$이
므로

$A=8$

㈏에서 앉은키가 75 cm 미만인 학생 수와 앉은키가 75 cm 이상인
학생 수는 같으므로

$3+8=4+5+B$ ∴ $B=2$

∴ $C=3+8+4+5+2=22$

∴ $A+B+C=8+2+22=32$

만렙 Note

특정 계급의 백분율이 전체의 50%이면
(특정 계급에 속하지 않는 계급의 도수의 합)=(특정 계급의 도수의 합)이다.

다른 풀이

㈎에서 앉은키가 70 cm 이상 75 cm 미만인 학생 수는 $4 \times 2=8$이
므로

$A=8$

㈏에서 $\dfrac{4+5+B}{3+8+4+5+B} \times 100=50$이므로

$18+2B=20+B$ ∴ $B=2$

∴ $C=3+8+4+5+2=22$

∴ $A+B+C=8+2+22=32$

1012 답 ②, ⑤

① 전체 학생은 $2+6+7+9+8+5+3=40$(명)

② 도수가 가장 큰 계급은 8시간 이상 10시간 미만이므로 도수는
9명이다.

③ 취미 활동 시간이 8시간 미만인 학생은 $2+6+7=15$(명)

④ 취미 활동 시간이 14시간 이상인 학생은 3명, 12시간 이상인 학
생은 $5+3=8$(명)이므로 취미 활동 시간이 8번째로 긴 학생이 속
하는 계급은 12시간 이상 14시간 미만이다.

⑤ 취미 활동 시간이 10시간 이상 14시간 미만인 학생은
$8+5=13$(명)이므로 전체의 $\dfrac{13}{40} \times 100=32.5$(%)이다.

따라서 옳지 않은 것은 ②, ⑤이다.

1013 답 17

계급의 크기는 $4-2=2$(℃)이므로

$a=2$ ...... ❶

계급의 개수는 5이므로

$b=5$ ...... ❷

도수가 가장 큰 계급은 6℃ 이상 8℃ 미만이므로 도수는 10일이다.

∴ $c=10$ ...... ❸

∴ $a+b+c=2+5+10=17$ ...... ❹

채점 기준

❶ a의 값 구하기	30%
❷ b의 값 구하기	30%
❸ c의 값 구하기	30%
❹ $a+b+c$의 값 구하기	10%

1014 답 ④

① 전체 학생 수는 $4+6+8+5+2=25$

② 도수가 가장 작은 계급은 50분 이상 60분 미만이므로 도수는 2명
이다.

③ 왕복 통학 시간이 21분인 학생이 속하는 계급은 20분 이상 30분
미만이다.

④ 왕복 통학 시간이 가장 짧은 학생의 정확한 왕복 통학 시간은 알
수 없다.

⑤ 도수가 가장 큰 계급은 30분 이상 40분 미만이므로 이 계급의 백
분율은

$\dfrac{8}{25} \times 100=32$(%)

따라서 알 수 없는 것은 ④이다.

1015 답 (1) 70점 이상 80점 미만 (2) 25%

(1) 성적이 80점 이상인 학생은 $4+2=6$(명), 70점 이상인 학생은
$8+4+2=14$(명)이므로 성적이 높은 쪽에서 10번째인 학생이
속하는 계급은 70점 이상 80점 미만이다.

(2) 전체 학생은 $4+6+8+4+2=24$(명)

성적이 80점 이상인 학생은 6명이므로 전체의 $\dfrac{6}{24} \times 100=25$(%)
이다.

1016 답 17초

전체 학생은 $3+5+8+10+4=30$(명)이므로 달리기 기록이 상위 10 % 이내에 드는 학생은

$$30 \times \frac{10}{100} = 3(명)$$

이때 달리기 기록이 16초 이상 17초 미만인 학생이 3명이므로 상위 10 % 이내에 들려면 기록은 17초 미만이어야 한다.

1017 답 100

계급의 크기는 $35-30=5(\text{kg})$이고 도수가 가장 큰 계급과 가장 작은 계급의 도수는 각각 16명, 4명이므로 직사각형의 넓이의 합은
$5 \times 16 + 5 \times 4 = 80 + 20 = 100$

1018 답 50

$$\begin{aligned}(\text{모든 직사각형의 넓이의 합}) &= (\text{계급의 크기}) \times (\text{도수의 총합}) \\ &= 2 \times (2+3+6+8+5+1) \\ &= 2 \times 25 \\ &= 50 \end{aligned}$$

1019 답 3배

히스토그램에서 각 직사각형의 가로의 길이는 계급의 크기로 일정하므로 각 직사각형의 넓이는 직사각형의 세로의 길이, 즉 각 계급의 도수에 정비례한다.

10개 이상 15개 미만인 계급의 도수는 6명이고, 25개 이상 30개 미만인 계급의 도수는 2명이므로 10개 이상 15개 미만인 계급의 직사각형의 넓이는 25개 이상 30개 미만인 계급의 직사각형의 넓이의 $\frac{6}{2} = 3(\text{배})$이다.

1020 답 ②, ⑤

① 계급의 크기는 $8-4=4(\text{회})$
② 계급의 개수는 7이다.
③ 전체 학생은 $1+4+9+7+11+6+2=40(\text{명})$
④ 횟수가 20회인 학생이 속하는 계급은 20회 이상 24회 미만이므로 도수는 11명이다.
⑤ 횟수가 16회 미만인 학생은 $1+4+9=14(\text{명})$
따라서 옳지 않은 것은 ②, ⑤이다.

1021 답 7명

가족 간의 대화 시간이 40분 미만인 학생은 5명, 50분 미만인 학생은 $5+7=12(\text{명})$이므로 대화 시간이 짧은 쪽에서 11번째인 학생이 속하는 계급은 40분 이상 50분 미만이다.
따라서 구하는 도수는 7명이다.

1022 답 75 %

전체 학생은 $2+3+5+11+4+3=28(\text{명})$
과학 성적이 80점 미만인 학생은 $2+3+5+11=21(\text{명})$이므로 전체의 $\frac{21}{28} \times 100 = 75(\%)$이다.

1023 답 20회

전체 학생은 $2+10+12+6=30(\text{명})$이므로 기록이 상위 20 % 이내에 드는 학생은

$$30 \times \frac{20}{100} = 6(명)$$

이때 기록이 20회 이상 25회 미만인 학생이 6명이므로 기록이 상위 20 % 이내에 들려면 최소 20회를 해야 한다.

1024 답 30 %

선유가 입단하면 농구단 전체 선수는
$(1+2+5+6+5)+1=20(\text{명})$
이때 키가 180 cm 이상인 선수는 5명이고, 선유의 키가 180 cm이므로 키가 180 cm 이상인 선수는 전체의 $\frac{5+1}{20} \times 100 = 30(\%)$이다.
따라서 선유의 키는 상위 30 % 이내에 속한다.

1025 답 175

$$\begin{aligned}(\text{도수분포다각형과 가로축으로 둘러싸인 부분의 넓이}) &= (\text{계급의 크기}) \times (\text{도수의 총합}) \\ &= 5 \times (2+5+10+12+6) \\ &= 5 \times 35 \\ &= 175 \end{aligned}$$

1026 답 ③

색칠한 두 삼각형은 밑변의 길이와 높이가 각각 같으므로 넓이도 같다.
$$\therefore S_1 = S_2$$

1027 답 ②

ㄱ. 히스토그램의 각 직사각형의 넓이는 각 계급의 도수에 정비례하므로 두 직사각형 A, B의 넓이의 비는
$9 : 6 = 3 : 2$

ㄷ. $$\begin{aligned}(\text{도수분포다각형과 가로축으로 둘러싸인 부분의 넓이}) &= (\text{계급의 크기}) \times (\text{도수의 총합}) \\ &= 2 \times (2+4+5+9+6+1) \\ &= 2 \times 27 \\ &= 54 \end{aligned}$$

따라서 옳은 것은 ㄱ, ㄴ이다.

1028 답 70

$(\text{도수분포다각형과 가로축으로 둘러싸인 부분의 넓이})$
$= (\text{계급의 크기}) \times (\text{도수의 총합})$
이므로
$5 \times (a+b+c+d+e+f) = 350$
$$\therefore a+b+c+d+e+f = 70$$

1029 답 36 %

국어 성적이 70점 이상 80점 미만인 학생은
$25-(3+7+6)=9(\text{명})$
따라서 국어 성적이 70점 이상 80점 미만인 학생은 전체의 $\frac{9}{25} \times 100 = 36(\%)$이다.

1030 답 44%

기록이 90분 이상 100분 미만인 사람은

$50-(2+5+9+8+4)=22$(명)

따라서 기록이 90분 이상 100분 미만인 사람은 전체의

$\dfrac{22}{50}\times100=44(\%)$이다.

1031 답 (1) 9 (2) 11

(1) 컴퓨터 사용 시간이 11시간 미만인 학생은 전체의 40%이므로

$40\times\dfrac{40}{100}=16$(명)

이때 컴퓨터 사용 시간이 3시간 이상 7시간 미만인 학생이 7명이므로 7시간 이상 11시간 미만인 학생 수는

$16-7=9$ ······ ❶

(2) 컴퓨터 사용 시간이 11시간 이상 15시간 미만인 학생 수는

$40-(16+8+5)=11$ ······ ❷

채점 기준

❶ 컴퓨터 사용 시간이 7시간 이상 11시간 미만인 학생 수 구하기	60%
❷ 컴퓨터 사용 시간이 11시간 이상 15시간 미만인 학생 수 구하기	40%

다른 풀이

(2) 컴퓨터 사용 시간이 11시간 미만인 학생이 전체의 40%이면 11시간 이상인 학생은 전체의 60%이므로

$40\times\dfrac{60}{100}=24$(명)

따라서 컴퓨터 사용 시간이 11시간 이상 15시간 미만인 학생 수는

$24-(8+5)=11$

1032 답 60

10 m 이상 12 m 미만인 계급의 도수를 x명이라 하면 8 m 이상 10 m 미만인 계급의 도수는 $(x-5)$명이므로

$5+5+30+(x-5)+x+45=200$

$2x=120$ ∴ $x=60$

따라서 물 로켓이 날아간 거리가 10 m 이상 12 m 미만인 학생 수는 60이다.

1033 답 9

전체 학생 수를 x라 하면 사용 시간이 4시간 미만인 학생 수는

$3+6+11=20$이고 전체의 40%이므로

$x\times\dfrac{40}{100}=20$ ∴ $x=50$

즉, 전체 학생 수는 50이다.

따라서 사용 시간이 6시간 이상 7시간 미만인 학생 수는

$50-(3+6+11+12+7+2)=9$

다른 풀이

사용 시간이 6시간 이상 7시간 미만인 학생 수를 x라 하면 전체 학생 수는

$3+6+11+12+7+x+2=x+41$

사용 시간이 4시간 미만인 학생 수는 $3+6+11=20$이고 전체의 40%이므로

$\dfrac{20}{x+41}\times100=40$, $x+41=50$ ∴ $x=9$

따라서 사용 시간이 6시간 이상 7시간 미만인 학생 수는 9이다.

1034 답 ①

칭찬 점수가 15점 이상 20점 미만인 학생 수와 20점 이상 25점 미만인 학생 수를 각각 $5a$, $4a$라 하면

$4+8+5a+4a+3=42$, $9a=27$ ∴ $a=3$

따라서 칭찬 점수가 20점 이상 25점 미만인 학생 수는

$4\times3=12$

다른 풀이

칭찬 점수가 15점 이상 25점 미만인 학생 수는

$42-(4+8+3)=27$

따라서 칭찬 점수가 20점 이상 25점 미만인 학생 수는

$27\times\dfrac{4}{5+4}=12$

1035 답 ①

ㄱ. (남학생)$=2+3+6+9+4+1=25$(명)

(여학생)$=1+2+5+8+6+3=25$(명)

즉, 남학생 수와 여학생 수는 같다.

ㄴ. 수면 시간이 가장 짧은 남학생이 속하는 계급은 4시간 이상 5시간 미만이고, 수면 시간이 가장 짧은 여학생이 속하는 계급은 5시간 이상 6시간 미만이므로 수면 시간이 가장 짧은 학생은 남학생이다.

ㄷ. 여학생에 대한 그래프가 남학생에 대한 그래프보다 전체적으로 오른쪽으로 치우쳐 있으므로 여학생이 남학생보다 수면 시간이 상대적으로 긴 편이다.

ㄹ. 수면 시간이 가장 긴 여학생이 속하는 계급은 10시간 이상 11시간 미만이다.

따라서 옳은 것은 ㄱ, ㄴ이다.

1036 답 ④

① (남학생)$=1+3+6+8+4+2=24$(명)

(여학생)$=1+2+6+7+4+4=24$(명)

즉, 남학생 수와 여학생 수는 같다.

② 남학생에 대한 그래프가 여학생에 대한 그래프보다 전체적으로 왼쪽으로 치우쳐 있으므로 남학생의 기록이 여학생의 기록보다 상대적으로 좋은 편이다.

③ 계급의 크기가 같고 남학생 수와 여학생 수가 같으므로 각각의 그래프와 가로축으로 둘러싸인 부분의 넓이는 같다.

④ 여학생 중 기록이 16초 미만인 학생은 $1+2=3$(명), 17초 미만인 학생은 $1+2+6=9$(명)이므로 기록이 7번째로 좋은 학생이 속하는 계급은 16초 이상 17초 미만이고, 이 계급의 도수는 6명이다.

⑤ 기록이 가장 좋은 남학생의 기록은 13초 이상 14초 미만이다.

따라서 옳은 것은 ④이다.

1037 답 (1) A 팀: 30명, B 팀: 30명 (2) 30%

(1) (A 팀의 전체 팀원)$=3+6+11+4+5+1=30$(명)

(B 팀의 전체 팀원)$=3+5+9+4+2+5+2=30$(명)

(2) A 팀에서 만족도가 8점 이상인 팀원은 $5+1=6$(명), 7점 이상인 팀원은 $4+5+1=10$(명)이므로 8번째로 만족도가 높은 팀원이 속하는 계급은 7점 이상 8점 미만이다.

B 팀에서 만족도가 7점 이상인 팀원은 $2+5+2=9$(명)이므로
B 팀 전체의 $\dfrac{9}{30} \times 100 = 30(\%)$이다.

따라서 A 팀에서 8번째로 만족도가 높은 팀원과 같은 만족도의
B 팀 팀원은 B 팀에서 적어도 상위 30 % 이내에 든다.

1038 답 0.3

도수의 총합은 $2+2+4+6+5+1=20$(명)
도수가 가장 큰 계급은 60점 이상 70점 미만이고, 이 계급의 도수는
6명이므로 구하는 상대도수는

$\dfrac{6}{20} = 0.3$

1039 답 ③, ④

③ 각 계급의 상대도수는 그 계급의 도수에 정비례한다.
④ 도수의 총합은 어떤 계급의 도수를 그 계급의 상대도수로 나눈
값이다.

1040 답 0.35

30년 이상 40년 미만인 계급의 도수는
$80-(8+12+18+14)=28$(명)
따라서 구하는 상대도수는 $\dfrac{28}{80} = 0.35$

1041 답 0.36

도수의 총합은 $1+5+6+9+4=25$(명) ······ ❶
이때 받은 메일이 18개 이상인 학생은 4명, 14개 이상인 학생은
$9+4=13$(명)이므로 받은 메일의 개수가 9번째로 많은 학생이 속하
는 계급은 14개 이상 18개 미만이고, 이 계급의 도수는 9명이다.
······ ❷

따라서 구하는 상대도수는 $\dfrac{9}{25} = 0.36$ ······ ❸

채점 기준	
❶ 도수의 총합 구하기	30 %
❷ 받은 메일의 개수가 9번째로 많은 학생이 속하는 계급의 도수 구하기	40 %
❸ 받은 메일의 개수가 9번째로 많은 학생이 속하는 계급의 상대도수 구하기	30 %

1042 답 ②

키가 10 cm 자란 학생이 속하는 계급은 9 cm 이상 12 cm 미만이
고, 이 계급의 도수는
$40-(5+8+11+6)=10$(명)

따라서 구하는 상대도수는 $\dfrac{10}{40} = 0.25$

1043 답 400

전체 학생 수는 $\dfrac{80}{0.2} = 400$

1044 답 9

칭찬 스티커의 개수가 20개 이상 30개 미만인 회원 수는
$30 \times 0.3 = 9$

1045 답 ③

도수가 20인 계급의 상대도수가 0.25이므로 도수의 총합은
$\dfrac{20}{0.25} = 80$
따라서 상대도수가 0.125인 계급의 도수는
$80 \times 0.125 = 10$

1046 답 (1) $A=15$, $B=21$, $C=0.42$, $D=50$, $E=1$
(2) 10 %

(1) $D=\dfrac{9}{0.18}=50$이므로
$A=50 \times 0.3=15$
$B=50-(15+9+4+1)=21$
$C=\dfrac{21}{50}=0.42$
상대도수의 총합은 1이므로 $E=1$

(2) 상대도수의 총합은 1이므로 30분 이상 50분 미만인 계급의 상대
도수의 합은
$1-(0.3+0.18+0.42)=0.1$
따라서 전체의 $0.1 \times 100 = 10(\%)$이다.

다른 풀이

(2) 걸리는 시간이 30분 이상 50분 미만인 학생은 $4+1=5$(명)이므
로 전체의 $\dfrac{5}{50} \times 100 = 10(\%)$이다.

1047 답 ②

상대도수의 총합은 1이므로 4.0 kg 이상 4.5 kg 미만인 계급의 상대
도수는
$1-(0.08+0.28+0.4+0.2)=0.04$
따라서 구하는 신생아는
$50 \times 0.04=2$(명)

1048 답 40

상대도수는 그 계급의 도수에 정비례하므로 50 dB 이상 60 dB 미만
인 계급의 상대도수와 60 dB 이상 70 dB 미만인 계급의 상대도수의
비는 1 : 2이다.
즉, 두 계급의 상대도수를 각각 a, $2a$라 하면 상대도수의 총합은 1
이므로
$0.15+a+2a+0.25=1$
$3a=0.6$ $\therefore a=0.2$
따라서 60 dB 이상 70 dB 미만인 계급의 상대도수가 $2 \times 0.2=0.4$
이므로 구하는 지역의 수는
$100 \times 0.4=40$

1049 답 0.25

도수의 총합은 $\dfrac{12}{0.3}=40$(명)이므로 0시간 이상 1시간 미만인 계급의
상대도수는
$\dfrac{10}{40}=0.25$

다른 풀이

구하는 상대도수를 x라 하면 각 계급의 상대도수는 그 계급의 도수
에 정비례하므로
$0.3 : x=12 : 10$, $12x=3$ $\therefore x=0.25$

1050 답 66

도수의 총합은 $\frac{27}{0.18}=150$(개)이므로 ...... ⓘ

$A=150\times0.28=42$ ...... ⓘⓘ

$B=\frac{36}{150}=0.24$ ...... ⓘⓘⓘ

$\therefore A+100B=42+100\times0.24=66$ ...... ⓘⓥ

채점 기준

ⓘ 도수의 총합 구하기		30%
ⓘⓘ A의 값 구하기		30%
ⓘⓘⓘ B의 값 구하기		30%
ⓘⓥ $A+100B$의 값 구하기		10%

1051 답 45

도수의 총합은 $\frac{60}{0.16}=375$(명)

어깨너비가 45 cm 이상인 학생이 전체의 72 %이므로 45 cm 이상인 계급의 상대도수의 합은 0.72이다.

이때 42 cm 이상 45 cm 미만인 계급의 상대도수는

$1-(0.16+0.72)=0.12$

따라서 어깨너비가 42 cm 이상 45 cm 미만인 학생 수는

$375\times0.12=45$

다른 풀이

어깨너비가 45 cm 이상인 학생이 전체의 72 %이므로 어깨너비가 45 cm 미만인 학생은 전체의 $100-72=28$(%)이다.

전체 학생이 375명이므로 전체의 28 %에 해당하는 학생 수는

$375\times\frac{28}{100}=105$

이때 어깨너비가 39 cm 이상 42 cm 미만인 학생은 60명이므로 어깨너비가 42 cm 이상 45 cm 미만인 학생 수는

$105-60=45$

1052 답 ⑤

각 계급의 상대도수를 구하면 오른쪽 표와 같다.

① 상대도수를 알 수 있으므로 두 집단을 비교할 수 있다.

② 두 학교의 전체 학생은 $50+80=130$(명)

이때 두 학교에서 사회 성적이 90점 이상인 학생은 $5+8=13$(명)이므로 전체의 $\frac{13}{130}\times100=10$(%)이다.

사회 성적(점)		상대도수	
		A 학교	B 학교
50이상 ~ 60미만		0.12	0.1
60 ~ 70		0.22	0.2
70 ~ 80		0.34	0.325
80 ~ 90		0.22	0.275
90 ~ 100		0.1	0.1
합계		1	1

③ 70점 미만인 계급의 상대도수의 합은

A 학교: $0.12+0.22=0.34$

B 학교: $0.1+0.2=0.3$

즉, 사회 성적이 70점 미만인 학생의 비율은 A 학교가 더 높다.

④ 80점 이상 90점 미만인 계급의 상대도수는 A 학교가 0.22, B 학교가 0.275이므로 사회 성적이 80점 이상 90점 미만인 학생의 비율은 B 학교가 더 높다.

⑤ B 학교가 A 학교보다 상대도수가 더 큰 계급은 80점 이상 90점 미만의 1개이다.

따라서 옳은 것은 ⑤이다.

1053 답 (1) B 지역 (2) 30세 이상 40세 미만

(1) A 지역의 20대 관광객은 $1800\times0.18=324$(명)

B 지역의 20대 관광객은 $2200\times0.17=374$(명)

따라서 20대 관광객 수가 더 많은 지역은 B 지역이다.

(2) 각 계급의 도수를 구하면 오른쪽 표와 같으므로 A, B 두 지역의 관광객 수가 같은 계급은 30세 이상 40세 미만이다.

나이(세)		도수(명)	
		A 지역	B 지역
10이상 ~ 20미만		180	352
20 ~ 30		324	374
30 ~ 40		396	396
40 ~ 50		540	572
50 ~ 60		360	506
합계		1800	2200

1054 답 ⑤

1반과 2반의 전체 학생 수를 각각 $5a$, $7a$, 혈액형이 A형인 학생 수를 각각 $4b$, $5b$라 하면 구하는 상대도수의 비는

$\frac{4b}{5a}:\frac{5b}{7a}=\frac{4}{5}:\frac{5}{7}=28:25$

1055 답 ⑤

A 회사와 B 회사의 전체 직원 수를 각각 $7a$, $6a$, 걸어서 출근하는 직원의 상대도수를 각각 $2b$, $3b$라 하면 구하는 직원 수의 비는

$7a\times2b:6a\times3b=14:18=7:9$

1056 답 4 : 3

전체 남학생과 여학생은 각각 300명, 400명이므로 키가 140 cm 이상 150 cm 미만인 남학생과 여학생을 각각 a명이라 하면 구하는 상대도수의 비는

$\frac{a}{300}:\frac{a}{400}=\frac{1}{300}:\frac{1}{400}=4:3$

1057 답 ⑤

① 계급의 크기는 $10-5=5$(분)

② 상대도수가 가장 큰 계급의 도수가 가장 크므로 도수가 가장 큰 계급은 15분 이상 20분 미만이다.

③ 10분 이상 20분 미만인 계급의 상대도수의 합은

$0.28+0.4=0.68$이므로 전체의 $0.68\times100=68$(%)이다.

④ 면담 시간이 20분 이상인 학생은

$50\times(0.16+0.04)=50\times0.2=10$(명)

⑤ 면담 시간이 10분 미만인 학생은 $50\times0.12=6$(명), 15분 미만인 학생은 $50\times(0.12+0.28)=20$(명)이므로 면담 시간이 8번째로 짧은 학생이 속하는 계급은 10분 이상 15분 미만이다.

따라서 옳지 않은 것은 ⑤이다.

1058 답 128

매점 이용 횟수가 10회 이상 20회 미만인 학생 수는

$200\times(0.22+0.34)=200\times0.56=112$ $\therefore a=112$

매점 이용 횟수가 25회 이상 30회 미만인 학생 수는

$200 \times 0.08 = 16$ $\therefore b = 16$

$\therefore a + b = 112 + 16 = 128$

1059 답 (1) 200 (2) 124

(1) 상대도수가 가장 낮은 계급은 50점 이상 60점 미만이고, 이 계급의 도수는 20명이므로 전체 학생 수는

$\dfrac{20}{0.1} = 200$

(2) 70점 이상 90점 미만 계급의 상대도수의 합은

$0.38 + 0.24 = 0.62$

따라서 구하는 학생 수는

$200 \times 0.62 = 124$

1060 답 ⑤

① 계급의 개수는 5이다.

② 50 % 이상 60 % 미만인 계급의 상대도수가 0.3이므로 도수의 총합은

$\dfrac{24}{0.3} = 80(곳)$

③ 습도가 70 % 이상 80 % 미만인 지역은

$80 \times 0.15 = 12(곳)$

④ 60 % 이상인 계급의 상대도수의 합은 $0.2 + 0.15 = 0.35$이므로 전체의 $0.35 \times 100 = 35(\%)$이다.

⑤ 습도가 40 % 미만인 지역은 $80 \times 0.1 = 8(곳)$

습도가 50 % 미만인 지역은 $80 \times (0.1 + 0.25) = 28(곳)$

따라서 습도가 12번째로 낮은 지역이 속하는 계급은 40 % 이상 50 % 미만이므로 이 계급의 도수는

$80 \times 0.25 = 20(곳)$

따라서 옳은 것은 ⑤이다.

1061 답 40

8자루 이상 10자루 미만인 계급의 상대도수는

$1 - (0.05 + 0.15 + 0.3 + 0.1) = 0.4$

따라서 구하는 학생 수는

$100 \times 0.4 = 40$

1062 답 9

50점 이상 60점 미만인 계급의 상대도수가 0.2이고, 이 계급의 도수가 10명이므로 전체 학생 수는

$\dfrac{10}{0.2} = 50$

이때 30점 이상 40점 미만인 계급의 상대도수는

$1 - (0.04 + 0.12 + 0.3 + 0.2 + 0.16) = 0.18$

따라서 구하는 학생 수는

$50 \times 0.18 = 9$

1063 답 90

무게가 100 g 이상인 감자가 전체의 14 %이므로 이 계급의 상대도수의 합은 0.14이다.

즉, 90 g 이상 100 g 미만인 계급의 상대도수는

$1 - (0.04 + 0.18 + 0.34 + 0.14) = 0.3$ ⋯⋯ ❶

따라서 구하는 감자의 개수는

$300 \times 0.3 = 90$ ⋯⋯ ❷

채점 기준

❶ 90 g 이상 100 g 미만인 계급의 상대도수 구하기	60 %
❷ 무게가 90 g 이상 100 g 미만인 감자의 개수 구하기	40 %

1064 답 ㄱ, ㄹ

ㄱ. 여학생에 대한 그래프가 남학생에 대한 그래프보다 전체적으로 오른쪽으로 치우쳐 있으므로 여학생이 남학생보다 상대적으로 책을 많이 대출한 편이다.

ㄴ. 6권 이상 9권 미만인 계급에서 남학생의 상대도수가 여학생의 상대도수보다 크지만 남학생과 여학생의 전체 학생 수를 알 수 없으므로 정확한 학생 수는 알 수 없다.

ㄷ. 명수가 대출한 책의 수가 속하는 계급은 12권 이상 15권 미만이고, 남학생 중 책을 12권 이상 대출한 학생은 전체의 $(0.15 + 0.05) \times 100 = 20(\%)$이므로 명수는 남학생 중 책을 많이 대출한 쪽에서 20 % 이내에 든다.

ㄹ. 계급의 크기가 같고, 상대도수의 총합이 같으므로 각각의 그래프와 가로축으로 둘러싸인 부분의 넓이는 서로 같다.

따라서 옳은 것은 ㄱ, ㄹ이다.

1065 답 (1) 축구부 (2) 4 (3) 20 %

(1) 20회 이상 25회 미만인 계급의 상대도수는 축구부가 0.3, 농구부가 0.2이므로 기록이 20회 이상 25회 미만인 학생의 비율이 높은 것은 축구부이다.

(2) 농구부에서 기록이 15회 이상 20회 미만인 학생 수는

$25 \times 0.16 = 4$

(3) 축구부에서 기록이 15회 미만인 계급의 상대도수의 합은 $0.04 + 0.16 = 0.2$이므로 축구부 학생 전체의 $0.2 \times 100 = 20(\%)$이다.

AB 유형 점검

176~179쪽

1066 답 7

a, b, c, d, e의 평균이 5이므로

$\dfrac{a+b+c+d+e}{5} = 5$

$\therefore a + b + c + d + e = 25$

따라서 구하는 평균은

$\dfrac{(a+8)+(b-2)+(c-3)+(d+6)+(e+1)}{5}$

$= \dfrac{a+b+c+d+e+10}{5}$

$= \dfrac{25+10}{5}$

$= \dfrac{35}{5} = 7$

1067 답 ③

	자료	중앙값	최빈값
①	1, 2, 2, 3, 3, 3	$\dfrac{2+3}{2}=2.5$	3
②	2, 2, 2, 6, 6, 7	$\dfrac{2+6}{2}=4$	2
③	2, 3, 5, 5, 6, 7	$\dfrac{5+5}{2}=5$	5
④	2, 2, 2, 3, 4, 5, 6	3	2
⑤	3, 4, 4, 6, 8, 8, 9	6	4, 8

따라서 중앙값과 최빈값이 서로 같은 것은 ③이다.

1068 답 ⑤

⑤ 자료의 변량 중에서 매우 크거나 매우 작은 값이 있는 경우에는 평균보다 중앙값이 그 자료의 중심 경향을 더 잘 나타낸다.

1069 답 중앙값, 6천 원

70천 원, 즉 70000원이 다른 변량에 비해 매우 큰 값이므로 평균과 중앙값 중에서 자료의 중심 경향을 더 잘 나타내는 것은 중앙값이다.
변량을 작은 값부터 크기순으로 나열하면
2, 3, 4, 5, 7, 8, 9, 70
따라서 중앙값은 $\dfrac{5+7}{2}=6$(천 원)

1070 답 38시간

학생 16명의 봉사 활동 시간에서 8번째 변량을 x시간이라 하면 중앙값이 39시간이므로
$\dfrac{x+41}{2}=39$, $x+41=78$ ∴ $x=37$
따라서 봉사 활동 시간이 38시간인 학생을 포함하여 학생 17명의 봉사 활동 시간을 작은 값부터 크기순으로 나열하면 중앙값은 9번째 변량인 38시간이다.

1071 답 ㄷ

ㄱ. 자책점이 50점 이상인 선수는 $4+2=6$(명)
ㄴ. 자책점이 가장 적은 선수의 자책점은 32점이고, 가장 많은 선수의 자책점은 61점이므로 자책점의 차는 $61-32=29$(점)
ㄷ. 자책점이 46점인 선수보다 자책점이 많은 선수는
  $2+4+2=8$(명)
따라서 옳은 것은 ㄷ이다.

1072 답 ⑤

① 계급의 크기는 $10-0=10$(개)
② $A=40-(5+13+7+4)=11$
③ 도수가 가장 작은 계급은 도수가 4명인 40개 이상 50개 미만이다.
④ 배구공 토스 기록이 30개 미만인 학생은 $5+11+13=29$(명)
⑤ 배구공 토스 기록이 40개 이상인 학생은 4명, 30개 이상인 학생은 $4+7=11$(명)이므로 배구공 토스 기록이 10번째로 많은 학생이 속하는 계급은 30개 이상 40개 미만이고, 이 계급의 도수는 7명이다.
따라서 옳지 않은 것은 ⑤이다.

1073 답 39

TV 시청 시간이 60분 이상인 학생은 $19+B+7=B+26$(명)이고 전체의 70%이므로
$\dfrac{B+26}{50}\times100=70$
$B+26=35$ ∴ $B=9$
∴ $A=50-(19+9+7)=15$
∴ $2A+B=2\times15+9=39$

1074 답 ④

② 전체 학생은 $2+6+12+16+10+4=50$(명)
③ 도수가 가장 큰 계급은 50 kg 이상 55 kg 미만이므로 도수는 16명이다.
④ 몸무게가 55 kg 이상인 학생은 $10+4=14$(명)이므로 전체의
  $\dfrac{14}{50}\times100=28(\%)$이다.
⑤ 몸무게가 40 kg 미만인 학생은 2명, 45 kg 미만인 학생은
  $2+6=8$(명)이므로 몸무게가 7번째로 가벼운 학생이 속하는 계급은 40 kg 이상 45 kg 미만이다.
따라서 옳지 않은 것은 ④이다.

1075 답 110

계급의 크기는 $10-5=5$(분)이고 도수가 가장 큰 계급의 도수는 8명이므로
$A=5\times8=40$
$B=$(계급의 크기)×(도수의 총합)
  $=5\times(3+5+7+8+6+1)$
  $=5\times30$
  $=150$
∴ $B-A=150-40=110$

1076 답 30

상영 시간이 40분 이상인 영화는
$10+9+2=21$(편)
∴ $a=21$
상영 시간이 60분 이상인 영화는 2편, 50분 이상인 영화는
$9+2=11$(편)이므로 상영 시간이 10번째로 긴 영화가 속하는 계급은 50분 이상 60분 미만이고, 이 계급의 도수는 9편이다.
∴ $b=9$
∴ $a+b=21+9=30$

1077 답 400

$A=$(히스토그램의 모든 직사각형의 넓이의 합)
  $=$(계급의 크기)×(도수의 총합)
  $=10\times(3+8+4+2+3)$
  $=10\times20$
  $=200$
도수분포다각형과 가로축으로 둘러싸인 부분의 넓이는 히스토그램의 모든 직사각형의 넓이의 합과 같으므로
$B=A=200$
∴ $A+B=200+200=400$

1078 답 ⑤

① 남학생에 대한 그래프가 여학생에 대한 그래프보다 전체적으로 오른쪽으로 치우쳐 있으므로 남학생이 여학생보다 상대적으로 무거운 편이다.

② 여학생 중 가장 가벼운 학생의 몸무게는 30 kg 이상 35 kg 미만이고, 남학생 중 가장 가벼운 학생의 몸무게는 35 kg 이상 40 kg 미만이므로 가장 가벼운 학생은 여학생이다.

③ (여학생)=1+5+11+7+4+2=30(명)
(남학생)=1+4+7+9+6+3=30(명)
즉, 남학생 수와 여학생 수가 같고 계급의 크기가 같으므로 각각의 그래프와 가로축으로 둘러싸인 부분의 넓이는 서로 같다.

④ 여학생 중 몸무게가 55 kg 이상인 학생은 2명, 50 kg 이상인 학생은 4+2=6(명)이므로 여학생 중 6번째로 무거운 학생이 속하는 계급은 50 kg 이상 55 kg 미만이다.

⑤ 남학생 수와 여학생 수의 합이 가장 큰 계급은 도수의 합이 11+4=15(명)인 40 kg 이상 45 kg 미만이다.

따라서 옳지 않은 것은 ⑤이다.

1079 답 0.1

40분 이상 50분 미만인 계급의 도수는
$30-(4+8+10+5)=3$(명)
따라서 구하는 상대도수는
$$\frac{3}{30}=0.1$$

1080 답 13

도수가 10인 계급의 상대도수가 0.25이므로 도수의 총합은
$$\frac{10}{0.25}=40$$
따라서 상대도수가 0.325인 계급의 도수는
$40\times0.325=13$

1081 답 0.2

도수의 총합은 $\frac{4}{0.1}=40$(명)이므로 60점 이상 70점 미만인 계급의 상대도수는
$$\frac{8}{40}=0.2$$

1082 답 ㄷ

ㄱ. 두 학교의 전체 학생은 30+40=70(명)이고 두 학교에서 기록이 18초 미만인 학생은 5+6+12+14=37(명)이므로 전체의
$\frac{37}{70}\times100=52.8\cdots$(%)이다.

ㄴ. ㄱ에서 기록이 18초 미만인 학생은 37명, 20초 미만인 학생은 8+10+37=55(명)이므로 두 학교 전체 학생 중에서 기록이 40번째로 좋은 학생이 속하는 계급은 18초 이상 20초 미만이다.

ㄷ. 16초 이상 18초 미만인 계급의 상대도수는

A 학교: $\frac{12}{30}=0.4$

B 학교: $\frac{14}{40}=0.35$

즉, 기록이 16초 이상 18초 미만인 학생의 비율은 A 학교가 B 학교보다 높다.

따라서 옳은 것은 ㄷ이다.

1083 답 3 : 5

A, B 두 동아리의 학생 수를 각각 5a, a, A, B 두 동아리에서 안경을 쓴 학생 수를 각각 3b, b라 하면 구하는 상대도수의 비는
$$\frac{3b}{5a}:\frac{b}{a}=\frac{3}{5}:1=3:5$$

1084 답 (1) 200 (2) 52

(1) 25회 미만인 계급의 상대도수의 합은
$0.02+0.05+0.11+0.22=0.4$
따라서 전체 학생 수는
$$\frac{80}{0.4}=200$$

(2) 25회 이상 30회 미만인 계급의 상대도수는
$1-(0.02+0.05+0.11+0.22+0.18+0.1+0.06)=0.26$
따라서 구하는 학생 수는
$200\times0.26=52$

1085 답 ①, ③

① 계급의 크기가 같고, 상대도수의 총합이 같으므로 각각의 그래프와 가로축으로 둘러싸인 부분의 넓이는 1학년과 2학년이 서로 같다.

② 3시간 미만인 계급의 상대도수의 합은
1학년: 0.1+0.14=0.24
2학년: 0.04+0.12=0.16
즉, 독서 시간이 3시간 미만인 학생의 비율은 1학년이 2학년보다 높다.

③ 전체 학생 수를 알 수 없으므로 독서 시간이 3시간 이상 4시간 미만인 학생 수가 같은지는 알 수 없다.

④ 2학년에서 5시간 이상 6시간 미만인 계급의 상대도수는 0.28이므로 이 계급의 학생은 2학년 전체의 0.28×100=28(%)이다.

⑤ 2학년에 대한 그래프가 1학년에 대한 그래프보다 전체적으로 오른쪽으로 치우쳐 있으므로 2학년이 1학년보다 독서 시간이 상대적으로 긴 편이다.

따라서 옳지 않은 것은 ①, ③이다.

1086 답 36

전체 학생 수를 x라 하면 듣는 시간이 3시간 미만인 학생은 12+18=30(명)이고 전체의 30 %이므로

$x\times\dfrac{30}{100}=30$ ∴ $x=100$

즉, 전체 학생 수는 100이다.   ······ ❶

따라서 듣는 시간이 4시간 이상 6시간 미만인 학생 수는
$100-(12+18+26+8)=36$ ······ ❷

채점 기준

❶ 전체 학생 수 구하기	60 %
❷ 듣는 시간이 4시간 이상 6시간 미만인 학생 수 구하기	40 %

1087 답 0.3

150 cm 이상 170 cm 미만인 계급의 도수가 12명이고 상대도수가
0.2이므로 도수의 총합은

$$\frac{12}{0.2}=60(\text{명}) \qquad\qquad\cdots\cdots \text{❶}$$

170 cm 이상 190 cm 미만인 계급의 도수는

$$60\times0.25=15(\text{명}) \qquad\qquad\cdots\cdots \text{❷}$$

210 cm 이상 230 cm 미만인 계급의 도수는

$$60-(3+12+15+18+6)=6(\text{명}) \qquad\cdots\cdots \text{❸}$$

즉, 기록이 230 cm 이상인 학생은 6명, 210 cm 이상인 학생은
6+6=12(명), 190 cm 이상인 학생은 18+6=30(명)이다.

따라서 기록이 좋은 쪽에서 15번째인 학생이 속하는 계급은 190 cm
이상 210 cm 미만이므로 이 계급의 상대도수는

$$\frac{18}{60}=0.3 \qquad\qquad\cdots\cdots \text{❹}$$

채점 기준		
❶	도수의 총합 구하기	30 %
❷	170 cm 이상 190 cm 미만인 계급의 도수 구하기	20 %
❸	210 cm 이상 230 cm 미만인 계급의 도수 구하기	20 %
❹	기록이 좋은 쪽에서 15번째인 학생이 속하는 계급의 상대도수 구하기	30 %

1088 답 18

상대도수가 가장 높은 계급은 40분 이상 50분 미만이고, 이 계급의
도수는 14명, 상대도수는 0.35이므로 도수의 총합은

$$\frac{14}{0.35}=40(\text{명}) \qquad\qquad\cdots\cdots \text{❶}$$

20분 이상 40분 미만인 계급의 상대도수의 합은

$$0.2+0.25=0.45$$

따라서 구하는 학생 수는

$$40\times0.45=18 \qquad\qquad\cdots\cdots \text{❷}$$

채점 기준		
❶	도수의 총합 구하기	50 %
❷	운동 시간이 20분 이상 40분 미만인 학생 수 구하기	50 %

Ⓒ 실력 향상

180쪽

1089 답 ⑤

75점을 받은 학생을 제외한 9명의 수학 성적의 총점을 A점이라 하
고, 75점을 x점으로 잘못 보았다고 하면

$$\frac{A+75}{10}+1=\frac{A+x}{10}$$

$$A+75+10=A+x \qquad \therefore x=85$$

따라서 75점을 받은 학생의 점수를 85점으로 잘못 보았다.

1090 답 8

박물관 방문 횟수가 2회 이상 4회 미만인 학생은 3명이므로 ㈎에서
박물관 방문 횟수가 4회 이상 6회 미만인 학생 수는

$$3\times2=6$$

박물관 방문 횟수가 6회 미만인 학생은 3+6=9(명)이므로 ㈏에서
박물관 방문 횟수가 6회 이상인 학생 수는

$$9\times4=36$$

이때 전체 학생 수는 6회 미만인 학생 수와 6회 이상인 학생 수의 합
이므로

$$9+36=45$$

㈐에서 박물관 방문 횟수가 12회 이상인 학생 수는

$$45\times\frac{20}{100}=9$$

따라서 박물관 방문 횟수가 6회 이상 8회 미만인 학생 수는

$$45-(3+6+11+8+9)=8$$

1091 답 21번째

1반에서 기록이 7초 이상 8초 미만인 학생은 12명이고, 이 계급의
상대도수는 0.4이므로 1반의 전체 학생은

$$\frac{12}{0.4}=30(\text{명})$$

1반에서 5초 이상 6초 미만인 계급의 상대도수가 0.2이므로 이 계급
의 도수는

$$30\times0.2=6(\text{명})$$

즉, 1반에서 6번째로 빠른 학생이 속하는 계급은 5초 이상 6초 미만
이다.

1학년 전체에서 기록이 7초 이상 8초 미만인 학생은 153명이고, 이
계급의 상대도수는 0.51이므로 1학년 전체 학생은

$$\frac{153}{0.51}=300(\text{명})$$

1학년 전체에서 5초 이상 6초 미만인 계급의 상대도수가 0.07이므
로 이 계급의 도수는

$$300\times0.07=21(\text{명})$$

따라서 1반에서 6번째로 빠른 학생은 1학년 전체에서 적어도 21번
째로 빠르다.

1092 답 ⑴ 0.2 ⑵ B 과수원, 20개

⑴ 그래프에서 세로축의 한 눈금의 크기를 a라 하면 상대도수의 총
합은 1이므로 A 과수원의 그래프에서

$$a\times(1+3+7+8+4+2)=1$$

$$25a=1 \qquad \therefore a=0.04$$

따라서 B 과수원에서 350 g 이상 400 g 미만인 계급의 상대도수는

$$1-(0.08+0.08+0.24+0.28+0.12)=0.2$$

⑵ 무게가 350 g 이상인 토마토는

A 과수원: $450\times(0.16+0.08)=108(\text{개})$

B 과수원: $400\times(0.2+0.12)=128(\text{개})$

따라서 B 과수원이 128−108=20(개) 더 많다.

기출 BOOK

01 / 기본 도형

2~5쪽

1 답 **26**

교점의 개수는 7이므로 $a=7$

교선의 개수는 12이므로 $b=12$

면의 개수는 7이므로 $c=7$

$\therefore a+b+c=7+12+7=26$

2 답 ②

② $\overrightarrow{AB}$와 $\overrightarrow{AC}$는 시작점과 뻗어 나가는 방향이 모두 같으므로

$\overrightarrow{AB}=\overrightarrow{AC}$

3 답 ①, ④

② $\overrightarrow{AC}$와 $\overrightarrow{CA}$는 시작점과 뻗어 나가는 방향이 모두 같지 않으므로

서로 다른 반직선이다.

③ $\overrightarrow{BA}$와 $\overrightarrow{BC}$는 시작점은 같지만 뻗어 나가는 방향이 같지 않으므

로 서로 다른 반직선이다.

⑤ $\overleftrightarrow{AC}=\overleftrightarrow{CA}$, $\overline{CB}=\overline{BC}$

따라서 옳은 것은 ①, ④이다.

4 답 **19**

직선은 $\overleftrightarrow{AB}$, $\overleftrightarrow{AE}$, $\overleftrightarrow{BE}$, $\overleftrightarrow{CE}$, $\overleftrightarrow{DE}$의 5개이므로 $a=5$

반직선은 $\overrightarrow{AB}$, $\overrightarrow{AE}$, $\overrightarrow{BA}$, $\overrightarrow{BC}$, $\overrightarrow{BE}$, $\overrightarrow{CB}$, $\overrightarrow{CD}$, $\overrightarrow{CE}$, $\overrightarrow{DC}$, $\overrightarrow{DE}$,

$\overrightarrow{EA}$, $\overrightarrow{EB}$, $\overrightarrow{EC}$, $\overrightarrow{ED}$의 14개이므로 $b=14$

$\therefore a+b=5+14=19$

5 답 ③

$\overleftrightarrow{AD}$, $\overleftrightarrow{AE}$, $\overleftrightarrow{BD}$, $\overleftrightarrow{BE}$, $\overleftrightarrow{CD}$, $\overleftrightarrow{CE}$, l, m의 8개이다.

6 답 ④

$\overline{AM}=\overline{MB}$, $\overline{MN}=\overline{NB}$이므로

① $\overline{AB}=\overline{AM}+\overline{MB}=\overline{MB}+\overline{MB}=2\overline{MB}$

② $\overline{MN}=\dfrac{1}{2}\overline{MB}=\dfrac{1}{2}\times\dfrac{1}{2}\overline{AB}=\dfrac{1}{4}\overline{AB}$

③ $\overline{NB}=\dfrac{1}{2}\overline{MB}=\dfrac{1}{2}\overline{AM}$

④ $\overline{AN}=\overline{AM}+\overline{MN}=\overline{MB}+\overline{NB}$

　　　$=2\overline{NB}+\overline{NB}=3\overline{NB}$

⑤ $\overline{AN}=\overline{AM}+\overline{MN}=\dfrac{1}{2}\overline{AB}+\dfrac{1}{2}\overline{MB}$

　　　$=\dfrac{1}{2}\overline{AB}+\dfrac{1}{2}\times\dfrac{1}{2}\overline{AB}$

　　　$=\dfrac{1}{2}\overline{AB}+\dfrac{1}{4}\overline{AB}=\dfrac{3}{4}\overline{AB}$

　　$\therefore \overline{AB}=\dfrac{4}{3}\overline{AN}$

따라서 옳지 않은 것은 ④이다.

7 답 **18 cm**

$\overline{AM}=\overline{MB}=\dfrac{1}{2}\overline{AB}=\dfrac{1}{2}\times24=12(cm)$이므로

$\overline{NM}=\dfrac{1}{2}\overline{AM}=\dfrac{1}{2}\times12=6(cm)$

$\therefore \overline{NB}=\overline{NM}+\overline{MB}=6+12=18(cm)$

8 답 ③

$\overline{AB}=\overline{BC}=\overline{CD}=2\overline{CM}=2\times4=8(cm)$

$\therefore \overline{AM}=\overline{AB}+\overline{BC}+\overline{CM}=8+8+4=20(cm)$

9 답 **16 cm**

$\overline{BC}=2\overline{MC}=2\times5=10(cm)$이므로

$\overline{AB}=\dfrac{3}{5}\overline{BC}=\dfrac{3}{5}\times10=6(cm)$

$\therefore \overline{AC}=\overline{AB}+\overline{BC}=6+10=16(cm)$

10 답 ②

$\overline{AB}:\overline{BC}=3:1$에서 $3\overline{BC}=\overline{AB}$이므로

$\overline{BC}=\dfrac{1}{3}\overline{AB}$　　……㉠

$\overline{AC}=\overline{AB}+\overline{BC}=\overline{AB}+\dfrac{1}{3}\overline{AB}=\dfrac{4}{3}\overline{AB}$이므로

$\overline{AB}=\dfrac{3}{4}\overline{AC}=\dfrac{3}{4}\times16=12(cm)$

$\overline{AP}:\overline{PB}=1:2$에서 $2\overline{AP}=\overline{PB}$이므로 $\overline{AP}=\dfrac{1}{2}\overline{PB}$

$\overline{AB}=\overline{AP}+\overline{PB}=\dfrac{1}{2}\overline{PB}+\overline{PB}=\dfrac{3}{2}\overline{PB}$이므로

$\overline{PB}=\dfrac{2}{3}\overline{AB}=\dfrac{2}{3}\times12=8(cm)$

㉠에서 $\overline{BC}=\dfrac{1}{3}\overline{AB}=\dfrac{1}{3}\times12=4(cm)$이므로

$\overline{BQ}=\dfrac{1}{2}\overline{BC}=\dfrac{1}{2}\times4=2(cm)$

$\therefore \overline{PQ}=\overline{PB}+\overline{BQ}=8+2=10(cm)$

11 답 ②, ⑤

① $\angle AOC=90°$ ➡ 직각

② $\angle AOD=90°+\angle COD$ ➡ 둔각

③ $\angle AOE=180°$ ➡ 평각

④ $\angle BOC=90°-\angle AOB$ ➡ 예각

⑤ $\angle BOE=90°+\angle BOC$ ➡ 둔각

따라서 둔각인 것은 ②, ⑤이다.

12 답 **33**

$60+x+(3x-12)=180$이므로

$4x=132$　　$\therefore x=33$

중단원 기출 문제 **79**

13 답 $\angle x=60°$, $\angle y=30°$

$\angle y+60°=90°$이므로 $\angle y=30°$

$\angle x+\angle y=90°$이므로

$\angle x+30°=90°$ $\therefore \angle x=60°$

14 답 **100°**

$\angle a+90°=120°$이므로 $\angle a=30°$

$25°+\angle b+120°=180°$이므로 $\angle b=35°$

$\therefore \angle a+2\angle b=30°+2\times35°=100°$

15 답 **45°**

$\angle a=180°\times\dfrac{3}{3+4+5}=180°\times\dfrac{1}{4}=45°$

16 답 **36°**

$\angle AOC+\angle COE=180°$이므로

$\angle AOC+\angle COE=5\angle BOC+5\angle COD$
$\qquad\qquad\qquad\quad=5(\angle BOC+\angle COD)=180°$

즉, $\angle BOC+\angle COD=36°$이므로

$\angle BOD=36°$

다른 풀이

$\angle BOD=\angle BOC+\angle COD=\dfrac{1}{5}\angle AOC+\dfrac{1}{5}\angle COE$

$\qquad\qquad=\dfrac{1}{5}(\angle AOC+\angle COE)=\dfrac{1}{5}\times180°=36°$

17 답 ②

$\angle AOB=\angle AOC-\angle BOC=6\angle BOC-\angle BOC=5\angle BOC=90°$

이므로 $\angle BOC=18°$

$\angle COE=\angle BOE-\angle BOC=90°-18°=72°$이므로

$\angle COD=\dfrac{1}{3}\angle COE=\dfrac{1}{3}\times72°=24°$

$\therefore \angle BOD=\angle BOC+\angle COD=18°+24°=42°$

18 답 **113.5°**

시침이 시계의 12를 가리킬 때부터 8시간 23분

동안 움직인 각도는

$30°\times8+0.5°\times23=240°+11.5°=251.5°$

또 분침이 시계의 12를 가리킬 때부터 23분 동

안 움직인 각도는

$6°\times23=138°$

따라서 구하는 각의 크기는

$251.5°-138°=113.5°$

19 답 ④

맞꼭지각의 크기는 서로 같으므로

$5x+10=130$, $5x=120$ $\therefore x=24$

20 답 ④

맞꼭지각의 크기는 서로 같으므로

$(x+10)+2x+(2x-50)=180$

$5x=220$ $\therefore x=44$

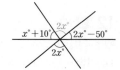

21 답 **180°**

맞꼭지각의 크기는 서로 같으므로

$\angle a+\angle b+\angle c+\angle d+\angle e+\angle f+\angle g$
$=180°$

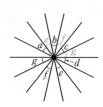

22 답 ③

맞꼭지각의 크기는 서로 같으므로

$x-10=90+(y+40)$

$\therefore x-y=130+10=140$

23 답 ③

맞꼭지각의 크기는 서로 같으므로

$5x+30=80+50$, $5x=100$ $\therefore x=20$

$80+50+(y+5)=180$이므로 $y=45$

$\therefore y-x=45-20=25$

24 답 ⑤

⑤ 점 D와 $\overline{BC}$ 사이의 거리는 $\overline{AB}$의 길이와 같으므로 $8\,cm$이다.

25 답 **32**

점 A와 $\overline{BC}$ 사이의 거리는 $\overline{AC}$의 길이와 같으므로 $20\,cm$이다.

$\therefore a=20$

점 C와 $\overline{AB}$ 사이의 거리는 $\overline{CH}$의 길이와 같으므로 $12\,cm$이다.

$\therefore b=12$

$\therefore a+b=20+12=32$

02 / 위치 관계

1 답 ④

④ 점 C는 직선 l 위에 있지 않다.

2 답 ③

모서리 CD 위에 있지 않은 꼭짓점은 점 A, 점 B의 2개이므로

$a=2$

면 ABD 위에 있지 않은 꼭짓점은 점 C의 1개이므로 $b=1$

$\therefore a+b=2+1=3$

3 답 **3**

오른쪽 그림과 같은 정육각형에서 $\overleftrightarrow{AF}$와

한 점에서 만나는 직선은 $\overleftrightarrow{AB}$, $\overleftrightarrow{BC}$, $\overleftrightarrow{DE}$,

$\overleftrightarrow{EF}$의 4개이므로 $a=4$

$\overleftrightarrow{AF}$와 평행한 직선은 $\overleftrightarrow{CD}$의 1개이므로

$b=1$

$\therefore a-b=4-1=3$

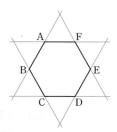

4 답 ⑤

⑤ 모서리 BC와 평행한 모서리는 $\overline{GH}$의 1개이다.

5 답 $\overline{BF}$, $\overline{EF}$, $\overline{GH}$

$\overline{AC}$와 꼬인 위치에 있는 모서리는 $\overline{BF}$, $\overline{DH}$, $\overline{EF}$, $\overline{EH}$, $\overline{FG}$, $\overline{GH}$

$\overline{AD}$와 꼬인 위치에 있는 모서리는 $\overline{BF}$, $\overline{CG}$, $\overline{EF}$, $\overline{GH}$

따라서 $\overline{AC}$, $\overline{AD}$와 동시에 꼬인 위치에 있는 모서리는 $\overline{BF}$, $\overline{EF}$, $\overline{GH}$이다.

6 답 5

면 ABC와 평행한 모서리는 $\overline{DE}$, $\overline{DF}$, $\overline{EF}$의 3개이므로 $a=3$

면 BEFC와 수직인 모서리는 $\overline{AB}$, $\overline{DE}$의 2개이므로 $b=2$

$\therefore a+b=3+2=5$

7 답 ②

① $\overleftrightarrow{CI}$와 수직인 면은 면 ABCDEF, 면 GHIJKL의 2개이다.

② $\overleftrightarrow{GH}$와 $\overleftrightarrow{IJ}$는 한 점에서 만난다.

④ 면 ABCDEF와 수직인 모서리는 $\overline{AG}$, $\overline{BH}$, $\overline{CI}$, $\overline{DJ}$, $\overline{EK}$, $\overline{FL}$의 6개이다.

⑤ 면 GHIJKL에 포함된 모서리는 $\overline{GH}$, $\overline{HI}$, $\overline{IJ}$, $\overline{JK}$, $\overline{KL}$, $\overline{GL}$의 6개이다.

따라서 옳지 않은 것은 ②이다.

8 답 4 cm

점 B와 면 CGHD 사이의 거리는 $\overline{BC}$의 길이와 같으므로

$\overline{BC}=\overline{AD}=4$ cm

9 답 ㄱ, ㄷ

ㄱ. 모서리 BC와 꼬인 위치에 있는 모서리는 $\overline{AD}$, $\overline{AE}$, $\overline{DF}$, $\overline{EF}$의 4개이다.

ㄴ. 면 ACD와 면 CFD는 한 직선에서 만난다.

따라서 옳은 것은 ㄱ, ㄷ이다.

10 답 ②

② $\overleftrightarrow{CF}$는 $\overleftrightarrow{AQ}$와 한 점에서 만난다.

11 답 (1) 면 (나), 면 (바) (2) 면 (다), 면 (마)

주어진 전개도로 정육면체를 만들면 오른쪽 그림과 같다.

(1) 모서리 AB와 평행한 면은 면 (나), 면 (바)이다.

(2) 모서리 AB와 수직인 면은 면 (다), 면 (마)이다.

12 답 ㄷ, ㄹ

ㄱ. $l /\!/ P$, $m /\!/ P$이면 두 직선 l, m은 평행하거나 한 점에서 만나거나 꼬인 위치에 있다.

ㄴ. $l \perp P$, $P /\!/ Q$이면 $l \perp Q$이다.

따라서 옳은 것은 ㄷ, ㄹ이다.

13 답 235°

오른쪽 그림에서 $\angle a$의 동위각은 $\angle x$이므로

$\angle x=180°-85°=95°$

$\angle b$의 엇각은 $\angle y$이므로 $\angle y=140°$ (맞꼭지각)

따라서 $\angle a$의 동위각과 $\angle b$의 엇각의 크기의 합은

$95°+140°=235°$

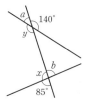

14 답 15°

오른쪽 그림에서 $l /\!/ m$이므로

$\angle x=50°$ (동위각)

$\angle x+\angle y=115°$ (동위각)이므로

$50°+\angle y=115°$ $\therefore \angle y=65°$

$\therefore \angle y-\angle x=65°-50°=15°$

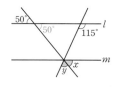

15 답 ①

오른쪽 그림에서

$(x+10)+(2x+50)=180$이므로

$3x=120$ $\therefore x=40$

$(2x+50)+(y+30)=180$이므로

$130+y+30=180$ $\therefore y=20$

$\therefore x+y=40+20=60$

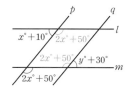

16 답 ㄴ, ㄹ

ㄱ. 오른쪽 그림에서 $\angle a=180°-105°=75°$
즉, 엇각의 크기가 다르므로 두 직선 l, m은 평행하지 않다.

ㄴ. 오른쪽 그림에서 $\angle a=180°-130°=50°$
즉, 엇각의 크기가 서로 같으므로 $l /\!/ m$이다.

ㄷ. 오른쪽 그림에서 $\angle a=180°-125°=55°$
즉, 엇각의 크기가 다르므로 두 직선 l, m은 평행하지 않다.

ㄹ. 오른쪽 그림에서 $\angle a=45°$ (맞꼭지각)
즉, 동위각의 크기가 서로 같으므로 $l /\!/ m$이다.

따라서 두 직선 l, m이 평행한 것은 ㄴ, ㄹ이다.

17 답 ①

오른쪽 그림에서 삼각형의 세 각의 크기의 합은 180°이므로

$\angle x+31°+132°=180°$

$\therefore \angle x=17°$

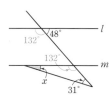

18 답 60°

오른쪽 그림과 같이 두 직선 l, m에 평행한 직선 n을 그으면

$30°+\angle x=90°$ $\therefore \angle x=60°$

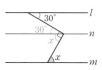

19 답 277°

오른쪽 그림과 같이 두 직선 l, m에 평행한 직선 n을 그으면

$\angle x=143°+134°=277°$

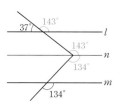

20 답 19

오른쪽 그림과 같이 점 B를 지나고 두 직선 l, m에 평행한 직선 n을 그으면

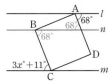

$3x+11=68$ (엇각)

$3x=57$ $\therefore x=19$

21 답 80°

오른쪽 그림과 같이 두 직선 l, m에 평행한 직선 p, q를 그으면

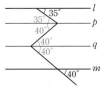

$\angle x=40°+40°=80°$

22 답 ②

오른쪽 그림과 같이 두 직선 l, m에 평행한 직선 p, q를 그으면

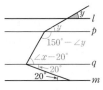

$(150°-\angle y)+(\angle x-20°)=180°$

$\therefore \angle x-\angle y=50°$

23 답 ②

오른쪽 그림과 같이 두 직선 l, m에 평행한 직선 p, q를 그으면

$(\angle x+30°)+56°+65°=180°$

$\therefore \angle x=29°$

24 답 ④

$\angle QPR=\angle a$라 하면

$\angle RPS=\angle SPA=\angle a$

$\angle PQR=\angle b$라 하면

$\angle RQS=\angle SQB=\angle b$

오른쪽 그림에서 $l /\!/ m$이므로

$3\angle a+3\angle b=180°$

$\therefore \angle a+\angle b=60°$

삼각형 PQR에서

$\angle x=180°-(\angle a+\angle b)$

$=180°-60°=120°$

삼각형 PQS에서

$\angle y=180°-2(\angle a+\angle b)$

$=180°-120°=60°$

$\therefore \angle x+\angle y=120°+60°=180°$

25 답 ②

오른쪽 그림에서 삼각형의 세 각의 크기의 합은 180°이므로

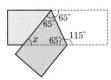

$\angle x+65°+65°=180°$

$\therefore \angle x=50°$

---

03 / 작도와 합동

1 답 ㄱ, ㄷ, ㄹ

ㄴ. 선분을 연장할 때에는 눈금 없는 자를 사용한다.

따라서 옳은 것은 ㄱ, ㄷ, ㄹ이다.

2 답 ③

ⓒ 눈금 없는 자를 사용하여 직선을 그리고, 그 직선 위에 점 C를 잡는다.

㉠ 컴퍼스를 사용하여 $\overline{AB}$의 길이를 잰다.

ⓔ 점 C를 중심으로 반지름의 길이가 $\overline{AB}$인 원을 그려 ⓒ의 직선과의 교점을 D라 한다.

따라서 작도 순서는 ⓒ → ㉠ → ⓔ이다.

3 답 ③

두 점 A, B는 점 O를 중심으로 하는 한 원 위에 있고, 두 점 C, D는 점 P를 중심으로 하고 반지름의 길이가 $\overline{OA}$인 원 위에 있으므로 $\overline{OA}=\overline{OB}=\overline{PC}=\overline{PD}$이다.

따라서 길이가 나머지 넷과 다른 하나는 ③이다.

4 답 ④

㉠ 점 P를 지나는 적당한 직선을 그려 직선 l과의 교점을 Q라 한다.

ⓜ 점 Q를 중심으로 적당한 원을 그려 $\overleftrightarrow{PQ}$, 직선 l과의 교점을 각각 A, B라 한다.

ⓔ 점 P를 중심으로 반지름의 길이가 $\overline{QA}$인 원을 그려 $\overleftrightarrow{PQ}$와의 교점을 C라 한다.

ⓑ 컴퍼스를 사용하여 $\overline{AB}$의 길이를 잰다.

ⓒ 점 C를 중심으로 반지름의 길이가 $\overline{AB}$인 원을 그려 ⓔ의 원과의 교점을 D라 한다.

ⓛ $\overleftrightarrow{PD}$를 그리면 직선 l과 $\overleftrightarrow{PD}$는 평행하다.

따라서 작도 순서는 ㉠ → ⓜ → ⓔ → ⓑ → ⓒ → ⓛ이다.

5 답 ㄱ, ㄷ

ㄱ. 작도 순서는 ⓒ → ⓛ → ㉠ → ⓑ → ⓔ → ⓜ이다.

ㄷ. $\overline{AQ}=\overline{BQ}=\overline{CP}=\overline{DP}$, $\overline{AB}=\overline{CD}$

6 답 ⑤

삼각형이 되려면 (가장 긴 변의 길이)<(다른 두 변의 길이의 합)이어야 한다.

① $5<3+3$ ② $5<3+4$ ③ $7<4+6$

④ $8<5+5$ ⑤ $13=6+7$

따라서 삼각형의 세 변의 길이가 될 수 없는 것은 ⑤이다.

7 답 6

삼각형의 세 변 중 가장 긴 변의 길이는 a cm이므로

$a\geq10.7$

$a<10.7+6$에서 $a<16.7$

따라서 자연수 a는 11, 12, 13, ..., 16의 6개이다.

8 답 ⑤

두 변의 길이와 그 끼인각의 크기가 주어졌을 때, 다음의 두 가지 방법으로 삼각형을 작도할 수 있다.

(i) 각을 먼저 작도한 후에 두 선분을 작도한다. ➡ ①, ②

(ii) 한 선분을 먼저 작도한 후에 각을 작도하고 나서 다른 선분을 작도한다. ➡ ③, ④

따라서 작도 순서로 옳지 않은 것은 ⑤이다.

9 답 ④

④ ∠C는 $\overline{AB}$와 $\overline{BC}$의 끼인각이 아니므로 △ABC가 하나로 정해지지 않는다.

10 답 ②

ㄱ. 한 변의 길이와 그 양 끝 각의 크기가 주어졌으므로 △ABC가 하나로 정해진다.

ㄴ. ∠A는 $\overline{BC}$와 $\overline{CA}$의 끼인각이 아니므로 △ABC가 하나로 정해지지 않는다.

ㄷ. ∠A$=180°-(40°+65°)=75°$
즉, 한 변의 길이와 그 양 끝 각의 크기가 주어진 것과 같으므로 △ABC가 하나로 정해진다.

ㄹ. 세 변의 길이가 주어졌고, $9>6+2$이므로 △ABC가 만들어지지 않는다.

따라서 △ABC가 하나로 정해지는 것은 ㄱ, ㄷ이다.

11 답 ③

③ 합동인 두 도형의 넓이는 항상 같지만 넓이가 같은 두 도형이 항상 합동인 것은 아니다.

12 답 **95**

$\overline{HE}=\overline{DA}=5\,\text{cm}$이므로 $a=5$

∠F$=$∠B$=90°$이므로 $b=90$

∴ $a+b=5+90=95$

13 답 ㄱ

주어진 삼각형에서 나머지 한 각의 크기는

$180°-(70°+50°)=60°$

ㄱ. 나머지 한 각의 크기는

$180°-(60°+70°)=50°$

즉, 주어진 삼각형과 대응하는 한 변의 길이가 같고, 그 양 끝 각의 크기가 각각 같으므로 합동이다. (ASA 합동)

따라서 주어진 삼각형과 합동인 삼각형은 ㄱ이다.

14 답 ①

① $\overline{AB}=\overline{DE}$이면 대응하는 세 변의 길이가 각각 같으므로 SSS 합동이다.

⑤ ∠C$=$∠F이면 대응하는 두 변의 길이가 각각 같고, 그 끼인각의 크기가 같으므로 SAS 합동이다.

따라서 옳은 것은 ①이다.

15 답 ㈎ $\overline{AD}$ ㈏ $\overline{DC}$ ㈐ $\overline{AC}$ ㈑ SSS

16 답 ㈎ $\overline{OC}$ ㈏ $\overline{OD}$ ㈐ ∠O ㈑ SAS

17 답 **110°**

△ABE와 △ACD에서

$\overline{AB}=\overline{AC}$, $\overline{AE}=\overline{AD}$, ∠A는 공통

∴ △ABE≡△ACD (SAS 합동)

따라서 ∠AEB$=$∠ADC$=$∠x이므로 △ABE에서

∠$x=180°-(40°+30°)=110°$

18 답 **△CDE, △EFA, 정삼각형**

△ABC, △CDE, △EFA에서

$\overline{AB}=\overline{CD}=\overline{EF}$,

$\overline{BC}=\overline{DE}=\overline{FA}$,

∠B$=$∠D$=$∠F

∴ △ABC≡△CDE≡△EFA (SAS 합동)

즉, △ABC와 합동인 삼각형은 △CDE, △EFA이다.

따라서 $\overline{AC}=\overline{CE}=\overline{EA}$이므로 △ACE는 정삼각형이다.

19 답 **△DMB, ASA 합동**

△AMC와 △DMB에서

$\overline{MC}=\overline{MB}$, ∠AMC$=$∠DMB (맞꼭지각)

$\overline{AC}$∥$\overline{BD}$이므로 ∠ACM$=$∠DBM (엇각)

∴ △AMC≡△DMB (ASA 합동)

20 답 ③

△AOD와 △COB에서

$\overline{OA}=\overline{OC}$, ∠OAD$=$∠OCB, ∠O는 공통

따라서 △AOD≡△COB (ASA 합동) (⑤)이므로

$\overline{OB}=\overline{OD}$ (①)

$\overline{BC}=\overline{DA}$ (②)

∠OBC$=$∠ODA (④)

따라서 옳지 않은 것은 ③이다.

21 답 **5 cm**

△ABD와 △ACE에서

△ABC와 △ADE가 정삼각형이므로

$\overline{AB}=\overline{AC}$, $\overline{AD}=\overline{AE}$,

∠BAD$=$∠BAC$-$∠DAC

$=60°-$∠DAC

$=$∠CAE

따라서 △ABD≡△ACE (SAS 합동)이므로

$\overline{CE}=\overline{BD}$

$=\overline{BC}-\overline{DC}$

$=7-2$

$=5\,(\text{cm})$

22 답 14 cm

△ABP와 △ACQ에서

△ABC와 △APQ가 정삼각형이므로

$\overline{AB}=\overline{AC}$, $\overline{AP}=\overline{AQ}$,

∠BAP=∠BAC+∠CAP

　　　=60°+∠CAP

　　　=∠CAQ

따라서 △ABP≡△ACQ (SAS 합동)이므로

$\overline{CQ}=\overline{BP}$

　　=$\overline{BC}+\overline{CP}$

　　=6+8

　　=14(cm)

23 답 30°

△ABP와 △CBQ에서

$\overline{AP}=\overline{CQ}$

사각형 ABCD가 정사각형이므로

$\overline{AB}=\overline{CB}$, ∠BAP=∠BCQ=90°

따라서 △ABP≡△CBQ(SAS 합동)이므로

$\overline{BP}=\overline{BQ}$

즉, △BQP는 $\overline{BQ}=\overline{BP}$인 이등변삼각형이므로

∠PBQ=180°−(75°+75°)=30°

24 답 ②

△BCF와 △GCD에서

사각형 ABCG와 사각형 FCDE가 정사각형이므로

$\overline{BC}=\overline{GC}$, $\overline{CF}=\overline{CD}$, ∠BCF=∠GCD=90°

따라서 △BCF≡△GCD(SAS 합동) (⑤)이므로

$\overline{BF}=\overline{GD}$ (①)

∠BFC=∠GDC (③)

이때 ∠FBC=∠DGC이고

$\overline{GC}$∥$\overline{ED}$에서 ∠DGC=∠PDE (엇각)이므로

∠FBC=∠PDE (④)

따라서 옳지 않은 것은 ②이다.

25 답 ②

오른쪽 그림과 같이 $\overline{BG}$를 그으면

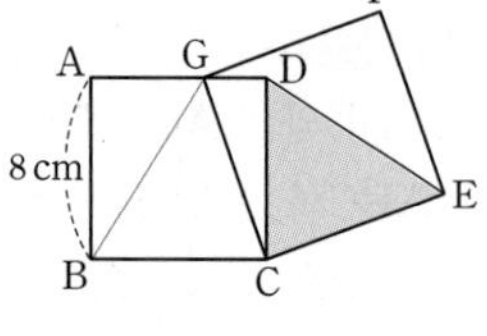

△BCG와 △DCE에서

사각형 ABCD와 사각형 GCEF가

정사각형이므로

$\overline{BC}=\overline{DC}$, $\overline{GC}=\overline{EC}$,

∠BCG=∠BCD−∠GCD

　　　=90°−∠GCD

　　　=∠DCE

∴ △BCG≡△DCE(SAS 합동)

∴ △DCE=△BCG

　　　=$\frac{1}{2}×8×8$

　　　=32(cm²)

---

1 답 ③, ⑤

①, ④ 평면도형이 아닌 입체도형이므로 다각형이 아니다.

② 선분과 곡선으로 둘러싸여 있으므로 다각형이 아니다.

따라서 다각형인 것은 ③, ⑤이다.

2 답 190°

(∠A의 외각의 크기)=180°−100°=80°

(∠B의 외각의 크기)=180°−70°=110°

따라서 두 외각의 크기의 합은

80°+110°=190°

3 답 ④

④ 정팔각형의 변의 개수는 8, 꼭짓점의 개수는 8이다.

4 답 ④

십각형의 한 꼭짓점에서 그을 수 있는 대각선의 개수는

10−3=7　　∴ $a=7$

이때 생기는 삼각형의 개수는

10−2=8　　∴ $b=8$

∴ $a+b=7+8=15$

5 답 ⑦ 십사각형　⑭ 12　⑭ 십일각형　㉒ 8

⑦ 한 꼭짓점에서 그을 수 있는 대각선의 개수가 11인 다각형을 n각형이라 하면

　　$n−3=11$　　∴ $n=14$

　　따라서 십사각형이다.

⑭ 십사각형의 한 꼭짓점에서 대각선을 모두 그었을 때 생기는 삼각형의 개수는

　　14−2=12

⑭ 한 꼭짓점에서 대각선을 모두 그었을 때 생기는 삼각형의 개수가 9인 다각형을 m각형이라 하면

　　$m−2=9$　　∴ $m=11$

　　따라서 십일각형이다.

㉒ 십일각형의 한 꼭짓점에서 그을 수 있는 대각선의 개수는

　　11−3=8

6 답 십일각형

주어진 다각형을 n각형이라 하면

$\frac{n(n-3)}{2}=44$, $n(n-3)=88$

이때 88=11×8이므로 $n=11$

따라서 십일각형이다.

7 답 8, 20

이웃하는 학교 사이에 만드는 자전거 도로의 개수는 팔각형의 변의 개수와 같으므로 8

이웃하지 않는 학교 사이에 만드는 자동차 도로의 개수는 팔각형의 대각선의 개수와 같으므로

$\frac{8×(8-3)}{2}=20$

8 답 ①

삼각형의 세 내각의 크기의 합은 180°이므로

$(x+35)+(x+20)+(3x-5)=180$

$5x=130$ ∴ $x=26$

9 답 48°

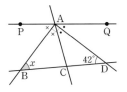

∠PAB=∠CAB, ∠QAD=∠CAD

이고 ∠PAC+∠QAC=180°이므로

∠PAC+∠QAC

$=2\angle CAB+2\angle CAD$

$=2(\angle CAB+\angle CAD)$

$=180°$

∴ ∠BAD=∠CAB+∠CAD=90°

따라서 △ABD에서

$\angle x=180°-(90°+42°)=48°$

10 답 ③

△ABC에서

$4x+20=55+(2x+15)$

$2x=50$ ∴ $x=25$

11 답 139°

△ABC에서

$\angle DBC+\angle DCB=180°-(62°+34°+43°)=41°$

따라서 △DBC에서

$\angle x=180°-(\angle DBC+\angle DCB)$

$=180°-41°=139°$

다른 풀이

오른쪽 그림과 같이 $\overline{AD}$의 연장선을 그으면

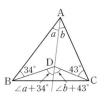

$\angle x=(\angle a+34°)+(\angle b+43°)$

$=(\angle a+\angle b)+77°$

$=62°+77°=139°$

12 답 ③

△DBC에서 $\angle DBC+\angle DCB=180°-130°=50°$이므로

$\angle ABC+\angle ACB=2(\angle DBC+\angle DCB)$

$=2\times50°=100°$

따라서 △ABC에서

$\angle x=180°-(\angle ABC+\angle ACB)$

$=180°-100°=80°$

13 답 34°

∠ABD=∠DBC=∠a, ∠ACD=∠DCE=∠b라 하면

△ABC에서 $2\angle b=68°+2\angle a$

∴ $\angle b=34°+\angle a$ ······ ㉠

△DBC에서 $\angle b=\angle x+\angle a$ ······ ㉡

㉠, ㉡에서 ∠x=34°

14 답 42°

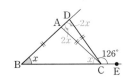

△ABC에서 ∠ACB=∠B=∠x

∴ ∠CAD=∠x+∠x=2∠x

△ACD에서 ∠CDA=∠CAD=2∠x

따라서 △BCD에서

$\angle x+2\angle x=126°$

$3\angle x=126°$ ∴ $\angle x=42°$

15 답 ④

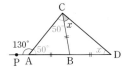

∠CAD=180°-130°=50°이므로

△CAB에서 ∠BCA=∠BAC=50°

△CBD에서 ∠D=∠BCD=∠x

따라서 △ADC에서

$(50°+\angle x)+\angle x=130°$

$2\angle x=80°$ ∴ $\angle x=40°$

16 답 ②

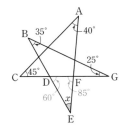

오른쪽 그림의 △ACF에서

∠EFD=40°+45°=85°

△BDG에서 ∠EDF=35°+25°=60°

따라서 △DEF에서

$\angle x=180°-(60°+85°)=35°$

17 답 35

주어진 다각형을 n각형이라 하면

$180°\times(n-2)=1440°$

$n-2=8$ ∴ $n=10$

따라서 십각형의 대각선의 개수는

$\dfrac{10\times(10-3)}{2}=35$

18 답 120

육각형의 내각의 크기의 합은 $180°\times(6-2)=720°$이므로

$(x+22)+103+106+x+95+154=720$

$2x=240$ ∴ $x=120$

19 답 70°

오각형의 외각의 크기의 합은 360°이므로

$60°+(180°-100°)+80°+\angle x+70°=360°$

∴ $\angle x=70°$

20 답 ③

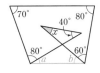

오른쪽 그림과 같이 보조선을 그으면

$\angle a+\angle b=\angle x+40°$

사각형의 내각의 크기의 합은 360°이므로

$70°+80°+\angle a+\angle b+60°+80°=360°$

$290°+\angle x+40°=360°$

∴ $\angle x=30°$

21 답 ②

오른쪽 그림의 △FCG에서

∠HGD=50°+∠C

△GHD에서

∠BHE=(50°+∠C)+∠D

사각형의 내각의 크기의 합은 360°이므로

사각형 ABHE에서

∠A+∠B+(50°+∠C+∠D)+∠E

=360°

∴ ∠A+∠B+∠C+∠D+∠E=310°

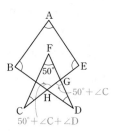

22 답 ④

오른쪽 그림에서 삼각형의 외각의 크기의 합은 360°이므로

∠a+∠b+∠c+∠d+∠e+70°=360°

∴ ∠a+∠b+∠c+∠d+∠e=290°

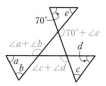

23 답 ①

ㄱ. 주어진 정다각형을 정n각형이라 하면 대각선의 개수가 54이므로

$\dfrac{n(n-3)}{2}=54$, $n(n-3)=108$

이때 $108=12\times9$이므로 $n=12$

따라서 주어진 정다각형은 정십이각형이다.

ㄴ. 정십이각형의 한 내각의 크기는

$\dfrac{180°\times(12-2)}{12}=150°$

ㄷ. 정십이각형의 한 외각의 크기는

$\dfrac{360°}{12}=30°$

따라서 옳지 않은 것은 ㄱ이다.

24 답 72°

정오각형의 한 내각의 크기는

$\dfrac{180°\times(5-2)}{5}=108°$

△ABC는 $\overline{BA}=\overline{BC}$인 이등변삼각형이고 ∠ABC=108°이므로

$∠BCA=\dfrac{1}{2}\times(180°-108°)=36°$

∴ ∠x=∠BCD-∠BCA

　　　=108°-36°=72°

25 답 ①

오른쪽 그림에서 ∠c의 크기는 정육각형의 한 외각의 크기와 정팔각형의 한 외각의 크기의 합이므로

$∠c=\dfrac{360°}{6}+\dfrac{360°}{8}$

　　=60°+45°=105°

삼각형의 세 내각의 크기의 합은 180°이므로

∠a+∠b=180°-∠c

　　　　=180°-105°=75°

1 답 20 cm

원에서 길이가 가장 긴 현은 지름이므로 반지름의 길이가 10 cm인 원에서 가장 긴 현의 길이는

$10\times2=20$(cm)

2 답 ①

ㄷ. 부채꼴은 두 반지름과 호로 이루어진 도형이다.

ㄹ. 원 위의 두 점을 양 끝 점으로 하는 원의 일부분은 호이다.

따라서 옳은 것은 ㄱ, ㄴ이다.

3 답 $x=9$, $y=80$

부채꼴의 호의 길이는 중심각의 크기에 정비례하므로

$6:x=20:30$, $6:x=2:3$

$2x=18$　　∴ $x=9$

$6:24=20:y$, $1:4=20:y$

∴ $y=80$

4 답 ③

선호가 탄 관람차가 A 지점에서 B 지점으로 가는 동안 2칸, B 지점에서 C 지점으로 가는 동안 5칸 이동하므로 대관람차의 중심을 O라 하면

∠AOB : ∠BOC=2 : 5

부채꼴의 호의 길이는 중심각의 크기에 정비례하므로

$12:\widehat{BC}=2:5$

$2\widehat{BC}=60$　　∴ $\widehat{BC}=30$(m)

따라서 B 지점에서 C 지점으로 가는 동안 이동한 거리는 30 m이다.

5 답 ⑤

① 부채꼴의 호의 길이는 중심각의 크기에 정비례하므로

$3:9=x:105$, $1:3=x:105$

$3x=105$　　∴ $x=35$

② 부채꼴의 호의 길이는 중심각의 크기에 정비례하므로

$x:30=60:120$, $x:30=1:2$

$2x=30$　　∴ $x=15$

③ 부채꼴의 넓이는 중심각의 크기에 정비례하므로

$10:3=100:x$, $10x=300$　　∴ $x=30$

④ 부채꼴의 넓이는 중심각의 크기에 정비례하므로

$4:x=30:90$, $4:x=1:3$　　∴ $x=12$

⑤ 크기가 같은 중심각에 대한 현의 길이는 같으므로

$x=7$

따라서 x의 값이 가장 작은 것은 ⑤이다.

6 답 150°

∠AOB : ∠BOC : ∠COA=$\widehat{AB}$: $\widehat{BC}$: $\widehat{CA}$

　　　　　　　　　　　　　=5 : 4 : 3

∴ $∠AOB=360°\times\dfrac{5}{5+4+3}=360°\times\dfrac{5}{12}=150°$

7 답 ④

$\overline{AB}\parallel\overline{CD}$이므로

$\angle OCD=\angle AOC=40°$ (엇각)

$\triangle OCD$에서 $\overline{OC}=\overline{OD}$이므로

$\angle ODC=\angle OCD=40°$

$\therefore \angle COD=180°-(40°+40°)=100°$

따라서 $\overarc{AC}:\overarc{CD}=\angle AOC:\angle COD$에서

$4:\overarc{CD}=40:100$, $4:\overarc{CD}=2:5$

$2\overarc{CD}=20$ $\therefore \overarc{CD}=10(cm)$

8 답 8 cm

$\overline{AD}\parallel\overline{OC}$이므로

$\angle OAD=\angle BOC=30°$ (동위각)

오른쪽 그림과 같이 $\overline{OD}$를 그으면

$\triangle ODA$에서 $\overline{OA}=\overline{OD}$이므로

$\angle ODA=\angle OAD=30°$

$\therefore \angle AOD=180°-(30°+30°)=120°$

따라서 $\overarc{AD}:\overarc{BC}=\angle AOD:\angle BOC$에서

$\overarc{AD}:2=120:30$, $\overarc{AD}:2=4:1$

$\therefore \overarc{AD}=8(cm)$

9 답 6 cm

$\triangle COP$에서 $\overline{CO}=\overline{CP}$이므로 $\angle COP=\angle P=25°$

$\therefore \angle OCD=\angle P+\angle COP=25°+25°=50°$

$\triangle OCD$에서 $\overline{OC}=\overline{OD}$이므로 $\angle ODC=\angle OCD=50°$

$\triangle OPD$에서

$\angle BOD=\angle P+\angle ODP=25°+50°=75°$

따라서 $\overarc{AC}:\overarc{BD}=\angle AOC:\angle BOD$에서

$\overarc{AC}:18=25:75$, $\overarc{AC}:18=1:3$

$3\overarc{AC}=18$ $\therefore \overarc{AC}=6(cm)$

10 답 12 cm²

부채꼴 COD의 넓이를 S cm²라 하면 부채꼴의 넓이는 중심각의 크기에 정비례하므로

$30:S=150:60$, $30:S=5:2$

$5S=60$ $\therefore S=12$

따라서 부채꼴 COD의 넓이는 12 cm²이다.

11 답 104°

$\overline{AB}=\overline{CD}=\overline{DE}$이므로

$\angle AOB=\angle COD=\angle DOE=52°$

$\therefore \angle COE=52°+52°=104°$

12 답 ②

ㄱ. 크기가 같은 중심각에 대한 현의 길이는 같으므로

$\overline{AB}=\overline{CD}=\overline{DE}$

ㄴ. 현의 길이는 중심각의 크기에 정비례하지 않으므로

$\overline{AB}\neq\dfrac{1}{2}\overline{CE}$

이때 $\overline{AB}>\dfrac{1}{2}\overline{CE}$이다.

ㄷ. 부채꼴의 호의 길이는 중심각의 크기에 정비례하므로

$\overarc{AB}=\dfrac{1}{2}\overarc{CE}$

ㄹ. $2\times(\triangle AOB$의 넓이$)=(\triangle AOB$의 넓이$)+(\triangle AOB$의 넓이$)$

$=(\triangle COD$의 넓이$)+(\triangle DOE$의 넓이$)$

$>(\triangle COE$의 넓이$)$

$\therefore (\triangle COE$의 넓이$)<2\times(\triangle AOB$의 넓이$)$

따라서 옳은 것은 ㄱ, ㄷ이다.

13 답 ②, ④

① 현의 길이는 중심각의 크기에 정비례하지 않으므로

$\overline{AB}\neq 6\overline{BC}$

이때 $\overline{AB}<6\overline{BC}$이다.

② $\overarc{AC}:\overarc{BC}=\angle AOC:\angle BOC=75:15=5:1$이므로

$\overarc{AC}=5\overarc{BC}$

③ $\overarc{AB}:\overarc{BC}=\angle AOB:\angle BOC=90:15=6:1$이므로

$\overarc{AB}=6\overarc{BC}$ $\therefore \overarc{BC}=\dfrac{1}{6}\overarc{AB}$

④ $\overarc{AB}:\overarc{AC}=\angle AOB:\angle AOC=90:75=6:5$이므로

$5\overarc{AB}=6\overarc{AC}$

⑤ 삼각형의 넓이는 중심각의 크기에 정비례하지 않으므로

$(\triangle AOB$의 넓이$)\neq 6\times(\triangle BOC$의 넓이$)$

이때 $(\triangle AOB$의 넓이$)<6\times(\triangle BOC$의 넓이$)$이다.

따라서 옳은 것은 ②, ④이다.

14 답 ①

(색칠한 부분의 둘레의 길이)

$=2\pi\times 8\times\dfrac{1}{2}+2\pi\times 5\times\dfrac{1}{2}+(8-5)\times 2$

$=8\pi+5\pi+6=13\pi+6(cm)$

15 답 32π cm, 32π cm²

오른쪽 그림에서

(색칠한 부분의 둘레의 길이)

$=($원 O의 둘레의 길이$)$

$+(\overarc{AC}+\overarc{BD})+(\overarc{AB}+\overarc{CD})$

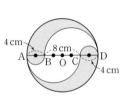

$=2\pi\times 8+2\pi\times 6+2\pi\times 2$

$=16\pi+12\pi+4\pi=32\pi(cm)$

(색칠한 부분의 넓이)

$=($원 O의 넓이$)-($지름이 $\overline{AC}$인 원의 넓이$)$

$+($지름이 $\overline{AB}$인 원의 넓이$)$

$=\pi\times 8^2-\pi\times 6^2+\pi\times 2^2$

$=64\pi-36\pi+4\pi=32\pi(cm^2)$

16 답 6π cm, 24π cm²

(부채꼴의 호의 길이)$=2\pi\times 8\times\dfrac{135}{360}=6\pi(cm)$

(부채꼴의 넓이)$=\pi\times 8^2\times\dfrac{135}{360}=24\pi(cm^2)$

17 답 5π cm²

(부채꼴의 넓이)$=\dfrac{1}{2}\times 5\times 2\pi=5\pi(cm^2)$

18 답 ②

(색칠한 부분의 둘레의 길이)

$$=2\pi \times 9 \times \frac{60}{360}+2\pi \times 6 \times \frac{60}{360}+(9-6)\times 2$$
$$=3\pi+2\pi+6=5\pi+6\,(\text{cm})$$

19 답 ④

구하는 넓이는 오른쪽 그림의 색칠한 부분의
넓이의 2배와 같으므로

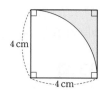

$$\left(4\times 4-\pi \times 4^2 \times \frac{90}{360}\right)\times 2=(16-4\pi)\times 2$$
$$=32-8\pi\,(\text{cm}^2)$$

20 답 $50\,\text{cm}^2$

오른쪽 그림과 같이 이동시키면 구하는 넓이는 두
변의 길이가 10 cm인 직각이등변삼각형의 넓이와
같으므로

$$\frac{1}{2}\times 10 \times 10=50\,(\text{cm}^2)$$

21 답 $\frac{3}{2}\pi\,\text{cm}$

색칠한 두 부분의 넓이가 같으므로 직사각형 ABCD의 넓이와 부채
꼴 ABE의 넓이가 같다.

따라서 $6\times \overline{\text{AD}}=\pi \times 6^2 \times \frac{90}{360}$이므로

$6\overline{\text{AD}}=9\pi$ ∴ $\overline{\text{AD}}=\frac{3}{2}\pi\,(\text{cm})$

22 답 ③

(색칠한 부분의 넓이)

$=$(부채꼴 B′AB의 넓이)$+$(지름이 $\overline{\text{AB′}}$인 반원의 넓이)
　$-$(지름이 $\overline{\text{AB}}$인 반원의 넓이) ← 두 넓이가 같다.

$=$(부채꼴 B′AB의 넓이)

$$=\pi \times 12^2 \times \frac{45}{360}=18\pi\,(\text{cm}^2)$$

23 답 $(10\pi+30)\,\text{cm}$

오른쪽 그림에서 끈의 최소 길이는

$$\left(2\pi \times 5 \times \frac{120}{360}\right)\times 3+10\times 3$$
$$=10\pi+30\,(\text{cm})$$

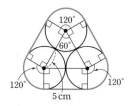

24 답 ⑤

원이 지나간 자리는 오른쪽 그림과 같고 부
채꼴을 모두 합하면 하나의 원이 되므로

㉠$+$㉡$+$㉢$=\pi \times 6^2=36\pi\,(\text{cm}^2)$

따라서 원이 지나간 자리의 넓이는

$36\pi+(20\times 6)\times 3=36\pi+360\,(\text{cm}^2)$

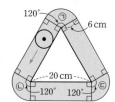

25 답 $\frac{8}{3}\pi\,\text{cm}$

오른쪽 그림에서 점 A가 움직인 거리
는 중심각의 크기가 120°이고 반지름의
길이가 4 cm인 부채꼴의 호의 길이와
같으므로

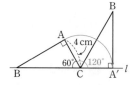

$$2\pi \times 4 \times \frac{120}{360}=\frac{8}{3}\pi\,(\text{cm})$$

---

06 / 다면체와 회전체

1 답 ③, ⑤

① 평면도형이므로 다면체가 아니다.

②, ④ 원 또는 곡면으로 둘러싸여 있으므로 다면체가 아니다.

따라서 다각형인 면으로만 둘러싸인 입체도형, 즉 다면체인 것은 ③,
⑤이다.

2 답 ③

면의 개수를 각각 구하면

① 8　　　　② $7+1=8$　　　③ $7+2=9$

④ $6+2=8$　　　⑤ $6+2=8$

따라서 면의 개수가 나머지 넷과 다른 하나는 ③이다.

3 답 36

육각기둥의 꼭짓점의 개수는 $6\times 2=12$이므로 $a=12$

칠각뿔의 모서리의 개수는 $7\times 2=14$이므로 $b=14$

팔각뿔대의 면의 개수는 $c=8+2=10$이므로 $c=10$

∴ $a+b+c=12+14+10=36$

4 답 14

주어진 각뿔대를 n각뿔대라 하면 모서리의 개수는 $3n$, 면의 개수는
$n+2$이므로

$3n+(n+2)=30$

$4n=28$　　∴ $n=7$

따라서 주어진 각뿔대는 칠각뿔대이므로 꼭짓점의 개수는

$7\times 2=14$

5 답 ②, ⑤

① 오각뿔 – 삼각형

③ 칠각뿔 – 삼각형

④ 오각뿔대 – 사다리꼴

따라서 다면체와 그 옆면의 모양을 바르게 짝 지은 것은 ②, ⑤이다.

6 답 ③, ④

③ ㈐는 사각뿔대이므로 두 밑면이 평행하지만 합동은 아니다.

④ ㈐는 사각뿔대이므로 사각뿔을 밑면에 평행한 평면으로 잘라서 생
　긴 입체도형이다.

⑤ ㈎, ㈐의 꼭짓점의 개수는 8로 같다.

따라서 옳지 않은 것은 ③, ④이다.

7 답 오각뿔대

㈏, ㈐에서 구하는 다면체는 각뿔대이다.

구하는 다면체를 n각뿔대라 하면 ㈎에서 면의 개수가 7이므로

$n+2=7$　　∴ $n=5$

따라서 구하는 다면체는 오각뿔대이다.

8 답 ③

정다면체는 정사면체, 정육면체, 정팔면체, 정십이면체, 정이십면체의
5가지뿐이다.

따라서 정다면체가 아닌 것은 ③이다.

9 답 정이십면체

㈎를 만족시키는 정다면체는 정사면체, 정팔면체, 정이십면체이고, 이 중 ㈏를 만족시키는 정다면체는 정이십면체이다.

10 답 ㄱ, ㄷ

ㄴ. 정다면체의 면의 모양은 정삼각형, 정사각형, 정오각형의 3가지이다.

ㄷ. 정삼각형인 면으로 이루어진 정다면체는 정사면체, 정팔면체, 정이십면체의 3가지이다.

ㄹ. 정육각형인 면으로 이루어진 정다면체는 없다.

ㅁ. 한 꼭짓점에 모인 면의 개수가 가장 많은 정다면체는 그 개수가 5인 정이십면체이다.

따라서 옳은 것은 ㄱ, ㄷ이다.

11 답 ⑤

정사면체의 꼭짓점의 개수는 4이므로 $a=4$
정십이면체의 모서리의 개수는 30이므로 $b=30$
∴ $a+b=4+30=34$

12 답 8

정이십면체의 각 모서리를 삼등분한 점을 이어서 잘라 내면 원래의 정삼각형 모양의 면은 정육각형이 되고, 잘라 낸 꼭짓점이 있는 부분은 정오각형이 된다.

정육각형 모양인 면의 개수는 정이십면체의 면의 개수와 같으므로
$a=20$

정오각형 모양인 면의 개수는 정이십면체의 꼭짓점의 개수와 같으므로
$b=12$
∴ $a-b=20-12=8$

13 답 $\overline{\text{DF}}$

주어진 전개도로 만든 정사면체는 오른쪽 그림과 같으므로 $\overline{\text{AC}}$와 꼬인 위치에 있는 모서리는 $\overline{\text{DF}}$이다.

14 답 20

주어진 전개도로 만든 정다면체는 정십이면체이므로 정십이면체의 꼭짓점의 개수는 20이다.

15 답 정육면체

정팔면체의 면의 개수는 8이므로 각 면의 한가운데 점을 꼭짓점으로 하여 만든 다면체는 꼭짓점의 개수가 8인 정다면체, 즉 정육면체이다.

16 답 ③

따라서 정사면체를 한 평면으로 자를 때 생기는 단면의 모양이 될 수 없는 것은 ③이다.

17 답 ①

주어진 전개도로 만든 정육면체는 오른쪽 그림과 같다.
이때 $\overline{\text{AB}}=\overline{\text{BC}}=\overline{\text{CA}}$이므로 $\triangle\text{ABC}$는 정삼각형이다.

18 답 ③

ㄱ, ㄷ, ㄹ, ㅁ. 다면체
따라서 회전체는 ㄴ, ㅂ이다.

19 답 ③

주어진 평면도형을 직선 l을 회전축으로 하여 1회전시킬 때 생기는 입체도형은 오른쪽 그림과 같다.

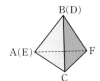

20 답 ⑤

⑤
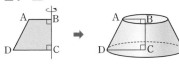

21 답 $\overline{\text{BC}}$

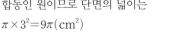

따라서 회전축이 될 수 있는 변은 $\overline{\text{BC}}$이다.

22 답 ④

23 답 $9\pi\,\text{cm}^2$

회전체는 오른쪽 그림과 같은 원기둥이고, 회전축에 수직인 평면으로 자를 때 생기는 단면은 항상 합동인 원이므로 단면의 넓이는
$\pi\times3^2=9\pi(\text{cm}^2)$

24 답 $a=2,\ b=4,\ c=6\pi$

$c=2\pi\times3=6\pi$

25 답 ⑤

① 회전체는 원뿔대이다.
② 회전체의 높이는 4 cm이다.
③ 회전축에 수직인 평면으로 자른 단면은 모두 원이지만 그 크기는 다르므로 합동인 것은 아니다.
④ 회전축을 포함하는 평면으로 자른 단면은 사다리꼴이다.
⑤ 회전축을 포함하는 평면으로 자른 단면의 넓이는
$\left\{\dfrac{1}{2}\times(2+5)\times4\right\}\times2=28(\text{cm}^2)$

따라서 옳은 것은 ⑤이다.

07 / 입체도형의 겉넓이와 부피 26~29쪽

1 답 $72\pi\,\mathrm{cm}^2$

$(\pi\times 4^2)\times 2+2\pi\times 4\times 5=32\pi+40\pi$
$\qquad\qquad\qquad\qquad\qquad\quad =72\pi(\mathrm{cm}^2)$

2 답 $280\,\mathrm{cm}^2,\ 240\,\mathrm{cm}^3$

$(겉넓이)=\left(\dfrac{1}{2}\times 8\times 15\right)\times 2+(8+15+17)\times 4$
$\qquad\quad =120+160$
$\qquad\quad =280(\mathrm{cm}^2)$
$(부피)=\left(\dfrac{1}{2}\times 8\times 15\right)\times 4=240(\mathrm{cm}^3)$

3 답 ③

원기둥의 높이를 $h\,\mathrm{cm}$라 하면
$(\pi\times 3^2)\times 2+2\pi\times 3\times h=78\pi$
$18\pi+6\pi h=78\pi,\ 6\pi h=60\pi\qquad\therefore h=10$
따라서 원기둥의 높이는 $10\,\mathrm{cm}$이므로 원기둥의 부피는
$(\pi\times 3^2)\times 10=90\pi(\mathrm{cm}^3)$

4 답 $(32\pi+30)\,\mathrm{cm}^2,\ 30\pi\,\mathrm{cm}^3$

$(밑넓이)=\pi\times 3^2\times\dfrac{240}{360}=6\pi(\mathrm{cm}^2)$
$(옆넓이)=\left(2\pi\times 3\times\dfrac{240}{360}+3\times 2\right)\times 5$
$\qquad\quad =20\pi+30(\mathrm{cm}^2)$
$\therefore (겉넓이)=6\pi\times 2+20\pi+30=32\pi+30(\mathrm{cm}^2)$,
$\quad (부피)=6\pi\times 5=30\pi(\mathrm{cm}^3)$

5 답 $224\pi\,\mathrm{cm}^2,\ 320\pi\,\mathrm{cm}^3$

$(밑넓이)=\pi\times 6^2-\pi\times 2^2$
$\qquad\quad =36\pi-4\pi$
$\qquad\quad =32\pi(\mathrm{cm}^2)$
$(옆넓이)=2\pi\times 6\times 10+2\pi\times 2\times 10$
$\qquad\quad =120\pi+40\pi$
$\qquad\quad =160\pi(\mathrm{cm}^2)$
$\therefore (겉넓이)=32\pi\times 2+160\pi=224\pi(\mathrm{cm}^2)$
$(부피)=(큰\ 원기둥의\ 부피)-(작은\ 원기둥의\ 부피)$
$\qquad\quad =(\pi\times 6^2)\times 10-(\pi\times 2^2)\times 10$
$\qquad\quad =360\pi-40\pi$
$\qquad\quad =320\pi(\mathrm{cm}^3)$

다른 풀이
$(부피)=(밑넓이)\times(높이)$
$\qquad\quad =32\pi\times 10=320\pi(\mathrm{cm}^3)$

6 답 ④

$(밑넓이)=7\times(5+3)+2\times 3$
$\qquad\quad =56+6$
$\qquad\quad =62(\mathrm{cm}^2)$

$(옆넓이)=(7+5+2+3+9+8)\times 10$
$\qquad\quad =34\times 10$
$\qquad\quad =340(\mathrm{cm}^2)$
따라서 $(겉넓이)=62\times 2+340=464(\mathrm{cm}^2)$이므로 $a=464$
$(부피)=62\times 10=620(\mathrm{cm}^3)$이므로 $b=620$
$\therefore b-a=620-464=156$

7 답 ①

주어진 직사각형을 직선 l을 회전축으로 하여 $120°$
만큼 회전시킬 때 생기는 입체도형은 오른쪽 그림
과 같으므로 입체도형의 부피는
$\left(\pi\times 3^2\times\dfrac{120}{360}\right)\times 6=18\pi(\mathrm{cm}^3)$

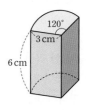

8 답 ③

$\left(\dfrac{1}{2}\times 6\times 7\right)\times 5=105(\mathrm{cm}^2)$

9 답 $90\pi\,\mathrm{cm}^2$

$\pi\times 5^2+\pi\times 5\times 13=25\pi+65\pi$
$\qquad\qquad\qquad\qquad\quad =90\pi(\mathrm{cm}^2)$

10 답 $12\,\mathrm{cm}$

원뿔의 모선의 길이를 $l\,\mathrm{cm}$라 하면
$\pi\times 4^2+\pi\times 4\times l=64\pi$
$16\pi+4\pi l=64\pi,\ 4\pi l=48\qquad\therefore l=12$
따라서 원뿔의 모선의 길이는 $12\,\mathrm{cm}$이다.

11 답 ②

$(두\ 밑면의\ 넓이의\ 합)=\pi\times 3^2+\pi\times 6^2$
$\qquad\qquad\qquad\qquad =9\pi+36\pi=45\pi(\mathrm{cm}^2)$
$(옆넓이)=\pi\times 6\times 10-\pi\times 3\times 5$
$\qquad\quad =60\pi-15\pi=45\pi(\mathrm{cm}^2)$
$\therefore (겉넓이)=45\pi+45\pi=90\pi(\mathrm{cm}^2)$

12 답 $50\,\mathrm{cm}^3$

$\dfrac{1}{3}\times(5\times 5)\times 6=50(\mathrm{cm}^3)$

13 답 ①

$\dfrac{1}{3}\times(\pi\times 5^2)\times 9=75\pi(\mathrm{cm}^3)$

14 답 ⑤

$(부피)=(큰\ 원뿔의\ 부피)-(작은\ 원뿔의\ 부피)$
$\qquad\quad =\dfrac{1}{3}\times(\pi\times 6^2)\times 16-\dfrac{1}{3}\times(\pi\times 3^2)\times 8$
$\qquad\quad =192\pi-24\pi=168\pi(\mathrm{cm}^3)$

15 답 $\dfrac{9}{2}\,\mathrm{cm}^3$

$\triangle$BCD를 밑면으로 생각하면 높이는 $\overline{\mathrm{CG}}$의 길이이므로 삼각뿔
C$-$BGD의 부피는
$\dfrac{1}{3}\times\left(\dfrac{1}{2}\times 3\times 3\right)\times 3=\dfrac{9}{2}(\mathrm{cm}^3)$

16 답 $100\ \mathrm{cm}^3$

$\dfrac{1}{3}\times\left(\dfrac{1}{2}\times10\times12\right)\times5=100(\mathrm{cm}^3)$

17 답 81분

원뿔 모양의 그릇의 부피는

$\dfrac{1}{3}\times(\pi\times9^2)\times12=324\pi(\mathrm{cm}^3)$

1분에 $4\pi\ \mathrm{cm}^3$씩 물을 넣으므로 빈 그릇을 가득 채우려면

$324\pi\div4\pi=81(분)$ 동안 물을 넣어야 한다.

18 답 $300°$

원뿔의 모선의 길이를 $l\ \mathrm{cm}$라 하면

$\pi\times10^2+\pi\times10\times l=220\pi$

$100\pi+10\pi l=220\pi,\ 10\pi l=120\pi$ ∴ $l=12$

즉, 원뿔의 모선의 길이는 12 cm이다.

주어진 원뿔의 전개도는 오른쪽 그림과 같으므로 부채꼴의 중심각의 크기를 $x°$라 하면

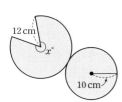

$2\pi\times12\times\dfrac{x}{360}=2\pi\times10$

∴ $x=300$

따라서 부채꼴의 중심각의 크기는 $300°$이다.

19 답 ④

주어진 평면도형을 직선 l을 회전축으로 하여 1회전 시킬 때 생기는 회전체는 오른쪽 그림과 같으므로

(부피)

=(원뿔대의 부피)−(원기둥의 부피)

$=\left\{\dfrac{1}{3}\times(\pi\times4^2)\times8-\dfrac{1}{3}\times(\pi\times1^2)\times2\right\}$

$\quad-(\pi\times1^2)\times6$

$=42\pi-6\pi$

$=36\pi(\mathrm{cm}^3)$

20 답 ③

(겉넓이)=(구의 겉넓이)$\times\dfrac{1}{2}$+(원의 넓이)

$\qquad=(4\pi\times8^2)\times\dfrac{1}{2}+\pi\times8^2$

$\qquad=128\pi+64\pi$

$\qquad=192\pi(\mathrm{cm}^2)$

21 답 12 cm

구의 부피는

$\dfrac{4}{3}\pi\times6^3=288\pi(\mathrm{cm}^3)$

원뿔의 높이를 $h\ \mathrm{cm}$라 하면 원뿔의 부피는

$\dfrac{1}{3}\times(\pi\times4^2)\times h=\dfrac{16}{3}\pi h(\mathrm{cm}^3)$

이때 구의 부피가 원뿔의 부피의 $\dfrac{9}{2}$배이므로

$288\pi=\dfrac{9}{2}\times\dfrac{16}{3}\pi h$ ∴ $h=12$

따라서 원뿔의 높이는 12 cm이다.

22 답 $\dfrac{48}{7}\ \mathrm{cm}$

(그릇 A의 부피)$=\dfrac{4}{3}\pi\times3^3=36\pi(\mathrm{cm}^3)$

그릇 B의 높이를 $2h\ \mathrm{cm}$라 하면

(그릇 B에 담긴 물의 부피)$=\dfrac{1}{3}\times(\pi\times3^2)\times h$

$\qquad\qquad\qquad\qquad\qquad=3\pi h(\mathrm{cm}^3)$

(그릇 B의 부피)$=\dfrac{1}{3}\times(\pi\times6^2)\times2h$

$\qquad\qquad\qquad=24\pi h(\mathrm{cm}^3)$

그릇 A에 물을 가득 채워 그릇 B에 2번 부으면 그릇 B가 가득 차므로

$36\pi\times2+3\pi h=24\pi h$

$72\pi=21\pi h$ ∴ $h=\dfrac{24}{7}$

따라서 그릇 B의 높이는

$2h=2\times\dfrac{24}{7}=\dfrac{48}{7}(\mathrm{cm})$

23 답 ④

주어진 평면도형을 직선 l을 회전축으로 하여 1회전 시킬 때 생기는 회전체는 오른쪽 그림과 같으므로

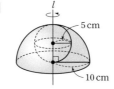

(부피)=(반구의 부피)−(구의 부피)

$=\left(\dfrac{4}{3}\pi\times10^3\right)\times\dfrac{1}{2}-\dfrac{4}{3}\pi\times5^3$

$=\dfrac{2000}{3}\pi-\dfrac{500}{3}\pi$

$=500\pi(\mathrm{cm}^3)$

24 답 $\left(512-\dfrac{256}{3}\pi\right)\mathrm{cm}^3$

필요한 모래의 양은 상자의 부피에서 유리공 8개의 부피의 합을 뺀 것과 같다.

상자의 부피는

$8\times8\times8=512(\mathrm{cm}^3)$

유리공 한 개의 부피는

$\dfrac{4}{3}\pi\times2^3=\dfrac{32}{3}\pi(\mathrm{cm}^3)$

따라서 필요한 모래의 양은

$512-\dfrac{32}{3}\pi\times8=512-\dfrac{256}{3}\pi(\mathrm{cm}^3)$

25 답 π

구의 부피는

$\dfrac{4}{3}\pi\times3^3=36\pi(\mathrm{cm}^3)$

∴ $V_1=36\pi$

정팔면체의 부피는 밑면인 정사각형의 대각선의 길이가 6 cm이고 높이가 3 cm인 사각뿔의 부피의 2배와 같으므로

$\left\{\dfrac{1}{3}\times\left(\dfrac{1}{2}\times6\times6\right)\times3\right\}\times2=36(\mathrm{cm}^3)$

∴ $V_2=36$

∴ $\dfrac{V_1}{V_2}=\dfrac{36\pi}{36}=\pi$

08 / 자료의 정리와 해석

30~33쪽

1 답 **4시간**

$(\text{평균})=\dfrac{4.5+3.6+4+4.4+3+5.2+3.3}{7}$

$\qquad\quad=\dfrac{28}{7}=4(\text{시간})$

2 답 **7회**

변량을 작은 값부터 크기순으로 나열하면

4, 4, 5, 7, ⑦, 7, 8, 10, 11

이므로 중앙값은 7회이다.

3 답 **4**

4가 세 번으로 가장 많이 나타나므로 최빈값은 4이다.

4 답 **중앙값, 주어진 자료에 1000만 원과 같이 매우 큰 값이 있다.**

1000만 원이 다른 변량에 비해 매우 큰 값이므로 평균과 중앙값 중에서 중심 경향을 더 잘 나타내는 것은 중앙값이다.

5 답 **14**

평균이 11개이므로

$\dfrac{14+2+8+12+x+16}{6}=11$

$52+x=66 \qquad \therefore x=14$

6 답 **①, ④**

① 잎이 가장 적은 줄기는 잎이 1개인 0이다.

② 줄기가 1인 잎은 0, 1, 5, 6, 8의 5개이다.

③ 조사한 전체 사람은 $1+5+6+4=16$(명)

④ 나이가 24세 미만인 사람은 $1+5+2=8$(명)

⑤ 나이가 가장 적은 사람의 나이는 9세, 나이가 가장 많은 사람의 나이는 37세이므로 그 합은

$\quad 9+37=46$(세)

따라서 옳은 것은 ①, ④이다.

7 답 **③**

$A=3$, $B=11$, $C=30$

② $A+B+C=3+11+30=44$

③ 도수가 가장 큰 계급은 15 m 이상 20 m 미만이므로 도수는 11명이다.

④ 기록이 10 m 미만인 학생은 $3+3=6$(명)

⑤ 기록이 20 m 이상인 학생은 $4+2=6$(명), 15 m 이상인 학생은 $11+4+2=17$(명)이므로 기록이 좋은 쪽에서 7번째인 학생이 속하는 계급은 15 m 이상 20 m 미만이다.

따라서 옳지 않은 것은 ③이다.

8 답 **②**

구입한 책이 7권 이상 9권 미만인 학생은 전체의 10 %이므로

$60\times\dfrac{10}{100}=6$(명)

이때 구입한 책이 5권 이상 7권 미만인 학생은

$60-(11+10+6+7+11)=15$(명)

따라서 구입한 책이 5권 이상 7권 미만인 학생은 전체의

$\dfrac{15}{60}\times100=25(\%)$이다.

9 답 **ㄴ, ㄷ**

ㄱ. 계급의 크기는 $4-2=2$(개)

ㄴ. 전체 학생은 $2+6+10+9+4+1=32$(명)

ㄷ. 가지고 있는 필기구가 12개 이상인 학생은 1명, 10개 이상인 학생은 $4+1=5$(명)이므로 필기구 개수가 많은 쪽에서 5번째인 학생이 속하는 계급은 10개 이상 12개 미만이고, 이 계급의 도수는 4명이다.

ㄹ. 가지고 있는 필기구가 6개 미만인 학생은 $2+6=8$(명)이므로 전체의 $\dfrac{8}{32}\times100=25(\%)$이다.

따라서 옳은 것은 ㄴ, ㄷ이다.

10 답 **250**

(모든 직사각형의 넓이의 합)$=$(계급의 크기)$\times$(도수의 총합)

$\qquad\qquad\qquad\qquad=10\times(3+5+9+6+2)$

$\qquad\qquad\qquad\qquad=10\times25=250$

11 답 **③, ⑤**

① 계급의 크기는 $10-6=4$(Brix)

② 조사한 전체 귤은 $6+14+10+7+3=40$(개)

③ 당도가 14 Brix 이상 18 Brix 미만인 귤은 10개이므로 등급이 중상인 귤은 전체의 $\dfrac{10}{40}\times100=25(\%)$이다.

④ 당도가 가장 낮은 귤의 정확한 당도는 알 수 없다.

⑤ 등급이 최상인 귤은 3개, 상인 귤은 7개, 중상인 귤은 10개, 중인 귤은 14개, 하인 귤은 6개이므로 등급이 최상인 귤의 개수가 가장 적다.

따라서 옳은 것은 ③, ⑤이다.

12 답 **1200**

(도수분포다각형과 가로축으로 둘러싸인 부분의 넓이)

$=$(계급의 크기)$\times$(도수의 총합)

$=30\times(2+5+7+13+6+4+3)$

$=30\times40=1200$

13 답 **35 %**

자란 키가 6 cm 이상 8 cm 미만인 학생은

$40-(6+8+7+4+1)=14$(명)

따라서 전체의 $\dfrac{14}{40}\times100=35(\%)$이다.

92 정답과 해설

14 답 12

미술 수행평가 점수가 7점 이상 8점 미만인 학생은 전체의 25 %이므로

$$40 \times \frac{25}{100} = 10(명)$$

따라서 미술 수행평가 점수가 6점 이상 7점 미만인 학생 수는

$$40 - (4 + 10 + 10 + 3 + 1) = 12$$

15 답 ㄷ

ㄱ. 영어 성적이 70점 이상 80점 미만인 학생은 A반이 5명, B반이 4명이므로 A반이 B반보다 1명 더 많다.

ㄴ. A반과 B반 모두 영어 성적이 가장 높은 학생이 속하는 계급이 90점 이상 100점 미만이므로 영어 성적이 가장 높은 학생이 어느 반 학생인지는 알 수 없다.

ㄷ. B반에 대한 그래프가 A반에 대한 그래프보다 전체적으로 오른쪽으로 치우쳐 있으므로 B반이 A반보다 영어 성적이 상대적으로 높은 편이다.

따라서 옳은 것은 ㄷ이다.

16 답 0.25

도수의 총합은 $1 + 4 + 8 + 12 + 9 + 2 = 36(명)$

연습 시간이 8시간인 학생이 속하는 계급은 8시간 이상 9시간 미만이고, 이 계급의 도수는 9명이므로 구하는 상대도수는

$$\frac{9}{36} = 0.25$$

17 답 ④

도수의 총합은 $5 + 5 + 15 + 20 + 5 = 50(명)$

도수가 가장 큰 계급은 45분 이상 50분 미만이고, 이 계급의 도수는 20명이므로 구하는 상대도수는

$$\frac{20}{50} = 0.4$$

18 답 7

(계급의 도수) = (도수의 총합) × (계급의 상대도수)

$$= 20 \times 0.35 = 7$$

19 답 (1) $A = 8$, $B = 10$, $C = 0.15$, $D = 40$, $E = 1$ (2) 40 %

(1) $D = \dfrac{2}{0.05} = 40$이므로

$A = 40 \times 0.2 = 8$

$B = 40 \times 0.25 = 10$

$C = \dfrac{6}{40} = 0.15$

상대도수의 총합은 1이므로 $E = 1$

(2) 15시간 이상 25시간 미만인 계급의 상대도수의 합은

$0.25 + 0.15 = 0.4$

따라서 TV 시청 시간이 15시간 이상 25시간 미만인 학생은 전체의 $0.4 \times 100 = 40(\%)$이다.

다른 풀이

(1) 상대도수의 총합은 1이므로 $E = 1$

∴ $C = 1 - (0.05 + 0.2 + 0.35 + 0.25) = 0.15$

20 답 0.12

도수의 총합은 $\dfrac{1}{0.04} = 25(명)$이므로 14시간 이상 15시간 미만인 계급의 상대도수는

$$\frac{3}{25} = 0.12$$

다른 풀이

구하는 상대도수를 x라 하면 각 계급의 상대도수는 그 계급의 도수에 정비례하므로

$0.04 : x = 1 : 3$

∴ $x = 0.12$

21 답 남학생

10회 이상 20회 미만인 계급의 상대도수는

남학생: $\dfrac{6}{30} = 0.2$

여학생: $\dfrac{6}{40} = 0.15$

따라서 줄넘기 횟수가 10회 이상 20회 미만인 학생의 비율은 남학생이 더 높다.

22 답 15 : 8

A, B 두 집단의 도수의 총합을 각각 $2a$, $3a$, 어떤 계급의 도수를 각각 $5b$, $4b$라 하면 이 계급의 상대도수의 비는

$$\frac{5b}{2a} : \frac{4b}{3a} = \frac{5}{2} : \frac{4}{3} = 15 : 8$$

23 답 9명

20세 이상 30세 미만인 계급의 상대도수가 0.25이고, 이 계급의 도수가 15명이므로 도수의 총합은

$$\frac{15}{0.25} = 60(명)$$

나이가 50세 이상인 회원은

$60 \times 0.1 = 6(명)$

나이가 40세 이상 50세 미만인 회원은

$60 \times 0.15 = 9(명)$

따라서 나이가 많은 쪽에서 10번째인 회원이 속하는 계급은 40세 이상 50세 미만이므로 이 계급의 도수는 9명이다.

24 답 14

8시간 이상 9시간 미만인 계급의 상대도수는

$1 - (0.05 + 0.15 + 0.2 + 0.15 + 0.1) = 0.35$

따라서 구하는 학생 수는

$40 \times 0.35 = 14$

25 답 3, 1학년

1학년보다 2학년의 비율이 더 높은 계급은 2시간 이상 4시간 미만, 4시간 이상 6시간 미만, 6시간 이상 8시간 미만의 3개이다.

또 1학년에 대한 그래프가 2학년에 대한 그래프보다 전체적으로 오른쪽으로 치우쳐 있으므로 1학년이 2학년보다 운동 시간이 상대적으로 더 긴 편이다.

MEMO

MEMO

MEMO

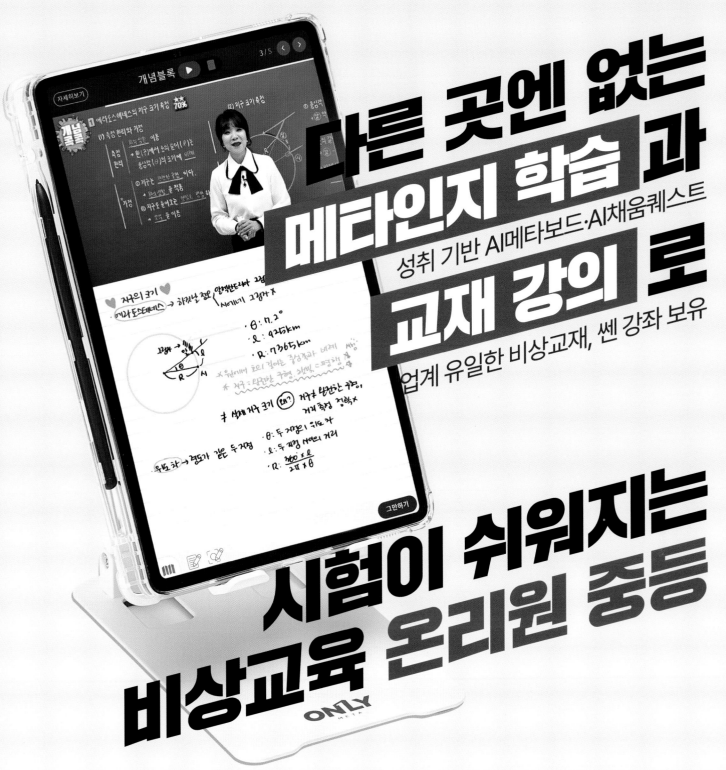

유형**만렙** 다양한 유형 문제가 가득 찬(滿) 만렙으로 수학 실력 Level up

대표전화 1544-0554
주소 경기도 과천시 과천대로2길 54(갈현동, 그라운드브이)
협의 없는 무단 복제는 법으로 금지되어 있습니다.